融会贯通，从 Oracle 12c 到 SQL Server 2016

李爱武　编　著

北京邮电大学出版社
www.buptpress.com

内容简介

本书通过对Oracle 12c和SQL Server 2016对应内容的对比讲解，使相关技术人员能够快速适应从Oracle到SQL Server或从SQL Server到Oracle的转变，并对两者的运作方式及体系结构有较深的理解。主要内容包括客户端工具、SQL语言、体系结构、事务及锁、备份恢复等数据库技术人员所需的各种必备知识。本书适合Oracle技术人员学习SQL Server或SQL Server技术人员学习Oracle之用，对其他数据库相关工作人员也有很好的参考作用。

图书在版编目(CIP)数据

融会贯通，从Oracle 12c到SQL Server 2016 / 李爱武编著. --北京：北京邮电大学出版社，2016.12
ISBN 978-7-5635-4967-2

Ⅰ.①融… Ⅱ.①李… Ⅲ.①关系数据库系统 Ⅳ.①TP311.132.3

中国版本图书馆CIP数据核字(2016)第282915号

书　　　名：融会贯通，从Oracle 12c到SQL Server 2016
著作责任者：李爱武　编著
责 任 编 辑：张珊珊
出 版 发 行：北京邮电大学出版社
社　　　址：北京市海淀区西土城路10号(邮编：100876)
发　行　部：电话：010-62282185　传真：010-62283578
E-mail：publish@bupt.edu.cn
经　　　销：各地新华书店
印　　　刷：保定市中画美凯印刷有限公司
开　　　本：787 mm×1 092 mm　1/16
印　　　张：26
字　　　数：699千字
版　　　次：2016年12月第1版　2016年12月第1次印刷

ISBN 978-7-5635-4967-2　　定　价：52.00元

前　言

Oracle源自IBM公司的System R项目，SQL Server源自Sybase，是当前市场占有率最高的两个大型数据库产品，两者在相互取长补短，展开更激烈的竞争。不少数据库从业者有时会面临从Oracle到SQL Server或从SQL Server到Oracle的转变，虽然两者都是典型的关系型数据库产品，但是不论在基本的SQL语言方面，还是在体系结构方面，两者都有很大的不同。

本书假定读者具备Oracle或SQL Server两者之一的基本知识，主要内容是数据库管理和应用开发人员应熟练掌握的知识和技术，通过对Oracle 12c和SQL Server 2016对应内容的对比进行讲述，并对两个产品的最新技术，如分页查询、时态数据库、闪回数据库、分区表、多版本数据等都做了详细介绍，使得相关技术人员能够快速适应从Oracle到SQL Server的转变（或反之），并对两者的运作方式能有较深的理解。

本书主要内容包括：

- 客户端管理工具；
- 常用SQL语言；
- 字符串、数值型数据以及日期时间型数据的处理方式；
- 逻辑存储结构；
- 数据库体系结构（内存结构）、进程等；
- 存储空间分配与回收的原理；
- 重做日志文件；
- 服务器及数据库的配置；
- 用户及权限管理；
- 提高查询效率的两种常用方法——索引及分区；
- 执行计划的设置及查看；
- 事务处理及锁；
- PL/SQL与T-SQL程序的语法，以及编写存储过程、函数、触发器；
- 两者数据字典及常用系统信息查询的对比；
- 备份恢复原理及操作方式；
- 导入导出数据的工具及使用方法；
- 闪回数据库。

本书采用的软件版本为：

- Oracle Database 12c Enterprise Edition Release 12.1.0.1.0
- Microsoft SQL Server 2016 (RTM)-13.0.1601.5 (X64) Developer Edition
- Windows 8.1 Enterprise 6.3 〈X64〉

笔者尽最大努力对书中涉及的结论进行验证，但限于水平，可能还存在错误，欢迎读者指正，也欢迎读者就书中内容与作者讨论。

目　录

第1章　准备软件环境

Oracle 和 SQL Server 数据库软件在官方网站都提供下载，与正版软件相比，下载版本只能用于测试和学习，不能用于商业目的，数据库厂商也不提供升级服务及技术支持。另外，Oracle 提供了各种常见操作系统的安装文件，而 SQL Server 只能安装在 Windows 系统(SQL Server 2016 也提供了 Linux 系统的测试版)。

本章主要内容包括：

- 下载 Oracle 数据库软件
- 下载 SQL Server 数据库软件
- 安装软件
- 创建数据库
- 下载 Oracle 帮助文件
- 下载 SQL Server 的帮助文件
- 创建本书测试数据

1.1　下载 Oracle 数据库软件

打开 Oracle 官方下载网站：www.oracle.com/downloads/，选择页面中的 Database 12c，或直接输入下面网址即可进入下载页面：

http://www.oracle.com/technetwork/database/enterprise-edition/downloads/index.html

在此页面列出了可供下载的 Oracle Database 12c 的各个版本，如图 1-1 所示。

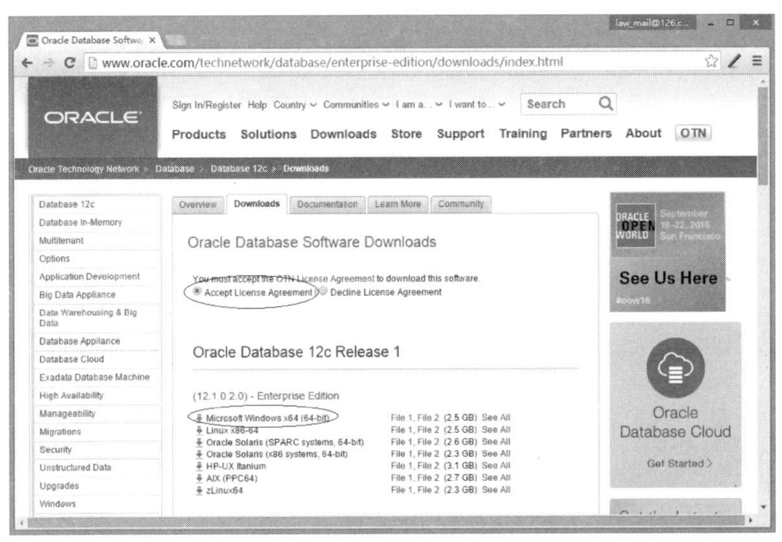

图 1-1　可供下载的各个 12c 软件版本

选中“Accept License Agreement”，即可根据需要下载相应版本的 Oracle Database 12c 软件。Oracle 数据库软件不区分中文版与英文版，安装程序会根据操作系统的语言环境自动选择语言的种类。

1.2 下载 SQL Server 数据库软件

SQL Server 提供免费下载的版本为评估版，如图 1-2 所示，此版本的功能与企业版相同，只是限制使用时间为 180 天。SQL Server 2016 评估版下载网址为：

https://www.microsoft.com/en-us/evalcenter/evaluate-sql-server-2016

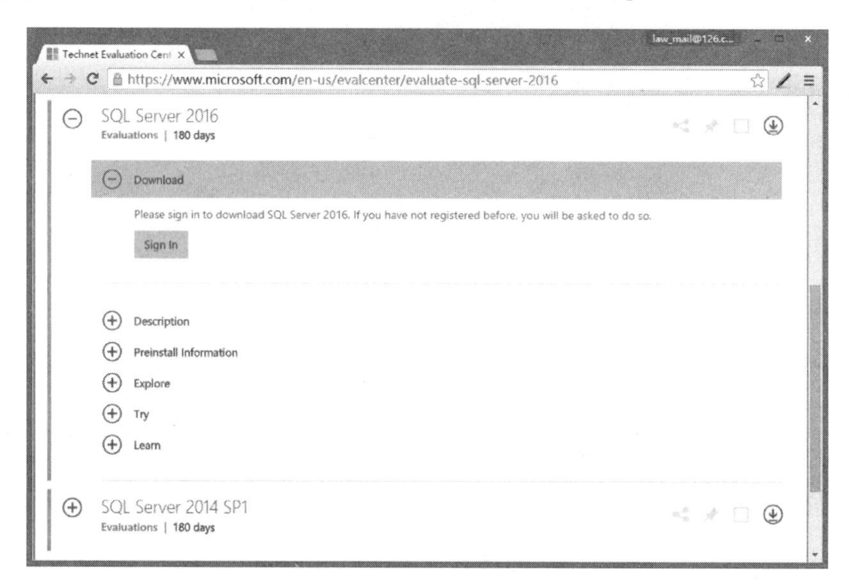

图 1-2　SQL Server 2016 评估版下载界面

如图 1-3 所示，单击页面中的“Sign in”按钮，输入预先注册的 live 账号信息。

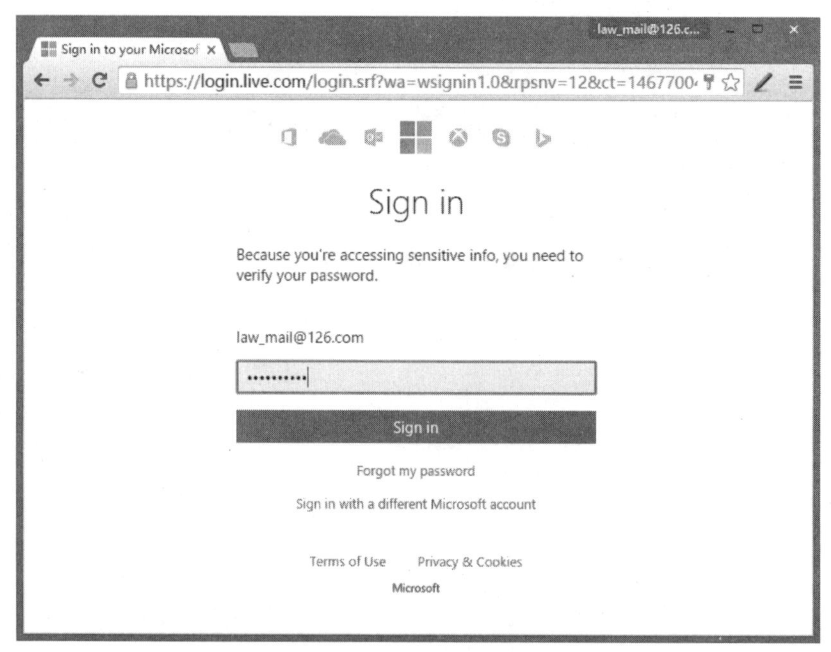

图 1-3　以 live 账号登录

登录后，进入下载页面，选择 ISO(ISO 文件用于刻录 DVD，可以在下载后解压在磁盘上)，如图 1-4 所示。

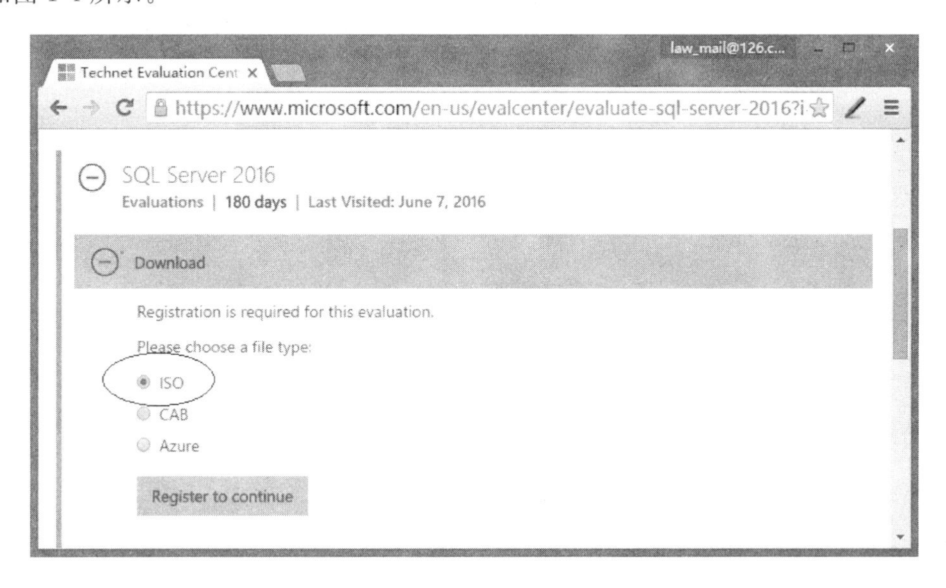

图 1-4 选择 ISO 格式

单击"Register to continue"按钮，在出现的页面中填写个人信息，如图 1-5 所示。

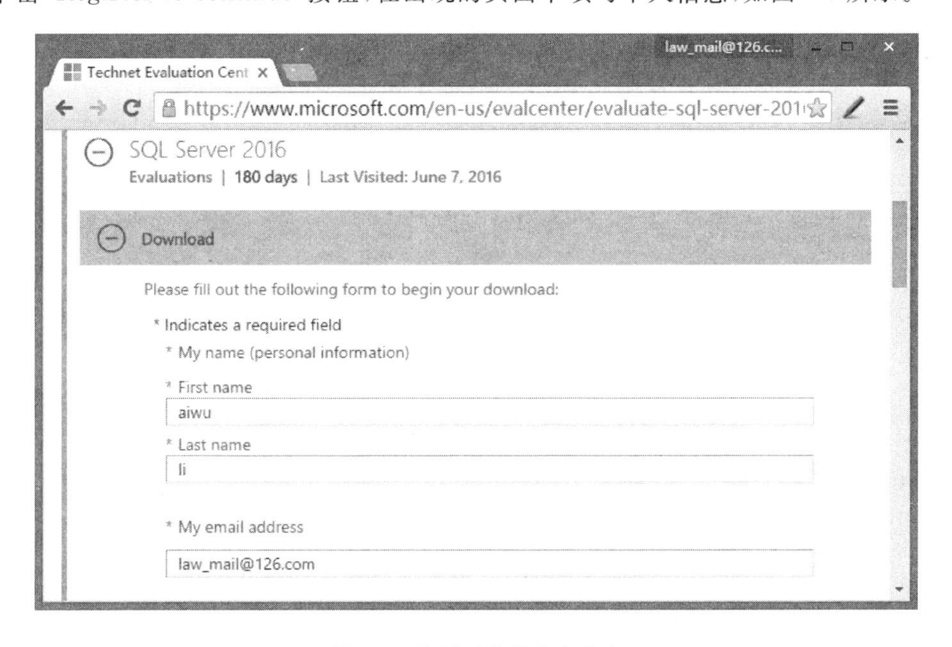

图 1-5 填写下载者个人信息

单击"Continue"按钮，即开始下载。下载的文件为 SQLServer2016-x64-CHS. iso，使用常用的解压工具解压即可。

写作本书时，微软也提供了 SQL Server 2016 开发版免费下载，安装即可使用，不需序列号，网址为：https://myprodscussu1. app. vssubscriptions. visualstudio. com/Downloads? PId = 2057，如图 1-6 所示。

SQL Server 2016 开发版与企业版的功能相同，没有使用期限限制，但只能由软件开发公司在开发数据库应用时使用，不能用于生产数据库环境。

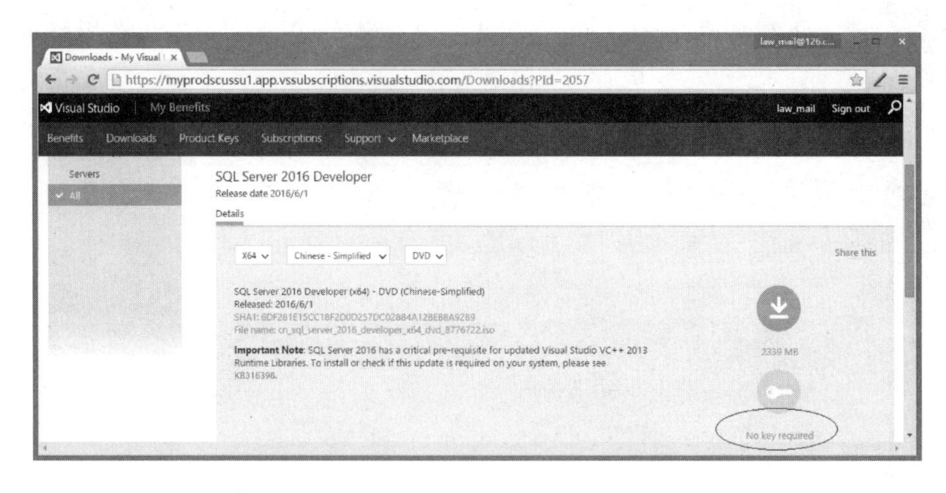

图 1-6　下载 SQL Server 2016 开发版

1.3　安装软件

软件下载完成后，下面继续讲解安装过程。

1.3.1　安装 Oracle 12c

下面演示过程中的服务器已经安装了 Oracle 11g，若全新安装，整个过程会稍有不同。单击安装文件中的“setup. exe”，如图 1-7 所示。

图 1-7　单击 setup. exe

首先在 DOS 窗口中显示监视器分辨率检测过程，检测过程结束后，自动打开如图 1-8 所示的欢迎画面。

图 1-8　安装欢迎画面

如图 1-9 所示是安装过程的第一个步骤，此窗口中的电子邮件可以不填，若没有 Oracle Support 账号，则不要勾选“我希望通过 My Oracle Support 接收安全更新”。单击“下一步”。

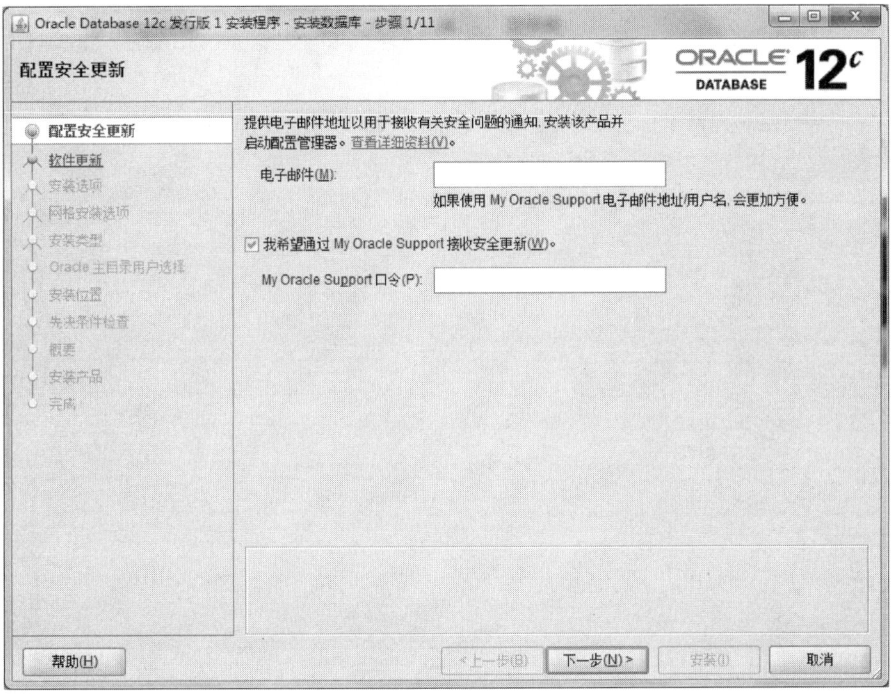

图 1-9　安装步骤

在如图 1-10 所示窗口中，选择“跳过软件更新”，单击“下一步”。

图 1-10　选择“跳过软件更新”

在图 1-11 所示的窗口选择“仅安装数据库软件”，单击“下一步”。

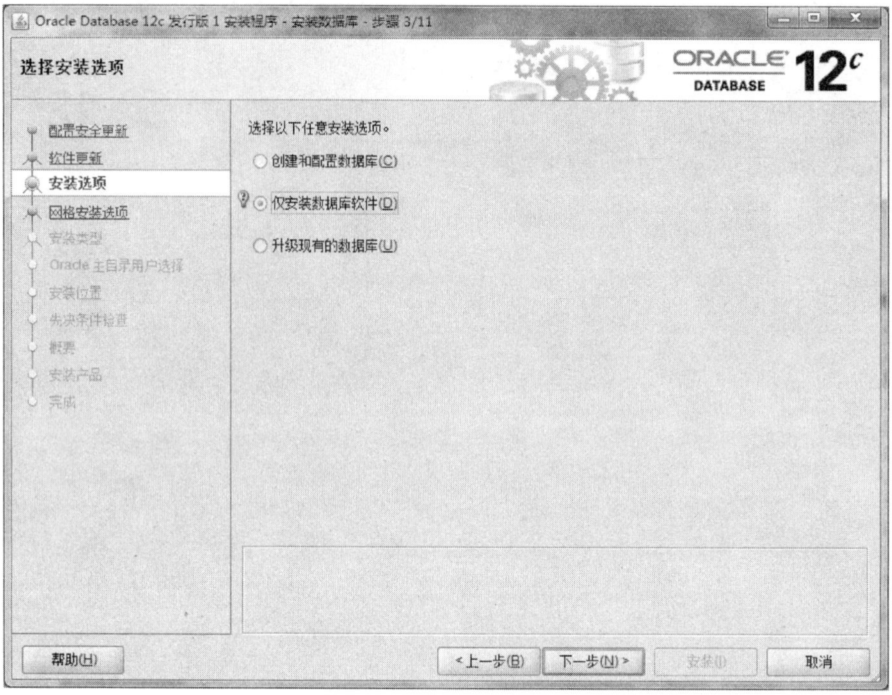

图 1-11　选择“仅安装数据库软件”

在如图 1-12 所示的窗口选择“单实例数据库安装”，单击“下一步”。

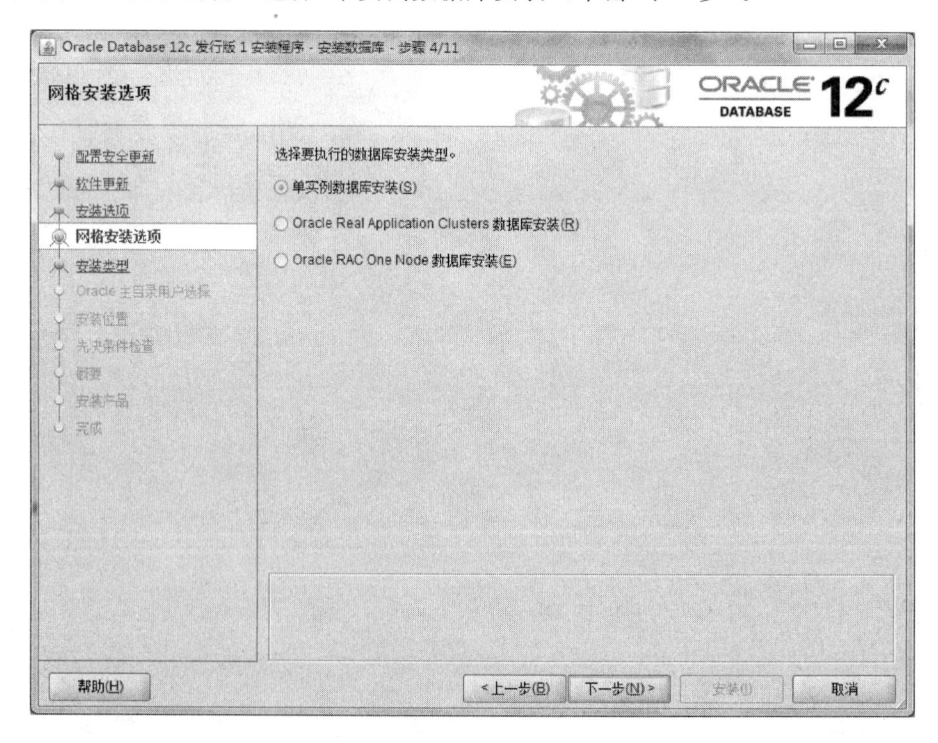

图 1-12　选择“单实例数据库安装”

在如图 1-13 所示的语言选择窗口中，默认即可，单击“下一步”。

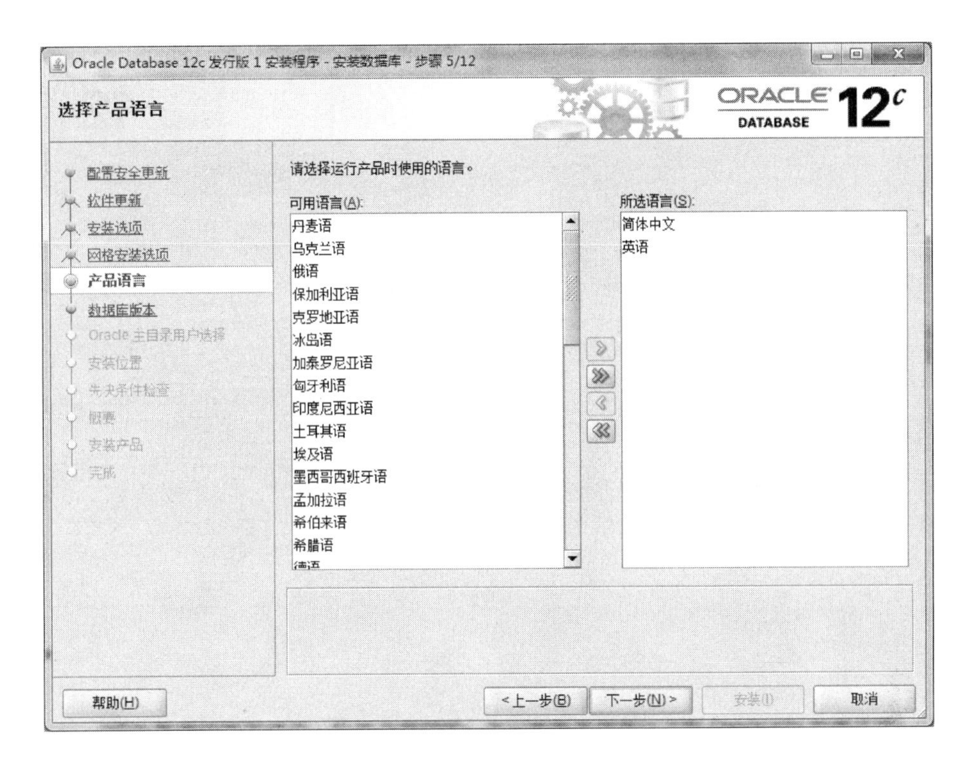

图 1-13　选择语言

在如图 1-14 所示的窗口根据需要选择合适的安装版本，一般选择功能最完整的“企业版”，单击“下一步”。

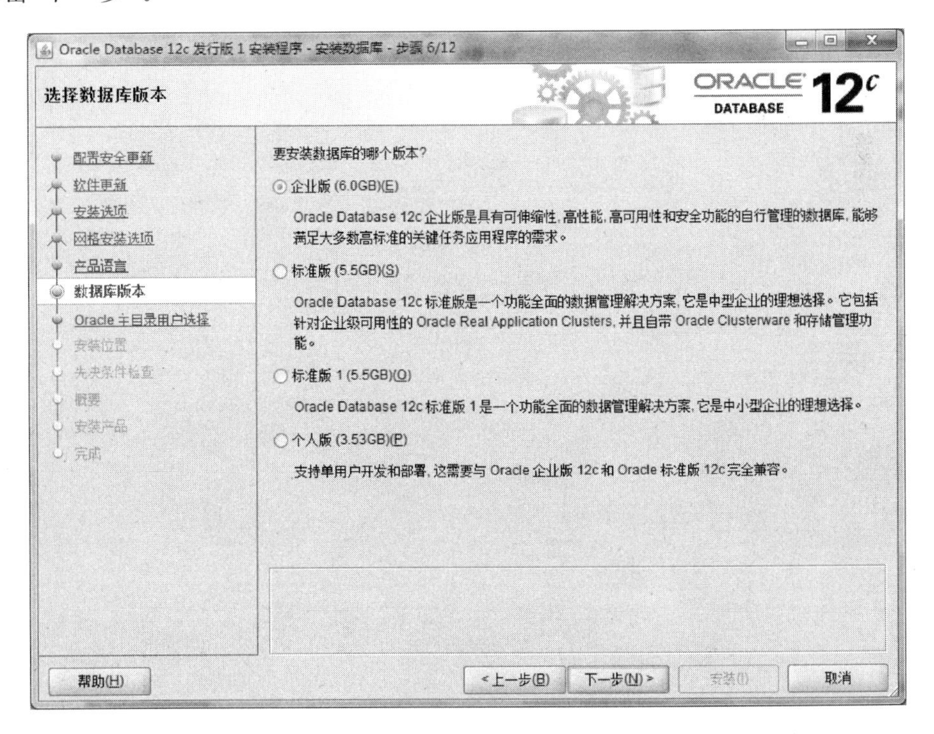

图 1-14　选择“企业版”

在如图 1-15 所示的窗口中选择管理 Oracle 主目录的 Windows 账号，此账号可以在 Windows 中预先创建，若未创建，则可以选择“创建新 Windows 用户”，然后单击“下一步”。

图 1-15　选择安装 Oracle 软件的操作系统账号

如图 1-16 所示的窗口用于选择安装 Oracle 软件的目录，安装程序默认会选择空闲空间最大的分区，如果要改变默认目录，只需修改分区标识，而保留其他默认目录部分。

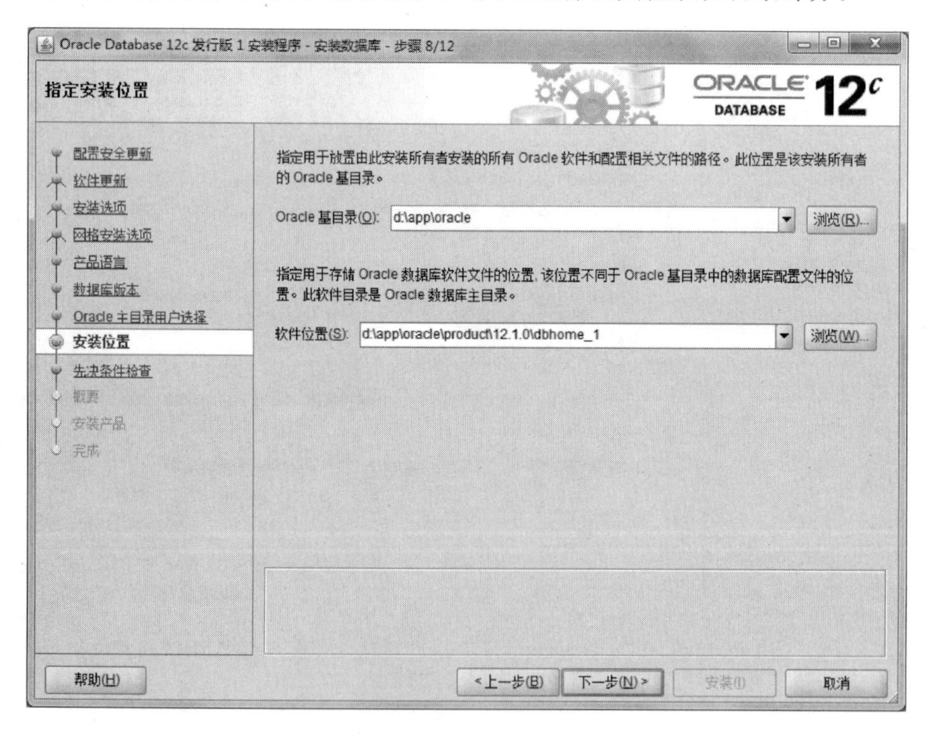

图 1-16　指定软件安装目录

接下来，执行配置检查，如图 1-17 所示。

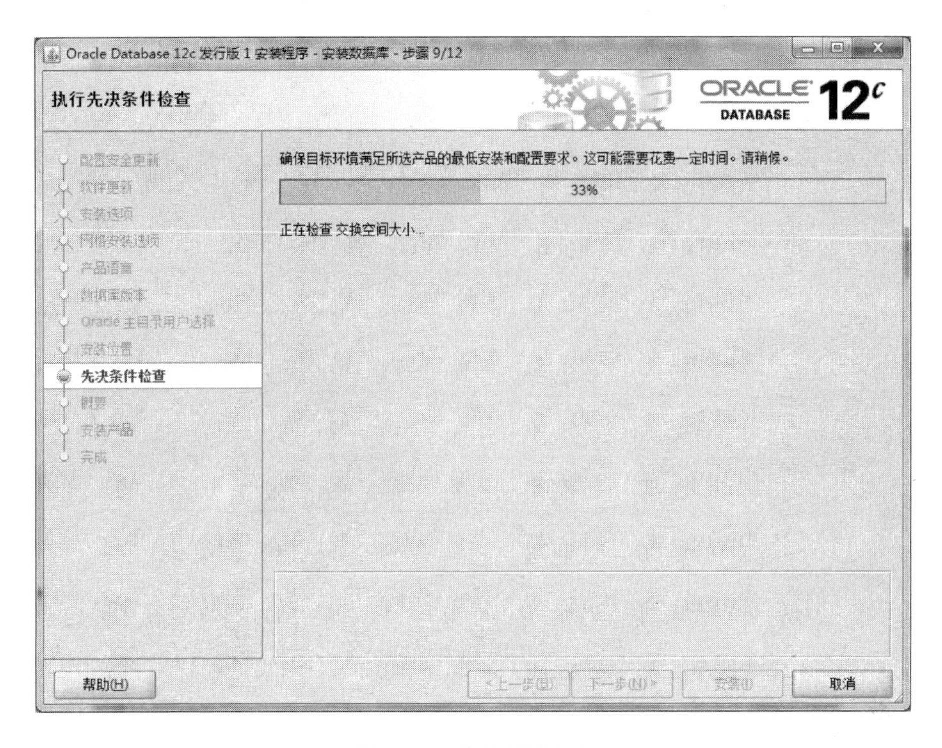

图 1-17　进行配置检查

如图 1-18 所示的窗口是总体设置概要，如果要改变某项设置，可以单击“编辑”修改。

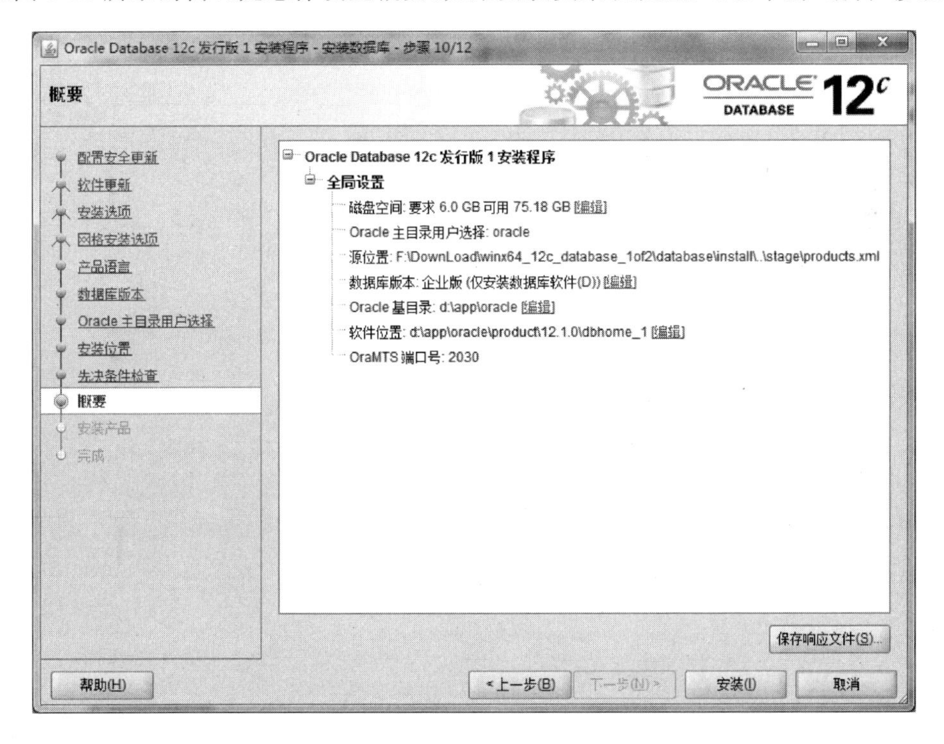

图 1-18　最后的概览

单击“安装”按钮，开始安装过程，如图 1-19 所示。

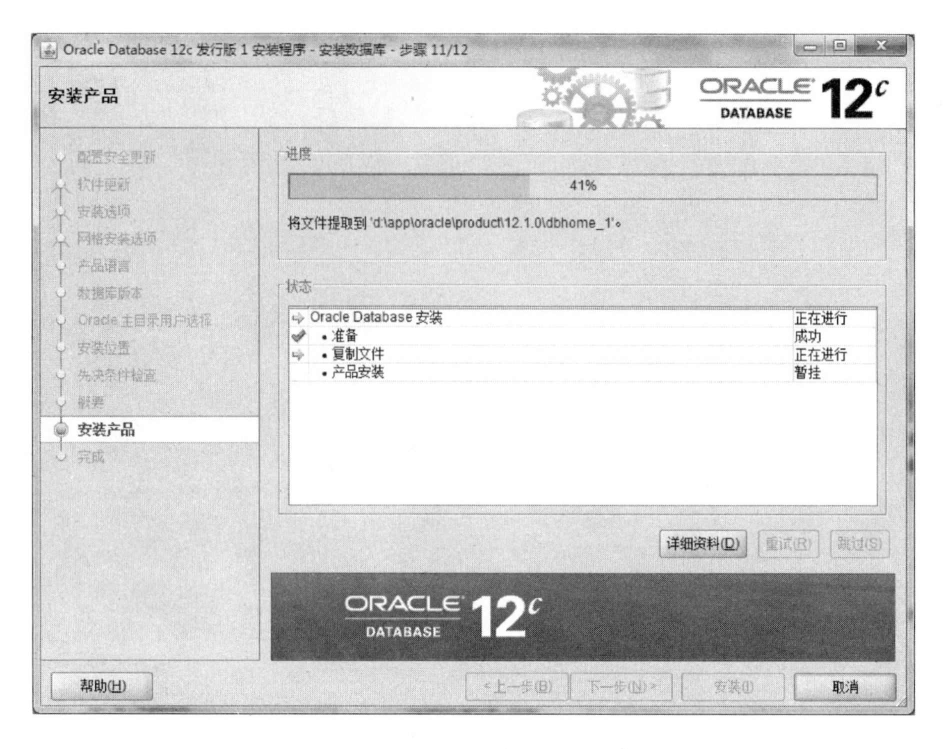

图 1-19　开始软件安装过程

最后出现如图 1-20 所示的窗口，表示安装过程成功。

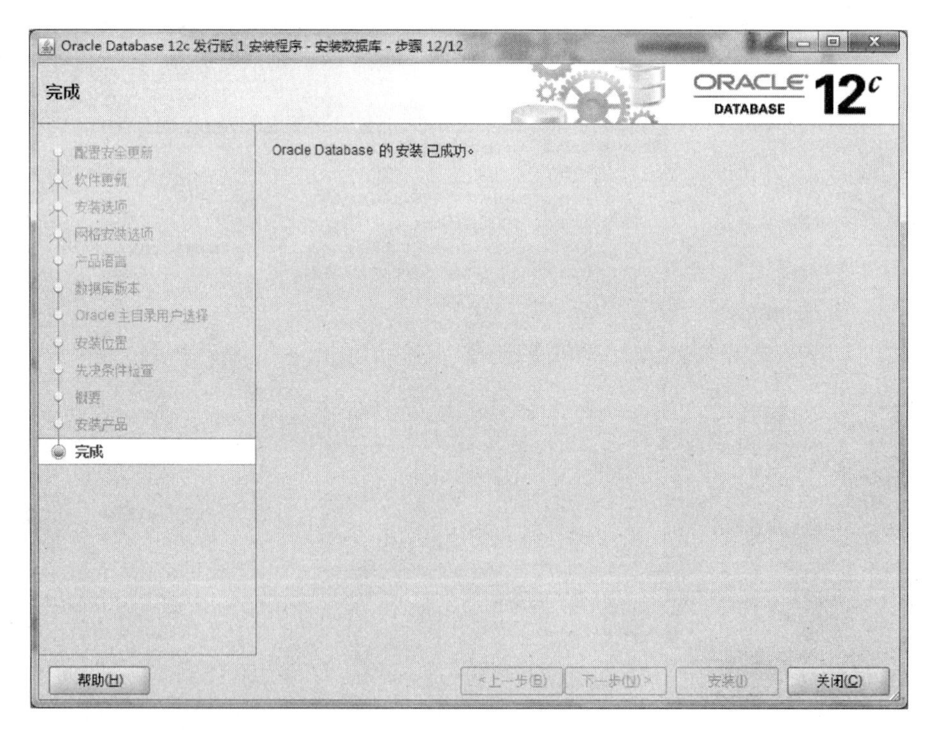

图 1-20　安装过程结束

软件安装完成后，下面可以继续创建数据库。

1.3.2 安装 SQL Server 2016

下面以 SQL Server 2016 Developer 版本为例说明安装过程。

安装包解压后，单击 setup. exe 开始安装过程，如图 1-21 所示。

名称	修改日期	类型	大小
2052_CHS_LP	2016/5/1 12:46	文件夹	
redist	2016/5/1 12:09	文件夹	
resources	2016/5/1 12:09	文件夹	
Tools	2016/5/1 12:09	文件夹	
x64	2016/5/4 0:08	文件夹	
autorun.inf	2016/2/10 3:38	安装信息	1 KB
MediaInfo.xml	2016/5/1 4:15	XML 文件	1 KB
setup.exe	2016/4/30 16:12	应用程序	107 KB
setup.exe.config	2016/2/10 3:34	CONFIG 文件	1 KB
SqlSetupBootstrapper.dll	2016/4/30 16:12	应用程序扩展	234 KB
sqmapi.dll	2016/4/30 16:12	应用程序扩展	147 KB

图 1-21 单击 setup. exe 开始安装

如图 1-22 所示是安装启动画面。

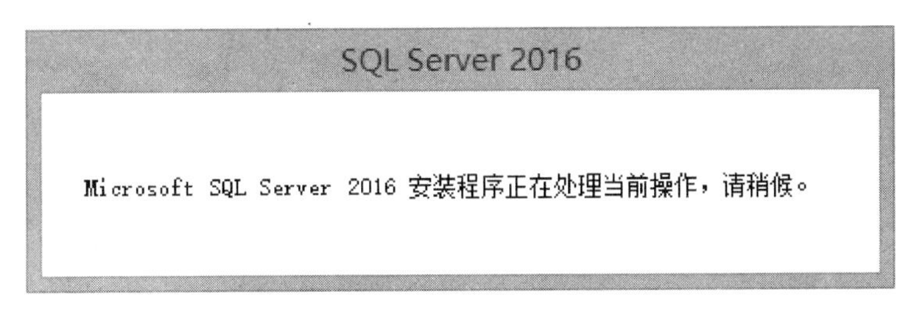

图 1-22 安装启动画面

按照如图 1-23 所示，单击全新安装。

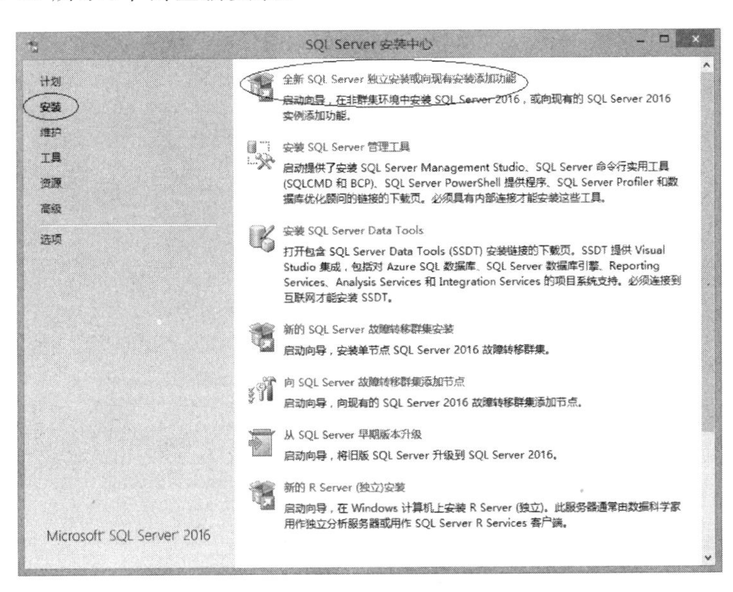

图 1-23 开始安装

执行规则检查结束后，单击“下一步”按钮，如图 1-24 所示。

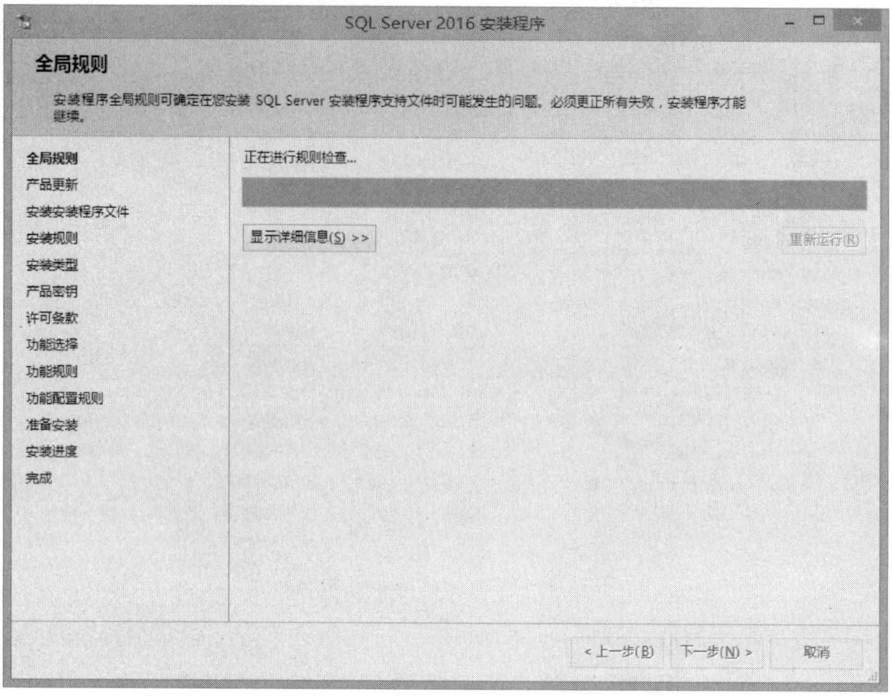

图 1-24　规则检查

选择“执行 SQL Server 2016 的全新安装”，单击“下一步”按钮，如图 1-25 所示。

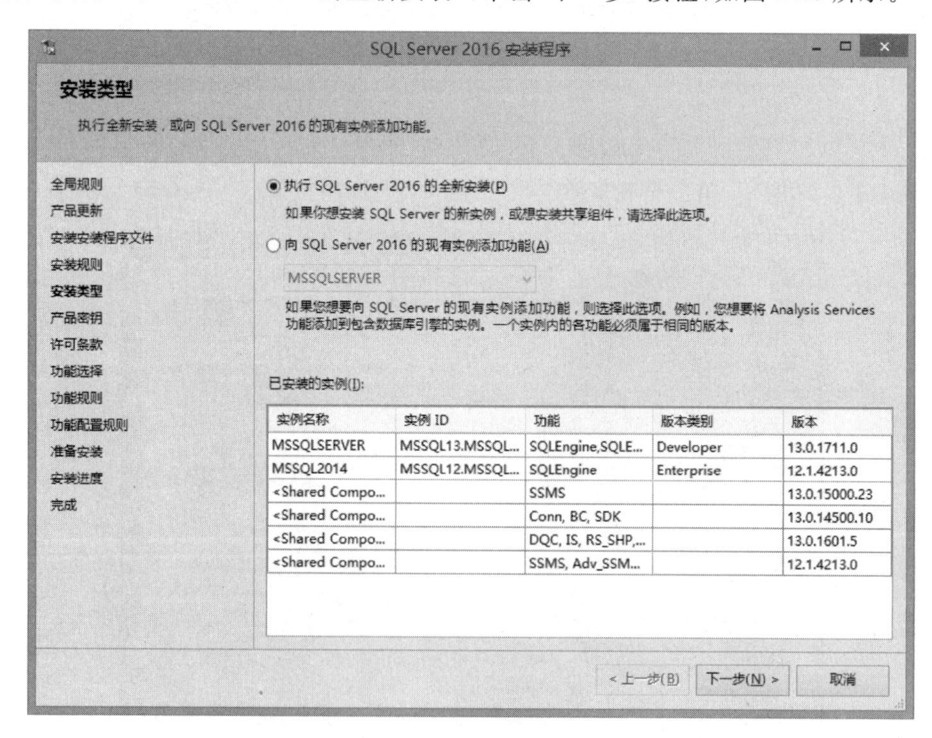

图 1-25　选择全新安装

指定可用版本为 Developer，单击“下一步”按钮，如图 1-26 所示。

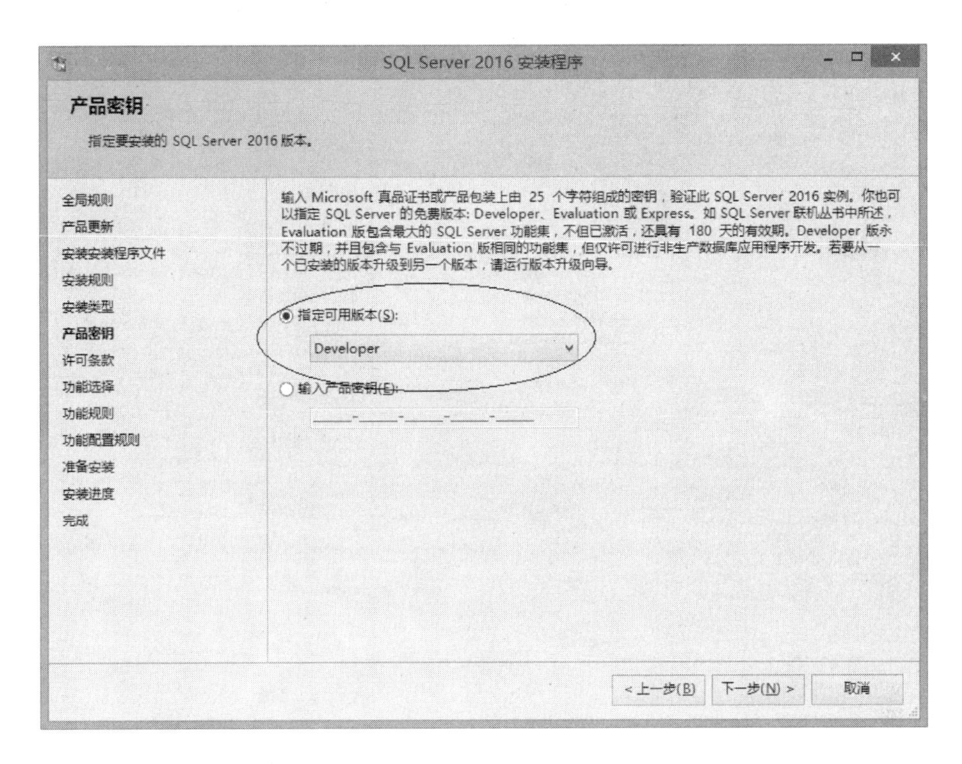

图 1-26　选择 Developer 版本

选择“我接受许可条款”，单击“下一步”按钮，如图 1-27 所示。

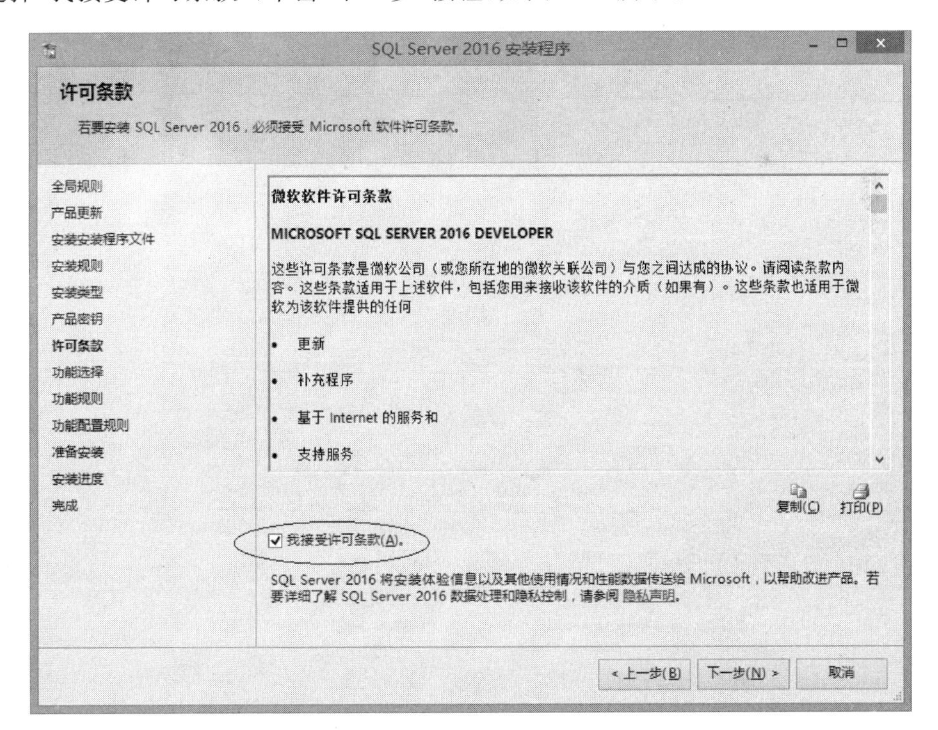

图 1-27　选择“我接受许可条款”

“数据库引擎服务”为必选，根据需要选择其他功能，单击“下一步”按钮，如图 1-28 所示。

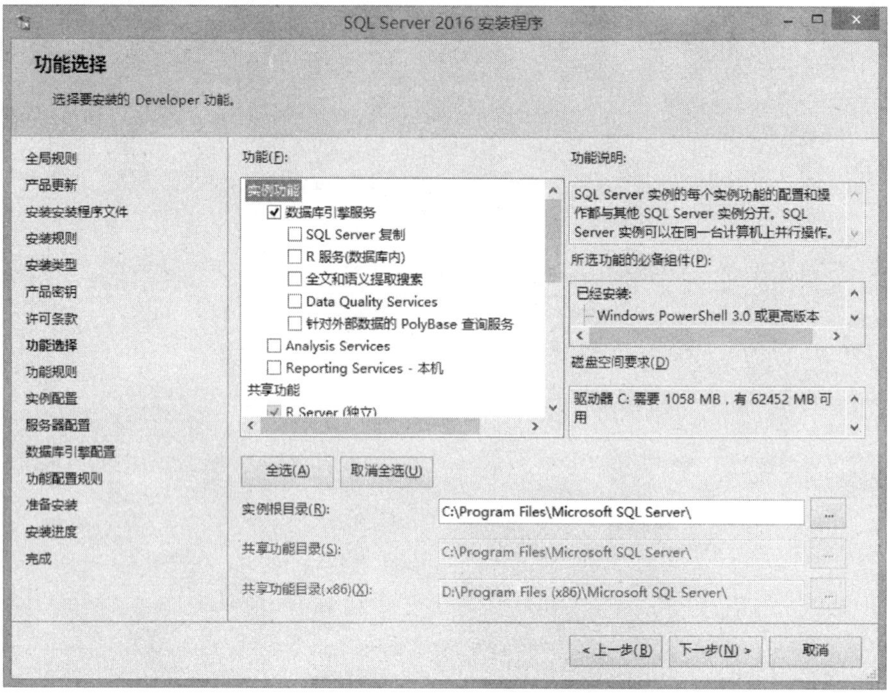

图 1-28　选择“数据库引擎服务”

为服务器实例指定默认实例(只限于第一次安装)或命名实例，命名实例的名称可以自行指定，默认实例的名称为 MSSQLSERVER(如图 1-29 所示)。单击“下一步”按钮。

实例名称	实例 ID	功能	版本类别	版本
MSSQLSERVER	MSSQL13.MSSQL...	SQLEngine,SQLE...	Developer	13.0.1711.0
MSSQL2014	MSSQL12.MSSQL...	SQLEngine	Enterprise	12.1.4213.0
<Shared Compo...		SSMS		13.0.15000.23
<Shared Compo...		Conn, BC, SDK		13.0.14500.10
<Shared Compo...		DQC, IS, RS_SHP,...		13.0.1601.5
<Shared Compo...		SSMS, Adv_SSM...		12.1.4213.0

图 1-29　选择默认实例或命名实例

为 SQL Server 各服务指定账户(一般默认即可)，如图 1-30 所示，单击“下一步”按钮。

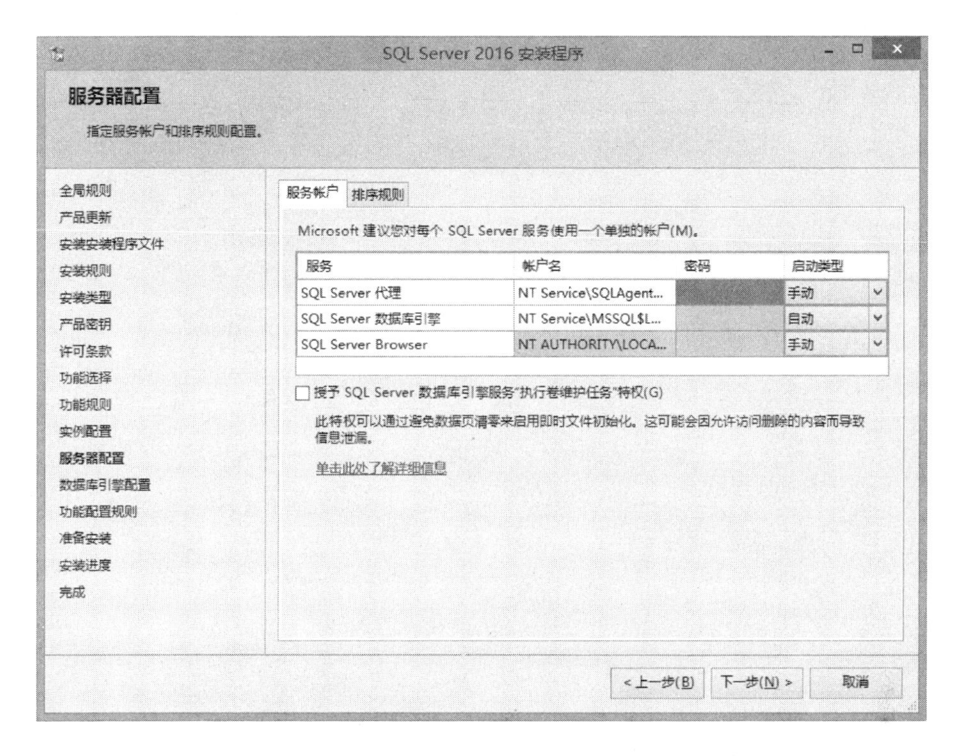

图 1-30　为 SQL Server 各服务选择账户

按如图 1-31 所示选择混合验证模式，并添加当前 Windows 账号为 SQL Server 管理员，单击"下一步"按钮。

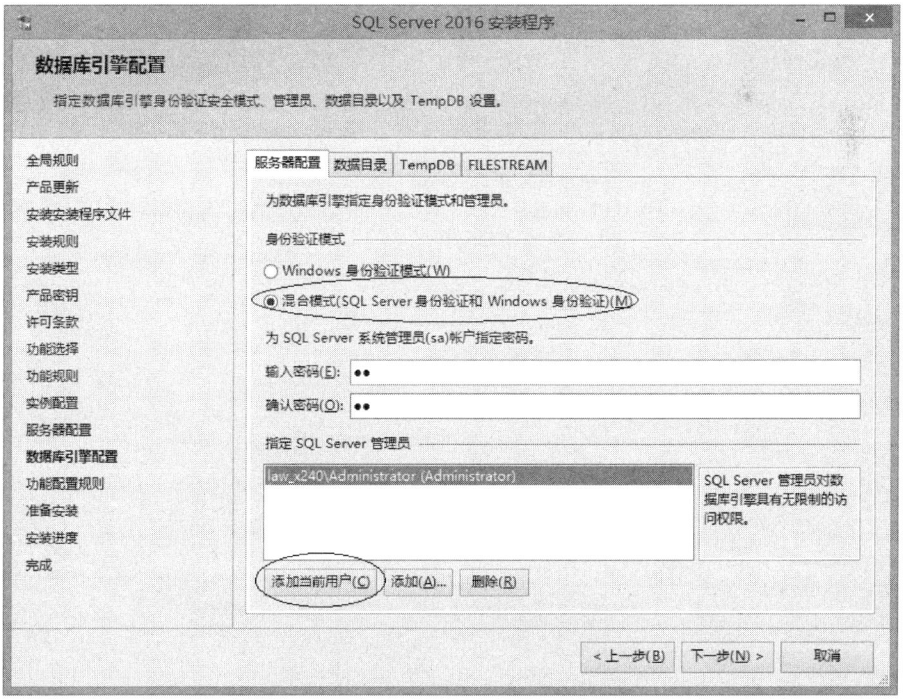

图 1-31　选择身份验证方式

接下来，单击"安装"按钮开始安装过程，如图 1-32 所示。

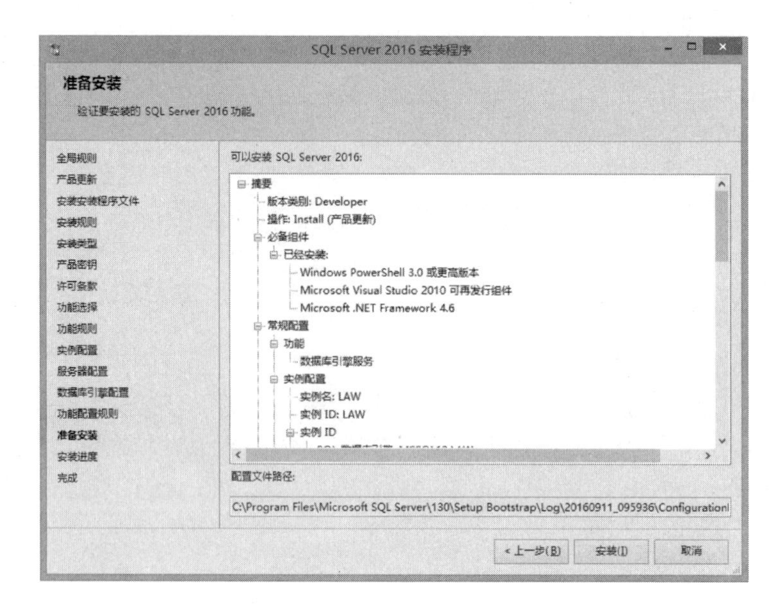

图 1-32　单击"安装"开始安装过程

1.4　创建数据库

创建数据库可以使用图形工具,也可以手工执行命令,下面分别说明这两种方式。

1.4.1　用图形工具建库

Oracle 的建库工具称为 dbca。在 Windows 开始菜单中找到 Oracle 12c 程序组:"Oracle-OraDB12Home1",继续打开"配置和移植工具"中的"Database Configuration Assistant"即为建库工具"dbca"(如图 1-33 所示)。

图 1-33　单击 dbca 开始创建数据库

如图 1-34 所示，启动 dbca 后，选择“创建数据库”，然后单击“下一步”。

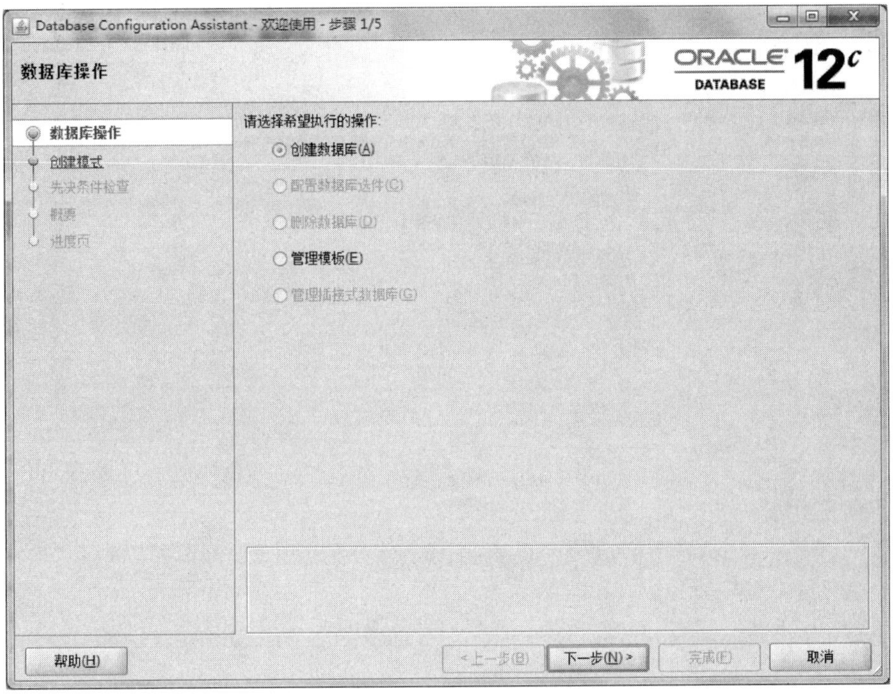

图 1-34　选择“创建数据库”

在如图 1-35 所示的窗口中选择“高级模式”，然后单击“下一步”。

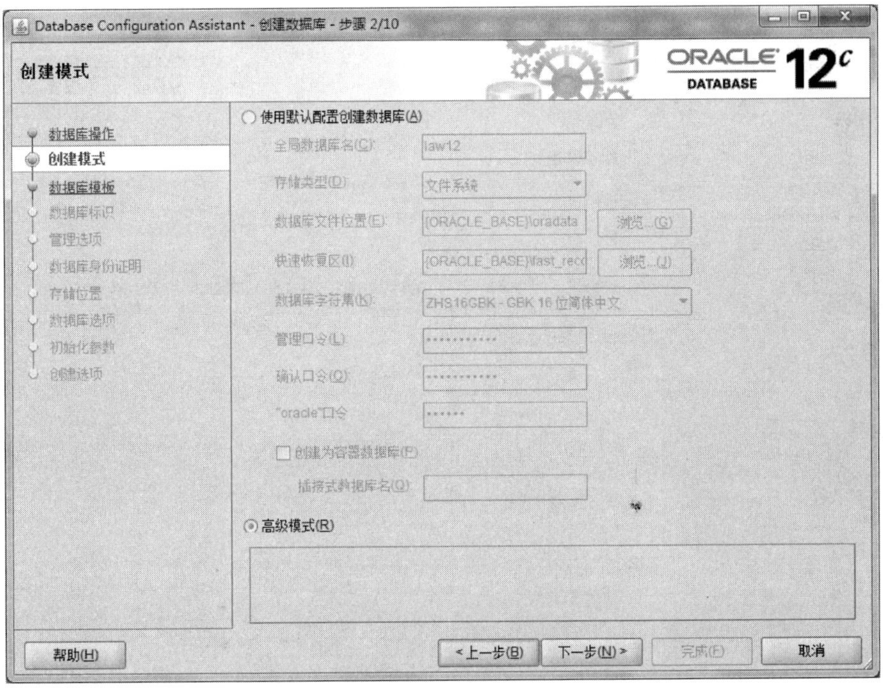

图 1-35　选择“高级模式”

接下来，如图 1-36 所示，选择“一般用途或事务处理”，单击“下一步”。

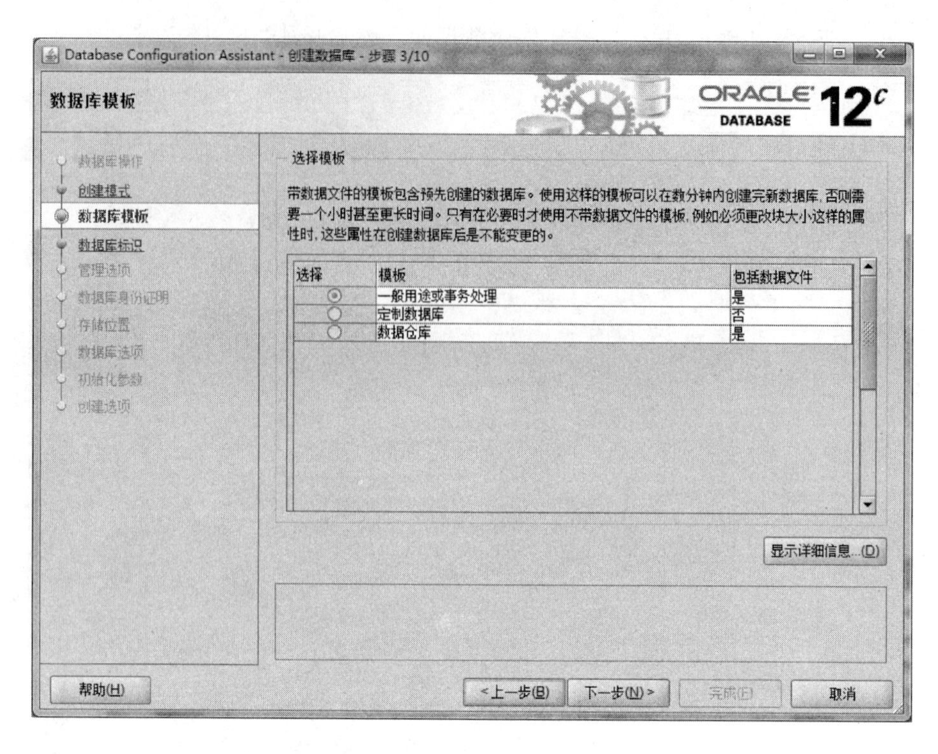

图 1-36　选择“一般用途或事务处理”

如图 1-37 所示,填写数据库和 SID 名称,默认两者相同,注意不要勾选“创建为容器数据库”,单击“下一步”。

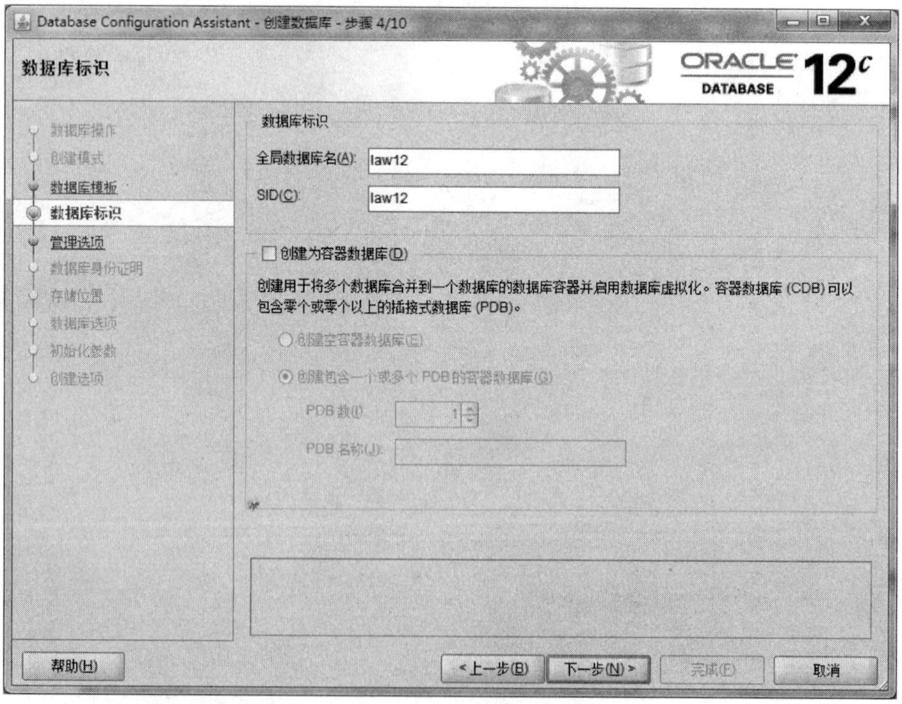

图 1-37　填写数据库和 SID 名称

接下来,如图 1-38 所示,选择“配置 Enterprise Manager”,单击“下一步”。

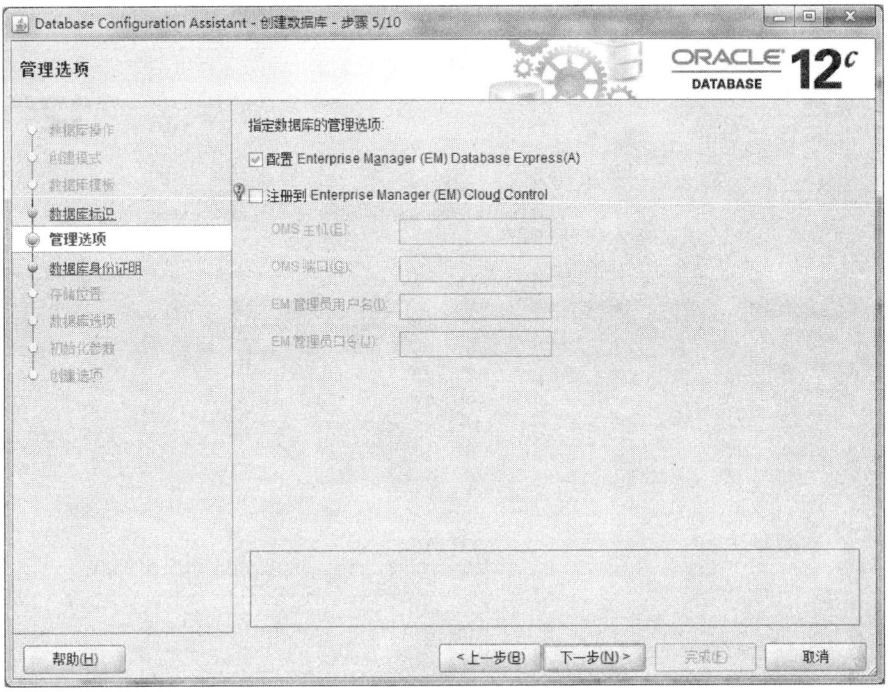

图 1-38　选择"配置 Enterprise Manager"

继续设置 sys 和 system 的口令，在如图 1-39 所示的窗口下面的 Oracle 主目录用户口令处填入安装 Oracle 12c 软件时所指定的 Windows 用户口令(一般为 oracle 用户)，单击"下一步"。

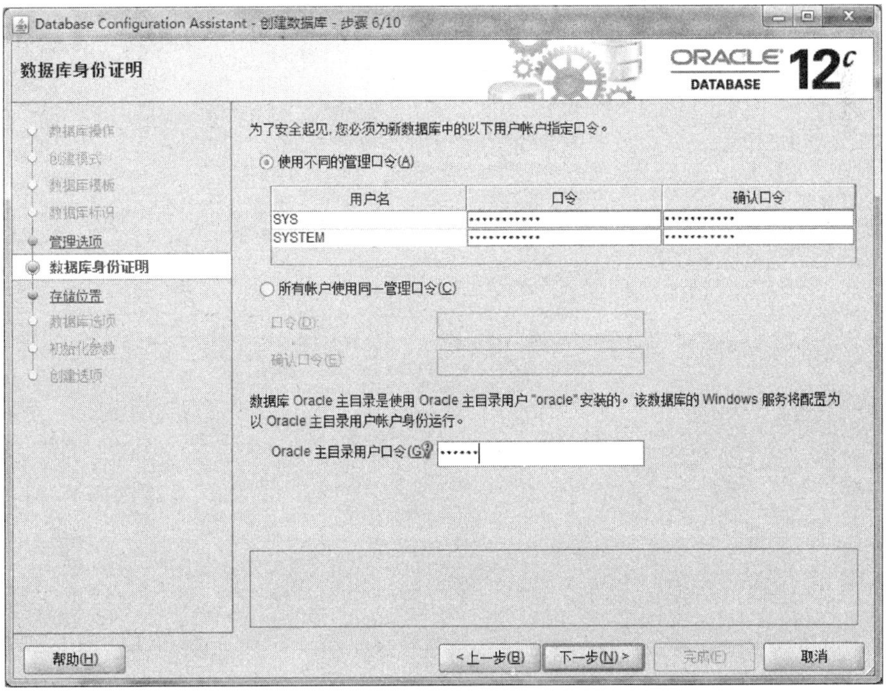

图 1-39　填写 Oracle 管理用户和 Windows 用户的口令

在如图 1-40 所示的窗口中都选择默认设置，单击“下一步”。

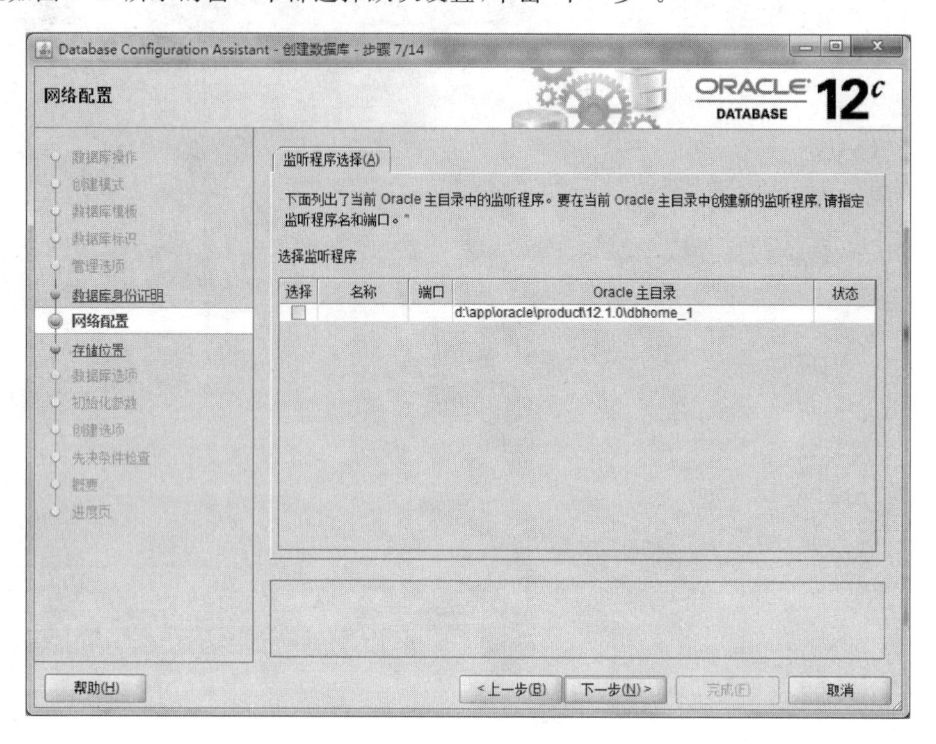

图 1-40　选择默认设置即可

在如图 1-41 所示的窗口中依然采用默认设置。

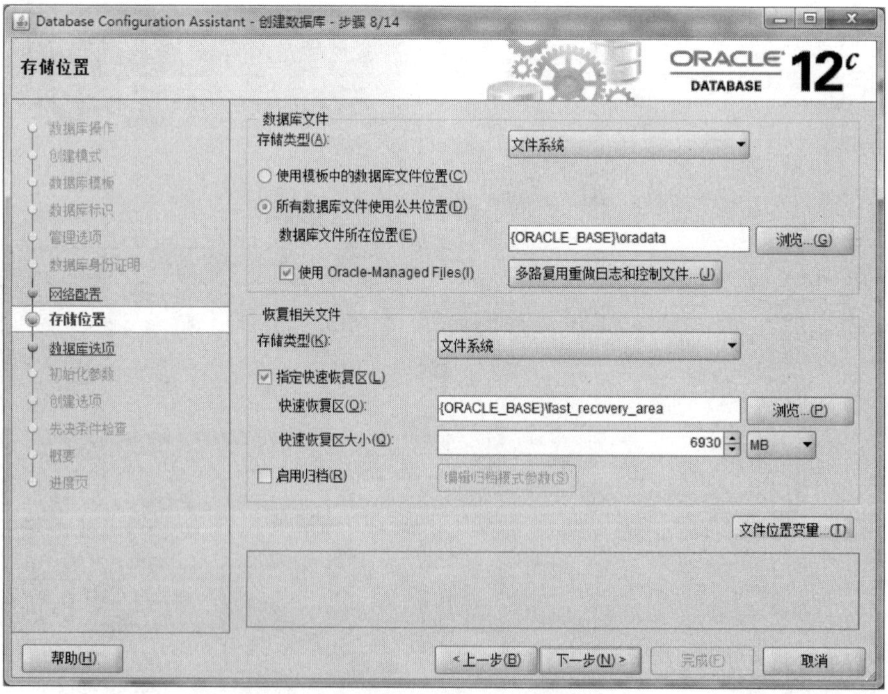

图 1-41　选择默认设置

如果要使用示例方案中的数据，则选择“示例方案”，示例方案中的数据可以用来练习

SQL 命令，其他采用默认设置，如图 1-42 所示。

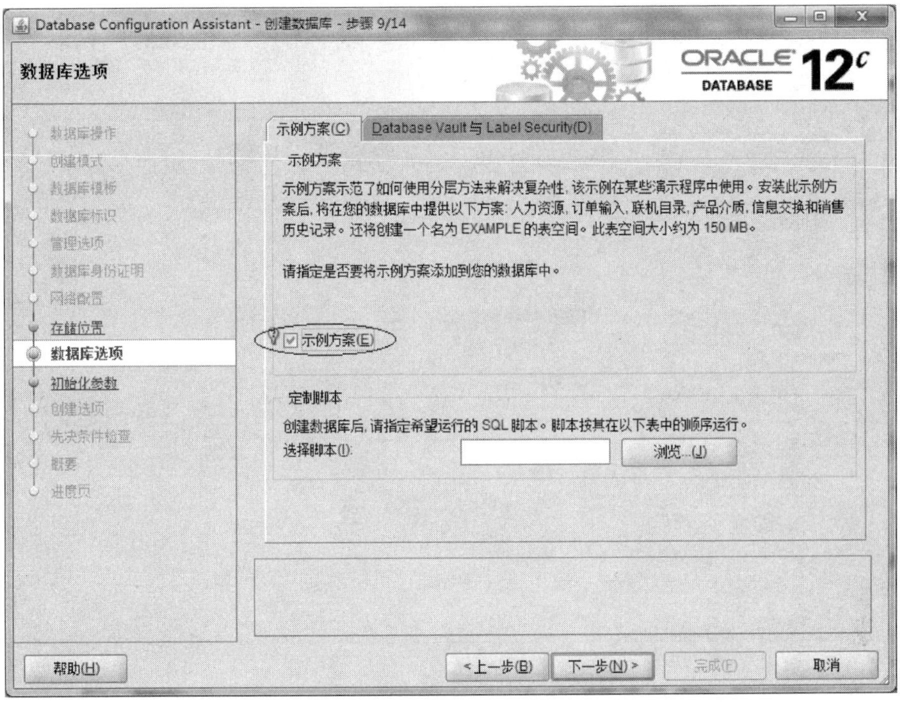

图 1-42　勾选“示例方案”

继续设置内存和其他参数，一般默认即可，如图 1-43 所示。

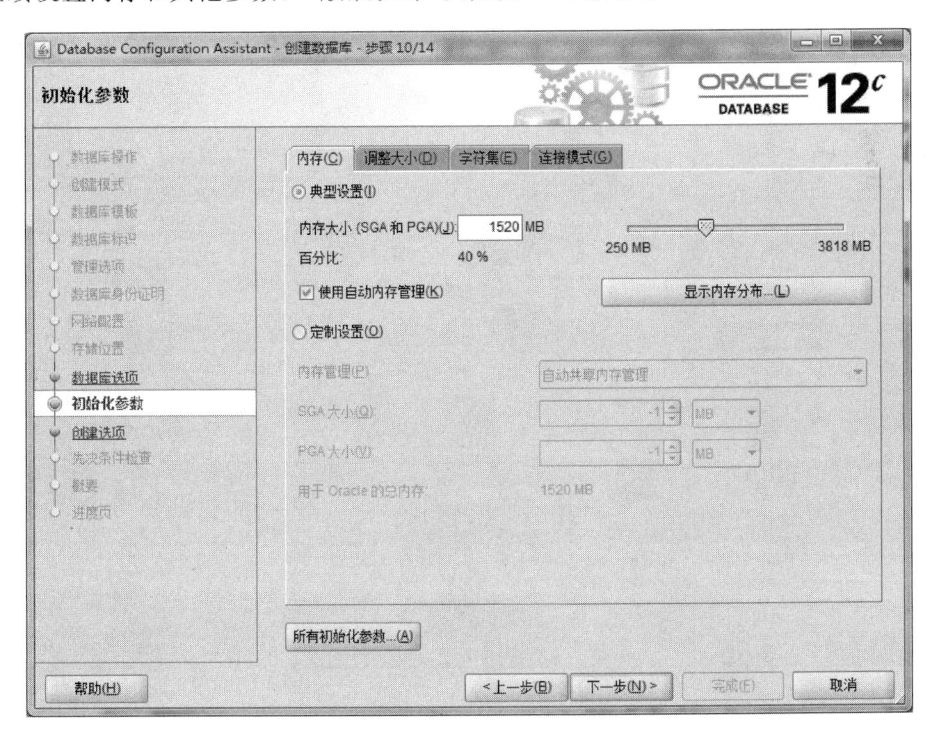

图 1-43　设置内存、字符集等初始化参数值

最后选择“创建数据库”，如图 1-44 所示。

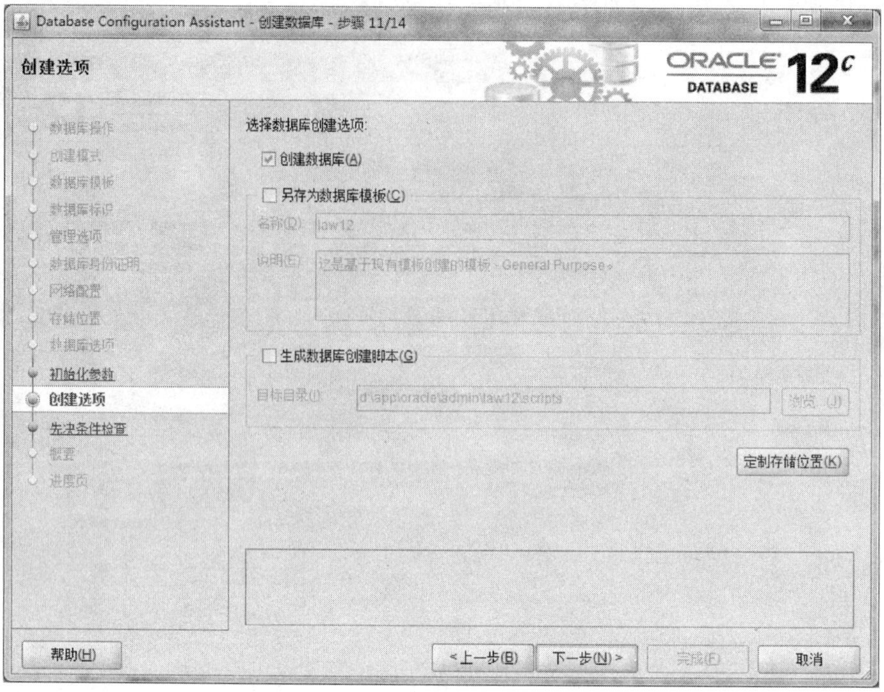

Database Configuration Assistant - 创建数据库 - 步骤 11/14

创建选项

ORACLE DATABASE 12c

数据库操作
创建模式
数据库模板
数据库标识
管理选项
数据库身份证明
网络配置
存储位置
数据库选项
初始化参数
创建选项
先决条件检查
概要
进度页

选择数据库创建选项:

☑ 创建数据库(A)

☐ 另存为数据库模板(C)

名称(D): law12

说明(E): 它是基于现有模板创建的模板 - General Purpose。

☐ 生成数据库创建脚本(G)

目标目录(I): d:\app\oracle\admin\law12\scripts　浏览...(J)

定制存储位置(K)

帮助(H)　< 上一步(B)　下一步(N) >　完成(F)　取消

图 1-44　选择"创建数据库"

经过简单的先决条件检查，开始创建数据库的过程，如图 1-45 所示。

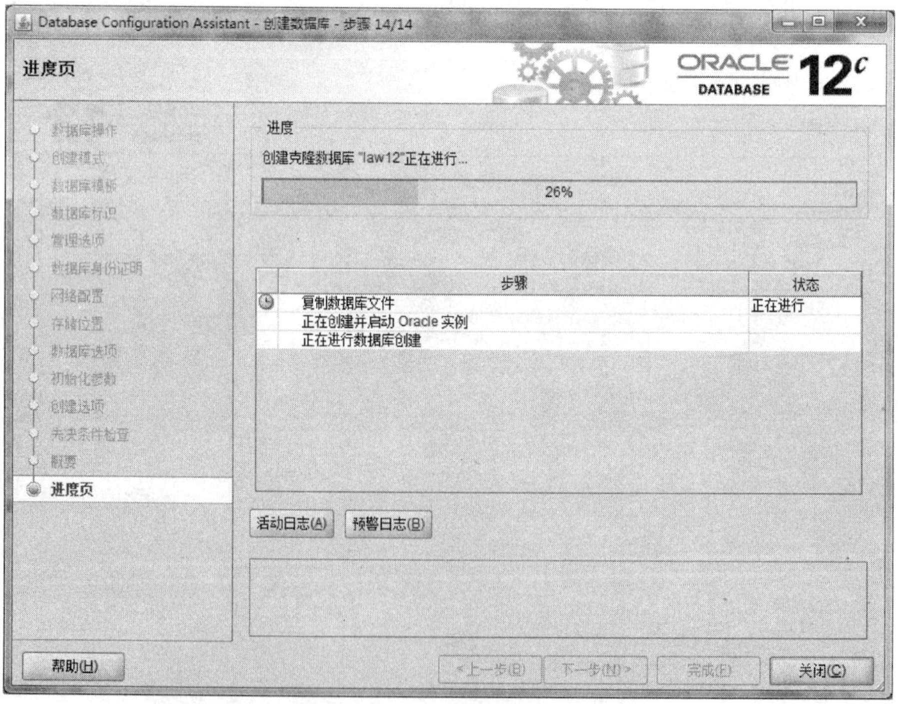

Database Configuration Assistant - 创建数据库 - 步骤 14/14

进度页

ORACLE DATABASE 12c

数据库操作
创建模式
数据库模板
数据库标识
管理选项
数据库身份证明
网络配置
存储位置
数据库选项
初始化参数
创建选项
先决条件检查
概要
进度页

进度

创建克隆数据库 "law12"正在进行...

26%

步骤	状态
复制数据库文件	正在进行
正在创建并启动 Oracle 实例	
正在进行数据库创建	

活动日志(A)　预警日志(B)

帮助(H)　< 上一步(B)　下一步(N) >　完成(F)　关闭(C)

图 1-45　开始创建数据库

建库结束后，给出概要窗口，单击位于窗口右下方的"口令管理"按钮，如图 1-46 所示。

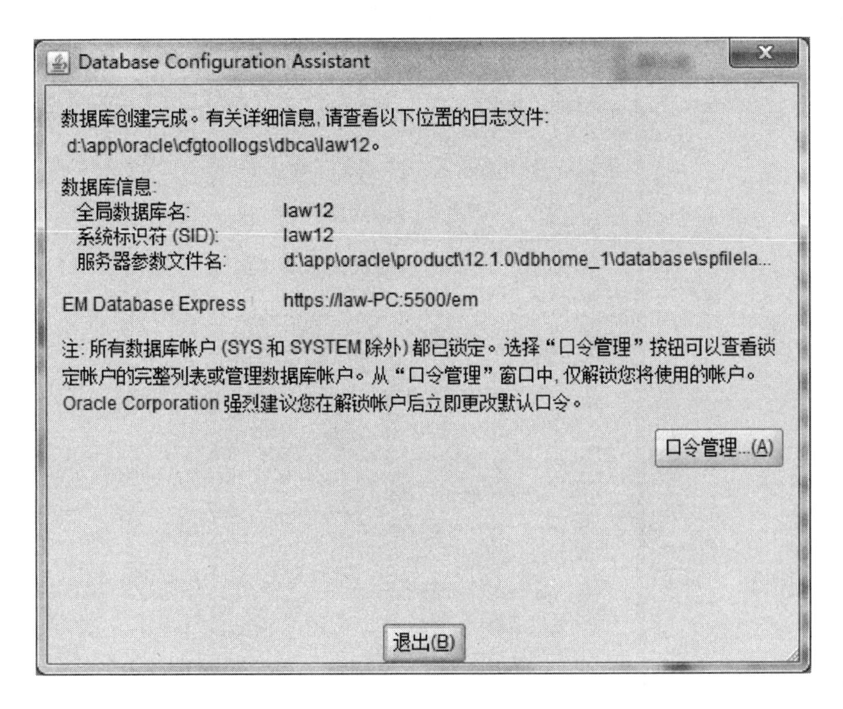

图 1-46　单击“口令管理”

去除 SCOTT 用户的锁定账户选项(本书使用 SCOTT 用户完成多数实验)，然后单击“确定”，如图 1-47 所示。

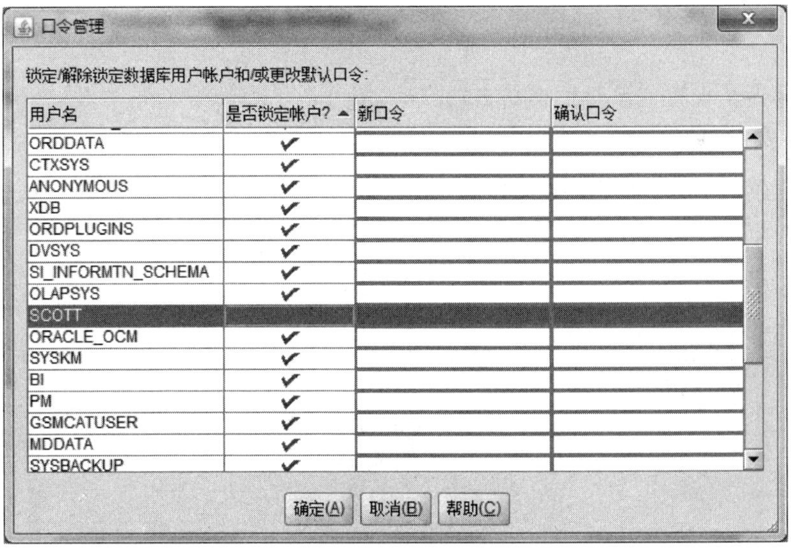

图 1-47　解除 scott 用户的锁定

SQL Server 可以使用 SSMS 工具建库。在 SQL Server 程序组中，打开 SQL Server Management Studio，即 SSMS 工具，如图 1-48 所示。

图 1-48　单击 SSMS 工具

如图 1-49 所示设置登录对话框的各项内容，服务器名称的编辑框填入“.”，表示连接至本地默认服务器实例，身份验证选择“Windows 身份验证”。

连接到服务器
SQL Server
服务器类型(T): 数据库引擎
服务器名称(S):
身份验证(A): Windows 身份验证
用户名(U): law_x240\Administrator
密码(P):
记住密码(M)
连接(C)　取消　帮助　选项(O) >>

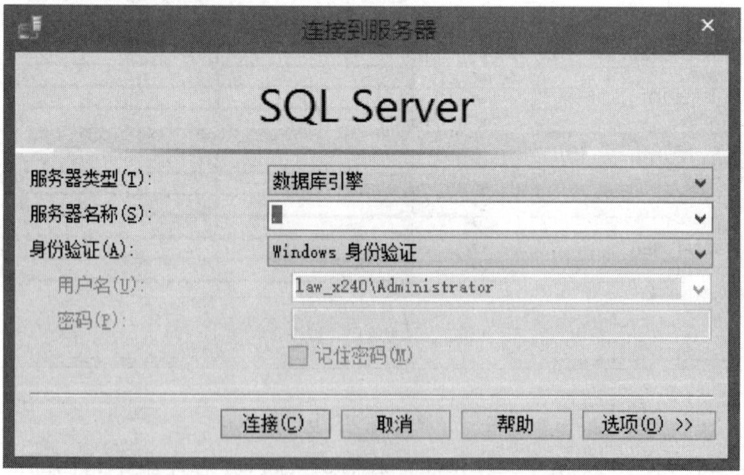

图 1-49　SSMS 登录对话框

连接至服务器后，右击“数据库”，然后在弹出菜单中选择“新建数据库”，如图 1-50 所示。

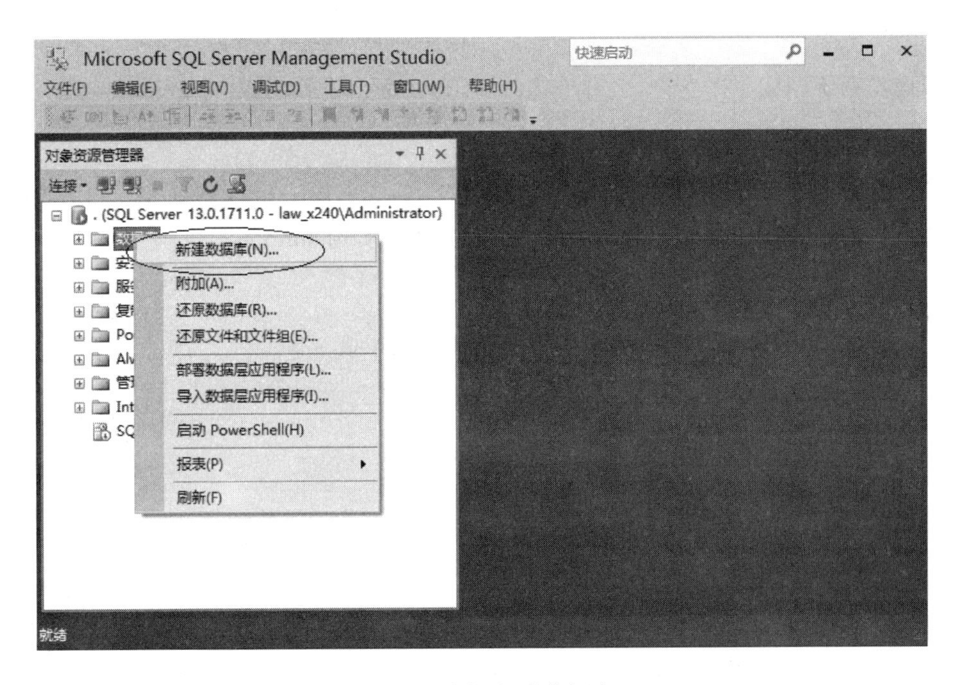

图 1-50　单击“新建数据库”

在“新建数据库”对话框中填入数据库名称，然后单击“确定”即可，如图 1-51 所示。

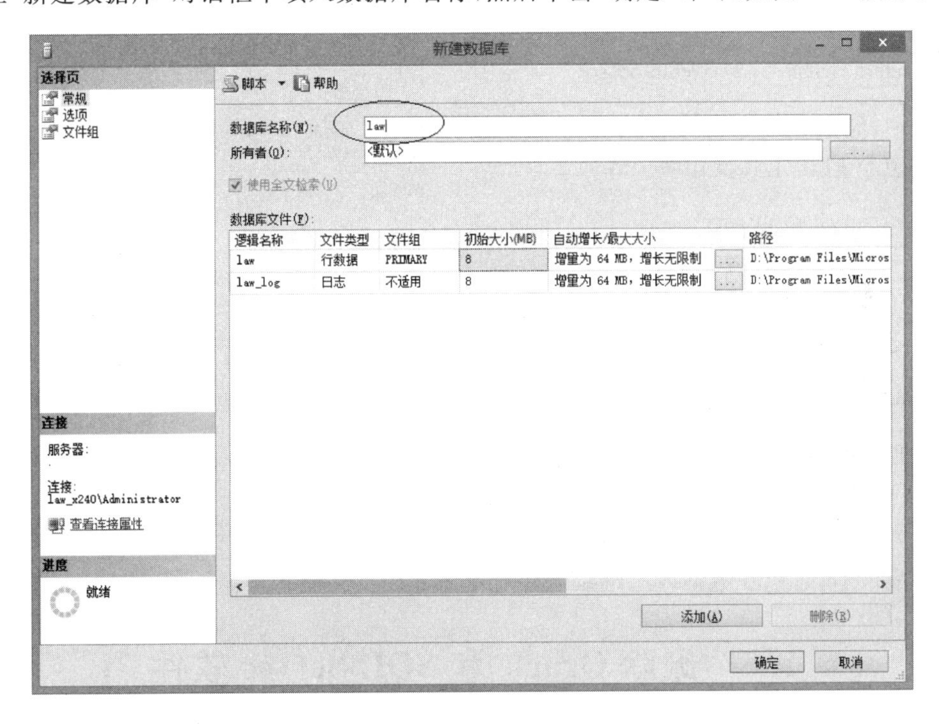

图 1-51　填入数据库名称

1.4.2　执行命令建库

Oracle 执行命令手动建库的步骤比较多，命令也比较复杂，下面是经过精简的过程。

创建初始化参数文件 initsimple.ora，指定数据库名称为 simple：

```
C:\> echo db_name=simple> initsimple.ora
```

运用操作系统创建服务实例，名称亦为 simple，实例创建后，其对应 Windows 服务会自动启动：

```
C:\> oradim -new -sid simple
```

设置操作系统环境变量 ORACLE_SID 为以上新建实例 simple：

```
C:\> set oracle_sid=simple
```

启动 SQL * Plus，以 sys 用户的操作系统验证方式连接实例：

```
C:\> sqlplus / as sysdba
```

指定初始化参数为 initsimple.ora，以 nomount 选项启动实例：

```
SQL> startup nomount pfile=c:\> initsimple.ora
```

继续执行建库命令：

```
SQL> create database simple;
```

执行 catalog.sql 创建数据字典（?表示安装 Oracle 软件的目录）：

```
SQL> start ?\rdbms\admin\catalog.sql
```

执行 catproc.sql 创建必要的包（包是存储过程和函数的集合）：

```
SQL> start ?\rdbms\admin\catproc.sql
```

以 system 用户连接数据库（其默认口令是 manager），执行 pupbld.sql，使得普通用户可以使用 SQL * Plus 工具操作数据库：

```
SQL> conn system/manager
SQL> start ?\sqlplus\admin\pupbld.sql
```

至此，Oracle 的建库过程完毕。

SQL Server 创建数据库的操作很简单，如创建 law 数据库，可以在 sqlcmd 客户端工具中执行下面命令：

```
C:\Windows\system32> sqlcmd
1> create database law
2> go
```

建库完成后，可以在数据库中继续创建表等对象用于存储和操作数据。

1.5 删除 Oracle 和 SQL Server 软件

可以使用控制面板中的软件删除工具删除 SQL Server 软件，与 Windows 系统的其他软件类似，这里不再赘述。

删除 Windows 系统上的 Oracle 数据库软件一直是很复杂的过程，为了简化此过程，从 Oracle 11g 开始，Oracle 专门提供了软件删除批处理脚本工具 deinstall.bat，执行 deinstall.bat 时，一般只要按回车键即可。下面是启动 deinstall.bat 的命令及启动开始后的部分提示信息：

```
D:\app\oracle\product\12.1.0\dbhome_1\deinstall> deinstall.bat
Checking for required files and bootstrapping ...
Please wait ...
已复制         1 个文件。
已复制         1 个文件。
已复制         1 个文件。
已复制         1 个文件。
日志的位置 C:\Program Files\Oracle\Inventory\logs\
############ ORACLE DEINSTALL & DECONFIG TOOL START ############

######################## CHECK OPERATION START ########################
## [开始] 安装检查配置 ##

检查 Oracle 主目录位置是否存在 d:\app\oracle\product\12.1.0\dbhome_1
选定进行卸载的 Oracle 主目录类型为:Oracle 单实例数据库
选定进行卸载的 Oracle 基目录为:d:\app\oracle
检查主产品清单位置是否存在 C:\Program Files\Oracle\Inventory


## [结束] 安装检查配置 ##
……

######################### CLEAN OPERATION END #########################

######################## CLEAN OPERATION SUMMARY ########################
已成功取消配置以下数据库实例: LAW12
以下单实例监听程序已成功取消配置: LISTENER
Cleaning the config for CCR
As CCR is not configured, so skipping the cleaning of CCR configuration
CCR clean is finished
Removed ode.net configuration
Removed ntoledb configuration
Removed oramts configuration
Removed odp.net configuration
Removed asp.net configuration
已成功地从本地节点上的主产品清单中分离 Oracle 主目录 'd:\app\oracle\product\12.1.0\dbhome_1'。
无法删除本地节点上的目录 'd:\app\oracle\product\12.1.0\dbhome_1'。
已成功地删除本地节点上的目录 'C:\ProgramData\Microsoft\Windows\Start Menu\Programs\Oracle -
OraDB12Home1'。
已成功从本地节点上的 PATH 变量中删除 oracle 主目录 'd:\app\oracle\product\12.1.0\dbhome_1'。
Oracle Universal Installer 清除成功。

Oracle 卸载工具已成功清除临时目录。
#################################################################
############## ORACLE DEINSTALL & DECONFIG TOOL END ##############
D:\app\oracle\product\12.1.0\dbhome_1\deinstall>
```

1.6 下载 Oracle 的帮助文件

安装 Oracle 数据库软件后，其帮助文件并未一同安装，要获得帮助信息，可以到网上检索，或者把帮助文件下载到本地检索。

Oracle 的官方帮助文件包括 HTML 与 PDF 两种格式，HTML 格式适合检索，PDF 格式适合系统学习，也可以方便地打印成册。

网上检索地址为：http://docs.oracle.com/database/121/index.htm，如图 1-52 所示是打开上述网址后的内容，可以根据需要，单击相关链接。

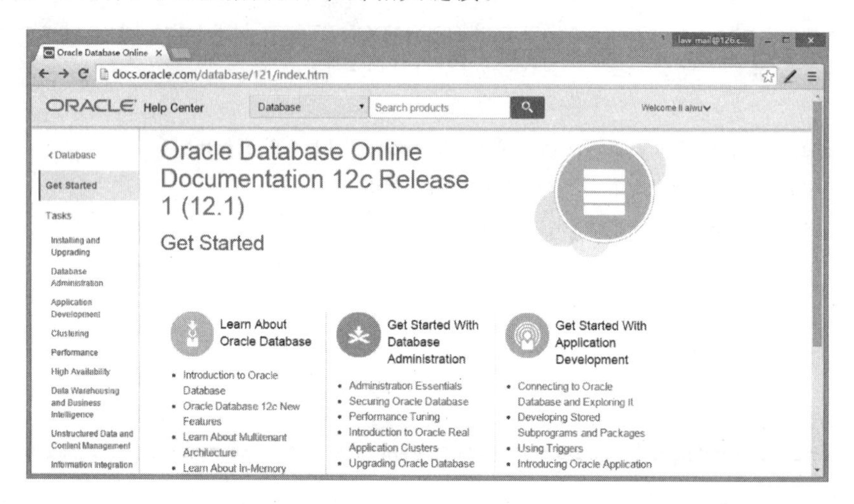

图 1-52　Oracle Database 12c 文档网上检索主页

帮助文档的下载网址为：

http://www.oracle.com/technetwork/database/enterprise-edition/documentation/index.html

如图 1-53 所示是打开这个网址后的内容。

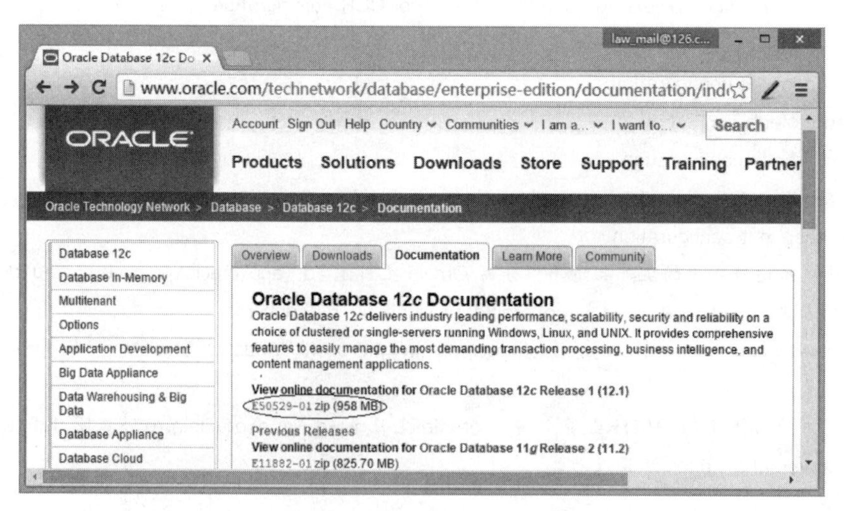

图 1-53　Oracle Database 12c 文档下载界面

通过单击页面圈住部分的链接可以下载帮助文件，下载后的文件名称为 121.zip，解压后即可以在本地检索，只要打开解压目录下的 index.htm 文件即可，其内容与网上相同，Oracle

的帮助文档只有英文版。如图 1-54 所示是下载到本地后的帮助文档主页。

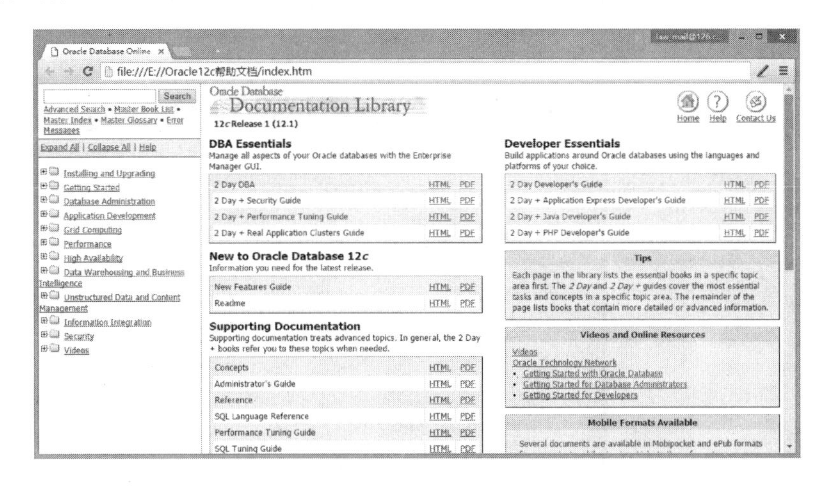

图 1-54　Oracle Database 12c 本地文档主界面

Oracle 数据库的帮助文档中最常用的有三个,其名称分别是:

- Concepts
- Reference
- SQL Language Reference

Concepts 文档是关于 Oracle 数据库体系结构、各种特性以及开发方面的总体介绍,一般被认为是最基本最重要的文档,共 542 页。

Reference 文档解释了 Oracle 数据库的所有初始化参数与数据字典视图,是数据库管理员必不可少的参考资料,共 1614 页。

SQL Language Reference 是关于 Oracle 支持的数据类型、函数以及 SQL 语法的详细文档,共 1826 页。

1.7　下载 SQL Server 的帮助文件

SQL Server 数据库服务器软件安装后,其帮助文件并未一起安装,可以使用帮助查看器下载到本地。帮助查看器可以在 SQL Server 的图形工具 Management Studio 中启动,如图 1-55 所示。

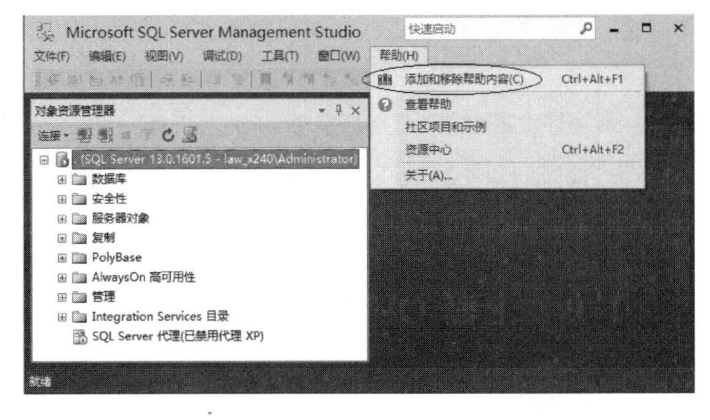

图 1-55　在 Management Studio 中启动帮助查看器

在帮助查看器中单击“查看器选项”按钮，如图 1-56 所示。

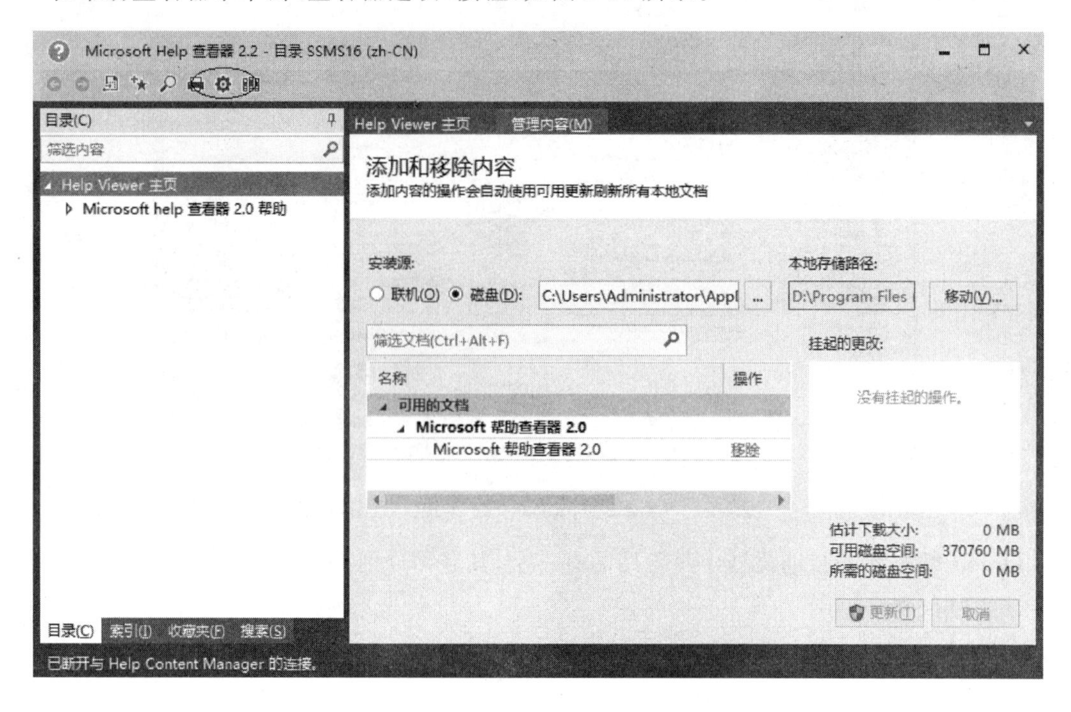

图 1-56 “查看器选项”按钮

在“查看器选项”对话框中选中“联机获得内容并检查内容更新(O)”，如图 1-57 所示。

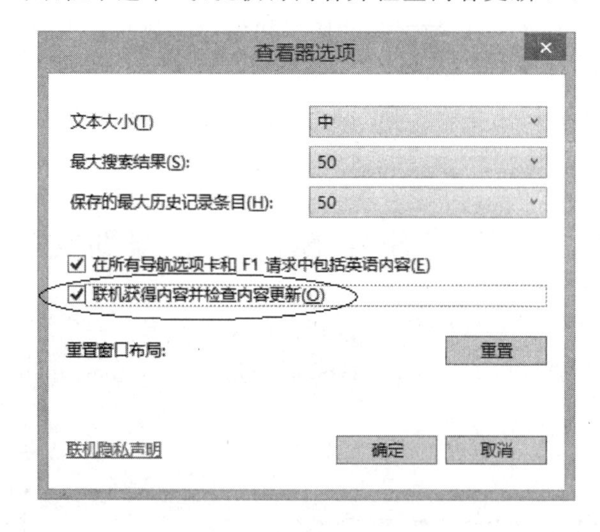

图 1-57 选择“联机获得内容并检查内容更新(O)”

在查看器主界面单击“管理内容”选项卡，选中“联机”，会显示当前可用的帮助文档，单击如图 1-58 所选范围的 SQL Server 相关文档，单击“添加”链接。

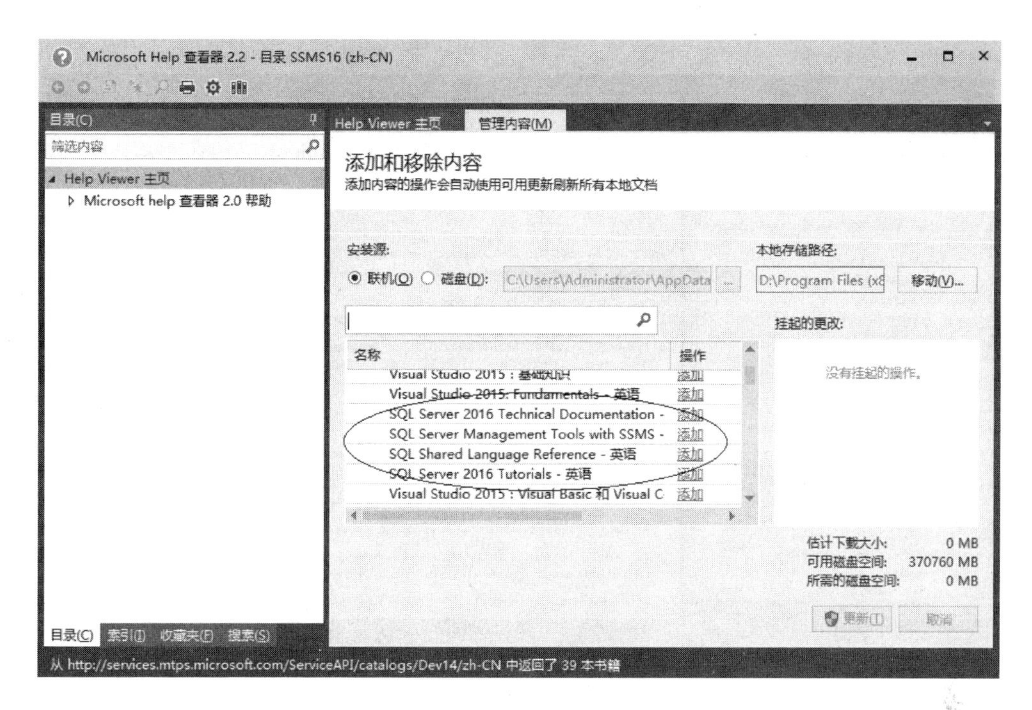

图 1-58　对帮助查看器添加 SQL Server 2016 联机丛书

继续单击如图 1-59 所示窗口右下角的"更新"按钮,即可以把选中的文档下载到本地。

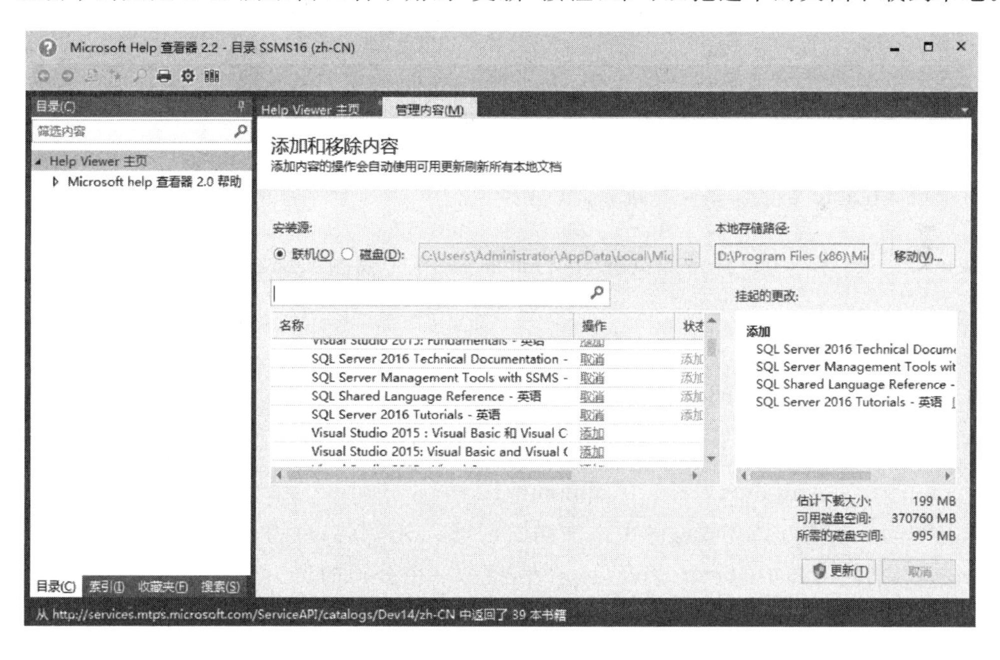

图 1-59　选择要下载到本地的帮助文档

本地帮助文档内容会列在帮助查看器左侧,可以根据需要查看相关内容。如图 1-60 所示是 T-SQL 参考部分的主页内容,这也是帮助文件中最常用的部分。

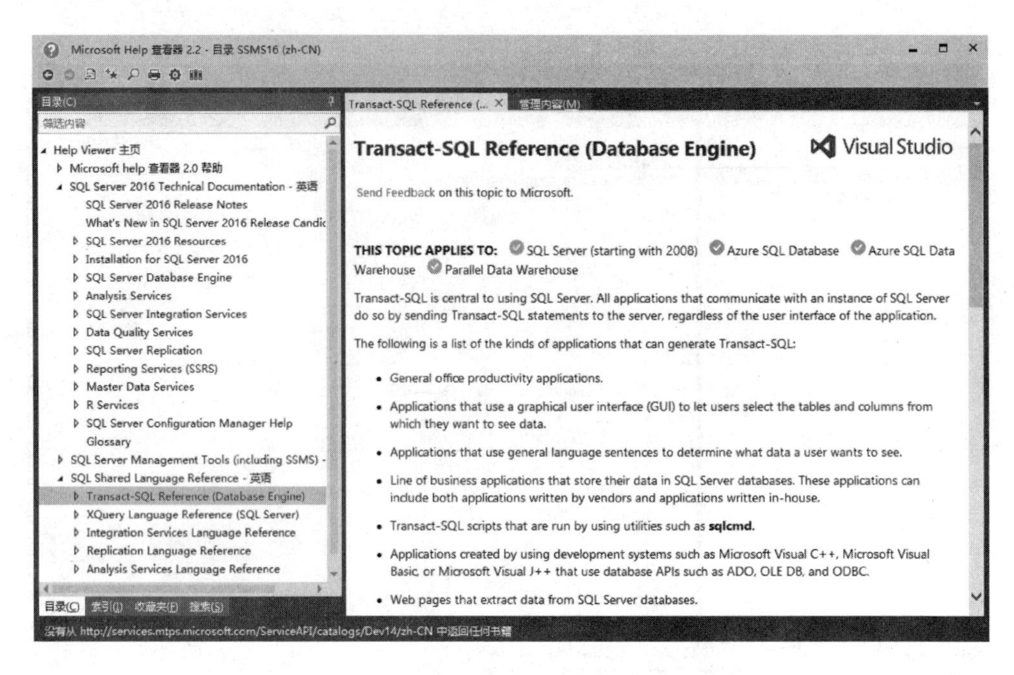

图 1-60　使用 SQL Server 2016 联机丛书

1.8　创建本书测试数据

本书示例会频繁用到某些测试数据，为了顺利完成本书的各个实验，请读者在 Oracle 和 SQL Server 数据库中执行下面命令，添加测试数据。

1.8.1　在 Oracle 数据库中添加测试数据

以 sys 或 system 用户登录数据库，执行下面命令，完成测试账号及数据的添加：

```
SQL> conn / as sysdba
已连接。
SQL> start ?\rdbms\admin\scott.sql
```

上述命令中的"?"表示环境变量 ORACLE_HOME 的值，笔者的机器上，这个值为：
C:\app\oracle\product\12.1.0\dbhome_1

执行 scott.sql 后，会在数据库中添加测试账号 scott，其口令为 tiger，并在 scott 模式下创建 4 个表，本书使用其中的 emp 表及 dept 表，模拟一个公司的员工表及部门表。

关于测试数据的详细信息，请读者查看 scott.sql 文件内容，或以 scott 用户查询。

1.8.2　在 SQL Server 数据库中添加测试数据

把 Oracle 中的 scott.sql 脚本稍加修改，使其能在 SQL Server 运行以添加与 Oracle 相同的测试数据。scott.sql 文件修改后的内容如下：

```
CREATE TABLE dept
(
DEPTNO NUMERIC(2) CONSTRAINT PK_dept PRIMARY KEY,
```

```
DNAME VARCHAR(14),
LOC VARCHAR(13)
);
go
CREATE TABLE emp
(
EMPNO NUMERIC(4) CONSTRAINT PK_emp PRIMARY KEY,
ENAME VARCHAR(10),
JOB VARCHAR(9),
MGR NUMERIC(4),
HIREDATETIME DATETIME,
SAL NUMERIC(7,2),
COMM NUMERIC(7,2),
DEPTNO NUMERIC(2) CONSTRAINT FK_DEPTNO REFERENCES dept
);
go
INSERT INTO dept VALUES(10,'ACCOUNTING','NEW YORK');
INSERT INTO dept VALUES (20,'RESEARCH','DALLAS');
INSERT INTO dept VALUES(30,'SALES','CHICAGO');
INSERT INTO dept VALUES(40,'OPERATIONS','BOSTON');
go
SET DATEFORMAT dmy;
go
INSERT INTO emp VALUES(7369,'SMITH','CLERK',7902,'17/12/1980',800,NULL,20);
INSERT INTO emp VALUES(7499,'ALLEN','SALESMAN',7698,'20/2/1981',1600,300,30);
INSERT INTO emp VALUES(7521,'WARD','SALESMAN',7698,'22/2/1981',1250,500,30);
INSERT INTO emp VALUES(7566,'JONES','MANAGER',7839,'2/4/1981',2975,NULL,20);
INSERT INTO emp VALUES(7654,'MARTIN','SALESMAN',7698,'28/9/1981',1250,1400,30);
INSERT INTO emp VALUES(7698,'BLAKE','MANAGER',7839,'1/5/1981',2850,NULL,30);
INSERT INTO emp VALUES(7782,'CLARK','MANAGER',7839,'9/6/1981',2450,NULL,10);
INSERT INTO EMP VALUES(7788,'SCOTT','ANALYST',7566,19/4/1987,3000,NULL,20);
INSERT INTO emp VALUES(7839,'KING','PRESIDENT',NULL,'17/11/1981',5000,NULL,10);
INSERT INTO emp VALUES(7844,'TURNER','SALESMAN',7698,'8/9/1981',1500,0,30);
INSERT INTO EMP VALUES(7876,'ADAMS','CLERK',7788,23/5/1987,1100,NULL,20);
INSERT INTO emp VALUES(7900,'JAMES','CLERK',7698,'3/12/1981',950,NULL,30);
INSERT INTO emp VALUES(7902,'FORD','ANALYST',7566,'3/12/1981',3000,NULL,20);
INSERT INTO emp VALUES(7934,'MILLER','CLERK',7782,'23/1/1982',1300,NULL,10);
go
```

把上述命令存储为 SQL 脚本文件,如存储为:c:\testdata.sql,然后在 sqlcmd 中执行下面命令生成测试数据:

```
C:\> sqlcmd -d law -i c:\testdata.sql
```

上述命令的-d 选项用于指定执行 SQL 脚本文件的数据库,需要预先创建。

第2章 客户端工具

Oracle 和 SQL Server 的客户端工具用于操作和管理数据库。依界面类型分为命令行和图形界面两种。专业技术人员、特别是数据库管理员一般倾向于使用命令行工具。安装数据库服务器软件时,客户端工具一般会默认安装。精通某种数据库产品,除了对其系统原理深刻理解外,还意味着精通其各种客户端工具的使用方法。

本章主要内容包括:

- 客户端工具概述
- 启动数据库服务
- 命令行工具使用方法
- 图形工具使用方法

2.1 客户端工具概述

Oracle 和 SQL Server 各自有一套工具集,分别包括命令行和图形界面两种类型,命令行工具也称为字符界面工具。本节对两个产品的主要客户端工具做总体介绍。除了这些自带的工具外,Oracle 的常用工具还包括第三方的 TOAD 和 PL/SQL Developer,两者都运行于 Windows 系统。

2.1.1 Oracle 的客户端工具

Oracle 数据库的客户端工具包括:

- SQL * Plus
- SQL Developer
- Oracle Enterprise Manager Database Express
- Oracle Enterprise Manager Cloud Control

SQL * Plus 为命令行工具,是 Oracle 数据库的主要客户端工具,用于执行 SQL 命令、编写存储过程,以及其他各种数据库管理任务。SQL * Plus 在 1985 年出现在 Oracle 5 中,以替换之前的 UFI(User Friendly Interface)。

SQL Developer 是用 Java 语言编写的图形界面工具,2006 年出现在 Oracle 10g 中,面向对象主要为数据库应用开发人员,用于浏览、创建、修改或删除各种数据库对象,执行 SQL 命令或脚本文件,编辑和调试 PL/SQL 程序,导出数据,生成报表等常见任务。除 Oracle 外,SQL Developer 也可以操作其他常见数据库,如 MySQL、SQL Server、Access、Sybase、DB2 等。

Oracle Enterprise Manager Database Express(简称为 OEM Express)及 Oracle Enterprise Manager Cloud Control 使用浏览器管理数据库，主要面向数据库管理员使用，这两个工具替换了之前版本的 Oracle Enterprise Manager Database Control。EM Express 包含了 Cloud control 中的关键性能监控页面和基本管理页面，用法较为简单，不需要过多配置，本书只介绍其使用方法。

2.1.2 SQL Server 的客户端工具

SQL Server 的客户端工具包括：

- sqlcmd
- SQL Server Management Studio

sqlcmd 是命令行工具，对应于 Oracle 的 SQL * Plus，在 SQL Server 2005 加入，替换之前的 isql 和 osql 工具。

SQL Server Management Studio 是图形界面管理工具，简称为 SSMS，功能强大，简单易用。SSMS 可以看作是 Oracle 的 OEM 与 SQL Developer 两者功能的结合。此工具在 SQL Server 2005 之前称为 Enterprise Manager。

虽然现在 Oracle 的 OEM 工具与 SQL Server 的 SSMS 在界面及功能方面有很大区别，但 Oracle 9i 推出的 OEM 初始版本的界面是模仿 SQL Server 2000 中的 Enterprise Manager，Oracle Enterprise Manager 的名称也由其直接照搬，其目的是争夺 SQL Server 用户。

2.2 启动数据库服务

服务器与客户端的关系类似于百货商场与其顾客的关系。顾客能在商场买到商品，首先要保证商场已经开门营业。与 Access 等文件型数据库不同，Oracle 和 SQL Server 都要先启动数据库服务器，才能使用。

2.2.1 启动 Oracle 数据库服务

在 Windows 系统，Oracle 的每个数据库对应一个称为 OracleService*SID* 的 Windows 服务，这里的 *SID* 为相应数据库实例名称。启动 Oracle 数据库服务，包括启动 OracleService*SID* 服务及启动数据库两个步骤。

启动 OracleService*SID* 服务，可使用 net start 命令，也可使用图形界面的 Windows 服务管理器。下面使用 net start 命令启动 OracleServicelaw 服务，law 是数据库的对应实例名称。

```
C:\> net start oracleservicelaw
OracleServiceLAW 服务正在启动 ....................
OracleServiceLAW 服务已经启动成功。
```

若使用 Windows 服务管理器，则如图 2-1 所示。

启动数据库时，需要以 sys 用户登录（这里使用了操作系统验证方式）：

```
C:\> sqlplus / as sysdba
SQL * Plus: Release 12.1.0.1.0 Production on 星期三 12 月 21 20:51:21 2015
Copyright (c) 1982, 2013, Oracle.   All rights reserved.
已连接到空闲例程。
```

图 2-1 启动 Oracle 数据库服务

登录后，执行 startup 命令启动数据库：

```
SQL> startup
ORACLE 例程已经启动。
Total System Global Area 1670221824 bytes
Fixed Size                  2403352 bytes
Variable Size            1006633960 bytes
Database Buffers          654311424 bytes
Redo Buffers                6873088 bytes
数据库装载完毕。
数据库已经打开。
```

在 Windows 系统，若使用 dbca 工具创建数据库，则默认会设置数据库随其服务自动启动，一般不需要上面启动数据库这个步骤。在 UNIX/Linux 系统，只需启动数据库，不存在与 Windows 系统的 OracleService*SID* 服务对应的服务。

2.2.2 启动 SQL Server 数据库服务

使用 SQL Server，只需启动 SQL Server 服务器，不用再另外启动数据库。启动服务后，服务器上的数据库就都可以使用了。

启动 SQL Server 数据库服务的方法与启动 Oracle 数据库服务相似，也是使用 net start 命令或服务管理器。

下面执行 net start 命令启动 SQL Server 数据库服务器，这里假定采用默认实例安装，其对应的 Windows 服务名称为 mssqlserver。

```
C:\> net start mssqlserver
SQL Server (MSSQLSERVER) 服务正在启动 .
```

```
SQL Server (MSSQLSERVER) 服务已经启动成功。
```

SQL Server 服务器实例上可以创建多个数据库，启动 mssqlserver 服务后，这些数据库就都可以使用了，而不用再次启动数据库，这是与 Oracle 数据库的不同之处，每个 Oracle 数据库在操作之前都需要单独启动。

使用 Windows 的服务管理器启动 SQL Server 服务器如图 2-2 所示。

图 2-2　启动 SQL Server 服务

2.3　命令行工具使用方法

命令行工具以交互方式执行命令，用户可以根据执行结果决定下一条执行什么命令，执行过程中不涉及使用鼠标、单击菜单等操作，效率高、速度快，适合系统管理或数据库管理工作。另外，命令行工具一般总是可用的，而图形工具却不一定，比如使用基于命令行的 SSH 工具远程连接至服务器进行系统管理的情况。从事数据库相关专业技术性工作，要熟练掌握常见的命令行工具。

2.3.1　启动客户端工具并连接至数据库

启动 Oracle 的 SQL * Plus，只需在 Windows 的 cmd 工具中输入以下命令：

```
C:\> sqlplus /nolog
SQL * Plus: Release 12.1.0.1.0 Production on 星期三 12 月 23 20:51:21 2015
Copyright (c) 1982, 2013, Oracle.  All rights reserved.
SQL>
```

在 SQL 提示符后输入 connect 命令(可简写为 conn)，并输入数据库用户及其口令，以“/”符号分隔，以连接至本地数据库，然后可以在 SQL 提示符后输入 SQL 命令：

```
SQL> connect scott/tiger
已连接。
SQL>
```

也可以在启动 SQL * Plus 时输入用户名及其口令：

```
C:\> sqlplus scott/tiger
SQL * Plus: Release 12.1.0.1.0 Production on 星期三 12 月 23 20:56:49 2015
Copyright (c) 1982, 2013, Oracle.  All rights reserved.

上次成功登录时间：星期二 12 月 22 2015 22:16:33 +08:00

连接到：
Oracle Database 12c Enterprise Edition Release 12.1.0.1.0 - 64bit Production
With the Partitioning, OLAP, Advanced Analytics and Real Application Testing options
SQL>
```

启动 SQL Server 的 sqlcmd 并连接至服务器，只需在命令提示符中输入 sqlcmd 回车，以操作系统验证方式连接本地服务器，如果出现"1>"提示符，则表示正常连接：

```
C:\> sqlcmd
1>
```

能够使用操作系统验证方式连接服务器的前提是当前登录 Windows 的账号已经被映射为 SQL Server 登录账号(安装 SQL Server 的 Windows 账号会自动映射为 SQL Server 账号，而且具备 SQL Server 服务器管理员权限)，这种方式类似于在 SQL * Plus 中以 sys 用户的操作系统验证方式连接数据库，即：

```
C:\> sqlplus / as sysdba
```

若要以 SQL Server 验证方式连接服务器，可以用-U 参数指定登录账号名称，用-P 参数指定口令，如下面命令所示：

```
C:\> sqlcmd -U law -P testpassword
1>
```

连接远程服务器或本地服务器的非默认实例，则要附加-S 参数：

```
C:\> sqlcmd -S law_x240\instance1 -U law -P testpassword
```

x240 是服务器的机器名称，instance1 是非默认实例的实例名称。

若连接远程默认实例，在-S 后面指定远程 SQL Server 服务器的机器名称即可。

若省略-S 参数，则连接本地服务器的默认实例，如果省略-U 参数，则默认使用 Windows 验证方式连接服务器。

以 SQL * Plus 连接远程 Oracle 数据库服务器，相对 SQL Server 来说要复杂一些，需要在客户端配置网络连接。

在服务器端除了启动数据库外，还要执行下面命令启动监听器：

```
C:\> lsnrctl start
```

然后使用下面的简易方式连接至数据库，简易方式不需要在客户端配置网络连接：

```
C:\> sqlplus scott/tiger@law_x240:1521/law
```

law_x240 是要连接的服务器名称，1521 为端口号，law 为数据库名称。

若端口号为默认的 1521，则可以将其省略，只需指定服务器和数据库名称：

```
C:\> sqlplus scott/tiger@law_x240/law
```

也可以使用本地网络服务名连接远程数据库,如:

```
C:\> sqlplus scott/tiger@test
```

test 是在客户端机器上配置的本地网络服务名。

SQL * Plus 和 sqlcmd 都使用 exit 或 quit 命令退出连接。

2.3.2 查看软件版本

Oracle 使用 v$version 数据字典视图查看软件版本:

```
SQL> select banner from v$version;

BANNER
--------------------------------------------------------------------------------
Oracle Database 12c Enterprise Edition Release 12.1.0.1.0-64bit Production
PL/SQL Release 12.1.0.1.0-Production
CORE      12.1.0.1.0        Production
TNS for 64-bit Windows: Version 12.1.0.1.0-Production
NLSRTL Version 12.1.0.1.0-Production
```

也可以执行 SQL * Plus 的 show release 命令以简洁方式列出版本号:

```
SQL> show release
release 1201000100
```

SQL Server 使用@@version 全局变量查看软件版本:

```
1> select @@version
2> go

--------------------------------------------------------------------------------
Microsoft SQL Server 2016 (RTM)-13.0.1601.5 (X64)
        Apr 29 2016 23:23:58
        Copyright (c) Microsoft Corporation
        Developer Edition (64-bit) on Windows 8.1 Enterprise 6.3 <X64> (Build 9600: )
```

2.3.3 切换用户

SQL * Plus 使用 connect 命令(可简写为 conn)切换用户。切换用户后,之前的用户自动执行 commit 操作后,退出连接。查看当前用户名称,可执行 show user 命令。

```
SQL> conn scott/tiger
已连接。
SQL> show user
USER 为 "SCOTT"
```

与 SQL * Plus 类似,sqlcmd 也可以使用 connect 命令切换用户,但要加上冒号,且要指定服务器名称,并使用-U 及-P 参数分别指定登录名及口令。

```
1> :connect law_x240 -U user1 -P testpassword
Sqlcmd：已成功连接到服务器“law_x240”。
```

若使用操作系统验证，则不必附加登录名及口令。

```
1> :connect law_x240
Sqlcmd：已成功连接到服务器“law_x240”。
```

切换完成后，SQL Server 自动关闭之前的用户连接。

其中的 law_x240 是连接的数据库服务器名称，若为默认实例，则可以如同示例只输入机器名称。若是非默认实例，可以在机器名称后附加实例名称，如：law_x240\instance1。

要查询当前登录账号及数据库用户名称，则可以分别使用下面命令：

```
1> print system_user
2> go
law_x240\Administrator
1> print user
2> go
dbo
```

第一个命令输出当前服务器登录名，第二个命令输出当前数据库用户。

2.3.4 切换数据库

Oracle 的一个数据库对应一个服务，切换数据库，也就是切换数据库服务。

本地服务器如果创建了多个数据库，可以通过设置 ORACLE_SID 环境变量切换 SQL * Plus 默认连接的数据库，如下所示：

```
C:\> set oracle_sid=law
C:\> sqlplus scott/tiger
SQL * Plus: Release 12.1.0.1.0 Production on 星期三 12 月 23 21:32:50 2015
Copyright (c) 1982, 2013, Oracle.  All rights reserved.

上次成功登录时间：星期三 12 月 23 2015 20:56:49 +08:00

连接到：
Oracle Database 12c Enterprise Edition Release 12.1.0.1.0-64bit Production
With the Partitioning, OLAP, Advanced Analytics and Real Application Testing options
```

SQL Server 服务器实例上可以创建多个数据库，连接到服务器后，使用 use 命令切换数据库，前提是当前服务器登录账号已经映射为这个数据库中的用户，如下面命令所示：

```
C:\> sqlcmd
1> use law
2> go
已将数据库上下文更改为 'law'。
```

2.3.5 查看当前数据库名称

SQL * Plus 中查看当前数据库名称，要以 system 或 sys 用户执行下面命令：

```
SQL> conn system/oracle
已连接。
SQL> show parameter db_name

NAME                                 TYPE        VALUE
------------------------------------ ----------- ------------------------------
db_name                              string      law
```

SQL Server 中的 db_name()函数可返回当前数据库名称:

```
1> print db_name()
2> go
law
```

2.3.6 修改密码

SQL * Plus 使用 password 命令修改密码,任何用户可以修改自己的密码,管理员可以修改其他用户的密码。

下面是 scott 用户修改自己的密码,输入新旧密码时不会显示在屏幕上:

```
SQL> conn scott/tiger
已连接。
SQL> password
更改 SCOTT 的口令
旧口令:
新口令:
重新键入新口令:
口令已更改
```

下面命令是 system 用户修改 scott 用户的密码:

```
SQL> conn system/oracle
已连接。
SQL> password scott
更改 scott 的口令
新口令:
重新键入新口令:
口令已更改
```

sqlcmd 在启动时使用-z 参数指定当前账号的新密码,下面命令把 sa 的口令改为 sasa:

```
C:\> sqlcmd -U sa -P sa -z sasa
```

2.3.7 执行 SQL 命令

Oracle 的 SQL * Plus 使用分号或斜杠来执行 SQL 语句,使用斜杠时,要另起新行。下面是几个执行 SQL 命令的示例:

```
SQL> conn scott/tiger
已连接。
```

```
SQL> select * from dept;

    DEPTNO DNAME          LOC
---------- -------------- -------------
        10 ACCOUNTING     NEW YORK
        20 RESEARCH       DALLAS
        30 SALES          CHICAGO
        40 OPERATIONS     BOSTON

SQL> select * from dept
  2  /

    DEPTNO DNAME          LOC
---------- -------------- -------------
        10 ACCOUNTING     NEW YORK
        20 RESEARCH       DALLAS
        30 SALES          CHICAGO
        40 OPERATIONS     BOSTON
```

SQL Server 的 sqlcmd 输入“go”来执行 SQL 命令。

下面我们执行几个简单的 SQL 命令。

首先执行 create database 命令在服务器上创建数据库 testDB：

```
C:\> sqlcmd
1> create database testDB
2> go
```

连接至 testDB 数据库：

```
1> use testDB
2> go
```

在 testDB 数据库上创建表 t：

```
1> create table t(a int, b int)
2> go
```

对 t 表添加 3 行记录：

```
1> insert into t values(1,10),(2,20),(3,30)
2> go
```

最后执行查询：

```
1> select * from t
2> go
a           b
----------- -----------
          1          10
          2          20
          3          30
```

2.3.8 设置客户端界面每行容纳的字符数

设置 SQL * Plus 每行容纳的字符数量，可以在启动 SQL * Plus 后，使用 set linesize 命令，查询其值，则可以使用 show 命令：

```
SQL> show linesize
linesize 80
SQL> set linesize 300
SQL> show linesize
linesize 300
```

除 linesize 外，SQL * Plus 还有很多其他环境变量，用 show all 命令可以显示这些变量的当前值，下面是其显示结果的前几项：

```
SQL> show all
appinfo 为 OFF 并且已设置为 "SQL * Plus"
arraysize 15
autocommit OFF
autoprint OFF
autorecovery OFF
autotrace OFF
blockterminator "." (hex 2e)
btitle OFF 为下一条 SELECT 语句的前几个字符
cmdsep OFF
……
```

若要修改以上变量值且永久生效，可以将其存入%ORACLE_HOME%\sqlplus\admin\glogin. sql 文件，SQL * Plus 启动时，会先读取这个文件，设置其环境变量。

设置 sqlcmd 每行容纳的字符数量，只能在启动 sqlcmd 时以-w 参数指定。

```
C:\> sqlcmd -w 300
```

2.3.9 修改执行过的 SQL 命令以重新执行

使用上、下方向键可以把执行过的命令回显，然后使用左、右方向键移动光标至合适位置修改特定内容。除此方法外，SQL * Plus 及 sqlcmd 都可以使用 ed 命令在编辑器中修改执行过的上一条 SQL 命令。

SQL * Plus 不需配置即可使用 ed 命令在记事本中修改之前执行的 SQL 语句。缓冲区的 SQL 命令会存入当前目录下的 afiedt. buf 文件，SQL * Plus 之前的客户端工具为 UFI 的升级版 AFI，当时使用 VAX/VMS 系统，编辑器名称为 EDT，afiedt 的叫法即源于此。

sqlcmd 也可以把执行过的命令显示在记事本中修改，但要设置 sqlcmdeditor 环境变量。

右击"我的电脑"图标，选择弹出菜单中的"属性"，在属性对话框中选择"高级"，然后单击"环境变量"按钮，在"系统变量"部分单击"新建"按钮，"变量名"中填入"sqlcmdeditor"，"变量值"填入"notepad"。完成以上设置后，重启 cmd 工具使其读取新的环境变量值即可生效。

2.3.10 执行 SQL 脚本文件

在记事本中编辑下面内容，保存为 sql 脚本文件，文件名称为 e:\test. sql。

select * from dept;

然后可以在SQL * Plus中使用start执行以上脚本：

```
SQL> conn scott/tiger
已连接。
SQL> start e:\test.sql

    DEPTNO DNAME          LOC
---------- -------------- --------------
        10 ACCOUNTING     NEW YORK
        20 RESEARCH       DALLAS
        30 SALES          CHICAGO
        40 OPERATIONS     BOSTON
```

以上的start关键字也可以替换为"@"。

SQL Server的sqlcmd使用:r执行SQL脚本，如果脚本文件最后没有go命令，则要单独输入go，如下面命令所示：

```
C:\> sqlcmd -d law
1> :r e:\test.sql
2> go
DEPTNO DNAME          LOC
------- -------------- --------------
     10 ACCOUNTING     NEW YORK
     20 RESEARCH       DALLAS
     30 SALES          CHICAGO
     40 OPERATIONS     BOSTON
```

启动sqlcmd时也可以使用-i参数执行sql脚本文件，-d参数用于指定数据库名称：

```
C:\Windows\system32> sqlcmd -d law -i e:\test.sql
DEPTNO DNAME          LOC
------- -------------- --------------
     10 ACCOUNTING     NEW YORK
     20 RESEARCH       DALLAS
     30 SALES          CHICAGO
     40 OPERATIONS     BOSTON
```

2.3.11　查询结果保存为文件

SQL * Plus使用spool命令实现，下面命令把spool开始直到spool off之间的内容都导出到c:\result.txt文件，在当前客户端也会显示查询结果：

```
SQL> spool c:\result.txt
SQL> select * from dept;

    DEPTNO DNAME          LOC
---------- -------------- --------------
```

```
        10 ACCOUNTING        NEW YORK
        20 RESEARCH          DALLAS
        30 SALES             CHICAGO
        40 OPERATIONS        BOSTON

SQL> spool off
```

sqlcmd 使用:out 命令指定输出结果保存的文件名称,客户端不会显示查询结果:

```
C:\> sqlcmd -d law
1> :out e:\out.txt
1> select * from dept
2> go
1> exit
```

执行 type 命令查看输出文件内容:

```
C:\> type e:\out.txt
DEPTNO DNAME                LOC
------- ------------- --------------
     10 ACCOUNTING          NEW YORK
     20 RESEARCH            DALLAS
     30 SALES               CHICAGO
     40 OPERATIONS          BOSTON
```

也可以在启动 sqlcmd 时,以-i 参数指定 SQL 脚本文件,以-o 参数指定输出文件:

```
C:\> sqlcmd -d law -i e:\test.sql -o e:\out.txt
C:\> type e:\out.txt
DEPTNO DNAME                LOC
------- ------------- --------------
     10 ACCOUNTING          NEW YORK
     20 RESEARCH            DALLAS
     30 SALES               CHICAGO
     40 OPERATIONS          BOSTON
```

2.3.12 设置查询结果的字符串列宽

在 SQL * Plus 中,可以使用 column *column_name* format a*n* 命令设置字符串列的显示宽度,以避免显示结果因为换行而显得凌乱,其中的 column 及 format 关键字可分别简写为 col 及 for,a 后面的数字 n 用于指定字符数量。

如查询 file_id 为 1 的数据文件名称,在未设置 file_name 的列宽时,显示结果如下:

```
SQL> conn system/oracle
已连接。
SQL> select file_name from dba_data_files where file_id=1;

FILE_NAME
--------------------------------------------------------------------------------
```

```
E:\ORACLE\ORADATA\LAW11G\SYSTEM01.DBF
```

如果设置其列宽为 40 个字符，则结果如下：

```
SQL> col file_name for a40
SQL> select file_name from dba_data_files where file_id=1;

FILE_NAME
----------------------------------------
E:\ORACLE\ORADATA\LAW11G\SYSTEM01.DBF
```

sqlcmd 不能设置指定列的宽度，只可以在启动时通过-Y 及-y 参数设置所有字符串列的宽度。

-y 参数设置下列字符串类型列的宽度：

- varchar(max)
- nvarchar(max)
- varbinary(max)

varchar(max)，nvarchar(max)，varbinary(max)是 SQL Server 2005 的新数据类型，用于替换 text、ntext、image 这三种数据类型，可存储 $2^{31}-1$ 个字节数据。

-Y 用于设置下列字符串类型列的宽度：

- char(n)
- nchar(n)
- varchar(n)
- nvarchar(n)
- sql_variant

查看设置这两个参数后的实际效果，我们可以做以下测试：

```
1> create table t(a varchar(max), b varchar(30))
2> go
```

设置-Y 参数为 10，影响 b 列的显示宽度：

```
C:\> sqlcmd -Y 10
1> select * from t
2> go
a                                                          b
---------------------------------------------------------- ----------

(0 行受影响)
```

设置-y 参数为 10，则可以影响 a 列的显示宽度：

```
C:\> sqlcmd -y 10
1> select * from t
2> go
a          b
---------- ------------------------------

(0 行受影响)
```

2.3.13 查询表的结构，describe 命令

SQL * Plus 可以执行 describe 命令查询表的结构，非常方便：

```
SQL> conn scott/tiger
已连接。
SQL> describe dept
名称                                       是否为空? 类型
----------------------------------------- -------- ----------------------------
DEPTNO                                     NOT NULL NUMBER(2)
DNAME                                               VARCHAR2(14)
LOC                                                 VARCHAR2(13)
```

sqlcmd 不支持 describe 命令，我们编写一个 describe 存储过程，完成同样的功能。

```
create proc dbo.describe
@table_name Nvarchar(100)
as
select c.name as column_name,
case t.name
when 'numeric' then
    t.name+'('+cast(c.precision as varchar(5))+','+cast(c.scale as varchar(5))+')'
when 'char' then
    t.name+'('+cast(c.max_length as varchar(5))+')'
when 'varchar' then
    t.name+'('+cast(c.max_length as varchar(5))+')'
when 'nvarchar' then
    t.name+'('+cast(c.max_length as varchar(5))+')'
else t.name
end as type,
case c.is_nullable
when 1 then ''
    else 'NOT NULL'
    end as nullable
from sys.all_columns as c, sys.types as t
where c.system_type_id=t.system_type_id
and t.name>'sysname' and c.object_id=object_id(@table_name)
```

其用法如下：describe *'schma_name.table_name'*

若表属于用户的默认架构，可省略表名之前的架构名称，下面是执行这个存储过程的示例。

查看 dept 表的结构：

```
1> describe dept
2> go
```

```
column_name          type                nullable
-------------------- ------------------- -- --------
DEPTNO               numeric(2,0)        NOT NULL
DNAME                varchar(14)
LOC                  varchar(13)
```

查看目录视图 sys. schemas 的结构：

```
1> describe 'sys.schemas'
2> go
column_name                       type                              nullable
--------------------------------- --------------------------------- - --------
schema_id                         int                               NOT NULL
principal_id                      int
name                              nvarchar(256)                     NOT NULL
```

2.4 图形工具使用方法

相比命令行工具，图形界面工具对初学者来说更容易入门。微软一直重视图形界面工具的开发。为了提高市场占有率，Oracle 也在图形工具方面投入了越来越多的资源。本节介绍两种产品的图形工具和使用方法。

2.4.1 Oracle 的图形工具

Oracle database 12c 的图形界面管理工具有面向开发者的 SQL Developer 和面向数据库管理者的 Enterprise Manager。

在 Oracle 程序组，单击“应用程序开发”中的 SQL Developer 即可将其启动。

首次启动需设置 java. exe 所在的路径，一般为：%ORACLE_HOME%\jdk\bin。ORACLE_HOME 是安装 Oracle 数据库软件时设置的操作系统环境变量，一般为：*x*:\app*user_name*\product\12. 1. 0\dbhome_1\jdk\bin，x 是分区符号，user_name 是执行软件安装任务的操作系统用户名称。

图 2-3 启动 SQL Developer

启动后，右击“连接”，然后选择“创建本地连接”，如图 2-4 所示。

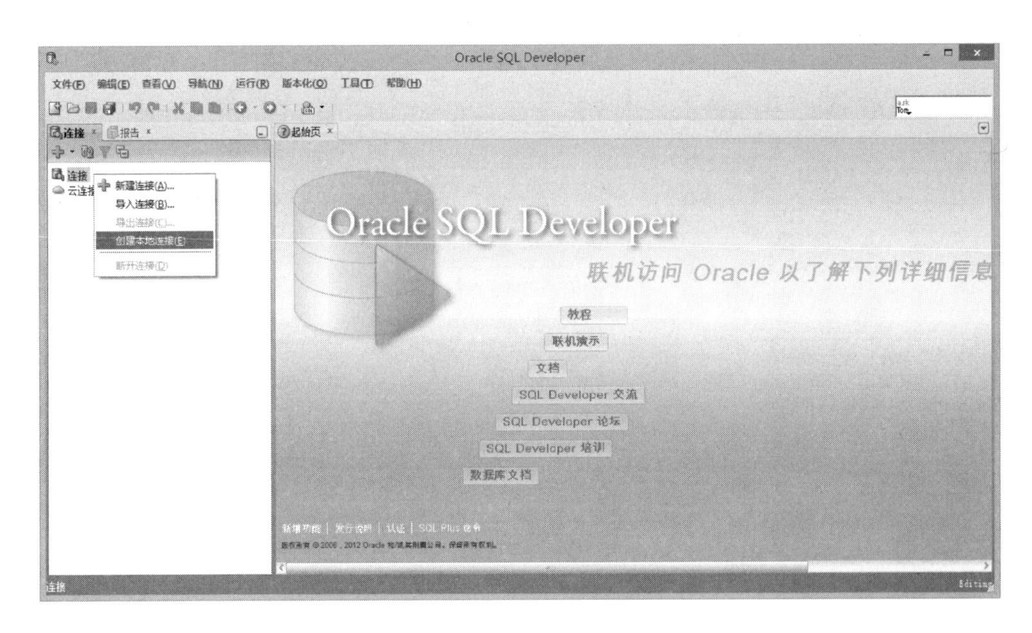

图 2-4 创建本地连接

数据库中未被锁住的用户都会建立一个独立的连接，如图 2-5 所示。

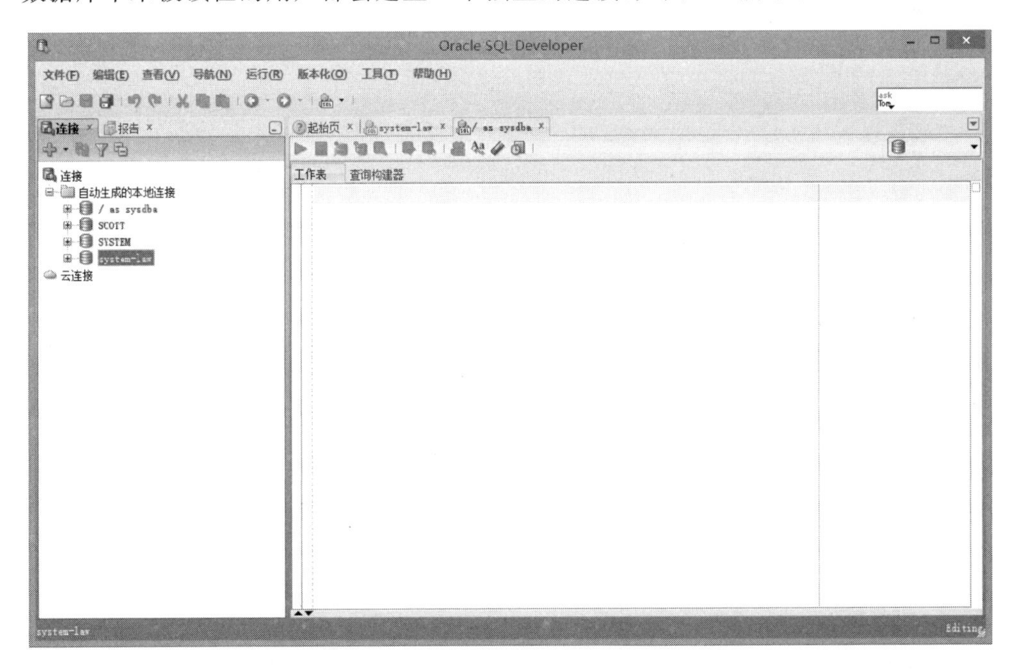

图 2-5 建立数据库连接后的 SQL Developer 主界面

单击连接名称之前的“+”号，会要求输入对应用户的口令，如图 2-6 所示。

输入口令后，单击“确定”按钮，左侧用户名之前的“+”会展开，列出当前连接用户下的所有数据库对象。在右侧输入 SQL 命令，单击编辑窗口上方的第一个三角形按钮，即可执行。如果编辑窗口中有多条 SQL 命令，则可以先选中要执行的命令，然后单击执行按钮，如图 2-7 所示。

在左侧树形结构中单击某个数据库对象，如 dept 表，则会在右侧主窗口中显示其各种属性信息，如图 2-8 所示。

图 2-6　输入用户口令

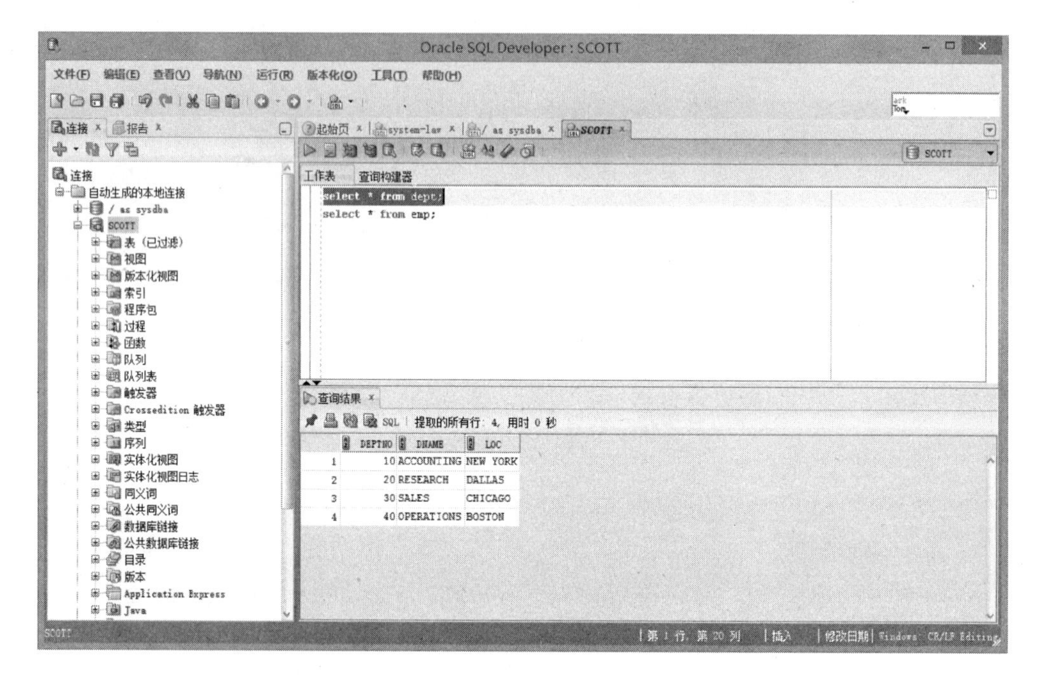

图 2-7　在 SQL Developer 中执行 SQL 语句

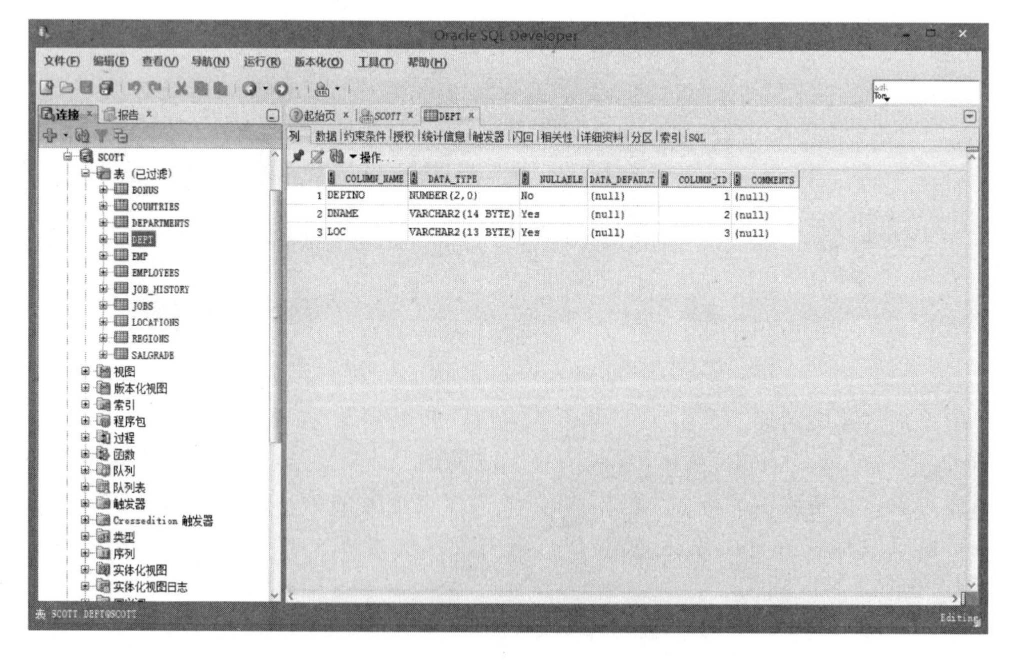

图 2-8　查看表的结构

在左侧窗口中可以右击相应对象，在弹出菜单中选择合适的命令，执行对相关数据库对象的操作。如对表执行“编辑”命令，可以修改表的结构，如图 2-9 所示。

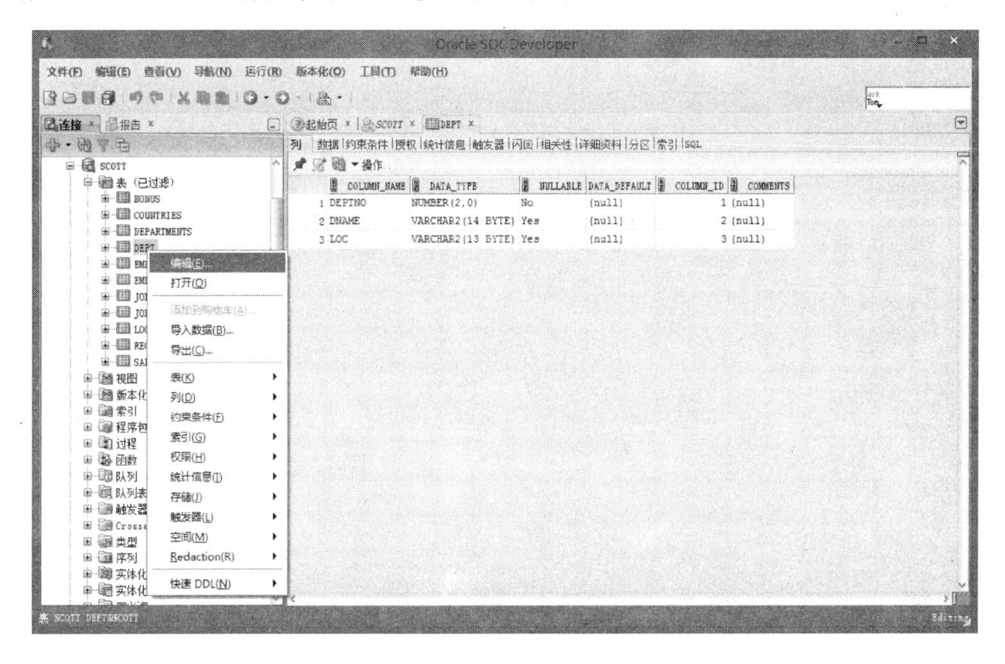

图 2-9　表的操作菜单

如图 2-10 所示是编辑表的对话框。

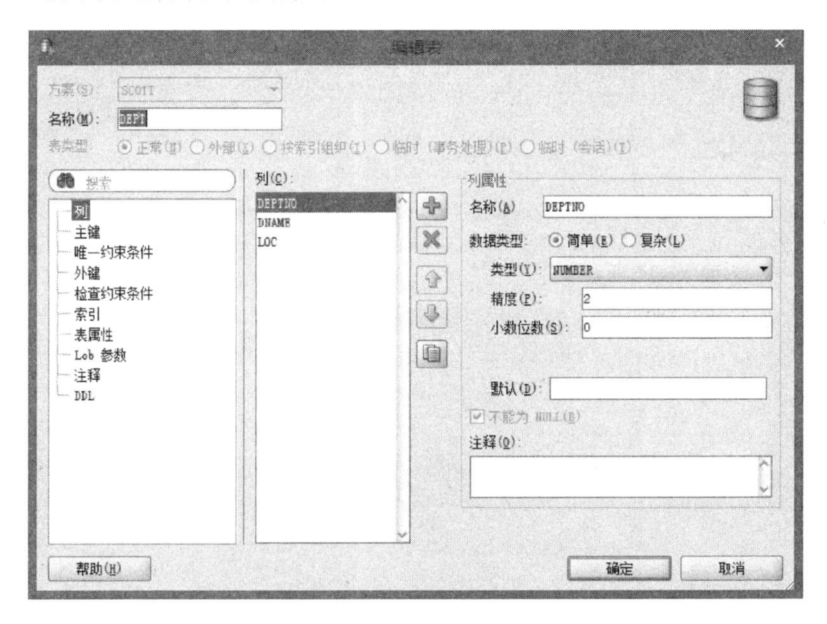

图 2-10　修改表的结构

如果单击左侧窗口的 Reports 部分，则可以浏览选定用户有权限查看的关于数据库的更多信息，如图 2-11 所示的是 scott 用户可以查看的字典视图。

下面使用 SQL Developer 建立到 SQL Server 数据库的连接。

用 SQL Developer 连接 SQL Server，需要安装 SQL Server JDBC 驱动程序 jtds，其下载网址为：http://sourceforge.net/projects/jtds/files/jtds/，选择下载页面中的 1.2 版本，得到

jtds-1.2-dist.zip 压缩包，解压到任意一个目录即可。

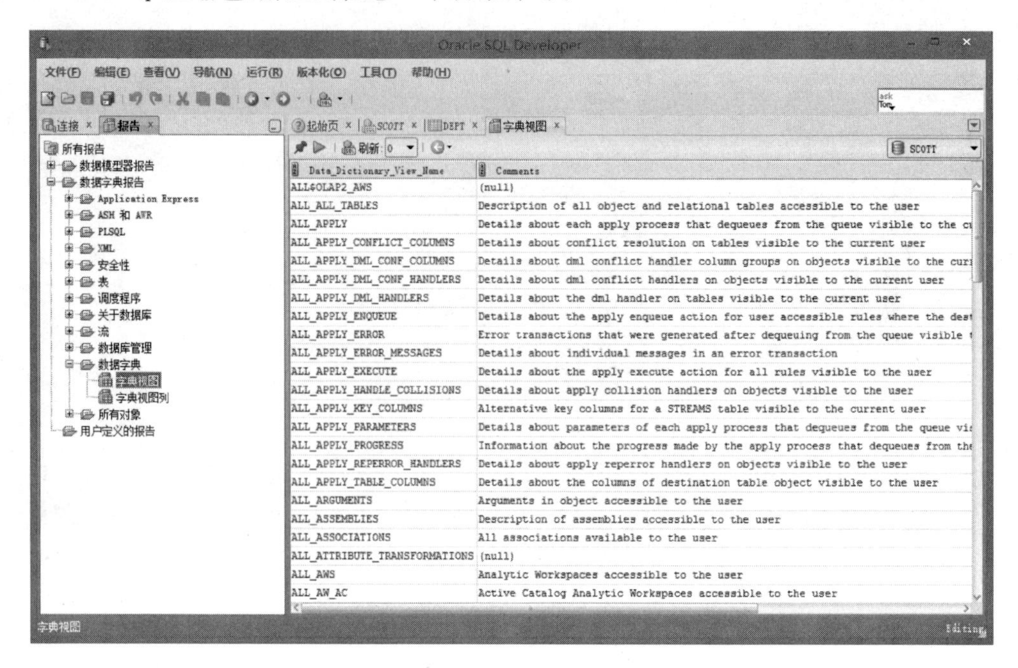

图 2-11 浏览更多信息

单击在 SQL Developer 的“工具”菜单，选择“首选项…”命令，如图 2-12 所示。

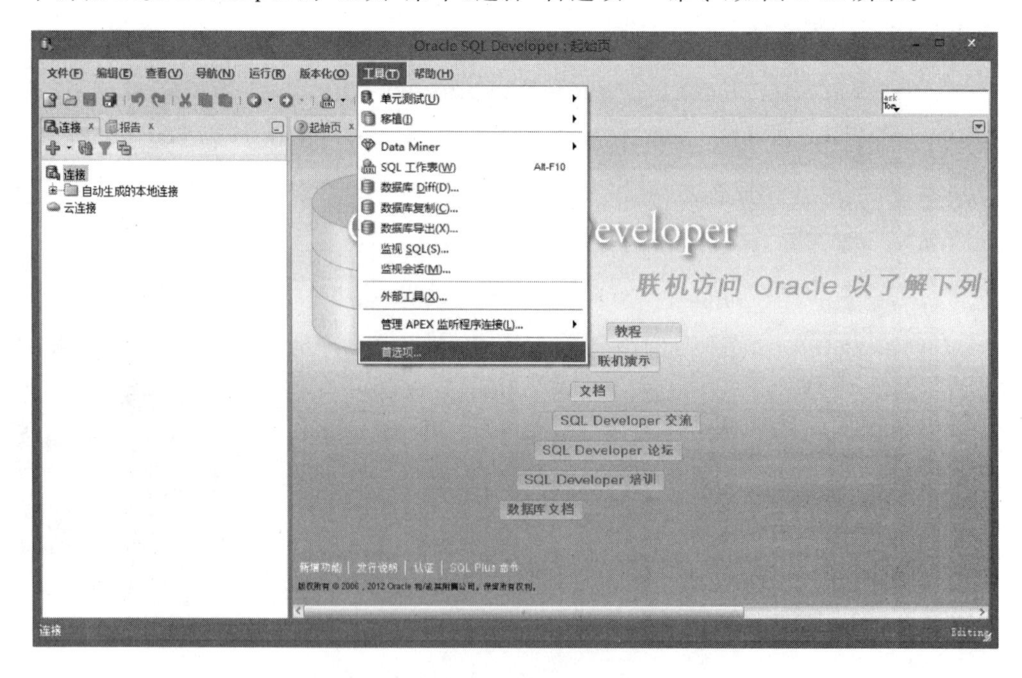

图 2-12 添加第三方 JDBC 驱动程序

在“数据库”部分，选择“第三方 JDBC 驱动程序”，如图 2-13 所示。

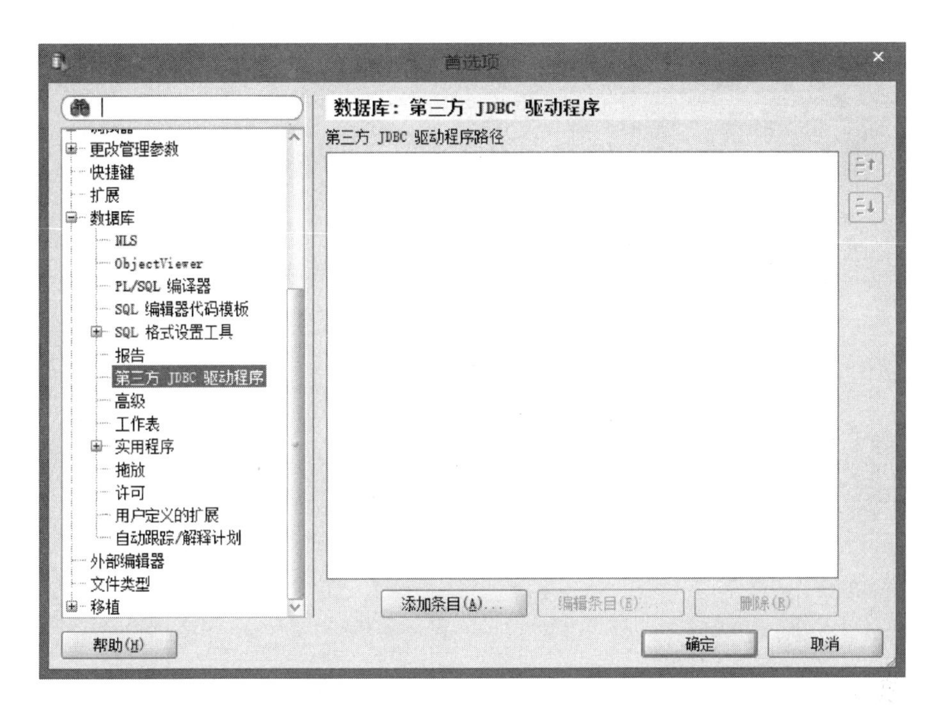

图 2-13　添加第三方 JDBC 驱动程序

单击右侧的“添加条目(A)…”按钮，找到解压 jtds-1.2-dist.zip 后的目录，选择其中的 jtds-1.2-dist.jar，单击“选择”按钮，如图 2-14 所示。

图 2-14　选择 JDBC 驱动程序

所选目录会加入“第三方 JDBC 驱动程序路径”窗口，单击“确定”按钮，如图 2-15 所示。

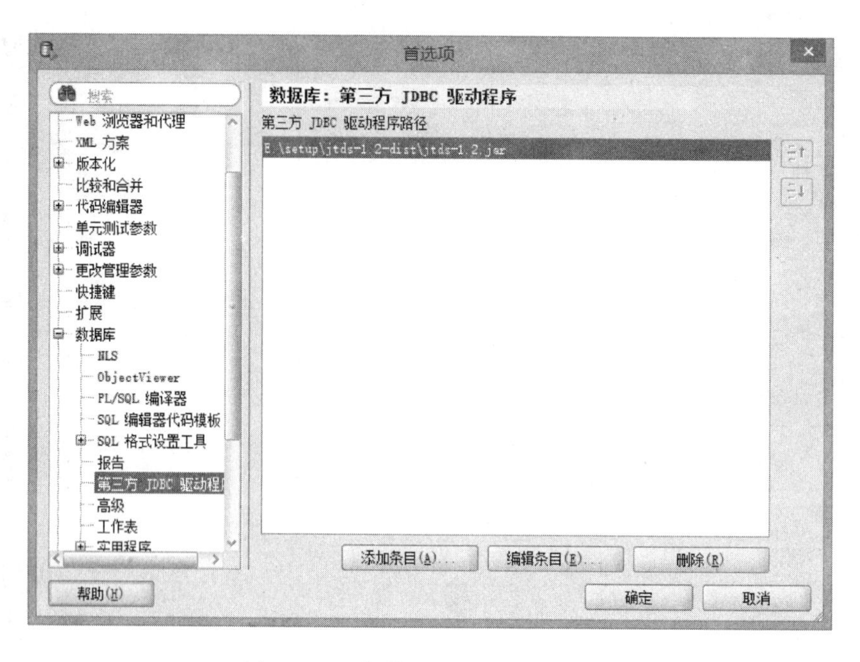

图 2-15　添加第三方 JDBC 驱动程序

新建连接，在连接设置对话框中会显示 SQL Server 和 Sybase 选项卡，选择“SQL Server”，如图 2-16 所示，以 sa 用户连接服务器(需先设置 sa 的口令，并开启服务器端的 SQL Server 验证方式)。

图 2-16　配置 SQL Server 连接属性

在 SQL Developer 的左侧树形结构中会显示 SQL Server 服务器中的各个数据库，在右侧 SQL 编辑器窗口可以执行 SQL 命令(如图 2-17 所示)。执行 SQL 时，要指定表所属的数据库及架构名称。

Oracle 12c 的 Enterprise Manager Database Express 是通过 Web 页面对数据库进行管理的客户端工具。要使用此工具，需在 dbca 建库时，勾选“Enterprise Manager Database Express”。

服务器端启动监听器和数据库后，在浏览器的地址栏输入：https://*server_name*:5500/em，即可访问服务器，server_name 替换为服务器所在的机器名称，如果连接本地服务器，则可以使用 localhost。

第一次访问时，浏览器认为此连接为非私密连接而报错，单击“依然前往”即可。

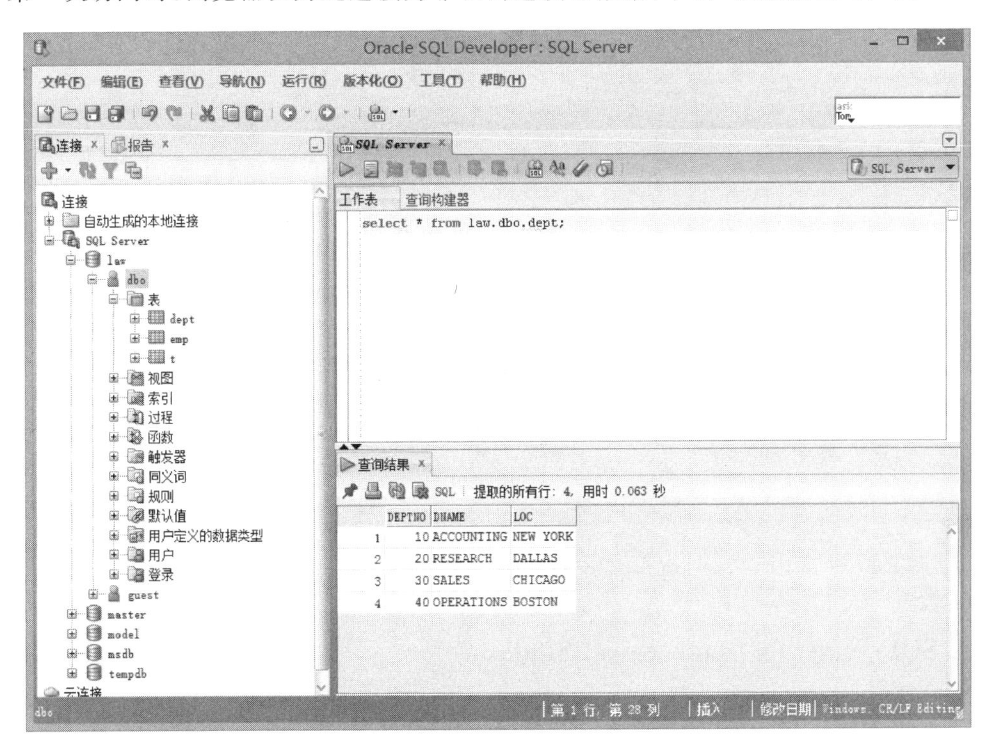

图 2-17　在 SQL Developer 中操作 SQL Server

如图 2-18 所示是连接服务器后的登录界面，用户名输入 sys 或 system，并输入相应口令。

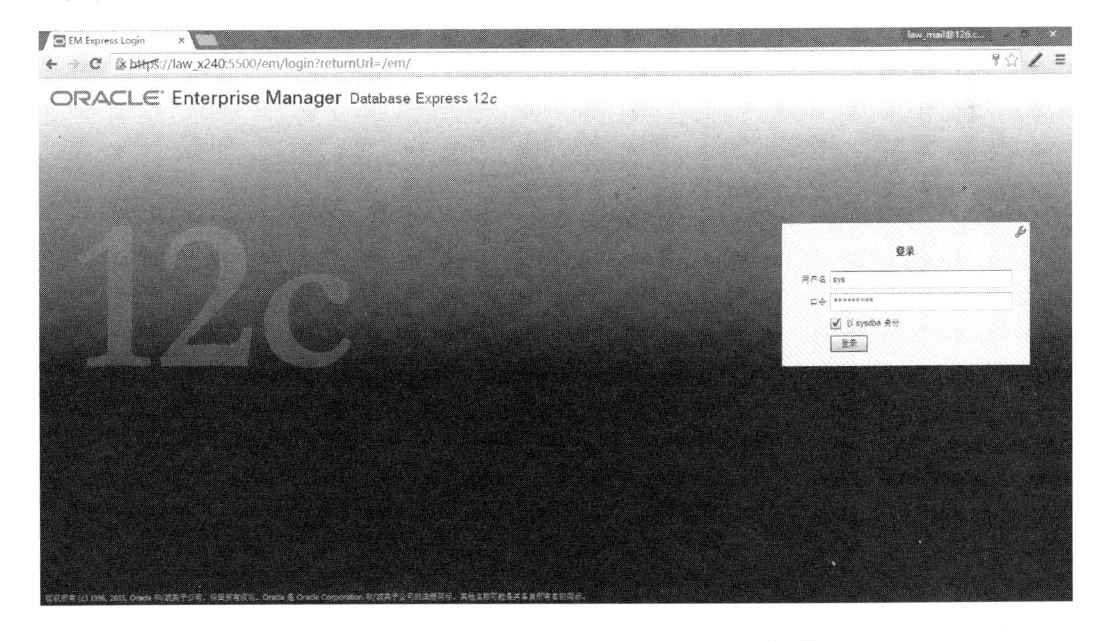

图 2-18　Enterprise Manager Database Express 登录界面

如图 2-19 所示是登录后的主操作界面。

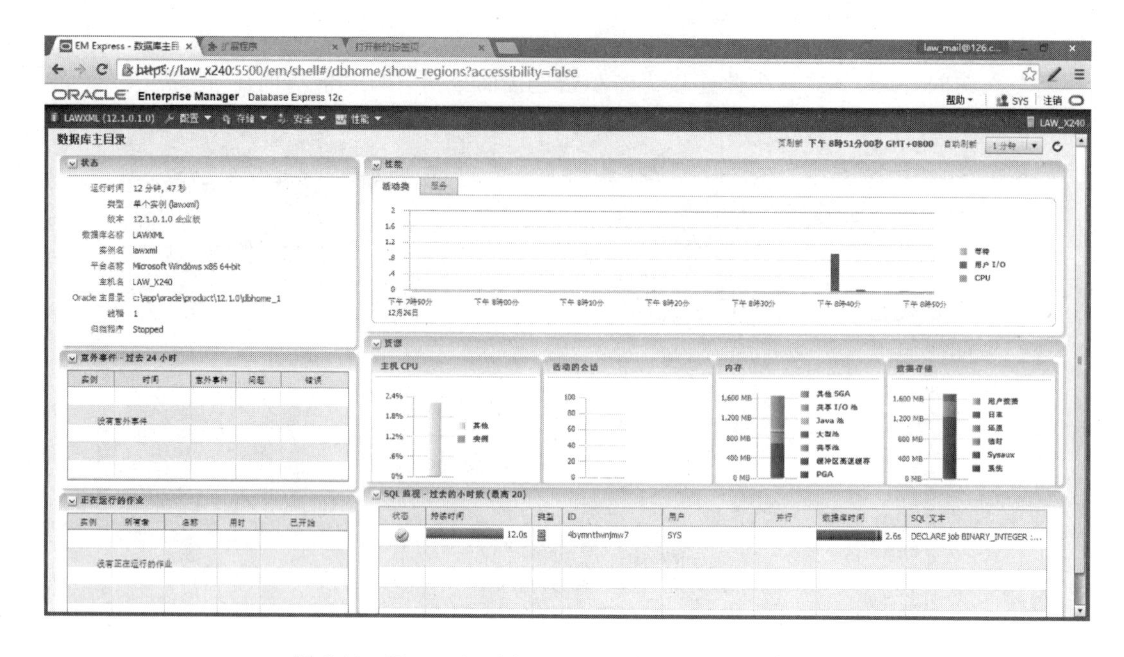

图 2-19　Enterprise Manager Database Express 主界面

2.4.2　SQL Server 的 Management Studio

在 SQL Server 程序组中选择 SQL Server Management Studio，启动 SSMS。

若连接本地服务器，服务器名称输入句点“.”即可，其连接设置窗口如图 2-20 所示。

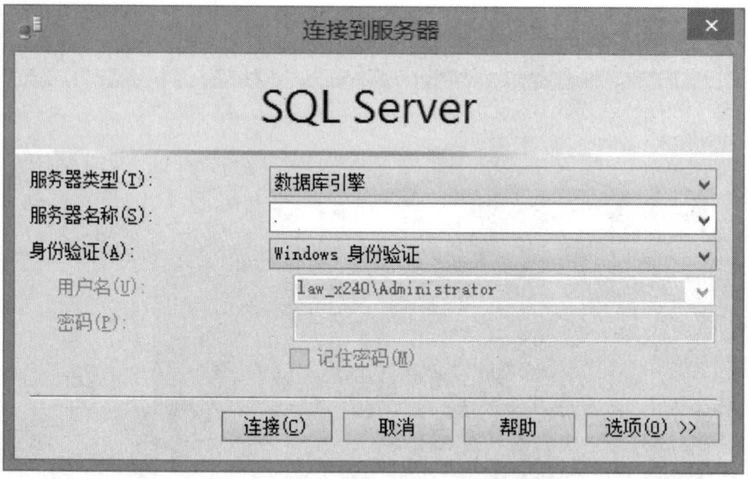

图 2-20　填写 Management Studio 登录信息

在身份验证部分选择 Windows 身份验证，或选择 SQL Server 身份验证，输入相应服务器登录账号及口令，连接服务器后，打开如图 2-21 所示的主界面。

可以在左侧树形结构中浏览各种服务器和数据库对象信息，右击某个对象，弹出菜单中可以看到能执行的更多操作。

单击“文件”菜单，选择“新建”按钮，再选择“数据库引擎查询”，可以在右侧打开 SQL 编辑窗口(如图 2-22 所示)。输入 SQL 命令后，单击工具栏的“执行”按钮，可以执行编辑窗口中选中的 SQL 命令，在窗口下面除了显示执行结果外，还显示了命令执行的时间，在顶部的工具栏

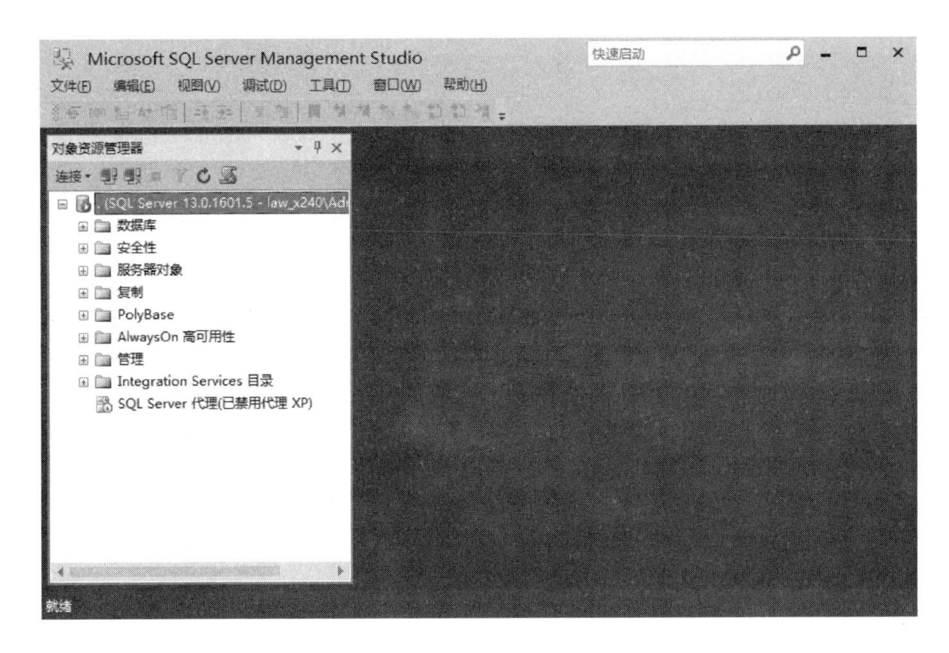

图 2-21 Management Studio 主界面

还可以选择"显示估计的执行计划"或"包括实际的执行计划"。可以把鼠标移动至相应按钮，通过提示查看其功能。

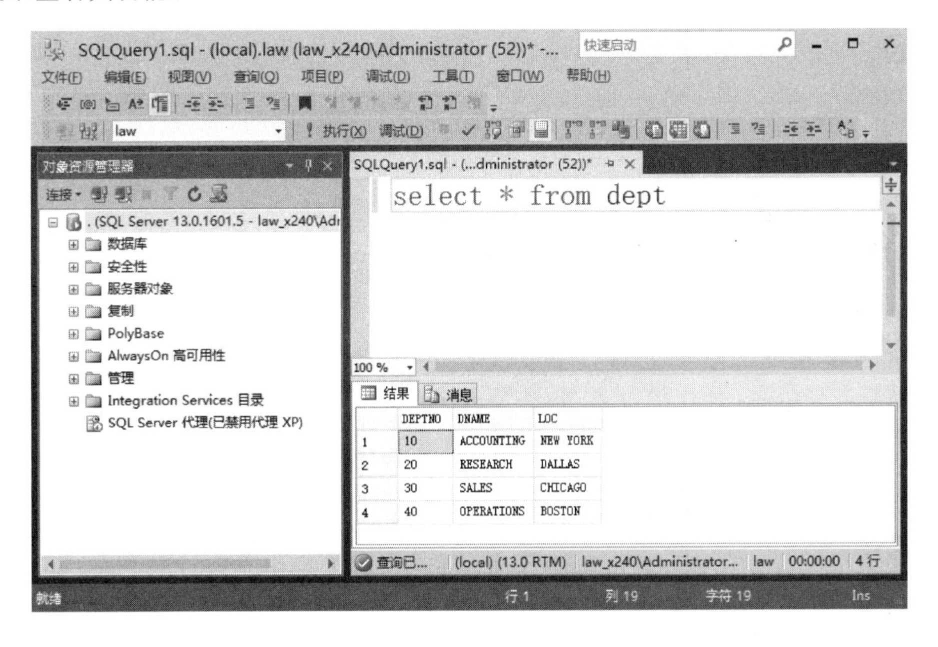

图 2-22 Management Studio 中执行 SQL 命令

第3章 SQL语言

SQL 语言是操作关系型数据库的通用语言，与关系型数据库一样，至今也有了 40 多年历史。与其他编程语言相比，SQL 语言与平时常用的英语更接近，比较容易掌握。SQL 语言可以交互执行，也可以嵌入到其他编程语言中执行。从事数据库应用开发和数据库管理工作都需要具备快速编写 SQL 语句的能力。

本章主要内容包括：

- SQL 概览
- select，insert，update，delele 语句
- null 值的处理
- 管理表
- idenity 列
- 约束
- 视图
- 序列
- 同义词

3.1 SQL 概览

SQL 语言由 IBM 的 Donald D. Chamberlin 和 Raymond F. Boyce 开发，用于在 System R 项目中实现数据访问，于 1974 年发布，其最初目的是让非计算机专业人员能够使用 SQL 语言操作数据库。SQL 语言使用面向集合的方式而不是传统的面向过程方式查询数据。1979 年，Oracle 公司（当时的公司名称为 Relational Software, Inc）推出了第一个商业化关系数据库产品，并使用了与 IBM 公司的 SQL 语言兼容的操作语言。

随着关系型数据库的广泛使用，SQL 语言也成为其标准操作语言，并于 1986 年由美国标准化局 ANSI 进行了标准化，称为 SQL-86，1987 年被 ISO 接受。SQL 语言的功能不断扩充，其标准也随之不断修改，当前最新标准为 2011 年发布的 SQL:2011。

当前主流数据库产品的 SQL 语言一般都支持 SQL-92 标准的主要部分，但在语法上还不能完全兼容。

SQL 表示 Structured Query Language，但其功能已远远不限于提供查询。传统上，按其功能，SQL 一般分为以下三类：

- DDL：Data Definition Language，数据定义语言
- DML：Data Manipulation Language，数据操纵语言
- DCL：Data Control Language，数据控制语言

以上三类语言的功能和主要语句如表 3-1 所示。

表 3-1　SQL 语言分类

分类	主要语句	功能
DML	select	查询表的数据
	update	修改表中的列值
	delete	删除表中的记录
	insert	对表添加新记录
	merge	有条件地添加或更新记录
DDL	create	创建数据库对象，如表、视图、索引等
	alter	修改数据库对象定义，如对表添加或删除列
	drop	删除数据库对象
	truncate	删除表中的所有记录
DCL	grant	赋予用户权限
	revoke	撤销用户的权限

DML 语言中的几个语句除了 insert 语句，其他几个都会涉及查询。在底层，对于 DML 语句，需要在执行语法和语义检查后，制订执行计划，然后根据执行计划完成任务，而 DDL 语句只需执行语法和语义检查，然后直接执行。

Oracle 把 SQL 语言分为以下几类：

- DDL 语句
- DML 语句
- 事务控制语句
- 会话控制语句
- 系统控制语句
- 嵌入式 SQL 语句

在 Oracle 中，DCL 包含在 DDL 中。除了以上几个语句，Oracle 的 DDL 还包括执行审计功能的 audit、noaudit 语句，以及添加注释的 comment 语句。

Oracle 中的 DML 还包括查看执行计划的 explain pan 以及临时禁止用户访问指定表的 lock table 语句。

在事务处理方面，Oracle 执行 DDL 时，会在其前后自动执行提交（commit），从而不能回滚 DDL 语句。而 SQL Server 处理 DDL 的方式与 DML 相同，即执行 DDL 时不会自动提交，DDL 也可以回滚。

3.2　select 语句

select 语句用于对表的查询，是 SQL 语言中最重要、最常用的部分，关系代数中的运算都是指查询操作。本节介绍 Oracle 和 SQL Server 的 select 各种子句的差异。

3.2.1　简单查询

这里所说的简单查询指不包含子查询的单表查询，其典型的形式包括下面 6 部分，也称为

6 个子句：

select … from … where … group by … having … order by …

对于这种简单查询，Oracle 与 SQL Server 的语法形式基本相同，这里不再赘述。两者的不同点主要是列别名及字符串条件的语法形式，下面分别说明。

Oracle 中支持两种形式的列别名语法形式，一种直接把别名附加在列名后面：

```
SQL> select ename emp_name, sal salary
  2  from emp
  3  where deptno=20
  4  /

EMP_NAME          SALARY
---------- ----------
SMITH                800
JONES               2975
FORD                3000
```

另外一种是在列名与列别名之间再附加 as 关键字：

```
SQL> select ename as emp_name, sal as salary
  2  from emp
  3  where deptno=20
  4  /

EMP_NAME          SALARY
---------- ----------
SMITH                800
JONES               2975
FORD                3000
```

SQL Server 除了支持上述两种语法形式外，还支持把列别名置于列名之前，并附加等号：

```
1> select emp_name=ename, salary=sal
2> from emp
3> where deptno=20
4> go
emp_name       salary
---------- ----------
SMITH          800.00
JONES         2975.00
FORD          3000.00
```

Oracle 与 SQL Server 都支持使用 like 关键字执行字符串模糊查询，以“%”及“_”作为通配符，以及使用 escape 关键字指定转义字符，如查询 dept 表中 dname 列的第二个字母为 A 的记录，以下命令 Oracle 与 SQL Server 都是支持的：

select * from dept where dname like '_A%'

除了支持以上字符串模糊匹配的用法以外，SQL Server 还支持正则表达式中的方括号用法，以匹配指定范围或指定集合中的任意单个字符。Oracle 使用 regexp_like 函数对正则表达式实现了更完整的支持。

SQL Server 支持的方括号用法有两种形式，[ ]与[^]，前者用于包含某些字符，后者用于排除某些字符，举例如下：

[amd]：表示包含 a、m、d 三个字符中的任意一个。

[^amd]：表示不包含 a、m、d 三个字符中的任意一个。

[b-f]：表示英文字母表中 b 到 f 之中的任意一个。

[0-9]：表示 0 到 9 这 10 个数字中的任意一个。

如查询 dept 表的 dname 列中第一及第二个字符为数字，第三个字符为小写英文字母的记录，可以使用如下语句：

```
1> select *
2> from dept
3> where dname like '[0-9][0-9][a-z]%'
4> go
```

3.2.2 多表连接

交叉连接(cross join)即不附加连接条件的连接形式，返回两个表的所有行的两两拼接结果，也称为笛卡尔连接(Cartesian join)，在关系代数中称为笛卡尔积(Cartesian product)。交叉连接的语法有 SQL-89 及 SQL-92 两种形式，Oracle 与 SQL Server 对这两种形式都支持。

SQL-89 的语法形式：

```
select e.ename, d.dname
from emp e, dept d
```

SQL-92 的语法形式

```
select e.ename, d.dname
from emp e cross join dept d
```

交叉连接的查询结果中，多数都是没有任何意义的拼接结果，可以附加连接条件，从中获得有意义的结果。交叉连接附加连接条件后，称为内连接，其查询结果为两个表中满足连接条件的记录拼接而成。

在 SQL-89 标准中，内连接的连接条件与过滤条件都放置于 where 子句中，这种形式在一些文档中被称为 old-style join。

SQL-92 标准的内连接使用 inner join 关键字(inner 可省略)，把连接条件放置于 on 子句，单表的过滤条件放置于 where 子句，从而把连接条件与过滤条件分开，使得内连接的语法形式可读性更好。

Oracle 和 SQL Server 对这两种内连接语法形式都支持，下面命令查询 emp 表的 ename 及其在 dept 表中对应的 dname，即每个员工名称及其部门名称。

SQL-89 的连接条件使用 where 关键字：

```
select e.ename, d.dname
from emp e, dept d
where e.deptno=d.deptno
```

SQL-92 的语法形式，使用 join … on 的形式：

```
select e.ename, d.dname
from emp e join dept d
on e.deptno=d.deptno
```

对于内连接的SQL-86和SQL-92两种语法形式，当前的SQL标准都支持，也会一直支持下去，Oracle的相关帮助文档并未表现出对SQL-92语法形式的特别偏好，但SQL Server 2016的帮助文档中，涉及多表连接的示例已经都使用SQL-92语法形式。

自然连接(natural join)是内连接的特殊形式，在SQL-92标准引入，指对两个表执行连接查询时，连接条件中的字段在两个表中是同名的。对于自然连接，Oracle支持natural join以及using关键字的用法，而SQL Server不支持。

在Oracle中使用natural join查询emp表中的ename及其在dept表中对应的dname：

```
SQL> select e.ename, d.dname
  2  from emp e natural join dept d
  3  /
```

同样的语法形式SQL Server不支持：

```
1> select e.ename, d.dname
2> from emp e natural join dept d
3> go
消息 102，级别 15，状态 1，服务器 LAW_X240，第 2 行
'natural' 附近有语法错误。
```

Oracle也可以使用using关键字：

```
SQL> select e.ename, d.dname
  2  from emp e join dept d
  3  using (deptno)
  4  /
```

同样的语法形式SQL Server不支持：

```
1> select e.ename, d.dname
2> from emp e join dept d
3> using (deptno)
4> go
消息 102，级别 15，状态 1，服务器 LAW_X240，第 3 行
'using' 附近有语法错误。
```

内连接的结果是两表中符合连接条件的数据，不满足连接条件的数据则未显示，若把两者都显示出来，则要使用外连接。外连接分为左外连接、右外连接及全外连接，在语法上，也有SQL-92标准形式和传统形式两种，Oracle 12c与SQL Server 2016都支持SQL-92标准。

SQL-92标准的三种外连接分别使用left outer join，right outer join及full outer join (outer可以省略)，其含义如下：

- 左外连接：除了显示符合内连接的数据以外，也把SQL命令中left outer join左侧表中不满足连接条件的数据显示出来。
- 右外连接：除了显示符合内连接的数据以外，也把SQL命令中right outer join右侧表中不满足连接条件的数据显示出来。

- 全外连接：除了显示符合内连接的数据以外，也把 SQL 命令中 full outer join 两侧的表中不满足连接条件的数据显示出来。

下面命令可以在两个产品中执行。

左外连接：

```
select e.ename, d.dname
from emp e left join dept d
on e.deptno=d.deptno
```

右外连接：

```
select e.ename, d.dname
from emp e right join dept d
on e.deptno=d.deptno
```

全外连接：

```
select e.ename, d.dname
from emp e full join dept d
on e.deptno=d.deptno
```

对于外连接的传统语法形式，两种产品只支持左外连接和右外连接。Oracle 12c 支持在 where 子句中使用“(+)”实现外连接。SQL Server 早期版本使用“*”实现外连接，从 2005 版本开始不再支持这种传统语法形式。

在 Oracle 中使用传统语法形式执行左外连接查询：

```
SQL> select e.ename, d.dname
  2  from emp e, dept d
  3  where e.deptno=d.deptno(+)
  4  /
```

在 Oracle 中使用传统语法形式执行右外连接：

```
SQL> select e.ename, d.dname
  2  from emp e, dept d
  3  where e.deptno(+)=d.deptno
  4  /
```

在 SQL Server 中使用传统语法形式执行左外连接，可以发现不再支持：

```
1> select e.ename, d.dname
2> from emp e, dept d
3> where e.deptno(*)=d.deptno
4> go
消息 102，级别 15，状态 1，服务器 LAW_X240，第 3 行
“*”附近有语法错误。
```

3.2.3 子查询

子查询是在 DML 语句中包含的查询，这里我们只说明最常用的 select 语句中的子查询。

Oracle 与 SQL Server 都支持在 select 子句、from 子句、where 子句中使用子查询。两者

在 select 子句与 where 子句中使用子查询的语法是相同的，from 子句使用子查询稍有区别。

以下两个子查询在 Oracle 与 SQL Server 中都可以成功执行。

在 select 子句中使用子查询，查询每个员工的 sal 值与平均 sal 值的差距：

```
select ename, sal, sal-(select avg(sal) from emp) from emp
```

在 where 子句使用子查询，查询获得最高 sal 值的员工名称：

```
select ename, sal
from emp
where sal=(select max(sal) from emp)
```

from 子句包含子查询时，Oracle 并未要求必须使用表别名，下面子查询未使用表别名：

```
SQL> select ename from (select * from emp where deptno=20);

ENAME
--------
SMITH
JONES
FORD
```

若使用表别名，则不能在表别名之前附带 as 关键字：

```
SQL> select ename from (select * from emp where deptno=20) e;

ENAME
--------
SMITH
JONES
FORD
```

若 from 子句中只有一个子查询，也没有另外的表，即不涉及表连接，子查询不使用表别名会使语法显得更直观、简洁。若 from 子句中不止一个子查询，还有另外的子查询或表，则要使用表别名限制查询语句中出现的各个列名称。

from 子句使用子查询，SQL Server 要求使用表别名，不使用表别名，则语法不能通过：

```
1> select ename from (select * from emp where deptno=20)
2> go
消息 102，级别 15，状态 1，服务器 LAW_X240，第 1 行
“)”附近有语法错误。
```

使用表别名时，对是否使用 as 关键字不加限制，下面语法形式都是正确的：

```
select ename from (select * from emp where deptno=20) as e
select ename from (select * from emp where deptno=20) e
```

3.2.4 分页查询

分页查询是指取出排序后的、从指定行开始的指定行数的记录。出于在客户端界面中分页显示查询结果的需要，分页查询一直是开发人员迫切需要的功能。MySQL 和 PostgreSQL

使用 limit … offset …形式的子句很早就完美支持分页查询功能，但此功能直到 SQL:2011 才标准化，其标准语法形式由 offset 和 fetch 两部分组成(offset 部分可选)，分为下面两种形式：

- offset *m* rows fetch next *n* [percent] rows only
- offset *m* rows fetch next *n* [percent] rows with ties

其中的 rows 可以替换为 row，next 可以替换为 first，可根据语法可读性选择其一。

此子句一般附加在 order by 子句之后，表示排序后，略过前 *m* 行，再取出 *n* 行。若在 fetch 部分使用 percent 关键字，则以百分比指定取出记录的数量。

若最后一行的列值重复，要把重复的行也一并显示，则把 only 替换为 with ties。

若省略 offset 部分，则取出排序后的前 *n* 行，即 *m* 默认为 0，这也是 SQL:2008 引入的标准形式。

依照 SQL:2011 标准，若得到 emp 表中按 sal 值由低到高排序后，由第 10 行开始的 3 行记录，可执行下面命令：

```
select ename, sal from emp
order by sal asc
offset 9 rows fetch next 3 rows only
```

若以上结果中，最后一行的 sal 值有重复，则可以把 only 关键字替换为 with ties，把重复记录也显示出来：

```
select ename, sal from emp
order by sal asc
offset 9 rows fetch next 3 rows with ties
```

若显示排序后的前 3 行，则省略 offset 部分(为提高可读性，把 next 替换为 first)：

```
select ename, sal from emp
order by sal asc
fetch first 3 rows with ties
```

若不需取出第 3 行的重复行，则把 with ties 替换为 only。

在 12c 之前的版本，Oracle 使用 rownum 伪列或 row_number()分析函数实现此功能，语法形式较为烦琐，12c 版本完整支持上述 SQL:2011 的分页语法标准，上述 3 个示例语句可以不加修改地在 Oracle 12c 执行。

下面查询执行上述第二个示例语句：

```
SQL> select ename, sal from emp
  2  order by sal asc
  3  offset 9 rows fetch next 3 rows with ties
  4  /

ENAME             SAL
---------- ----------
BLAKE            2850
JONES            2975
SCOTT            3000
FORD             3000
```

2012 版本之前，SQL Server 使用 top *n* 子句间接实现分页查询功能，从 SQL Server 2012 开始，部分支持 SQL:2011 的分页查询标准。SQL Server 2016 版本与 SQL:2011 的分页查询标准存在以下三个方面的区别：

- 不能省略 offset 部分。
- 不支持以百分数指定取出记录的数量。
- 不支持 with ties 选项。

下面查询执行上述第一个示例语句：

```
1> select ename, sal from emp
2> order by sal asc
3> offset 9 rows fetch next 3 rows only
4> go
ename          sal
---------- ----------
BLAKE          2850.00
JONES          2975.00
SCOTT          3000.00
```

3.2.5 集合运算

集合运算主要包括并、交、差三种形式。

并、交运算，Oracle 和 SQL Server 均使用下面三个关键字：

- union：返回两个查询结果的并集，剔除重复记录
- union all：返回两个查询结果的并集，包含重复记录
- intersect：求交集，剔除重复记录

对于差运算，即求差集，剔除重复记录，Oracle 使用 minus，SQL Server 使用 except，SQL Server 的 except 符合 SQL-92 标准。

以下示例均可以在 Oracle 与 SQL Server 中执行：

```
select deptno from emp
intersect
select deptno from dept

select deptno from dept
union all
select deptno from emp

select deptno from dept
union
select deptno from emp
```

minus 操作符只用于 Oracle：

```
SQL> select deptno from dept
  2  minus
  3  select deptno from emp
```

```
  4  /

    DEPTNO
----------
        40
```

except 操作符只用于 SQL Server：

```
1> select deptno from dept
2> except
3> select deptno from emp
4> go
deptno
-----
    40
```

3.2.6 时态数据库相关查询

时态数据库(也称为时态表)除了提供对数据库中当前数据的查询以外，也可以指定时刻查询过去的历史数据。时态数据库是 SQL：2011 的新增功能，Oracle 9.2 版本开始支持，SQL Server 2016 版本开始支持。Oracle 的 as of timestamp 语法形式基本符合 SQL：2011 标准。

下面先介绍 Oracle 的时态数据库功能。

Oracle 用 undo 数据支持时态表，不需额外配置。可回溯的历史数据与 undo_retention 相关，这个参数用于设置事务提交后，其 undo 数据在 undo 表空间保留的时间，默认值为 900 秒，即 15 分钟。若过去某个时刻的 undo 数据已经被覆盖，这个时刻的数据就不能查询出来了。改变表的结构后，之前的 undo 数据就不能用来支持时态表查询了。

创建测试表 em：

```
SQL> create table em
  2  (
  3        eno number(4),
  4        ename varchar2(10),
  5        sal number(5)
  6  )
  7  /
```

执行下面 SQL 脚本文件添加一行记录，然后每隔 2 分钟对其执行一次 update 操作：

```
select to_char(sysdate, 'yyyy-mm-dd hh24:mi:ss') as now from dual;
insert into em values(7369,'SMITH',800);
commit;
exec dbms_lock.sleep(120)
update em set sal=1000 where eno=7369;
commit;
exec dbms_lock.sleep(120)
update em set sal=1200 where eno=7369;
commit;
```

```
exec dbms_lock.sleep(120)
update em set sal=1400 where eno=7369;
commit;
```

直接查询 em 表，可以得到当前数据：

```
SQL> select * from em;

       ENO ENAME                 SAL
---------- -------------------- -----
      7369 SMITH                 1400
```

查询 10 分钟以内的所有版本数据(先设置客户端时间格式，以方便查看时间信息)：

```
SQL> alter session set nls_timestamp_format='yyyy-mm-dd hh24:mi:ss';
会话已更改。
SQL> select eno,ename,sal,versions_starttime,versions_endtime
  2  from em
  3  versions between timestamp
  4  systimestamp-10/1440 and systimestamp
  5  /

       ENO ENAME                  SAL VERSIONS_STARTTIME  VERSIONS_ENDTIME
---------- ---------- ---------- ------------------- ---------------------
      7369 SMITH                 1400 2016-08-10 21:24:23
      7369 SMITH                 1200 2016-08-10 21:22:22  2016-08-10 21:24:23
      7369 SMITH                 1000 2016-08-10 21:20:23  2016-08-10 21:22:22
      7369 SMITH                  800 2016-08-10 21:18:22  2016-08-10 21:20:23
```

versions_starttime，versions_endtime 是两个伪列，用于记录行的有效时间范围。

查询旧版本的数据，可以指定时刻或时间范围，也可以指定 SCN 号或 SCN 范围。下面两个示例分别使用 as of timestamp 和 versions between timestamp 子句，查询满足指定时刻和时间范围的记录。

使用 as of timestamp 子句查询指定时刻的有效记录：

```
SQL> select eno,ename,sal
  2  from em
  3  as of timestamp timestamp'2016-08-10 21:21:00'
  4  /

       ENO ENAME                 SAL
---------- ---------- ----------
      7369 SMITH                1000
```

使用 versions between timestamp 查询指定时间范围的有效记录：

```
SQL> select eno,ename,sal
  2  from em
  3  versions between timestamp
```

```
  4  timestamp'2016-08-10 21:20:30' and
  5  timestamp'2016-08-10 21:23:00'
  6  /

       ENO ENAME                 SAL
---------- ---------- ----------
      7369 SMITH                1200
      7369 SMITH                1000
```

SQL Server 使用两个表实现时态表功能,分别用于保存当前数据(current table)和历史数据(history table)。两个表各有两个列用来保存记录的有效时间范围,对应 Oracle 的 versions_starttime 和 versions_endtime 列,与 Oracle 不同的是,这两个列的名称由用户指定。

下面命令创建具备时态功能的 em 表:

```
1> create table em
2> (
3>         eno numeric(4) primary key,
4>         ename varchar(10),
5>         sal numeric(5),
6>         startTime datetime2 generated always as row start hidden not null,
7>         endTime datetime2 generated always as row end hidden not null,
8>         period for system_time(startTime, endTime)
9> )
10> with (system_versioning=on (history_table=dbo.em_history))
11> go
```

下面简单说明以上命令涉及时态表的几个属性:

- 第 3 行:时态表要附加主键约束。
- 第 6 行:记录行有效期的起始时刻。类型为 datetime2。
- 第 7 行:记录行有效期的结束时刻。类型为 datetime2。
- 第 8 行:period 列用于指定行有效期起讫时刻的列。
- 第 10 行:system_versioning 属性设置为 on,开启表的时态属性。
- 第 10 行:history_table 指定与此表配对的历史表,其结构拷贝自 em 表,表名前的架构名称不能省略。若省略此部分,则由 SQL Server 指定其表名。

可以在 SSMS 中看到 em 表与其历史表的关系,如图 3-1 所示。

对 em 表添加一行记录后,每隔 2 分钟对其执行 update 操作:

```
select getdate() as now
go
insert into em values(7369,'SMITH',800)
go
waitfor delay '00:02:00'
go
update em set sal=1000 where eno=7369
go
waitfor delay '00:02:00'
```

图 3-1　查看表 em 及其历史表

```
go
update em set sal=1200 where eno=7369
go
waitfor delay '00:02:00'
go
update em set sal=1400 where eno=7369
go
```

执行下面命令查询包括当前记录在内的所有记录：

```
1> select sal,startTime,endTime from em
2> for system_time all
3> go
sal      startTime                                  endTime
-------  -----------------------------------------  ---------------------------------
   1400                2016-08-09 00:41:43.1894918          9999-12-31 23:59:59.9999999
    800                2016-08-09 00:35:43.0277558          2016-08-09 00:37:43.0922101
   1000                2016-08-09 00:37:43.0922101          2016-08-09 00:39:43.1720506
   1200                2016-08-09 00:39:43.1720506          2016-08-09 00:41:43.1894918

(4 行受影响)
```

查询 em_history 表，可以发现每次执行 update 操作时，其更新之前的原记录及此记录有效的起讫时刻被存入了 em_history 表：

```
1> select sal,startTime,endTime from em_history
2> go
```

```
sal      startTime                              endTime
------ --------------------------------------- ----------------------------------
   800          2016-08-09 00:35:43.0277558          2016-08-09 00:37:43.0922101
  1000          2016-08-09 00:37:43.0922101          2016-08-09 00:39:43.1720506
  1200          2016-08-09 00:39:43.1720506          2016-08-09 00:41:43.1894918

(3 行受影响)
```

查询 em 表，可以得到其当前记录：

```
1> select * from em
2> go
eno    ename       sal
------ ---------- -------
  7369 SMITH          1400

(1 行受影响)
```

下面几个命令得到其不同时刻的数据。
查询 00:36 时有效的数据：

```
1> select * from em
2> for system_time as of '2016-08-09 00:36'
3> go
eno    ename       sal
------ ---------- -------
  7369 SMITH          800
```

查询 00:38 时有效的数据：

```
1> select * from em
2> for system_time as of '2016-08-09 00:38'
3> go
eno    ename       sal
------ ---------- -------
  7369 SMITH          1000
```

查询 00:40 时有效的数据：

```
1> select * from em
2> for system_time as of '2016-08-09 00:40'
3> go
eno    ename       sal
------ ---------- -------
  7369 SMITH          1200
```

查询在'2016-08-09 00:37:43' 与 '2016-08-09 00:39'之间有效的数据：

```
1> select * from em
2> for system_time from '2016-08-09 00:37:43' to '2016-08-09 00:39'
3> go
```

```
eno      ename        sal
------ ---------- -------
   7369 SMITH          800
   7369 SMITH         1000
```

(2 行受影响)

除了可以用 from … to …子句指定起讫时刻外，还可以使用 between … and …和 contained in()子句指定查询范围，其区别主要在于是否包括范围边界。四种表示时间范围的子句，其确切界限如表 3-2 所示，其中的 startTime 和 endTime 表示时态表的起讫时刻列。

表 3-2　时间范围子句的含义

范围子句	具体界限
as of *t*	startTime <=*t* AND endTime> *t*
from *t*1 to *t*2	startTime < *t*2 AND endTime> *t*1
between *t*1 and *t*2	startTime <= *t*2 AND endTime> *t*1
contained in(*t*1, *t*2)	startTime>= *t*1 AND endTime <= *t*2

对于时态表及其历史记录表有以下两点需要注意：

- 对时态表不能执行 drop table 和 truncate table 操作。
- 对历史表不能执行除查询之外的 DML 操作。

把时态表的 system_versioning 属性设置为 off 后，时态表及其历史表即成为普通表，两者也不再有关联关系。

关闭 system_versioning 的命令如下：

```
1> alter table em set (system_versioning=off)
2> go
```

执行下面命令可以查询数据库中的时态表及其对应的历史表：

```
1> select name as temporal_table, object_name(history_table_id) as history_table
2> from sys.tables
3> where temporal_type=2
4> go
temporal_table              history_table
--------------------------- --------------------------
em                          em_history
```

3.3　insert 语句

insert 语句的基本形式为：

insert into *table_name*(*column_list*) values(*value_list*)

insert into *table_name* values(*value_list*)

这两种基本用法，Oracle 与 SQL Server 都支持。

另外，如果对应列的类型一致，可以把 select 语句查询的结果使用 insert 语句填入表中，

Oracle 与 SQL Server 对这种用法也都支持,语法形式如下:

insert into *table_name*(*column_list*) select_clause

下面命令可以在 Oracle 与 SQL Server 执行。

先创建 t 表,包含两个列 a、b,分别与 emp 表的 ename 及 sal 列的类型相同:

```
create table t(a varchar(10), b numeric(7,2));
```

然后使用 insert … select 语句把由 emp 表查询的数据填入 t 表:

```
insert into t
select ename,sal
from emp where deptno=30
```

SQL Server 还支持以下两种用法。

一是可以在一个 insert 语句中对表添加多条记录。如下面示例所示:

```
1> insert into dept values(50,'a','b'),(60, 'd','e')
2> go
```

二是可以把存储过程的结果添加到表中。

如果存储过程的执行结果是表的查询结果,则可以结合 insert 语句把这些结果添加到一个表中,要求表中列的数据类型及顺序与存储过程的结果一致。

下面的存储过程由 emp 表得到 ename 及 sal 列的值:

```
1> create procedure select_enameandsal
2> as
3> select ename, sal from emp
4> go
```

创建 t 表,包含两个列,与上述存储过程执行结果中的列的数据类型及顺序一致:

```
1> create table t(a varchar(15), b numeric(7,2))
2> go
```

然后可以把存储过程的执行结果以下面命令添加到 t 表中:

```
1> insert into t
2> execute select_enameandsal
3> go
```

3.4 update 语句

update 语句的用法,Oracle 和 SQL Server 是相同的,即:

update table_name set *column_name* = *value*1, *column_name* = *value*2… where *condition*

下面示例修改 emp 表的 sal 与 comm 列的值,在 Oracle 与 SQL Server 上都可以执行:

```
update emp set sal=sal+1000, comm=500
where deptno=30
```

SQL Server 还支持以下类似 C 语言中的赋值语法形式:

```
1> update emp set sal+ =1000, comm=500
2> where deptno=30
3> go
```

类似的运算符还包括:"-=","*=","/="等。

3.5 delete 语句

delete 语句在 Oracle 与 SQL Server 中的用法也是相同的:

delete from *table_name* where *condition*

下面命令在 Oracle 与 SQL Server 中都可以正确执行:

```
delete from emp where deptno=30
```

3.6 null 值的处理

对表添加记录时,若某个列未指定值,则称此列值为 null,一般翻译为空。若一个表达式包含 null 值,则其结果也为 null,即不确定,不确定的布尔值当作 FALSE。查询某个列上为空或不为空的值,不能使用"="和"<>"这些普通的关系运算符,而要使用 is null 或 is not null。

以上这些内容,Oracle 和 SQL Server 都是适用的,下面介绍两种产品对待空值方面的一些区别。

3.6.1 null 值在排序中的处理

在 Oracle 的查询中,如果在 order by 子句中附加了 asc 选项,则 null 值排在其他非空值之后,如果附加 desc,则 null 值排在其他非空值之前,可以认为,Oracle 中的 null 值比非空值大,如下面示例所示。

附加 asc 的情形:

```
SQL> select ename,comm
  2  from emp
  3  order by comm asc
  4  /

ENAME            COMM
---------- ----------
TURNER              0
ALLEN             300
WARD              500
MARTIN           1400
KING
JAMES
FORD
CLARK
MILLER
```

```
JONES
SMITH
BLAKE
```

附加 desc 的情形：

```
SQL> select ename,comm
  2  from emp
  3  order by comm desc
  4  /

ENAME            COMM
---------- ----------
SMITH
BLAKE
FORD
JAMES
KING
JONES
MILLER
CLARK
MARTIN           1400
WARD              500
ALLEN             300
TURNER              0
```

这种默认形式可以通过在 order by 子句再附加 nulls last 而改变：

```
SQL> select ename,comm
  2  from emp
  3  order by comm desc nulls last
  4  /

ENAME            COMM
---------- ----------
MARTIN           1400
WARD              500
ALLEN             300
TURNER              0
KING
JAMES
FORD
CLARK
MILLER
JONES
SMITH
BLAKE
```

在 SQL Server 的查询中，如果 order by 附加了 asc 选项(这也是默认选项)，即升序排列，则 null 值排在其他非空值之前，如果 order by 子句附加了 desc，则 null 值排在其他非空值之后，也可以认为 SQL Server 中 null 值最小，这与 Oracle 的处理方式正好相反，如下面示例所示。

附加 asc 的情形：

```
1> select ename,comm
2> from emp
3> order by comm asc
4> go
ename      comm
---------- ----------
SMITH            NULL
JONES            NULL
......
MILLER           NULL
TURNER            .00
ALLEN          300.00
WARD           500.00
MARTIN        1400.00
```

附加 desc 的情形：

```
1> select ename,comm
2> from emp
3> order by comm desc
4> go
ename      comm
---------- ----------
MARTIN        1400.00
WARD           500.00
ALLEN          300.00
TURNER            .00
JAMES            NULL
FORD             NULL
MILLER           NULL
SMITH            NULL
JONES            NULL
BLAKE            NULL
CLARK            NULL
KING             NULL
```

3.6.2 null 处理函数

Oracle 的 null 处理函数包括 nvl()及 nvl2()。nvl()包含两个参数，nvl2()包含三个参数。

- nvl(expr1, expr2)：如果 expr1 为 null，则返回 expr2，否则返回 expr1。

• nvl2(expr1, expr2, expr3):如果 expr1 非 null,则返回 expr2,否则返回 expr3。

如查询 emp 表中员工的每个月总收入(即 sal 与 comm 之和),可分别使用这两个函数:

```
SQL> select ename, sal + nvl(comm, 0) income
  2  from emp
  3  /

ENAME                INCOME
---------- ----------
SMITH                   800
ALLEN                  1900
WARD                   1750
……
已选择 12 行。

SQL> select ename, nvl2(comm,sal + comm, sal) income
  2  from emp
  3  /

ENAME                INCOME
---------- ----------
SMITH                   800
ALLEN                  1900
WARD                   1750
……
```

对应 Oracle 的 nvl()函数,SQL Server 提供的函数为 isnull(),其用法与 nvl()相同:

isnull(expr1, expr2):如果 expr1 为 null,则返回 expr2,否则返回 expr1。

与上节示例效果相同,下面示例返回 emp 表中每个员工的月总收入:

```
1> select ename, sal + isnull(comm, 0)
2> from emp
3> go
ename
---------- ----------
SMITH              800.00
ALLEN             1900.00
WARD              1750.00
JONES             2975.00
MARTIN            2650.00
……
```

3.7 管 理 表

管理表包括创建、删除及修改表,Oracle 和 SQL Server 的语法基本相同。

修改表的结构主要包括修改列的数据类型、添加或删除列、添加或删除约束、修改表名称等。Oracle 完成上述任务使用 alter table 语句，SQL Server 使用 sp_rename 命令修改对象名称（包括修改表名），其他任务也是使用 alter table 命令。

3.7.1 创建表

Oracle 和 SQL Server 创建表的基本语法是相同的，如下面语句两者都可以成功执行：

```
create table t
(
   a int,
   b int,
   primary key(a)
)
```

若指定存储表的表空间或文件组，则稍有区别。

Oracle 创建表 t，并指定其存放的表空间为 tbs：

```
SQL> create table t
   2  (
   3      a int,
   4      b int,
   5      primary key(a)
   6  )
   7  tablespace tbs
   8  /
```

SQL Server 创建表 t，并指定其存放的文件组为 fg：

```
1> create table t
2> (
3>      a int,
4>      b int,
5>      primary key(a)
6> )
7> on fg
8> go
```

另外，Oracle 和 SQL Server 都可以复制现有表的结构以创建新表，Oracle 使用 create table as 语句，SQL Server 使用 select into 语句。

在 Oracle 中拷贝 emp 表以创建 emp_copy：

```
SQL> create table emp_copy
   2  as
   3  select * from emp
   4  where 1=2
   5  /
```

在 SQL Server 中复制 emp 表以创建 emp_copy：

```
1> select * into emp_copy
```

```
2> from emp
3> where 1=2
4> go
```

where 1=2 的结果为假，目的是只复制表的结构，而不复制表的数据，若要连同数据一起复制，可以去除 where 条件，或添加合适的 where 条件，只复制满足指定条件的数据。

3.7.2 修改列的数据类型

Oracle 和 SQL Server 分别使用 modify 与 alter column 关键字修改列的数据类型，两者的语法如下：

- Oracle：alter table *table_name* modify *column_name datatype*
- SQL Server：alter table *table_name* alter column *column_name datatype*

SQL Server 的用法符合 SQL：2011 标准。

以修改 dept 表的 dname 列为 varchar(20)为例，分别说明 Oracle 与 SQL Server 的语法形式(Oracle 的 varchar(20)表示为 varchar2(20))。

Oracle 的情形：

```
SQL> alter table dept modify dname varchar2(20);
```

SQL Server 的情形：

```
1> alter table dept alter column dname varchar(20)
2> go
```

3.7.3 添加及删除列

添加和删除列的语法，Oracle 与 SQL Server 相同，都符合 SQL：2011 标准。

添加及删除列分别使用下面语法：

- 添加列：alter table *table_name* add *column_name datatype*
- 删除列：alter table *table_name* drop column *column_name*

如对 dept 表添加列 phone_number，数据类型为 char(12)：

```
alter table dept add phone_number char(12)
```

删除以上的 phone_number：

```
alter table dept drop column phone_number
```

3.7.4 修改列名

Oracle 使用 alter table 附加 rename column 子句来修改列名，SQL Server 用 sp_rename 系统存储过程修改列名(及其他对象)。

下面以修改 dept 表的 loc 列为 location 为例说明两者的用法。

Oracle 修改列名的语法形式为：

```
SQL> alter table dept rename column loc to location;
```

SQL Server 使用 sp_rename 存储过程时，要附加三个参数，语法形式如下：

```
sp_rename 'old_name', 'new_name', 'type'
```

前两个参数分别是修改对象的旧名称及新名称，第三个参数用于指定修改对象的类型，可以为 database、object、column、index、userdatatype，分别用于修改数据库名称、表或约束、列、索引、用户定义数据类型等名称。若修改列名，则第三个参数为 column。

如修改 dept 表的 loc 列名称为 location：

```
1> sp_rename 'sch.dept.loc','location','column'
2> go
```

3.7.5 修改表名

Oracle 可以使用两种命令修改表的名称：

- alter table *table_name* rename to *new_name*
- rename *table_name* to *new_name*

如修改 dept 表名称为 department：

```
SQL> alter table dept rename to department;
```

使用 rename 命令再修改回来：

```
SQL> rename department to dept;
```

SQL Server 修改表名的方式与修改列名类似，即使用 sp_rename 存储过程，只是要把第三个参数指定为 object，如修改 dept 表为 department：

```
1> sp_rename 'sch.dept', 'department', 'object'
2> go
```

3.7.6 删除表

删除表使用 drop table 语句，如删除 t 表：

```
drop table t
```

Oracle 有回收站功能，表被删除后，其数据并未真正删除，而是移入了回收站，以后可以执行 flashback table 再恢复回来，其目的与操作系统的回收站功能类似，都是为了防止误删除数据。下面实验说明如何恢复被删除的表。

删除表之前，scott 模式的表的情况如下：

```
SQL> conn scott/tiger
已连接。
SQL> select * from tab;

TNAME                TABTYPE  CLUSTERID
-------------------- ------- ----------
SALGRADE             TABLE
BONUS                TABLE
DEPT                 TABLE
EMP                  TABLE
```

删除其中的 emp 表：

```
SQL> drop table emp;
表已删除。
```

然后查询 scott 模式下的表的情况：

```
SQL> select * from tab;

TNAME                              TABTYPE  CLUSTERID
---------------------------------- -------- ----------
BIN$ZAlfuzhUTgOqqC+rNFJoSg==$0     TABLE
SALGRADE                           TABLE
BONUS                              TABLE
DEPT                               TABLE
```

可以发现，第一行的表名类似乱码，并且 emp 表不见了。

查询数据字典视图 user_recyclebin，可以看到 emp 表及其索引被移入了回收站：

```
SQL> select object_name, original_name from user_recyclebin;

OBJECT_NAME                        ORIGINAL_NAME
---------------------------------- --------------------------------
BIN$Jrs0/pbNSx2mdO0/VzlCPw==$0     PK_EMP
BIN$ZAlfuzhUTgOqqC+rNFJoSg==$0     EMP
```

执行下面 flashback 命令恢复 emp 表：

```
SQL> flashback table emp to before drop;
闪回完成。
```

回收站内的被删除对象已不存在，emp 表也被恢复了：

```
SQL> select object_name, original_name from user_recyclebin;
未选定行
SQL> select * from tab;

TNAME                              TABTYPE  CLUSTERID
---------------------------------- -------- ----------
SALGRADE                           TABLE
BONUS                              TABLE
DEPT                               TABLE
EMP                                TABLE
```

如果要关闭回收站功能，可以设置初始化参数 recyclebin 为 off，这是一个静态初始化参数，修改时要附加 scope=spfile 子句，重启数据库使其生效：

```
SQL> alter system set recyclebin=off scope=spfile;
```

3.8 identity 列

列的 identity 属性实现添加记录时的列值自增，一般用于没有明确意义的主键列。SQL Server 各版本一直支持这个功能，Oracle 从 12c 版本开始支持。

在 Oracle 中，创建包含 identify 列的表，默认初始值和递增步长均为 1：

```
SQL> create table t(a int generated as identity, b int);
```

添加记录时，可以忽略 identity 列：

```
SQL> insert into t(b) values(10);
已创建 1 行。
SQL> insert into t(b) values(20);
已创建 1 行。
SQL> insert into t(b) values(30);
已创建 1 行。
```

下面命令可以验证 a 列是如何自增的：

```
SQL> select * from t;

         A          B
---------- ----------
         1         10
         2         20
         3         30
```

可以附加 start with 和 increment by 子句手工设定初始值和递增步长，如下面命令指定初始值为 10，递增步长为 2：

```
SQL> create table tt(a int generated as identity(start with 10 increment by 2), b int);
```

SQL Server 创建表时，在列后附加 identify 关键字使列具备 identify 属性，默认初始值和递增步长均为 1，语法形式相比 Oracle 较为简单，如下面命令所示：

```
1> create table t(a int identity, b int)
2> go
```

也可以如下面方式，直接在括号内指定初值和步长：

```
1> create table tt(a int identity(10, 2), b int)
2> go
```

3.9 约束

Oracle 与 SQL Server 都支持以下类型的约束：

- 非空(not null)
- 唯一(unique)
- 检查(check)

• 主键(primary key)
• 外键(foreign key)
• 默认(default)

除外键约束的语法稍有区别外,其他几种约束的附加方式是相同的。如下面命令可以在 Oracle 和 SQL Server 成功执行:

```
create table t
(
   a int,
   b int,
   constraint pk_t primary key(a),
   constraint ck_t check(b> 100),
   constraint uq_t unique(b)
)
```

Oracle 附加外键约束时,可以使用下面子句指定当主表中被子表外键引用的记录被删除时,对子表的处理方式:

• on delete set null:指定子表外键的对应值设置为空。
• on delete cascade:级联删除子表中对应的记录。

下面示例,在附加外键约束时,附加了 on delete cascade 子句:

```
SQL> alter table emp add constraint fk_deptno
  2  foreign key(deptno) references dept(deptno)
  3  on delete cascade
  4  /
```

如果未指定外键约束的附属子句,则 Oracle 默认不允许删除或更新主表中被子表引用的记录,相当于 SQL Server 中的 on delete no action 或 on update no action 子句的效果。

对于外键约束,SQL Server 可以指定更多的选项:

• on delete no action 或 on update no action
• on delete cascade 或 on update cascade
• on delete set null 或 on update set null
• on delete set default 或 on update set default

各个子句含义如下:

• no action:删除或更新主表被引用的记录时报错,回滚删除操作,是默认选项。
• cascade:级联删除或更新子表中引用的记录。
• set null:把子表中引用的外键值设置为空。
• set default:把子表外键值设置为默认值,在外键列上需要预先设置 default 约束,如果未附加 default 约束,则外键的对应值会设置为空。

如下面示例在主表删除子表引用到的记录时,把子表外键的对应值设置为空,当更新主表的 deptno 列值时,级联更新子表外键的对应值:

```
1> alter table emp
2> add constraint fk_emp foreign key(deptno) references dept(deptno)
3> on delete set null
4> on update cascade
5> go
```

3.10 视图

视图是由查询的结果集构成的虚拟表，虚拟的意思是视图不保存数据，表的意思是视图可以像表一样进行操作，数据库中对视图存储的信息只有名称及其对应的查询命令。

定义 SQL Server 视图的查询语句不能包含 order by 子句(除非指定了 top、offset)，Oracle 无此限制。

下面命令创建视图 v_emp：

```
create view v_emp
as
select ename, sal from emp
```

Oracle 支持实体化视图(也称为物化视图)以提高查询效率，实体化视图保存了视图定义中的查询结果集，不再是虚拟表，SQL Server 中的类似对象是索引视图，从 SQL Server 2000 开始引入。实体化视图和索引视图的数据都会自动与基表同步。

在 Oracle 中创建实体化视图：

```
SQL> create materialized view mv_emp
  2  refresh on commit
  3  as
  4  select ename, sal from emp
  5  /
```

refresh on commit 子句指定当表中的数据修改提交后，刷新物化视图使其与表同步。

下面说明如何在 SQL Server 中创建索引视图，这里的索引必须是唯一聚集索引，索引视图的意思是添加了唯一聚集索引的视图。

附加 with schemabinding 子句(作用是不能修改视图基表的结构)，创建视图 v_emp：

```
1> set quoted_identifier on
2> go
1> create view v_emp
2> with schemabinding
3> as
4> select ename,sal from dbo.emp
5> go
```

创建索引视图时，要先开启 quoted_identifier 参数，另外要注意查询语句的表名之前要附加架构名称。创建索引视图的其他注意事项，请参考联机丛书。

然后创建唯一聚集索引 idx_v_emp：

```
1> create unique clustered index idx_v_emp
2> on v_emp(ename,sal)
3> go
```

索引视图把索引定义中的查询结果集保存在磁盘上，占用空间比表上的聚集索引要少，可以使查询效率提高更显著。

3.11 序列

序列的目的是产生满足指定条件的常数。

Oracle 和 SQL Server 使用 create sequence 命令创建序列，下面命令可以在 Oralce 和 SQL Server 成功执行：

```
create sequence seq
start with 1
increment by 1
```

start with 子句指定序列的初始值，increment by 子句指定递增步长。

Oracle 使用序列对象的伪列 nextval 引用序列产生的常数。

下面示例先创建 t 表，然后对其添加三行记录，使用序列 seq 对其主键列指定值：

```
SQL> create table t(a int primary key, b char(10));
表已创建。
SQL> insert into t values(seq.nextval, 'a');
已创建 1 行。
SQL> insert into t values(seq.nextval, 'b');
已创建 1 行。
SQL> insert into t values(seq.nextval, 'c');
已创建 1 行。
```

SQL Server 使用 next value for 函数在序列中产生常数。

下面示例先创建 t 表，然后对其添加三行记录，使用序列 seq 对其主键列指定值：

```
1> create table t(a int primary key, b char(10))
2> go
1> insert into t values(next value for seq, 'a')
2> insert into t values(next value for seq, 'b')
3> insert into t values(next value for seq, 'c')
4> go
```

修改序列的属性，Oracle 和 SQL Server 使用 alter sequence 命令：

```
alter sequence seq increment by 10;
```

Oracle 使用 dba_sequences 查询序列属性：

```
SQL> select sequence_name, min_value, increment_by
  2  from dba_sequences
  3  where sequence_name='SEQ'
  4  /

SEQUENCE_NAME    MIN_VALUE INCREMENT_BY
---------------- ---------- ------------
EQ                        1           10
```

SQL Server 使用 sys. sequences 查询序列属性：

```
1> select start_value, increment
2> from sys.sequences
3> where name='seq'
4> go
start_value          increment
--------------- ---------------
1                    10
```

删除序列,Oracle 和 SQL Server 使用 drop sequence *sequence_name* 命令。

3.12 同义词

同义词用来简化数据库对象名称。Oracle 的同义词分为私有和公共两类,私有即只对其模式所对应的用户有效,公共对所有用户均有效。当公共同义词与用户模式内的对象重名时,公共同义词失效。相对 Oracle,SQL Server 只有公共同义词。

Oracle 中创建私有同义词:

```
SQL> create synonym emp for scott.emp;
```

Oracle 中创建公共同义词:

```
SQL> create public synonym emp for scott.emp;
```

下面是 SQL Server 创建同义词:

```
1> create synonym syn_emp for sch.emp
2> go
```

Oracle 使用数据字典视图 dba_synonyms 查询同义词对应的对象:

```
SQL> select synonym_name, table_owner, table_name
  2  from dba_synonyms
  3  where synonym_name='EMP'
  4  /

SYNONYM_NAME    TABLE_OWNE TABLE_NAME
--------------- ---------- ---------------
EMP             SCOTT      EMP
```

SQL Server 使用目录视图 sys.synonyms 查询同义词对应的对象:

```
1> select name,base_object_name from sys.synonyms
2> where name='syn_emp'
3> go
name                 base_object_nam
--------------- ---------------
syn_emp              [sch].[emp]
```

在 Oracle 中修改同义词的定义使用 create or replace 命令,无则新建,有则替换,不能使用 alter 命令:

```
SQL> create or replace synonym emp for scott.dept;
```

SQL Server 不能修改同义词定义，只能通过删除后重建间接实现。

删除同义词的命令相同，下面命令可以在 Oracle 和 SQL Server 成功执行：

```
drop synonym emp;
```

第4章 字符串、数值及其常用函数

表中的列都有其所属的数据类型,创建表时,需要根据实际情况,指定列的数据类型,查询或修改表中的数据时,要根据其数据类型采用合适的操作方式。数据库常用数据类型一般包括字符串、数值及日期时间类型,本章主要说明前两种数据类型,日期时间类型请参考下一章。

本章主要内容包括:

- 字符串类型
- 数值类型
- 常用字符串处理函数
- 常用数值处理函数
- 字符串及数值类型转换函数

4.1 字符串类型

如表 4-1 所示是 SQL:2011 标准字符串数据类型及其对应的 Oracle 与 SQL Server 支持的字符串数据类型,对于 SQL:2011 标准数据类型,Oracle 与 SQL Server 都是支持的。

char(n)及 nchar(n)为定长字符串类型,即实际值的长度小于 n 时,用空格填满,占用空间总是 n。Oracle 的 varchar2(n)、nvarchar2(n)以及 SQL Server 的 varchar(n)、nvarchar(n)为可变长度字符串类型,当实际值的长度小于 n 时,不用空格填满,占用空间为实际值的长度。

表 4-1 字符串类型对比

<table>
<tr><th>SQL:2011</th><th colspan="2">Oracle</th><th colspan="2">SQL Server</th></tr>
<tr><td>character(n)</td><td rowspan="2">char(n)</td><td rowspan="2">1≤n≤2000</td><td rowspan="2">char(n)</td><td rowspan="2">1≤n≤8000</td></tr>
<tr><td>char(n)</td></tr>
<tr><td>character varying(n)</td><td rowspan="2">varchar2(n)</td><td rowspan="2">1≤n≤4000</td><td rowspan="2">varchar(n)</td><td rowspan="2">1≤n≤8000</td></tr>
<tr><td>char varying(n)</td></tr>
<tr><td>national character(n)</td><td rowspan="3">nchar(n)</td><td rowspan="3">1≤n≤1000</td><td rowspan="3">nchar(n)</td><td rowspan="3">1≤n≤4000</td></tr>
<tr><td>national char(n)</td></tr>
<tr><td>nchar(n)</td></tr>
<tr><td>national character varying(n)</td><td rowspan="3">nvarchar2(n)</td><td rowspan="3">1≤n≤2000</td><td rowspan="3">nvarchar(n)</td><td rowspan="3">1≤n≤4000</td></tr>
<tr><td>national char varying(n)</td></tr>
<tr><td>nchar varying(n)</td></tr>
</table>

4.1.1 数据库字符集与国家字符集

字符集即字符编码方式,Oracle 和 SQL Server 使用的字符集分为数据库字符集和国家字符集。

数据库字符集主要用于存储下面类型的数据：

- char
- varchar2(Oracle)或 varchar(SQL Server)

不同国家和地区编制了适合存储其语言的字符集，为了避免不同字符集之间在交换数据时的转换工作，出现了 Unicode 编码方式，这种编码方式试图把世界上使用的所有字符统一到一个字符集中。

如果数据库字符集未使用 Unicode 字符集，而数据库中又存在不属于数据库字符集中的字符，这时可以用国家字符集存储这些特殊字符，国家字符集使用 Unicode 编码方式。

国家字符集主要用于存储下面类型的数据：

- nchar
- nvarchar2(Oracle)或 nvarchar(SQL Server)

4.1.2 设置 Oracle 字符集

Oracle 推荐数据库字符集使用 Unicode 编码方式，并且推荐优先选用 AL32UTF8。

Oracle 数据库的国家字符集只能选用 AL16UTF16 和 UTF8，默认为 AL16UTF16。如图 4-1 所示是在 Oracle 建库过程中设置字符集的步骤。

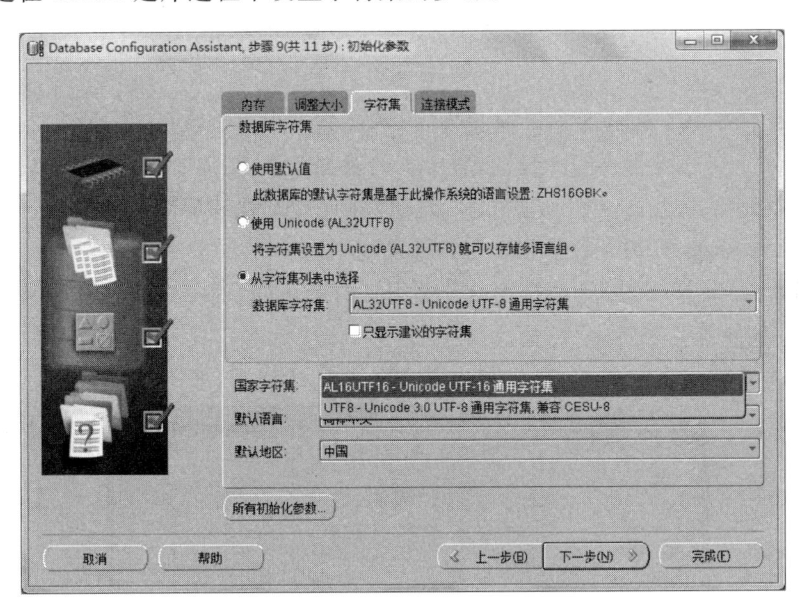

图 4-1　Oracle 建库指定国家字符集

在中文 Windows 平台，创建数据库时，数据库字符集默认为 ZHS16GBK。ZHS16GBK 是 Oracle 对 GBK1.0 汉字编码标准的实现，GBK1.0 是 1995 年中国国家技术监督局发布的《汉字内码扩展规范》国家标准。

执行下面查询可以得到当前的数据库字符集和国家字符集：

```
SQL> select property_name , property_value
  2  from database_properties
  3  where property_name like '%CHARACTERSET'
  4  /
```

```
PROPERTY_NAME                  PROPERTY_VALUE
------------------------------ -------------------------
NLS_CHARACTERSET               ZHS16GBK
NLS_NCHAR_CHARACTERSET         AL16UTF16
```

4.1.3 设置 SQL Server 字符集

SQL Server 不能分别设置数据库字符集和国家字符集，而是通过设置排序规则指定数据库字符集和国家字符集。

SQL Server 的排序规则规定了数据库字符集的代码页（国家字符集统一使用 Unicode 编码方式，不需再另外设置），以及以下几个排序规则：

- 基于哪种语言执行字符排序。
- 是否区分大小写，以 CS/CI 表示（Case Sensitive/Insensitive），指定 CI 或省略此项则不区分。
- 是否区分重音和非重音字符，以 AS/AI 表示（Accent Sensitive/Insensitive），指定 AI 或省略此项则不区分。
- 是否区分全角半角，以 WS 表示（Width Sensitive）区分，省略此项则不区分。
- 排序时日文是否区分平假名和片假名，以 KS 表示（Kanatype Sensitive），省略此项则不区分。

如 Chinese_PRC_CI_AS，即基于中文排序，不区分大小写，区分重音字符。

排序规则分为服务器和数据库级别，服务器排序规则在安装 SQL Server 软件时指定，更改服务器排序规则要重建 master 数据库。数据库排序规则在建库时指定，默认继承服务器排序规则，可以执行 alter database 命令改变其排序规则。

中文 Windows 环境下，服务器排序规则默认为 Chinese_PRC_CI_AS，即基于中文排序，不区分大小写，区分重音字符。

在 SSMS 中查看服务器属性，可以显示其服务器排序规则，如图 4-2 所示。

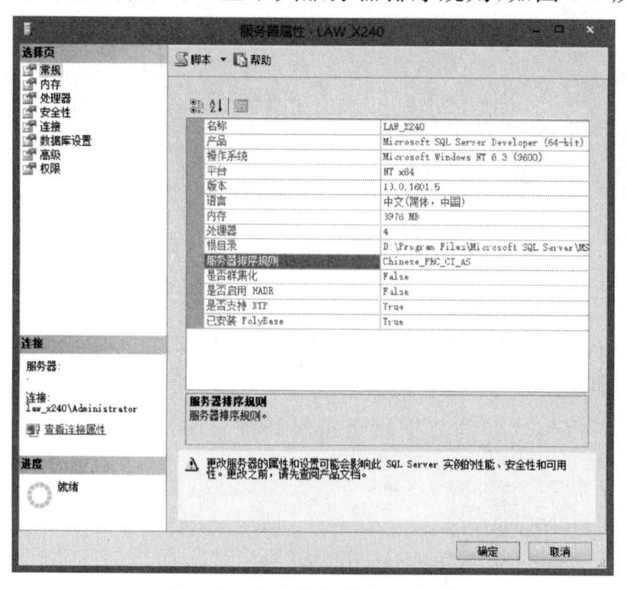

图 4-2 查看服务器排序规则

数据库排序规则可以在 SSMS 中通过数据库属性查看或修改，如图 4-3 所示。

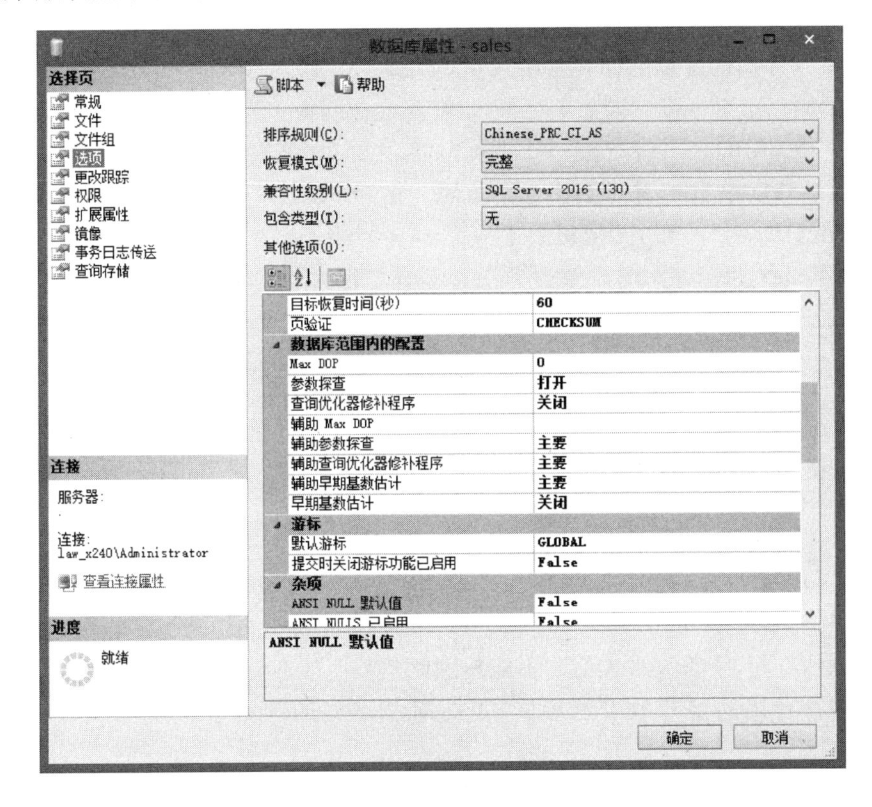

图 4-3　查看数据库排序规则

创建测试表 t，包含两个列，分别为 char(5)和 nchar(5)：

```
1> create table t(a char(5), b nchar(5))
2> go
```

执行下面命令查看其两个列的排序规则和数据库字符集：

```
1> select column_name,collation_name,character_set_name
2> from information_schema.columns
3> where table_name='t'
4> go
column_name          collation_name       character_set_name
-------------------- -------------------- --------------------
a                    Chinese_PRC_CI_AS    cp936
b                    Chinese_PRC_CI_AS    UNICODE
```

可以看到，char(5)类型的数据库字符集是 cp936(code page 936)，nchar(5)类型的国际字符集使用 Unicode。cp936 是 Windows 系统对 GBK1.0 的实现。

4.1.4　char(n)与 varchar(n)的长度范围

Oracle 的 varchar(n)表示为 varchar2(n)。char(n)与 varchar(n)均使用数据库字符集存储字符串，n 用于指定字符串最大长度。n 的单位由初始化参数 NLS_LENGTH_SEMANTICS 指定，默认为字节。可以修改 NLS_LENGTH_SEMANTICS 为 char，用字符为单位。

若使用 char(n char)、varchar2(n char)或 char(n byte)、varchar2(n byte)的形式指定单位，则长度单位不受 NLS_LENGTH_SEMANTICS 的影响。

char(n)用于存储固定长度的字符串数据，n 的最大值为 2 000 字节。若添加的字符串实际长度小于 n，则以空格补齐。若省略参数 n，则默认长度为 1。

在 Oracle 中，varchar(n)表示为 varchar2(n)，存储可变长度的字符串实际值，也就是说，若字符串的实际长度小于 n，并不会用空格填满。在 Oracle 12c 之前的版本中，n 的最大值为 4 000 字节。在 Oracle 12c 中，若把初始化参数 max_string_size 设置为 extended，则 n 的最大值为 32 767，若 max_string_size 设置为 standard，n 的最大值仍为 4 000。使用 varchar2(n)定义列的类型时，不能省略参数 n。

SQL Server 中，char(n)和 varchar(n)的参数 n 的最大值都是 8 000 字节，不能以字符为单位，若省略参数 n，则默认为 1。

4.1.5 nchar(n)和 nvarchar(n)的长度范围

nchar(n)和 nvarchar(n)都使用国家字符集存储字符串。在 Oracle 中，nvarchar(n)表示为 nvarchar2(n)。nchar(n)的长度固定，nvarchar2(n)为可变长度，n 为其允许的最大长度，长度单位为字符，而不是字节。

在存储范围方面，字符数最大值 n 不能超过此类型所能存储的最大字节数，不同国家字符集存储一个字符占用的字节数可能不同，因此对于不同的国家字符集，n 的最大取值也会不同。

nchar(n)的长度不超过 2 000 字节。使用 UTF8 字符集时，最多存储 2 000 个 ASCII 字符或者 1 000 个希腊字母，n 的最大值随存储内容的不同会有很大差异。AL16UTF16 字符集是双字节编码，最多可存储 1 000 个字符，n 不能超过 1 000。

对于 nvarchar2(n)，在 Oracle 12c 中，若把初始化参数 max_string_size 设置为 extended，nvarchar2(n)类型能够存储的最大字节数为 32 767，若 max_string_size 设置为 standard，最大字节数为 4 000。

在 SQL Server 中，两种字符串类型的参数 n 的最大值均为 4 000，单位为字节。国家字符集一般会用多字节存储一个字符，实际存储的字符个数会小于 n。

4.2 数值类型

表 4-2 所示是 SQL:2011 标准数值类型、Oracle、SQL Server 所支持数值类型的大致对比，SQL Server 部分给出了相关类型的范围，要注意各对应数据类型并不是等同，只是大致相似。

表 4-2 数值类型对比

SQL:2011	Oracle	SQL Server	
numeric(p,s)	number(p,s)	numeric(p,s)	
decimal(p,s)			
	number(19, 4)	money	−922 337 203 685 477.580 8～922 337 203 685 477.580 7
	number(10, 4)	small money	−214 748.3648～214 748.364 7

续表

SQL:2011	Oracle	SQL Server	
integer	number(38)/int	bigint	－9 223 372 036 854 775 808～9 223 372 036 854 775 807
		int	－2 147 483 648～2 147 483 647
samllint		smallint	－32 768～32 767
		tinyint	0～255
float	float(126)/number	float	默认为 float(53)
double precision		float(53)	
real	float(63)	real	等同于 float(24)
	binary_float		
	binary_double		

4.2.1 定点数值数据类型 number(p,s)与 numeric(p,s)

Oracle 的 number(p,s)和 SQL Server 的 numeric(p,s)表示定点数值类型，numeric 是 SQL:2011 标准类型。

关于 Oracle 的 number(p,s)中的 p 和 s 参数有以下特点：

- p 和 s 的范围：1≤p≤38，－84≤s≤127。
- 若省略 s，则默认为 0，如 number(4)即表示 number(4, 0)。
- 若 s>0，则精确到小数点右边 s 位，并四舍五入，然后检验有效数位是否不超过 p，若超过，则报错。若四舍五入后，有效数位不超过 p，且 s>p，则小数点右边至少有 s－p 个 0 填充，如 0.012 34 或 0.000 12 都满足 number(4, 5)的要求。
- 若 s<0，则精确到小数点左边 s 位，并四舍五入。然后检验有效数位是否超过 p+|s|，超过则报错。
- 若使用 number 时未附带 p 及 s，则 number 与 float 是相同的，即 float(126)，用于表示浮点数，其含义请参考本节后面内容。

SQL Server 的 numeric(p,s)中的 p 和 s 有以下特点：

- p 和 s 的范围：1≤p≤38，0≤s≤p。
- 若省略 s，则默认为 0，如 numeric(4)即表示 numeric(4, 0)。
- 若未附带 p 及 s，则 numeric 表示 numeric(18)，表示整数，与 Oracle 不同。

另外，SQL Server 还支持 money 与 smallmoney，用于货币值运算，大致相当于 Oracle 的 number(19,4)与 number(10,4)。

4.2.2 整型

Oracle 支持 SQL 标准类型 numeric、decimal、integer、samllint，都统一转换为 number(38)。除了这些标准类型外，SQL Server 还支持 bigint 及 tinyint，可以使用户对整数的存储进行更精细的控制。

4.2.3 浮点型

Oracle 的浮点数据类型 float(n)中的 n 表示二进制精度，最大为 126，也是默认值，number 类型与 float 等价。二进制精度的 126 大致相当于十进制精度的 38，二进制精度和十进制精度的换算关系为：d=round(b * 0.30103)。

如 1234.5678 按照 float(10)存储，二进制精度 10 按照上面公式转换为十进制精度 3，数值 1234.5678 以科学计数法表示为 1.2345678E+3，按照十进制精度 3 处理 1.2345678 得到 1.235，这样，按照 float(10)，最后存储的数值为 1.235E+3，即 1235；如果按照 float(18)存储，则按照上述步骤，二进制精度 18 对应十进制精度 5，最后存储的是 1.23457 * E+3，即 1234.57。

上面结论，可以通过下面实验验证：

```
SQL> create table t(original_num varchar(20),f10 float(10), f18 float(18));
表已创建。
SQL> insert into t values('1234.5678', 1234.5678, 1234.5678);
已创建 1 行。
SQL> select * from t;

ORIGINAL_NUM                              F10                    F18
---------------------------------------------------------------------
1234.5678                                 1235               1234.57
```

Oracle 使用 SQL 标准数据类型 float 或 double precision 时，转换为 float(126)，使用标准类型 real 时，转换为 float(63)。

Oracle 的 binary_float 与 binary_double 数据类型是 Oracle 10g 引入用于表示浮点数值的新类型，执行复杂的科学数值计算时，相比使用 number 或 float 数据类型存储的数据，运算速度有显著提高。

Oracle 的 binary_float 是 32-bit 的单精度浮点型数值类型。每一个 binary_float 值需要 5 个字节，其中一个字节表示长度。

Oracle 的 binary_double 是 64-bit 的双精度浮点型数值类型。每一个 binary_double 值需要 9 个字节，其中一个字节表示长度。

两种数据类型的各个部分所占空间如表 4-3 所示。

表 4-3　binary_float 与 binary_double 类型

类型	符号(bits)	小数(bits)	指数(bits)
binary_float	1	23	8
binary_double	1	52	11

下面是使用两种数据类型的示例。

创建表 t：

```
SQL> create table t
  2  (
  3      num_origin varchar(30),
  4      num_binary_float binary_float,
  5      num_binray_double binary_double
  6  )
  7  /
```

添加如下记录：

```
SQL> insert into t values
  2  (
  3      '123456789123456789.123456789',
  4      123456789123456789.123456789,
  5      123456789123456789.123456789
  6  )
  7  /
```

添加上述数值后，在表中存储的数据为：

```
SQL> set numwidth 25
SQL> select * from t;
NUM_ORIGIN                                  NUM_BINARY_FLOAT       NUM_BINRAY_DOUBLE
------------------------------------------- ---------------------- -------------------------
123456789123456789.123456789                1.23456791E+017        1.2345678912345678E+017
```

SQL Server 的 float(n)中的 n 表示二进制精度，n 的取值范围为 1～53，符合下面规定：

- 若 1≤n≤24 时，则按 24 对待，大致相当于十进制精度 7。
- 若 25≤n≤53 时，则按 53 对待，大致相当于十进制精度 15。

如数值 1234567812345678.1234，按 float(24)存储，则转换为 1.2345678E+15，如按 float(53)存储，则转换为 1.234567812345678E+15，即 1234567812345678.0。

上述结论，可验证如下：

```
1> create table t(f1 float(1),f24 float(24),f25 float(25),f53 float(53))
2> go
1> insert into t values
2> (
3>     1234567812345678.1234,1234567812345678.1234,
4>     1234567812345678.1234,1234567812345678.1234
5> )
6> go

(1 行受影响)
1> select * from t
2> go
2> go
f1              f24             f25                     f53
--------------- --------------- ----------------------- -----------------------
1.2345678E+15   1.2345678E+15   1234567812345678.0      1234567812345678.0
```

4.2.4 在 SQL Server 中查询数据类型对应关系

SQL Server 提供了两个视图可以得到 SQL Server 的数据类型与 DB2、Oracle 以及 Sybase 数据类型之间的对应关系：

```
1> select * from msdb.dbo.sysdatatypemappings
```

```
2> go
```

或

```
1> select * from msdb.dbo.MSdatatype_mappings
2> go
```

4.3 常用字符串处理函数

表 4-4 所示是 Oracle 与 SQL Server 的常用字符串处理函数的一个总体对比。

表 4-4 字符串函数对比

功能	Oracle	SQL Server
合并字符串	‖	+或 concat
返回 ASCII 码/字符	ASCII/chr	ASCII/char
返回字母的大/小写	lower/upper	lower/upper
返回字符串长度	length	len
裁剪字符串左/右侧指定字符	ltrim/rtrim	ltrim/rtrim
代替指定字符串	replace	replace
返回字符串子串	substr	substring

4.3.1 字符串合并

字符串合并,Oracle 使用"‖"运算符,SQL Server 使用"+"运算符或 concat()函数。

如果参与字符串合并的既有字符串,又有数值或日期时间数据,Oracle 会自动将其转换为字符串。SQL Server 却会把"+"作为数值运算或日期时间的"加"运算符,并尝试把字符串转换为数值或日期时间数据,而不会把数值或日期时间数据转换为字符串。

SQL Server 的 concat()函数与 Oracle 的"‖"运算符功能相似,会把参与合并的数值或日期时间数据自动转换为字符串。下面是简单示例。

Oracle 能够自动把数值数据转换为字符串常量,不需要使用转换函数:

```
SQL> select ename ||''|| job || ''|| hiredate ||''|| sal as emp_info
  2  from emp
  3  where empno=7369
  4  /

EMP_INFO
-------------------------------------------------------------------
SMITH CLERK 17-12 月-80 900
```

同样的操作,SQL Server 却不支持:

```
1> select ename + '' + job + '' + hiredate + sal as emp_info
2> from emp
3> where empno=7369
4> go
```

```
消息 241，级别 16，状态 1，服务器 LAW_X240，第 1 行
从字符串转换日期和/或时间时，转换失败。
```

而必须使用转换函数显式转换：

```
1> select ename+''+job+''+cast(hiredatetime as varchar)+''+
2>        cast(sal as varchar) as emp_info
3> from emp
4> where empno=7369
5> go
emp_info
----------------------------------------
SMITH CLERK 12 17 1980 12:00AM 800.00
```

如果 cast 函数的 varchar 未附加长度，则默认为 30。

SQL Server 的 concat()函数与 Oracle 的“‖”运算符的用法相似，使用时不需要把数值或日期型数据转换为字符串，下面是简单示例：

```
1> select empno,
2> concat(ename,'',job,'',hiredatetime,'',sal) as emp_info
3> from emp
4> where empno=7369
5> go
empno emp_info
----- ------------------------------------------
 7369 SMITH CLERK 12 17 1980 12:00AM 800.00
```

4.3.2 ASCII 码与字符的转换

Oracle 使用 ASCII 与 chr 分别求出一个字符的 ASCII 码以及一个 ASCII 码对应的字符，同样的功能，SQL Server 使用 ASCII 与 char。

在 Oracle 中使用 ASCII 及 chr：

```
SQL> select ascii('a'), chr(97) from dual;

                   ASCII('A') C
------------------------
                          97 a
```

在 SQL Server 中使用 ASCII 及 char：

```
1> select ascii('a'), char(97)
2> go

----------- -
         97 a
```

chr 及 char 的一个很有用的功能是在字符串中插入控制字符，如 ASCII 码 9 表示制表符，10 表示换行符，13 表示回车符。下面是插入换行的简单示例。

在 Oracle 中执行：

```
SQL> select ename||chr(10)||chr(13)||job||chr(10)||chr(13) as emp_info
  2  from emp
  3  where deptno=10
  4  /

EMP_INFO
------------------------
CLARK
MANAGER



KING
PRESIDENT



MILLER
CLERK
```

在 SQL Server 中执行：

```
1> select ename+char(10)+char(13)+job+char(10)+char(13) as emp_info
2> from emp
3> where deptno=10
4> go
emp_info
------------------------
CLARK
MANAGER

KING
PRESIDENT

MILLER
CLERK
```

4.3.3 字符串大小写转换

字符串的大小写转换使用 upper 与 lower 函数，Oracle 和 SQL Server 的用法相同。

在 Oracle 中执行：

```
SQL> select upper(ename), lower(ename)
  2  from emp
  3  where deptno=10
  4  /
```

```
UPPER(ENAM LOWER(ENAM
----------- -----------
CLARK       clark
KING        king
MILLER      miller
```

在 SQL Server 中执行：

```
1> select upper(ename), lower(ename)
2> from emp
3> where deptno=10
4> go

-------------------- --------------------
CLARK                clark
KING                 king
MILLER               miller
```

4.3.4 求字符串长度

Oracle 使用 length 函数求字符串长度，SQL Server 使用 len 函数。

在 Oracle 中：

```
SQL> select ename, length(ename)
  2  from emp
  3  where deptno=10
  4  /

ENAME      LENGTH(ENAME)
---------- --------------
CLARK                   5
KING                    4
MILLER                  6
```

在 SQL Server 中：

```
1> select ename, len(ename)
2> from emp
3> where deptno=10
4> go
ename
---------- ---------
CLARK           5
KING            4
MILLER          6
```

4.3.5 裁剪字符串，trim 系列函数

trim 函数包括 trim、ltrim 及 rtrim。

Oracle 的 ltrim、rtrim 及 trim 分别用于裁剪一个字符串左侧、右侧以及两侧的指定子串。

SQL Server 不支持 trim 函数，其 ltrim 及 rtrim 的功能也与 Oracle 的对应函数用法不同，只是裁剪左侧或右侧的空格，不能指定其他形式的子串，如果要裁剪一个字符串两侧的空格，可以结合使用这两个函数。

如果 Oracle 的 ltrim 及 rtrim 用于裁剪空格，则与 SQL Server 的对应函数用法相同。

SQL Server 的 ltrim 及 rtrim 函数只需以操作的字符串为参数。

Oracle 的 ltrim 与 rtrim 用法相同：ltrim(*str*, *substr*)及 rtrim(*str*, *substr*)

- str 表示操作的字符串。
- substr 表示要裁剪的子串，若裁剪空格，则可以省略。

Oracle 的 trim 函数用法为：trim(leading | trailing | both *trim_str* from *str*)

- leading 指定裁剪字符串左侧的子串。
- trailing 指定裁剪字符串右侧的子串。
- both 指定裁剪字符串两侧的子串，both 可以省略。
- trim_str 指定要裁剪的字符，只能指定一个字符。
- str 指定要操作的字符串。

下面示例在 Oracle 中使用 ltrim 函数：

```
SQL> select ltrim('    abc'), ltrim('abcd','abc'), ltrim('xxxabcd','x')
  2  from dual
  3  /

LTR L LTRI
--- - ----
abc d abcd
```

下面示例在 Oracle 中使用 trim 函数：

```
SQL> select trim('    abcd    '), trim(both 'x' from 'xxabcxx') from dual;

TRIM TRI
---- ---
abcd abc
```

在 SQL Server 中使用这 ltrim 及 rtrim 函数：

```
1> select ltrim('   abc'), rtrim('abc   '), ltrim(rtrim('   abc   '))
2> go

----- ----- -------
abc     abc    abc
```

4.3.6 求子字符串，substr 与 substring

Oracle 使用 substr 函数，SQL Server 使用 substring 函数求一个字符串中的子串。

Oracle 的 substr 的用法为：substr(*str*, *position*, *length*)

- str 表示要操作的字符串。

- position 表示子串开始位置，默认由左侧开始，如果 position<0，则由右侧开始。
- length 表示子串的长度。

SQL Server 的 substring 的用法与 Oracle 的 substr 类似，只是开始位置不能为负。

在 Oracle 中执行：

```
SQL> select substr('abcdefgh', 3, 2), substr('abcdefgh', -3, 2)
  2  from dual
  3  /

SU SU
-- --
cd fg
```

在 SQL Server 中执行：

```
1> select substring('abcdefgh', 3, 2), substring('abcdefgh', -3, 2)
2> go

---- ----
cd
```

4.3.7 替换指定子串

Oracle 与 SQL Server 都使用 replace 替换一个字符串中的子串，用法相同：

replace(*str*, *search_str*, *rep_str*)

- str 表示操作的字符串。
- search_str 表示要搜索的子字符串。
- rep_str 表示要替换的目标字符串。

在 Oracle 中执行：

```
SQL> select replace('abcdefgh', 'de', 'xxxx')
  2  from dual
  3  /

REPLACE('A
----------
abcxxxxfgh
```

在 SQL Server 中执行：

```
C:\> sqlcmd -d law -Y 20
1> select replace('abcdefgh', 'de', 'xxxx')
2> go

--------------------
abcxxxxfgh
```

4.4 常用数值处理函数

Oracle 与 SQL Server 中的常用数值处理函数如表 4-5 所示，多数函数的用法比较简单，我们不再举例说明。

表 4-5 数值函数对比

功能	Oracle	SQL Server
返回绝对值	abs	abs
返回大于或等于指定数值表达式的最小整数	ceil	ceiling
exp(n)返回 e 的次幂	exp	exp
返回小于或等于指定数值表达式的最大整数	floor	floor
返回自然对数	ln	log
返回常用对数	log	log10
返回 m 除以 n 的余数，mod(m, n)等价于 m%n	mod	%
返回 π 值，Oracle 可以使用 acos(-1)实现		pi
power(m,n)返回 m 的 n 次幂	power	power
产生 0 到 1 之间的随机数，Oracle 使用 dbms_random 包		rand
舍入到指定长度或精度	round	round
符号函数，对于正、负数、0 分别返回-1、1、0	sign	sign
求平方根	sqrt	sqrt
将数字截断到指定的位数	trunc	trunc

4.5 字符串及数值类型转换函数

把数值型数据转换为字符串，在 Oracle 中可以使用 cast 函数与 to_char 函数，在 SQL Server 中可以使用 cast 函数及 convert 函数。cast 函数在 Oracle 及 SQL Server 中的用法类似。SQL Server 未提供与 to_char 功能类似的函数。Oracle 虽然也提供了 convert 函数，但其功能是转换字符串所属的字符集，与 SQL Server 的 convert 函数用法截然不同。

Oracle 提供了 cast 函数与 to_number 函数把字符串转换为数值型数据。SQL Server 提供了 cast 函数与 convert 函数把字符串转换为数值型数据。

4.5.1 在 Oracle 中把数值转换为字符串

Oracle 的 cast 函数的用法：cast(*expression* as *data_type*[(*length*)])

第一个参数是要转换的表达式，一般是表的列名或常量，data_type 为转换的目标类型，length 是精度。

要把数值型数据转换为字符串，则 data_type 一般为 char 或 varchar2，如果未附加 length 参数，则默认为 1。

下面示例把 emp 表中的 sal 列用 cast 函数转换为字符串，并与 ename 列合并：

```
SQL> conn scott/tiger
```

```
已连接。
SQL> set pagesize 50
SQL> select ename||' '||'s sal is '||cast(sal as char(7)) as "EMPLOYEE'S SAL"
  2  from emp
  3  /

EMPLOYEE'S SAL
----------------------------
SMITH's sal is 800
ALLEN's sal is 1600
WARD's sal is 1250
……
```

to_char 函数的用法为：to_char(*n*, *fmt*)

第一个参数 n 为要转换为字符串的数值常量或数值类型的字段，第二个参数 fmt 是可选的，用于指定转换后的字符串要满足的格式。

to_char 函数返回的结果为 varchar2 类型，其长度恰为能够容纳转换后的字符串结果。

下面我们给出几个示例。

```
SQL> select to_char(999999,'999,999') from dual;

to_char(
---------
999,999
```

上面代码把整数 999999 转换为字符串，并在中间添加逗号分隔符。

4.5.2 在 SQL Server 中把数值转换为字符串

SQL Server 的 cast 函数与 Oracle 相同：cast(*expression* as *data_type*[(*length*)])

第一个参数是要转换的表达式，一般是表的列名或常量，data_type 为转换的目标数据类型，length 是精度。

把数值型数据转换为字符串，data_type 一般为 char 或 varchar，若未附加 length 参数，则默认为 30，这与 Oracle 默认为 1 不同。

下面示例把 emp 表中的 sal 列用 cast 函数转换为字符串，并与 ename 列合并：

```
1> select ename+' '+'s sal is '+cast(sal as char(7)) as "EMPLOYEE'S SAL"
2> from emp
3> go
EMPLOYEE'S SAL
---------- -------------- -------------
SMITH's sal is 800.00
ALLEN's sal is 1600.00
WARD's sal is 1250.00
……
```

convert 函数主要用于把数值型或日期型数据转换为字符串，虽然使用 convert 函数也可以把只包含数字的字符串转换为数值型数据，但这种转换，SQL Server 一般可以隐式完成。本节我们主要说明数值型数据转换为字符串的用法。

convert 函数的用法为：convert(*data_type*[(*length*)], *expression*[,*style*])

其中，data_type 是要转换的目标数据类型，expression 是要转换的表达式，一般为表的列名或常量，style 参数一般用于把日期型数据转换为字符串时指定格式。

如把整数 2008 转换为字符串，可以使用：convert(char(4), 2008)

下面示例把 emp 表中的 sal 列用 convert 函数转换为字符串，并与 ename 列合并：

```
1> select ename+"''"+'s sal is '+convert(char(7),sal) as "EMPLOYEE'S SAL"
2> from emp
3> go
EMPLOYEE'S SAL
---------- -------------- ------------
SMITH's sal is 800.00
ALLEN's sal is 1600.00
WARD's sal is 1250.00
……
```

上面示例中的“+”号是合并字符串的运算符，ename 后面的 4 个单引号，表示在显示结果中要打印出一个单引号，之所以 4 个单引号，是因为在 SQL 语言中，外部单引号用于括住字符串常量，内部两个单引号，前面的表示转义。

4.5.3 Oracle 中把字符串转换为数值

依照 4.5.1 所提到的 cast 函数的用法，把字符串转换为数值，只要第一个参数替换为字符串常量或字符串类型的字段，第二个参数替换为合适的数值类型，即可以把字符串转换为数值型数据。

如把字符串'100'转换为整数 100 后与整数 300 相加：

```
SQL> select cast('100' as number)+300 from dual;

cast('100'ASNUMBER)+300

----------------------
                   400
```

类似的，下面示例把 100.21 转换为 number (5,2)类型的数值：

```
SQL> select cast('100.21' as number(5,2))+300 from dual;

cast('100.21'ASNUMBER(5,2))+300
------------------------------
                        400.21
```

上述示例，如果不使用 cast 函数，Oracle 默认会进行隐式转换：

```
SQL> select '100'+300 from dual;
```

```
'100'+300
----------
        400
```

to_number 函数的用法为:to_number(*expression*, *fmt*)

第一个参数为要转换的字符串或字符串类型字段,第二个参数 fmt 可选(一般省略),用于指定第一个参数中各个部分的格式。

以上示例可以使用 to_number 函数完成:

```
SQL> select to_number ('100')+300 from dual;

TO_NUMBER('100')+300
-------------------------
                      400
```

转换时,也可以包含小数部分:

```
SQL> select to_number('100.201')+300 from dual;

to_number('100.201')+300
-------------------------
                  400.201
```

4.5.4 SQL Server 中把字符串转换为数值

与 Oracle 的 cast 函数用法类似,把字符串转换为数值,只要第一个参数替换为字符串常量或字符串类型的字段,第二个参数指定为合适的数值类型,即可以把字符串转换为数值型数据。

另外要注意对应于 Oracle 中的 number 数值类型,在 SQL Server 中称为 numeric。

下面示例把字符串'100'转换为 number 类型的数值:

```
1> select cast('100' as numeric)
2> go

--------------------
                 100
```

类似的,下面示例把 100.21 转换为 numeric(5,2)类型的数值:

```
1> select cast('100.21' as numeric(5,2))
2> go

-------
100.21
```

与 Oracle 类似,如果未作显式转换,SQL Server 默认也完成隐式转换:

```
1> select '100'+300
2> go
```

```
-----------
          400
```

依照 4.5.2 提到的 convert 函数的用法，只要把第一个参数设置为转换的目标数值类型，第二个参数设置为要转换的字符串常量或字符串类型字段，即可把字符串转换为数值数据。

下面示例使用 convert 函数完成与 4.5.3 同样的功能：

```
1> select convert(numeric(5,2),'100.21')
2> go

-------
 100.21
```

第5章 日期时间类型数据的处理

日期时间是数据库中常用的数据类型，Oracle 和 SQL Server 有多种日期时间类型，各自有不同的范围和精度。与普通的数值型和字符型数据相比，其处理方式相对较为复杂，Oracle 和 SQL Server 提供了多个函数操作日期时间数据。

本章主要内容包括：

- 日期时间类型
- 处理日期时间常量
- 日期时间处理函数

5.1 日期时间类型

关于日期时间数据，SQL：2011 标准规定了两类数据类型，一种表示日期时间值，另一种表示日期时间间隔。

前一类数据类型包括三种：

- date：以年、月、日表示的日期值。
- time：以小时、分钟、秒表示的时间值。
- timestamp：以年、月、日、小时、分钟、秒表示的日期时间值。

time 和 timestamp 类型可以包括时区，也可以包括一定精度的、以小数表示的秒。下面的介绍，我们只涉及常用的不包括时区的情形。

第二类包括：

- year-month 间隔：以年、月之一或两者表示间隔。
- day-time 间隔：以年月之外的单位表示间隔。

5.1.1 Oracle 中的日期时间类型

Oracle 的日期时间类型包括 date、timestamp 以及表示时间间隔的类型 interval year to month 和 interval day to second。date 与 timestamp 对应 SQL：2011 中的 timestamp 类型。

与 SQL：2011 中的 date 类型不同，Oracle 中的 date 类型除了日期外，也包括时间信息。而 Oracle 的 timestamp 与 SQL：2011 的 timestamp 类型基本相同。

Oracle 中的 date 和 timestamp 类型的主要属性如表 5-1 所示。

表 5-1 Oracle 的主要日期时间类型

数据类型	格式	范围	精确度
date	yyyy-mm-dd hh：mi：ss	−4712−01−01 00：00：00～9999−12−31 23：59：59	秒
timestamp(*p*)	yyyy-mm-dd hh：mi：ss.	−4712−01−01 00：00：00～9999−12−31 23：59：59.9[*p*]	与 p 相关

yyyy 表示四位年份，mm 表示两位月份，dd 表示两位日期，hh 表示两位小时，mi 表示两位分钟，ss 表示两位秒。p 表示秒的小数位数，其范围为 0 到 9，默认为 6。-4712 表示公元前 4712 年。

Oracle 的 date 与 timestamp 类型的区别在于精度不同，date 类型只精确到秒，另外 timestamp 类型可以包括时区信息，即 timestamp with time zone 和 timestamp with local time zone。

5.1.2 SQL Server 中的日期时间类型

SQL Server 支持的所有日期时间类型如表 5-2 所示。

表 5-2 SQL Server 的主要日期时间类型

数据类型	格式	范围	精确度
time(p)	hh:mm:ss[.nnnnnnn]	00:00:00.0000000～23:59:59.9999999	100 纳秒
date	yyyy-mm-dd	0001-01-01～9999-12-31	天
smalldatetime	yyyy-mm-dd hh:mm:ss	1900-01-01 00:00:00 ～ 2079-06-06 23:59:59	分钟
datetime	yyyy-mm-dd hh:mm:ss[.nnn]	1753-01-01 00:00:00～9999-12-31 23:59:59.997	1/300 秒
datetime2(p)	yyyy-mm-dd hh:mm:ss[.nnnnnnn]	0001-01-01 00:00:00～9999-12-31 23:59:59.9999999	100 纳秒
datetimeoffset	yyyy-mm-dd hh:mm:ss[.nnnnnnn][+|-]hh:mm	0001-01-01 00:00:00～9999-12-31 23:59:59.9999999	100 纳秒

yyyy 表示四位年份，mm 表示两位月份或两位分钟(Oracle 使用 mi 表示两位分钟)，dd 表示两位日期，hh 表示两位小时，ss 表示两位秒。p 表示秒的小数位数，其范围为 0～7，默认为 7。

SQL Server 2008 之前的版本只支持以上 6 种类型中的 datetime 和 smalldatetime，SQL Server 2008 增加了另外 4 种。SQL Server 建议在描述日期时间数据时，使用 4 种新类型，以与 SQL 标准更好地兼容。

date 类型对应 SQL:2011 标准的 date 类型，time 类型对应 SQL:2011 的无时区 time 类型，datetime 和 datetime2 对应 SQL:2011 标准的无时区 timestamp 类型，datetimeoffset 类型对应 SQL:2011 标准的有时区 timestamp 类型。

datetime 的小数秒精度精确到三百分之一秒(相当于 3.33 毫秒或 0.003 33 秒)，值舍入到 0.000 秒、0.003 秒或 0.007 秒三个增量。datetime2 比 datetime 表示的范围更大，精度更高，用以代替 datetime 类型。

datetimeoffset 类型的时区值从-14:00 至 +14:00，其常量值在日期时间值后面附加时区信息，如 1912-10-25 12:24:32.000 +10:00。

另外要注意，虽然 SQL Server 也有 timestamp 类型，但它是 rowversion 的同义词，与日期时间类型无关。

5.2 处理日期时间常量

日期时间常量主要用于以下几个方面：

• select、update、delete 语句中的 where 条件中涉及的日期时间值
• insert 语句添加日期时间字段值
• update 语句修改日期时间字段值

使用日期时间常量主要有两种方法：

• 使用指定格式的字符串常量
• 把指定格式的字符串常量用数据类型转换函数转换为日期时间型数据

另外，年份可以使用四位，也可以使用两位，为了避免引起混淆(如 50 可以表示 2050 年，也可以表示 1950 年)，本书统一使用四位。

5.2.1 Oracle 的情形

在 Oracle 中使用日期时间常量，主要有两种方式。

一是用 date 或 timestamp 关键字标识字符串，若只包含年月日数据则使用 date，若除日期外还包括时间数据，则使用 timestamp 关键字。

二是用 to_date()或 to_timestamp()函数把指定格式的字符串转换为 date 或 timestamp 类型常量。两种方式不受操作系统和数据库相关参数设置的影响。

使用 date 和 timestamp 关键字时，日期时间的各个部分要遵从固定顺序。

• 日期型格式：date 'yyyy-mm-dd'
• 日期时间格式：timpstamp 'yyyy-mm-dd hh24:mi:ss.fff'

下面示例演示其具体用法。

创建测试表：

```
SQL> create table t(a int, b date);
```

添加日期型数据：

```
SQL> insert into t values(1, date'2016-03-19');
```

添加日期时间型数据：

```
SQL> insert into t values(2, timestamp'2016-03-19 16:28:00');
```

执行查询，以上两行数据显示为：

```
SQL> select a,to_char(b,'yyyy-mm-dd hh24:mi:ss') as "B" from t;

         A B
---------- -------------------
         1 2016-03-19 00:00:00
         2 2016-03-19 16:28:00
```

在 update 语句中使用日期型常量：

```
SQL> update t set b=date'2016-03-20' where a=1;
```

to_date()和 to_timestamp()函数的用法请参考 5.3 节相关内容。

5.2.2 SQL Server 的情形

涉及日期时间常量时，SQL Server 建议使用与语言环境设置无关的标准字符串格式，一方面省去了使用类型转换函数的烦琐，另一方面也可以避免引起混淆。使用标准形式时，不需

要像 Oracle 一样附加 date 或 timestamp 前缀。

- 日期型格式:'yyyy-mm-dd'
- 时间型格式:'hh:mm:ss[.nnnnnnn]'
- 日期时间型格式:'yyyy-mm-dd hh:mm:ss[.nnnnnnn]'

日期之间的分隔符可以省略,日期和时间之间也可以用 T 分隔。下面通过几个实例说明其用法。

创建测试表 t:

```
1> create table t(a int, b datetime)
2> go
```

添加日期型数据:

```
1> insert into t
2> values(1,'2016-03-19')
3> go
```

添加日期时间型数据:

```
1> insert into t
2> values(2,'2016-03-19 19:23:10')
3> go
```

5.2.3 设置默认日期时间环境参数

Oracle 和 SQL Server 分别用 nls_date_format 和 dateformat 参数设置 SQL * Plus 和 sqlcmd 使用的默认日期时间格式。

Oracle 的 SQL * Plus 客户端使用 nls_date_format 参数规定字符串转换为日期时间常量、以及显示日期时间值时的顺序,这样使用字符串表示日期时间常量时,不需再附加 date 或 timestamp 关键字。

执行下面命令设置 nls_date_format 为'mm-dd-yyyy hh24:mi:ss':

```
SQL> alter session set nls_date_format='mm-dd-yyyy hh24:mi:ss';
```

按照上述指定顺序(即月日年)添加两行记录,此时不需要附加 timestamp 及 date 关键字:

```
SQL> insert into t values(3, '03-20-2016 11:33:10');
已创建 1 行。
SQL> insert into t values(4, '03-21-2016');
已创建 1 行。
```

查询 t 表,日期时间的显示格式也符合 nls_date_format 参数指定的顺序:

```
SQL> select * from t where a>=3;

         A B
---------- -------------------
         3 03-20-2016 11:33:10
         4 03-21-2016 00:00:00
```

在 SQL Server 的客户端中,dateformat 参数只规定字符串转换为日期型数据时,日期的年月日默认顺序，并不影响其中的时间部分。另外，dateformat 参数也不影响查询语句中的日期时间值显示格式，这与 Oracle 的 nls_date_format 参数的功能不同。

设置 dateformat 使用 set 命令，有效值为 mdy、dmy、ymd、ydm、myd 和 dym，其中的 y、m、d 三个字母分别表示年月日。

下面命令把 dateformat 设置为 dmy：

```
1> set dateformat mdy
2> go
```

继续使用上节的 t 表，对其添加一行记录，b 列只包括日期部分：

```
1> insert into t values(3, '03-19-2016')
2> go
```

再添加一行，b 列也可以包含时间数据：

```
1> insert into t values(4, '03-20-2016 11:58:30')
2> go
```

执行查询，可以发现 b 列的显示格式未受影响：

```
1> select * from t where a>=3
2> go
a            b
----------- -----------------------
          3 2016-03-19 00:00:00.000
          4 2016-03-20 11:58:30.000
```

而如果字符串常量不符合 dateformat，则会报错：

```
1> insert into t values(5,'20-03-2016')
2> go
消息 242，级别 16，状态 3，服务器 LAW_X240，第 1 行
从 varchar 数据类型到 datetime 数据类型的转换产生一个超出范围的值。
语句已终止。
```

日期各个部分的分隔符可以为斜杠“/”、连字符“-”或句点“.”：

```
1> insert into t values(5,'20-03-2016')
2> insert into t values(6,'20/03/2016')
3> insert into t values(7,'20.03.2016')
4> go
```

如果使用上节内容中的标准日期格式，则各个日期部分是固定的，不受 dateformat 参数设置的影响，请读者自行验证，这里不再赘述。

5.3 日期时间处理函数

Oracle 和 SQL Server 提供了丰富的函数处理日期时间数据。

表 5-3 是 Oracle 和 SQL Server 的日期时间处理函数的一个总体对比。

表 5-3 对比 Oracle 和 SQL Server 的日期时间处理函数

功能	Oracle	SQL Server
字符串转换为日期时间值	to_date()	cast()
		convert()
日期时间值转换为字符串	to_char	cast()
		convert()
获取当前日期时间	sysdate	getdate()
	localtimestamp(*p*)	sysdatetime()
	current_timestamp(p)	sysdatetimeoffset()
	systimestamp	
抽取日期时间指定部分	extract()	datepart()
获得指定日期所在月份的最后一天	last_day()	eomonth()

5.3.1 类型转换函数

类型转换函数的功能主要是日期型数据和字符串数据的相互转换。

Oracle 使用 to_date()和 to_timestamp()函数把字符串转换为日期型常量,使用 to_char()函数把日期型常量转换为字符串。

Oracle 的 to_date()函数把字符串常量转换为 date 类型的值。

• to_date()函数的用法为:to_date (string, format)

string 是要转换的字符串,format 是格式码,用于指定第一个参数中的年月日时等各部分。格式码中的日期时间各部分的分隔符要与字符串中的分隔符一致,常用的分隔符一般为"-"或"/"。格式码用 yyyy 表示 4 位年份,mm 表示 2 位月份,dd 表示 2 位日期,hh24 表示两位小时,mi 表示两位分钟,ss 表示两位秒。

下面示例对 t 表添加一行记录,其日期型字段的值为"2016 年 3 月 19 日":

```
SQL> insert into t values(5, to_date('2016-03-19', 'yyyy-mm-dd'));
```

下面示例使用另外一种分隔符添加一个日期时间值:

```
SQL> insert into t values(6, to_date('2016/03/19 20:35:10', 'yyyy/mm/dd hh24:mi:ss'));
```

• to_timestamp()函数的用法如下:to_timestamp(string, format)

to_timestamp()函数与 to_date()函数用法相似,只是秒的精度更高,格式码部分使用 ff 表示秒的小数部分,格式码其他部分与 to_date()函数用法相同。

下面示例重建 t 表:

```
SQL> create table t(a int, b timestamp);
```

然后对其添加一行记录:

```
SQL> insert into t values
  2  (1, to_timestamp('2016-03-19 15:30:10.12300','yyyy-mm-dd hh24:mi:ss.ff'))
  3  /
```

Oracle 的 to_char()函数把日期时间常量转换为指定格式的字符串。

• to_char()函数的用法如下:to_char(date, format)

date 是要转换的日期型常量，format 是指定的格式码，其用法与 to_date()函数相同。

下面查询的结果以"-"为分隔符分隔日期部分，以":"为分隔符分隔时间部分，日期和时间之间以空格分隔：

```
SQL> select a, to_char(b,'yyyy-mm-dd hh24:mi:ss') as b
  2  from t
  3  where a=6
  4  /

         A B
---------- -------------------
         6 2016-03-19 20:35:10
```

下面的查询只显示 hiredate 中的年和月，并且以/分隔：

```
SQL> select a, to_char(b,'yyyy/mm') as b
  2  from t
  3  where a=6
  4  /

         A B
---------- -------
         6 2016/03
```

下面查询要求得到 hiredate 中的年月日，并且以汉字年月日分隔：

```
SQL> select a, to_char(b,'yyyy')||'年'
  2              ||to_char(b,'mm')||'月'
  3              ||to_char(b,'dd')||'日'
  4  as b
  5  from t
  6  where a=6
  7  /

         A B
---------- --------------
         6 2016年03月19日
```

SQL Server 的 cast()和 convert()函数可以实现两种类型数据的相互转换，我们这里只介绍与 Oracle 的 to_date()和 to_char()函数用法相似的 convert()函数。

使用 convert 函数把字符串转换为日期型数据的用法为：

```
convert(datetime, str, fmt)
```

其中第一个参数 datetime 为类型名称，用于指定把第二个字符串参数转换为日期型数据，第三个参数为格式码，用于指定第二个参数中年月日的各部分。

若转换的字符串包含日期和时间，使用格式码 120：

```
1> insert into t values(8,convert(datetime,'2016-03-31 15:41:00',120))
2> go
```

若转换的字符串只包括日期，使用格式码 101,103,110,112：

```
1> insert into t values(9, convert(datetime,'03/31/2016',101))
2> insert into t values(10, convert(datetime,'31/03/2016',103))
3> insert into t values(11, convert(datetime,'03-31-2016',110))
4> insert into t values(12, convert(datetime,'20160331',112))
5> go
```

日期各部分的分隔符可以使用“-”,“/”或“.”,时间各部分的分隔符使用“:”。

若使用日期或时间的标准字符串格式,可以省略格式码,附加格式码也会失效,如下面示例所示:

```
1> insert into t values(13, convert(datetime,'2016-04-04'))
2> insert into t values(14, convert(datetime,'2016-04-04',103))
3> insert into t values(15, convert(datetime,'2016-04-04',110))
4> insert into t values(16, convert(datetime,'2016-04-04',120))
5> insert into t values(17, convert(time,'16:05:00',103))
6> insert into t values(18, convert(time,'16:05:00',108))
7> insert into t values(19, convert(time,'16:05:00',120))
8> go
```

SQL Server 使用 convert()函数除了完成与 Oracle 的 to_date()函数类似的功能以外,也可以完成与 Oracle 的 to_char()函数类似的功能。

convert()函数把日期型数据转换为字符串的用法为:

```
convert(varchar, date, str_format)
```

第一个参数为转换的目标类型 varchar,第二个参数是一个日期型表达式,第三个参数是表示格式码的整数,与 Oracle 的 to_char()函数指定格式码的方式不同。

最常用的格式码为 120,其效果相当于 Oracle 中的'yyyy-mm-dd hh24:mi:ss'形式:

```
1> select a, convert(varchar, b, 120)
2> from t
3> where a=8
4> go
a
----------- ------------------------------
          8 2016-03-31 15:41:00
```

下面几个示例演示其他几种格式码的效果。

使用 101~105,只包括日期部分:

```
1> select a,
2> convert(varchar, b, 101) as "101",
3> convert(varchar, b, 102) as "102",
4> convert(varchar, b, 103) as "103",
5> convert(varchar, b, 104) as "104",
6> convert(varchar, b, 105) as "105"
7> from t
8> where a=8
9> go
```

```
a          101          102          103          104          105
---------- ------------ ------------ ------------ ------------ ------------
         8 03/31/2016   2016.03.31   31/03/2016   31.03.2016   31-03-2016
```

使用 109、113、120 包括日期和时间两部分：

```
1> select a,
2> convert(varchar, b, 109) as "109",
3> convert(varchar, b, 113) as "113",
4> convert(varchar, b, 120) as "120"
5> from t
6> where a=8
7> go
a          109                        113                        120
---------- -------------------------- -------------------------- ---------------
         8  03 31 2016  3:41:00:000PM   31 03 2016 15:41:00:000   2016-03-31 15:41:00
```

使用 108 和 114 只包括时间部分：

```
1> select a,
2> convert(varchar, b, 108) as "108",
3> convert(varchar, b, 114) as "114"
4> from t
5> where a=8
6> go
a          108            114
---------- -------------- ---------------
         8  15:41:00       15:41:00:000
```

Oracle 与 SQL Server 常用的日期时间格式码对比，请参考表 5-4。

表 5-4　SQL Server 与 Oracle 的日期时间格式码对比

SQL Server	Oracle
101	mm/dd/yyyy
103	dd/mm/yyyy
110	mm-dd-yyyy
112	yyyymmdd
120	yyyy-mm-dd hh24:mi:ss

5.3.2　获得当前日期时间

Oracle 使用 sysdate，localtimestamp(*p*)，current_date，current_timestamp(p)及 systimestamp 获取当前日期时间。SQL Server 使用 getdate()、current_timestamp 和 sysdatetime()获取当前日期时间，使用 getutcdate()和 sysutcdatetime()返回 UTC 时间(世界标准时间，即 0 度经度的时间)，使用 sysdatetimeoffset()返回包含时区信息的当前日期时间。current_timestamp 是 SQL 标准形式。

Oracle 的 sysdate 返回值的类型为 date，localtimestamp(*p*)返回值的类型为 timestamp，

参数 p 为精确度，即小数位数，默认为 6。

简单示例如下：

```
SQL> select sysdate, localtimestamp
  2  from dual
  3  /

SYSDATE        LOCALTIMESTAMP
-------------- ---------------------------------
04-4 月 -16     04-4 月 -16 07.15.43.498000 下午
```

如要指定时间格式，可以使用 to_char()函数：

```
SQL> select to_char(sysdate,'yyyy-mm-dd hh24:mi:ss') as sdate,
  2  to_char(localtimestamp,'yyyy-mm-dd hh24:mi:ss.ff') as localtimestamp
  3  from dual
  4  /

SDATE                 LOCALTIMESTAMP
--------------------- -----------------------------
2016-04-04 19:18:42   2016-04-04 19:18:42.719000
```

current_timestamp 及 systimestamp 函数的返回值类型为 timestamp with time zone，除了包括 localtimestamp 返回的结果外，还包括当前时区信息。

```
SQL> select current_timestamp, systimestamp
  2  from dual
  3  /

CURRENT_TIMESTAMP                          SYSTIMESTAMP
------------------------------------------ -----------------------------------------
04-4 月 -16 07.23.45.317000 下午 +08:00      04-4 月 -16 07.23.45.317000 下午 +08:00
```

current_date 的返回数据受时区影响，如下面示例所示。

设置日期时间的默认格式：

```
SQL> alter session set nls_date_format='yyyy-mm-dd hh24:mi:ss';
会话已更改。
```

查询当前时区，当前时间和 current_date：

```
SQL> select sessiontimezone,sysdate, current_date from dual;

SESSIONTIMEZONE SYSDATE             CURRENT_DATE
--------------- ------------------- -------------------
+08:00          2016-04-04 22:28:19 2016-04-04 22:28:19
```

把时区设置为“-8:0”后，再次查询：

```
SQL> alter session set time_zone='-8:0';
会话已更改。
```

```
SQL> select sysdate, current_date from dual;
SYSDATE                  CURRENT_DATE
------------------- -------------------
2016-04-04 22:23:53  2016-04-04 06:23:53
```

恢复时区为"+8:0"后查询：

```
SQL> alter session set time_zone='+8:0';
会话已更改。
SQL> select sysdate, current_date from dual;

SYSDATE                  CURRENT_DATE
------------------- -------------------
2016-04-04 22:24:16  2016-04-04 22:24:16
```

SQL Server 的 getdate()、current_timestamp、sysdatetime()都返回系统时间，getdate()与 current_timestamp 的效果等价，后者是 SQL 标准用法(Oracle 也支持)，返回值为 datetime 类型。sysdatetime()的返回值类型为 datetime2，精度比前两者高。

```
1> select
2> getdate() as "getdate()",
3> current_timestamp as "current_timestamp",
4> sysdatetime() as "sysdatetime()"
5> go
getdate()                 current_timestamp         sysdatetime()
------------------- ------------------- ------------------------------
2016-04-04 19:35:27.890 2016-04-04 19:35:27.890          2016-04-04 19:35:27.8903748
```

getutcdate()和 sysutcdatetime()返回 UTC 时间，后者精度更高：

```
1> select
2> getdate() as "getdate()",
3> getutcdate() as "getutcdate()",
4> sysutcdatetime() as "sysutcdatetime()"
5> go
getdate()                 getutcdate()              sysutcdatetime()
------------------- ------------------- ------------------------------
2016-04-04 21:53:52.247 2016-04-04 13:53:52.247          2016-04-04 13:53:52.2480098
```

sysdatetimeoffset()返回包括时区信息的当前时间：

```
1> select
2> getdate() as "getdate()",
3> sysdatetimeoffset() as "sysdatetimeoffset()"
4> go
getdate()                 sysdatetimeoffset()
------------------- ------------------------------------------
2016-04-04 21:54:31.777             2016-04-04 21:54:31.7697566 +08:00
```

5.3.3 抽取日期时间的指定部分

Oracle 使用 extract()函数抽取一个日期值的年、月、日、小时、分钟、秒，SQL Server 使用 datepart()函数完成相同的功能。

Oracle 的 extract()函数的用法为：

```
extract(datepart from expr)
```

其中的 datepart 依据要抽取的内容，可以为 year、month、day、hour、minute 以及 second，第二个参数为日期型表达式。

对 date 类型的数据使用 extract()函数时，Oracle 将其按照 SQL 标准中的 date 类型看待，而 SQL 标准中的 date 类型数据只包含日期，不包含时间部分，从而 extract()函数的第一个参数只能为 year、month 及 day。对于 timestamp、timestamp with time zone 以及 timestamp with local time zone 类型的数据，除了 year、month 和 day 外，extract()函数也支持 hour、minute 及 second 选项，以抽取时间的指定部分。

如查询 emp 表中，1981 年 5 月入职的人数，可以使用下面查询：

```
SQL> select count(*) from emp
  2  where extract(year from hiredate) = 1981
  3  and extract(month from hiredate) = 5
  4  /

  COUNT(*)
----------
         1
```

emp 表中的 hiredate 字段是 date 类型，支持抽取其日期各部分。若对 date 类型数据抽取时间部分，如 hour，可以发现 extract()函数不支持：

```
SQL> select extract(hour from to_date('2016-04-04 10:25:30','yyyy-mm-dd'))
  2  from dual
  3  /
select extract(hour from to_date('2016-04-04 10:25:30','yyyy-mm-dd'))
                                   *
第 1 行出现错误：
ORA-30076：对析出来源无效的析出字段
```

若对 timestamp 类型的数据抽取其时间部分，则不会发生问题：

```
SQL> select extract(hour from timestamp'2016-04-04 10:25:30')
  2  from dual
  3  /

EXTRACT(HOURFROMTIMESTAMP'2016-04-0410:25:30')
----------------------------------------------
                                            10
```

SQL Server 的 datepart()函数用法为：

```
datepart(datepart, expr)
```

其中的 datepart 参数可以取值为 year、month、day、week、weekday、hour、minute、second、millisecond、microsecond、nanosecond 等，week 作为参数抽取的是当年的第几周，weekday 作为参数表示抽取的是当周的星期几，第二个参数为日期型表达式。

Oracle 使用 to_char 函数实现这里的 week 及 weekday 参数的功能，格式码分别取 D 及 WW，若使用单个 W 作为格式码，则表示提取当月的第几周，Oracle 的 extract 函数并未提供类似功能。

抽取年月日部分，SQL Server 还提供了 year(date)、month(date)、day(date)三个函数，与 datepart()函数的第一个参数指定为 year、month、day 的效果相同。

下面几个示例使用 datepart()函数完成与上节内容相同的查询。

查询 emp 表中，1981 年 5 月入职的人数：

```
1> select count(*) from emp
2> where datepart(year, hiredate) = 1981
3> and datepart(month,hiredate) = 5
4> go

-----------
          1
```

5.3.4 获取日期和时间差

SQL Server 提供了 datediff()函数用于得出两个日期时间值的差，Oracle 并未提供与 datediff()功能类似的函数。

Oracle 中可以把结束时间值与开始时间值相减求出其差值，即 enddate-startdate，这里的 enddate 与 startdate 都是 date 数据类型，得出的差是两个值相差的天数，要注意这个天数是附带小数的。

如果要获得其他指定单位(如小时、分钟或秒)的时间段，则可以使用下面方法处理：

- 相差天数：round(enddate-startdate)
- 相差小时数：round((enddate-startdate) * 24)
- 相差分钟数：round((enddate-startdate) * 24 * 60)
- 相差秒数：round((enddate-startdate) * 24 * 60 * 60)

roound 函数用四舍五入的方法对小数取整。

下面我们用一个简单的例子说明其用法。

删除之前的 t 表后重建：

```
SQL> create table t(startdate date, enddate date);
```

然后对其添加记录：

```
SQL> insert into t values
  2  (
  3     to_date('2016-04-04 12:00:00','yyyy-mm-dd hh24:mi:ss'),
  4     to_date('2016-04-04 12:05:30','yyyy-mm-dd hh24:mi:ss')
  5  )
```

```
  6  /
```

最后我们求这条记录两个字段值相差的秒数：

```
SQL> select round((enddate-startdate) * 24 * 60 * 60)
  2  from t
  3  /

ROUND((ENDDATE-STARTDATE) * 24 * 60 * 60)
----------------------------------------
                                     330
```

也可以求出其相差的分钟数：

```
SQL> select round((enddate-startdate) * 24 * 60)
  2  from t
  3  /

ROUND((ENDDATE-STARTDATE) * 24 * 60)
-----------------------------------
                                  6
```

SQL Server 使用 datediff()函数得到两个日期数据的时间差。SQL Server 的 datediff()函数的用法为：

datediff(*datepart*, *startdate*, *enddate*)

其中的参数含义如下：

- startdate：日期时间起始值，可以为 SQL Server 支持的任何日期时间型数据。
- enddate：日期时间结束值，可以为 SQL Server 支持的任何日期时间型数据。
- datepart：返回的差值单位，其取值可以为 year、month、day、week、hour、minute、second、millisecond、microsecond、nanosecond 等，也可以使用其缩写形式，分别为 yy、mm 或 m、dd 或 d、wk 或 ww、hh、mi 或 n、ss 或 s、ms、mcs、ns 等。

下面我们使用 datediff 函数完成与上节 Oracle 功能类似的示例，参数的数据类型使用 datetime。删除之前的 t 表后，重新创建：

```
1> create table t(startdate datetime, enddate datetime)
2> go
```

添加测试数据：

```
1> insert into t values('2016-04-04 12:00:00', '2016-04-04 12:05:30')
2> go
```

查询表中的两个字段值相差的秒数：

```
1> select datediff(second, startdate,enddate) from t
2> go

-----------
        330
```

查询表中的两个字段值相差分钟数：

```
1> select datediff(minute, startdate,enddate) from t
2> go

-----------
          5
```

查询相差的小时数：

```
1> select datediff(hour,startdate,enddate) from t
2> go

-----------
          0
```

使用缩写查询相差的毫秒数：

```
1> select datediff(ms,startdate,enddate) from t
2> go

-----------
     330000
```

使用缩写查询相差的分钟数：

```
1> select datediff(mi,startdate,enddate)from t
2> go

-----------
          5
```

5.3.5 获取指定日期所在月份的最后一天

Oracle 使用 last_day()函数获取指定日期所在月份的最后一天：

```
SQL> select last_day(sysdate) as last_day_of_month from dual;

LAST_DAY_OF_MO
--------------
31-8 月 -16
```

SQL Server 使用 eomonth()函数获取指定日期所在月份的最后一天：

```
1> select eomonth(getdate()) as last_day_of_month
2> go
last_day_of_month
----------------
       2016-08-31
```

第6章　逻辑存储结构

Oracle 与 SQL Server 的逻辑存储结构是指在操作系统上看不到，只能在数据库中看到和操作的存储结构。Oracle 数据库的逻辑存储结构包括表空间（tablespace）、段（segment）、区（extent）、数据块（data block），SQL Server 中对应的逻辑存储结构为文件组（file group）、区（extent）、数据页（data page）。区是分配存储空间的单位，数据块、数据页是读取数据的单位，也是最小的逻辑存储单位。

本章主要内容包括：

- 表空间与文件组的功能分类
- 默认表空间与默认文件组
- 数据文件
- 空间分配单位
- 最小存储单位
- Oracle 的 segment
- 表空间及文件组管理
- 修改数据文件属性
- 移动数据文件
- 查询表空间或文件组信息
- 查询数据文件信息
- 查询表分配到的 extent 信息

6.1　表空间与文件组的功能分类

Oracle 表空间在 SQL Server 中对应的概念是文件组，都由数据文件构成，用于存储表或索引等数据库对象。

6.1.1　分类与功能对比

Oracle 表空间分为 system 表空间、sysaux 表空间、undo 表空间、临时表空间以及用户表空间，其中 system 与 sysaux 表空间不能删除，也不能修改名称。system 表空间用于存放数据字典等系统信息，undo 表空间用于存放修改数据时的多版本数据，临时表空间用于存放排序或散列操作产生的临时数据。undo 表空间与临时表空间只能由 Oracle 使用，用户不能把表或索引存入这两个表空间。

SQL Server 的文件组分为 primary 文件组与用户文件组，分别对应 Oracle 数据库中的 system 表空间与用户表空间。与 Oracle 数据库的 system 表空间类似，primary 文件组不能删除，也不能修改名称。SQL Server 数据库中没有对应于 Oracle 的临时表空间的文件组,SQL Server 的多版本数据及临时数据都存储于 tempdb 数据库中,多个数据库共用 tempdb 数据库。

6.1.2 表空间与文件组的对应关系

我们用表 6-1 对 Oracle 的表空间与 SQL Server 的文件组进行对比。

表 6-1 表空间及文件组的对应关系

Oracle	SQL Server	功能
system 表空间	primary 文件组	存储数据库系统信息
sysaux 表空间	无	存储系统工具使用的数据
undo 表空间	tempdb 数据库	存储多版本数据
临时表空间		存储临时数据
用户表空间	用户文件组	存储用户数据

6.2 默认表空间与默认文件组

用户创建表或索引时,若未指定表空间和文件组,则存入默认表空间或默认文件组。

6.2.1 Oracle 数据库的默认表空间

Oracle 的默认表空间分为数据库和用户两类,用户默认表空间作为用户的属性可以在创建用户时指定。用户创建表或索引时,若未指定表空间,则存入其默认表空间,若对用户未指定默认表空间,则此用户使用数据库默认表空间,数据库默认表空间在建库时指定。

用户能够在某个表空间上创建表或索引,除了要具备 create table 或 create index 权限外,还要具备使用这个表空间的配额(quota)。

下面命令把 users 设置为数据库默认表空间:

```
SQL> alter database default tablespace users;
```

查询数据库默认表空间可以使用以下命令:

```
SQL> select property_value from database_properties
  2  where property_name='DEFAULT_PERMANENT_TABLESPACE'
  3  /

PROPERTY_VALUE
---------------
USERS
```

关于用户默认表空间及其他用户属性请参考第 11 章相关内容。

6.2.2 SQL Server 数据库的默认文件组

SQL Server 数据库的默认文件组对应于 Oracle 数据库的默认表空间,默认为 primary 文件组。SQL Server 没有用户默认文件组的概念。

SQL Server 数据库没有文件组使用配额的概念，具备相关权限的用户可以把表或索引创建至任意一个文件组。

SQL Server 也使用 alter database 命令设置数据库默认文件组，如下面命令把 fg 文件组设置为默认文件组(fg 文件组要预先存在)：

```
1> alter database law modify filegroup fg default
2> go
```

通过查询目录视图 sys.data_spaces 确认默认文件组：

```
1> select name from sys.data_spaces
2> where is_default=1
3> go
name
--------------------
fg
```

6.2.3 把表创建到指定表空间或文件组

Oracle 把表创建到指定表空间，只要在普通建表语句中附加 tablespace 子句，如下面命令把 t 表创建至 tbs 表空间：

```
SQL> create table t(a int, b int)
  2  tablespace tbs
  3  /
```

查看表和表空间的关系可以使用 dba_tables 数据字典视图，如查询 t 表所在的表空间：

```
SQL> select table_name, tablespace_name
  2  from dba_tables
  3  where table_name='T'
  4  and owner='SYSTEM'
  5  /

TABLE_NAME TABLESPACE
---------- ----------
T          TBS
```

类似地，SQL Server 使用下面命令把 t 表创建至 fg 文件组：

```
1> create table t(a int, b int)
2> on fg
```

查询表和文件组的关系，使用 sys.indexes 目录视图：

```
1> select object_name(object_id) table_name,
2>        object_schema_name(object_id) schema_name,
3>        filegroup_name(data_space_id) filegroup_name
4> from sys.indexes
5> where object_name(object_id)='t'
```

```
6> go
table_name          schema_name         filegroup_name
------------------- ------------------- -------------------
t                   sch                 PRIMARY
t                   dbo                 fg
```

6.3 数据文件

数据文件构成表空间或文件组，Oracle 和 SQL Server 的数据文件有很多共性，但在管理和操作方面也有一些区别。

6.3.1 为什么大型数据库一般使用多个文件存储数据

表空间与文件组一般由多个数据文件构成，其好处主要有以下两点：

- 若表的数据存储于多个文件，而这多个文件又创建于不同磁盘，则访问表时，可以实现并行访问，提高读写效率。
- 若数据库数据量很大，备份数据库时，可以按文件组（表空间）或数据文件作为备份单位，而不必总是执行全库备份。

6.3.2 Oracle 的数据文件

Oracle 数据文件的扩展名默认为 dbf。数据文件及重做日志文件的路径、名称以及空间大小等信息保存在控制文件中，启动数据库时，Oracle 通过读取控制文件得到这些文件的信息。数据库的主要系统信息存储在 system 表空间的第一个数据文件中，其地位与 SQL Server 的主数据文件相似。

6.3.3 SQL Server 的数据文件

SQL Server 的 primary 文件组的第一个数据文件称为主数据文件，其文件名称的默认扩展名为 mdf，数据库中的所有其他数据文件都称为辅助数据文件，文件名称的扩展名默认为 ndf。

主数据文件与辅助数据文件的主要区别在于：除了存储系统以及用户数据以外，主数据文件中还存储了数据库中的所有辅助数据文件以及重做日志文件的路径、名称、大小等信息。SQL Server 通过读取主数据文件得到其他数据文件及重做日志文件的信息，此功能与 Oracle 的控制文件相似。

6.4 空间分配单位：extent

SQL Server 的 extent 与 Oracle 的 extent 功能相同，一般翻译为区，都是对表或索引分配存储空间的单位，由数据文件上连续的多个数据块（数据页）构成。两者都是添加第一行记录时对表分配区。

Oracle 的 extent 大小在创建表空间时指定。创建表空间时，若附加 uniform size 子句，extent 大小都为 uniform size 子句中指定的值；若附加 autoallocate 子句（默认选项），则由 Oracle 自动分配，这时，表空间上的表或索引被分配的前 16 个 extent 为 64 KB，再需要空间时，区大小会逐渐增大。

SQL Server 的 extent 大小是固定的 8 个数据页，64 KB。创建文件组时，不能指定区的分配方式。

6.5 最小存储单位：data block 与 data page

SQL Server 的数据页与 Oracle 的数据块相同，是最小存储单位，也是读写数据单位。

Oracle 的数据块大小默认为 8 KB，还可以为 2 KB、4 KB、16 KB、32 KB。其默认数据块大小由 db_block_size 初始化参数指定。创建表空间时，可以根据存储数据的特点指定另外的数据块大小。system、sysaux 以及临时表空间的数据块大小必须是 db_block_size，不能另外指定。

SQL Server 数据页大小固定为 8 KB，不能修改，与 Oracle 创建表空间时可以指定另外的数据块大小不同。

6.6 Oracle 的 segment

与 SQL Server 不同，Oracle 还有另外一种逻辑存储概念称为 segment，一般翻译为段，每个段对应作为整体处理的一个对象，由若干个 extent 组成。

Oracle 数据库中的段分为：数据段、索引段、临时段以及 undo 段。

数据库中最重要的对象显然是表，每个普通表在数据字典中都对应一个同名的数据段，但是段并不是另外一种对象，还是表本身，或者说表存储在其段中。把表称为段关注的是其存储空间，如分配给这个表的区、数据块等信息，称其为表关注的是其中的逻辑数据，即其行与列等数据。表及其段可以看作是一种事物的两种叫法，不同叫法关注的方面不同而已。

分区表（partitioned table）所包含的每个分区（partition）对应一个段，聚簇表（clustered table）也可以包含多个段。

类似地，索引段对应数据库中一个索引。

当内存容量不足以完成排序、散列等操作时，Oracle 会在临时表空间分配临时段存放临时数据，操作完成后，临时段也会随之释放。

undo 段存储 DML 操作的前映像（before image），如 update 操作执行之前的数据先被保存至 undo 段，然后再修改数据，这些旧数据即为前映像。

undo 段提供以下功能：

- 提供读一致性，即当某个事务未提交时，其他事务只能读取其开始之前的旧数据。
- 用户回滚一个事务时，用这些旧数据替换修改过的数据。
- 执行数据库实例恢复时（即由于断电或数据库崩溃而导致数据库重启时，Oracle 自动执行的恢复操作），自动回滚未提交的事务。

6.7 表空间及文件组管理

本节内容介绍 Oracle 管理表空间与 SQL Server 管理文件组的 SQL 语法。

Oracle 使用 create tablesapce *tbsname* 命令创建表空间，同时指定数据文件及其属性。

SQL Server 使用 alter database *dbname* add filegroup *fgname* 向数据库添加文件组，其中 dbname 及 fgname 分别为数据库名称及文件组名称，创建文件组后再对其添加数据文件。

对于数据文件属性，SQL Server 与 Oracle 基本相同，都包括物理文件名称、大小、是否自动增长、最大大小限制等。除此之外，SQL Server 还包括逻辑文件名，SQL Server 修改数据文件属性时，只要指定逻辑文件名，不用使用物理文件名。

6.7.1 创建表空间或文件组

先说明 Oracle 创建表空间的语法形式。下面命令都以 system 用户执行：

```
SQL> create tablespace tbs1
  2  datafile 'e:\oradata\tbs1_01.dbf' size 5m autoextend on next 1m maxsize 100m
  3  uniform size 128k
  4  /
```

以上命令中的第 1 行指定表空间名称，第 2 行指定数据文件的路径及文件名称、大小、自动增长以及最大大小等属性，第 3 行指定区的分配方式为统一大小 128 KB。

第 2 行的各参数含义如下：

- size：文件初始大小。
- autoextend：文件是否自动增长，其值为 on 或 off。
- next：文件为自动增长时，用于设置每次增长的大小。
- maxsize：文件为自动增长时指定文件的最大大小限制。

下面命令创建包含两个数据文件的表空间 tbs2：

```
SQL> create tablespace tbs2
  2  datafile
  3  'e:\oradata\tbs2_01.dbf'size 5m autoextend on next 1m maxsize 100m,
  4  'e:\oradata\tbs2_02.dbf'size 5m
  5  autoallocate
  6  /
```

上面命令中的第 4 行未指定数据文件的自动增长属性，则不能自动增长。第 5 行指定了表空间的 autoallocate 属性，其 extent 的大小由 Oracle 指定。

下面命令指定数据块大小为 2 KB。要注意先以初始化参数 db_2k_cache_size 设置其专用缓冲区大小：

```
SQL> alter system set db_2k_cache_size=10m;
```

然后可以在创建表空间时指定数据块大小为 2 KB：

```
SQL> create tablespace tbs3
  2  datafile 'e:\oradata\tbs3_01.dbf' size 5m
  3  blocksize 2048
  4  /
```

表空间创建后，可以根据需要对其添加新的数据文件，下面命令对 tbs2 表空间添加一个数据文件 tbs02.dbf，大小为 5 MB：

```
SQL> alter tablespace tbs2
```

```
  2  add datafile 'e:\oradata\tbs02.dbf' size 5m
  3  autoextend on next 1m
  4  /
```

SQL Server 不能在创建文件组时附加数据文件，只能在创建文件组后，添加数据文件。在数据库 law 中创建 fg1 文件组：

```
1> use law
2> go
已将数据库上下文更改为 'law'。
1> alter database law add filegroup fg1
2> go
```

向文件组 fg1 添加两个数据文件：

```
1> alter database law
2> add file
3> (
4>      name = fg1_01,
5>      filename = 'e:\sqldata\fg1_01.ndf',
6>      size = 5MB,
7>      maxsize = 100MB,
8>      filegrowth = 5MB
9> ),
10> (
11>      name = fg1_02,
12>      filename = 'e:\sqldata\fg1_02.ndf',
13>      size = 5MB,
14>      maxsize = 100MB,
15>      filegrowth = 5MB
16> )
17> to filegroup fg1
18> go
```

各个参数的含义如下：

- name：逻辑文件名称，改变文件属性时，只要指定这个逻辑名称即可。
- filename：物理文件名称，指定文件的路径和名称。
- size：数据文件大小。
- maxsize：数据文件最大大小。
- filegrowth：每次文件增长大小，默认为 1 MB。指定为 0，则数据文件不能自动增长。可以使用 MB、KB、GB、TB 或百分比（%）为单位指定，默认为 MB。指定的大小舍入为最接近 64 KB 的倍数。

6.7.2 删除表空间或文件组

Oracle 使用 drop tablespace 删除表空间，下面命令删除 tbs2 表空间：

```
SQL> drop tablespace tbs2 including contents and datafiles;
```

若表空间中已经创建了对象，要附加 including contents 子句，如果要连同数据文件一起删除，还要附加 and datafiles 子句，否则在操作系统上的数据文件不会删除。

SQL Server 不能删除包含数据文件的文件组，删除文件组之前，要先删除其数据文件。

删除 fg1 的数据文件（执行之前，要先删除文件组中的表或索引）：

```
1> alter database law remove file fg1_01
2> go
```

删除 fg1 文件组：

```
1> alter database law remove filegroup fg1
2> go
```

6.7.3 修改表空间或文件组属性

为了便于对比，每个功能的一对命令放在一起，第一个为 Oracle 修改表空间属性，第二个为 SQL Server 修改文件组属性。

重命名表空间或文件组：

```
SQL> alter tablespace tbs1 rename to tbs2;
1> alter database law modify filegroup fg1 name=fg;
```

设置默认表空间或文件组：

```
SQL> alter database default tablespace tbs2;
1> alter database law modify filegroup fg default;
```

设置表空间文件组为只读：

```
SQL> alter tablespace tbs2 read only;
1> alter database law modify filegroup fg readonly;
```

设置表空间或文件组为可读写：

```
SQL> alter tablespace tbs2 read write;
1> alter database law modify filegroup fg readwrite;
```

Oracle 设置表空间脱机、联机：

```
SQL> alter tablespace tbs2 offline;
SQL> alter tablespace tbs2 online;
```

SQL Server 只能设置数据库脱机，不能设置文件组脱机。

6.8 修改数据文件属性

数据文件管理主要是修改数据文件的各种属性，如文件大小、自动增长属性、最大大小以及移动数据文件。

Oracle 和 SQL Server 都使用 alter database 命令修改数据文件属性，SQL Server 还需要指定数据库名称。

为完成本节实验，分别在 Oracle 和 SQL Server 中新建一个表空间和文件组。

Oracle 中新建表空间 newtbs，包含一个数据文件 e:\newtbs01.dbf，大小为 10 MB：

```
SQL> create tablespace newtbs
  2  datafile 'e:\newtbs01.dbf' size 10m
  3  /
```

在 SQL Server 的 law 数据库中，新建文件组 newFG，包含一个数据文件：e:\newFG_01.ndf，逻辑名称为 newFG_01，大小为 5 MB：

```
1> alter database law add filegroup newFG
2> go
1> alter database law add file
2> (
3>     name=newFG_01,
4>     filename='e:\newFG_01.ndf',
5>     size=5
6> )
7> to filegroup newFG
8> go
```

为了便于对比，功能相同的两个命令放在一起，第一个为 Oracle 命令，第二个为 SQL Server 命令。

改变数据文件大小：

```
SQL> alter database datafile 'e:\newtbs01.dbf' resize 20m;
1> alter database law modify file (name=newFG_01, size=10MB);
```

第二个命令中，name 用于指定要文件逻辑名称，size 用于指定数据文件的新大小。

改变数据自动增长属性：

```
SQL> alter database datafile 'e:\newtbs01.dbf' autoextend on next 1m maxsize 100m;
1> alter database law modify file(name=newFG01,filegrowth=2)
```

SQLServer 中修改数据文件逻辑名称：

```
1> alter database law modify file(name=newFG_01,newname=newFG01);
```

newname 用于指定修改后的逻辑文件名称。

6.9 移动数据文件

因为更换磁盘，或出于磁盘分区空间限制，会有移动数据文件的需要。

6.9.1 Oracle 移动数据文件

在 Oracle 12c 之前版本移动数据文件，要先把表空间脱机，然后在操作系统中移动文件。Oracle 12c 支持在线移动数据文件，只需要执行 alter database move datafile 命令即可。

下面命令把'e:\sqldata\ts51.dbf'移至'd:\oradata，并把文件名称改为 ts501.dbf'：

```
SQL> alter database move datafile
  2  'e:\sqldata\ts51.dbf' to 'd:\oradata\ts501.dbf'
```

```
  3  /
```

若要在移动文件的同时,保留原文件,则可以附加 keep 选项:

```
SQL> alter database move datafile
  2  'd:\oradata\ts501.dbf' to 'd:\oradata\ts501_new.dbf'
  3  keep
  4  /
```

6.9.2 SQL Server 移动数据文件

下面示例把 law 数据库中的数据文件 e:\newFG_01.ndf 移动到 c:\newFG_01.ndf。

首先把数据库脱机:

```
1> alter database law set offline
2> go
```

在操作系统中把 e:\newFG01.ndf 移动到 c:\newFG01.ndf:

```
1> !! move e:\newFG_01.ndf c:\newFG_01.ndf
```

修改数据库对此文件物理路径的记载:

```
1> alter database law modify file (name=newFG01,filename='c:\newFG_01.ndf');
```

最后把数据库重新联机:

```
1> alter database law set online;
```

6.10 查询表空间或文件组信息

Oracle 使用数据字典视图 dba_tablespaces 查询表空间信息。

查询数据库中所有的表空间名称、块大小及空间分配方式:

```
SQL> select tablespace_name, block_size, allocation_type from dba_tablespaces;

TABLESPACE_NAME BLOCK_SIZE  ALLOCATIO
--------------- ----------- ---------
SYSTEM                 8192  SYSTEM
SYSAUX                 8192  SYSTEM
UNDOTBS1               8192  SYSTEM
TEMP                   8192  UNIFORM
USERS                  8192  SYSTEM
```

查询数据库的默认表空间:

```
SQL> select property_value from database_properties
  2  where property_name='DEFAULT_PERMANENT_TABLESPACE'
  3  /

PROPERTY_VALUE
```

```
-------------------------------------------------
TBS2
```

SQL Server 的 sys. filegroups 目录视图对应 Oracle 的 dba_tablespaces，下面命令查询 sales 数据库中所有的文件组名称及是否为默认文件组：

```
1> select name,is_default from sys.filegroups
2> go
name                is_default
--------------- -------
PRIMARY                   1
SalesGroup1               0
SalesGroup2               0
```

6.11 查询数据文件信息

Oracle 使用 dba_data_files 查询数据文件信息，下面命令查询表空间 tbs3 中包含的数据文件名称、大小、是否自动增长、每次增长多少等信息：

```
SQL> select file_name, bytes/1024/1024 file_size, autoextensible,increment_by
  2  from dba_data_files
  3  where tablespace_name='NEWTBS'
  4  /

FILE_NAME           FILE_SIZE AUT INCREMENT_BY
--------------- -------- --- ------------
E:\NEWTBS01.DBF            10 NO             0
```

SQL Server 的 sys. database_files 与 sys. master_files 目录视图与 Oracle 的 dba_data_files 对应，sys. database_files 用于查询当前数据库的数据文件及重做文件信息，sys. master_files 用于查询 master 系统数据库的数据文件及重做文件信息。

sys. database_files 目录视图只有文件组 ID，不包含文件组名称，要查询某个文件组内的数据文件信息，需要 sys. database_files 与 sys. filegroups 以其公共列 data_space_id 为连接条件作连接查询。

下面命令查询 law 数据库中的 fg1 文件组包含的数据文件的物理名称、大小、自动增长等信息：

```
1> use law
2> go
已将数据库上下文更改为 'law'。
1> select g.name, f.physical_name, f.size * 8192/1024/1024 size,
2>        f.growth * 8192/1024/1024 growth
3> from sys.filegroups g, sys.database_files f
4> where g.data_space_id=f.data_space_id
5> and g.name='fg1'
6> go
```

```
name                    physical_name                   size          growth
----------------------- ------------------------------- ------------- -------------
fg1                     e:\sqldata\fg1_01.ndf           5             5
fg1                     e:\sqldata\fg1_02.ndf           5             5
```

6.12 查询表分配到的 extent 信息

Oracle 使用 dba_extents 查询某个表被分配的 extent 信息，而 SQL Server 使用 dbcc extentinfo 命令。

以 system 连接数据库，复制数据字典 all_objects 的结构及数据创建表 t：

```
SQL> conn system/oracle
已连接。
SQL> create table t_extents as select * from all_objects;
```

查询表 t 被分配的 extent 的信息：

```
SQL> select segment_name tname,tablespace_name tbsname,
  2          extent_id,file_id,block_id,blocks
  3  from dba_extents
  4  where segment_name='T_EXTENTS'and owner='SYSTEM'
  5  /

TNAME      TBSNAME     EXTENT_ID    FILE_ID   BLOCK_ID     BLOCKS
---------- ---------- ---------- ---------- ---------- ----------
T_EXTENTS  SYSTEM              0          1      99224          8
T_EXTENTS  SYSTEM              1          1      99232          8
T_EXTENTS  SYSTEM              2          1      99240          8
T_EXTENTS  SYSTEM              3          1      99248          8
...
```

从查询结果可以看出，表 t 被分配的前 4 个 extent，都在 system 表空间的 1 号数据文件上分配，大小为 8 个数据块，每个区的开始数据块的块号分别为 99224、99232、99240 等。

通过查询 dba_data_files 数据字典视图，可以得到 1 号数据文件的物理文件名称及所在路径：

```
SQL> col file_name for a100
SQL> select file_name from dba_data_files
  2  where file_id=1
  3  /

FILE_NAME
--------------------------------------------------
E:\ORADATA\LAW\SYSTEM01.DBF
```

下面在 SQL Server 中查询表的 extent 信息。

与 Oracle 示例类似，创建测试表：

```
1> use law
2> go
已将数据库上下文更改为'law'。
1> select * into t_extents from sys.objects
2> go
```

然后使用 dbcc extentinfo 命令查询表 t_extents 被分配的 extent 信息，下面的查询结果因为版面原因，未显示所有的列：

```
1> dbcc extentinfo(law,t_extents)
2> go
file_id     page_id     pg_alloc    ext_size    object_id
----------- ----------- ----------- ----------- -----------
          3          96           3           8   917578307
```

在 dbcc extentinfo 的查询结果中，不包含 extent_id 列，因此不能确定 extent 的先后顺序，也不能选取特殊的列，这些都不如 Oracle 的 dba_extents 方便。另外，dbcc extentinfo 是 Microsoft 未公开的一个命令，在联机丛书上查不到其帮助信息。

第7章 数据库体系结构

Oracle 和 SQL Server 都是关系型 DBMS 软件，在体系结构方面，有诸多相似之处。但两个产品脱胎于不同的源头(Oracle 源自 IBM 的 System R，SQL Server 源自 Sybase，Sybase 源自 UCB 的 Ingres)，在细节方面也注定存在不少区别。

本章主要内容包括：

- 服务器结构
- 数据库文件及数据库相关文件
- 内存结构
- 主要进程(线程)
- SQL Server 的系统数据库
- 客户端连接的处理模式

7.1 服务器结构

Oracle 的服务器(server)由实例(instance)及数据库(database)构成。实例包括 Oracle 占用的内存结构以及后台进程，数据库包括数据文件、重做日志文件以及控制文件三种文件。

与 Oracle 类似，SQL Server 服务器也可以看作是由实例及数据库构成。实例包括 SQL Server 占用的内存及后台线程。与 Oracle 显著不同的是，SQL Server 服务器上的数据库是多个，其中包括 5 个系统数据库(resource 系统数据库对用户不可见)及若干个用户数据库，而 Oracle 服务器和数据库是合二为一的。

Oracle 数据库文件包括控制文件、数据文件及重做日志文件，SQL Server 数据库文件只包含数据文件和重做日志文件。

7.2 数据库文件及数据库相关文件

数据库文件是指数据库正常运行必不可少的文件，数据库相关文件是指数据库运行会用到，但并不是必不可少，或者在某些时刻并不是必不可少的文件。

7.2.1 Oracle 的情形

Oracle 的数据库文件包括三种：

- 数据文件
- 重做日志文件
- 控制文件

数据文件用于存放数据库中的数据。

重做文件存放用户对数据库的操作记录,用于实例恢复或介质恢复。Oracle 数据库正常运行最少要有两组重做文件,每组中的重做文件是镜像关系,同组中的重做文件大小相同。一组重做文件写满后,会切换到另一组。重做文件以 squence 编号及重做文件中的 SCN 号范围来标识(low SCN 及 next SCN,low SCN 是一个重做文件中的最小的 SCN 号,next SCN 是下一个重做文件中的最小的 SCN 号),sequence 编号由 1 开始,在日志切换的过程中每次加 1,逐渐增大。如果配置了数据库的归档模式,则在切换到另一组的同时,会把之前正在写入的重做文件归档到指定目录(即复制重做文件中的重做数据)。

控制文件包含了数据库中的数据文件与重做文件的信息,除此之外还保存了表空间信息、重做文件的使用历史信息以及 rman 备份信息等数据。

在启动数据库时,Oracle 读取参数文件启动实例并得知控制文件的路径(此步骤称为 nomount),再读取控制文件得到数据文件及重做文件的路径(此步骤称为 mount),最后通过这些信息打开数据文件及重做文件,数据库就正常可用了(此步骤称为 open)。

与数据库相关的其他文件还包括:

- 初始化参数文件
- 口令文件
- 归档日志文件
- 警告文件

初始化参数文件用于保存实例启动及运行时的各种参数配置,实例启动时,初始化参数文件是必须的。初始化参数文件的默认位置为:%ORACLE_HOME%\database,这里的 ORACLE_HOME 表示安装 Oracle 软件的目录的环境变量,文件名称为:spfile*sid*. ora,sid 为实例名称。

口令文件保存 sys 用户及具备 sysdba 系统权限的用户的口令。这些用户除了在数据库中拥有管理权限外,还拥有启动和关闭数据库等特殊权限,如果其口令也与其他用户的口令一样存储在数据库中,在数据库打开之前无法验证其口令的正确性。口令文件所在的目录一般为:%ORACLE_HOME%\database,其名称为 pwd*sid*. ora。

若数据库运行在归档模式下,重做文件发生日志切换时,这个重做日志文件会同时被归档,即把文件中的重做数据复制到指定目录,用于数据库恢复。

警告文件是一个简单的文本文件,可以看作数据库运行情况的记录,从数据库创建开始一直到被删除,数据库运行的信息都会被记录在这个文件中。出现错误时,若不能确定原因,应首先查看警告文件的内容,得到解决问题的线索。若管理 Oracle 软件的 Windows 用户为 oracle,软件安装在 C 分区,则警告文件位于 C:\app\oracle\diag\rdbms\law\law\trace 目录下,名称为 alert_*sid*. log。

7.2.2 SQL Server 的情形

SQL Server 的数据库文件包括:

- 数据文件
- 重做日志文件

数据文件与重做日志文件的作用与 Oracle 的对应文件相同,只是 SQL Server 的重做日志文件除了包含重做数据外,还包含回滚事务所用的 undo 数据,Oracle 的重做日志文件只包含重做数据,undo 数据存储在 undo 表空间。

SQL Server 没有控制文件,实例中的各个数据库文件的信息存储在 master 系统数据库以及用户数据库的 primary 文件组的主数据文件中。

SQL Server 没有初始化参数文件,实例的配置信息保存在 master 系统数据库中,数据库的配置信息保存在各自数据库的 primary 文件组中。

SQL Server 没有口令文件,启动 SQL Server 各种服务由操作系统账号完成,其口令由操作系统维护。

SQL Server 没有归档日志文件,Oracle 归档日志的功能通过事务日志备份实现。

Oracle 的警告文件在 SQL Server 中称为错误日志(Errorlog),是实例范围,而不是针对某个数据库。与 Oracle 的警告文件类似,SQL Server 错误日志是文本文件,可以用来查看实例启动过程,以及实例运行过程中出现的错误或潜在的问题。

若 SQL Server 安装在 D 分区,SQL Server 错误日志文件的位置为:

D:\Program Files\Microsoft SQL Server\MSSQL13.MSSQLSERVER\MSSQL\Log

服务器启动时,会创建新的错误日志文件 ERRORLOG,上一次的 ERRORLOG 被重命名为 ERRORLOG.1,ERRORLOG.1 被重命名为 ERRORLOG.2,依此类推,一直到 ERRORLOG.5 被重命名为 ERRORLOG.6,而 ERRORLOG.6 被删除,这样,错误日志最多保留 6 个备份。执行 sp_cycle_errorlog 系统存储过程可以自动创建新的 ERRORLOG 文件并执行上述修改文件名称的过程,而不必重启服务器。

可以使用任何文本编辑器在操作系统中查看其内容,也可以在 Management Studio 中通过"管理"→"SQL Server 日志"查看其内容。如图 7-1 所示是在 Management Studio 中打开当前错误日志。

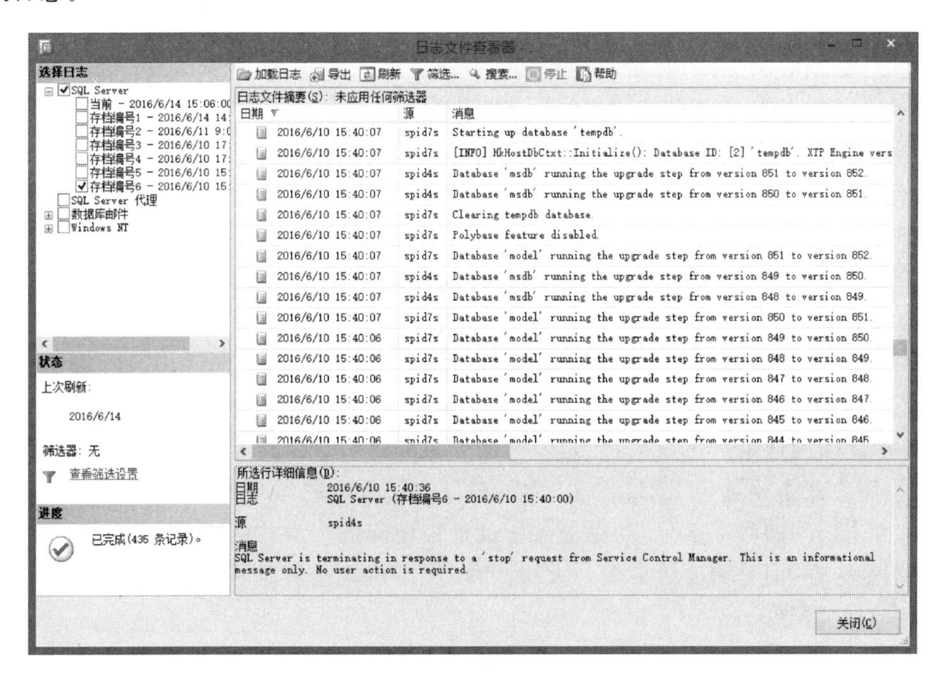

图 7-1 查看 SQL Server 日志文件

7.3 内存结构

内存结构是服务器实例的重要部分,随着版本的不断升级,Oracle 数据库内存结构需要人工调整的任务越来越少，这与 SQL Server 逐渐接近，一般只需要根据环境需要和物理内存大小，指定分配给数据库服务器的总内存大小。

7.3.1 Oracle 的内存结构

Oracle 的内存结构主要分为 SGA(System Global Area)及 PGA(Process Global Area)，前者为 Oracle 所有进程共享的内存区域，后者为各个进程私有的内存区域。

SGA 是所有 Oracle 进程可以访问的一个内存区域。在 UNIX 系统上，这块内存由一个共享内存段(shared memory segment)实现，Oracle 进程可以连接到(attach)这块区域访问其数据。在 Windows 系统，SGA 是分配给进程 oracle.exe 的内存空间，在 UNIX 上的各独立进程在 Windows 上作为 oracle.exe 的线程存在，这些线程共享 oracle.exe 的内存空间。

下面命令使用 ipcs 命令在 Linux 系统查看共享内存情况，其第二行即表示分配给 Oracle 实例的 SGA，大小为 171 966 464 字节，当前有 19 个进程访问这块内存：

```
[root@law kernel]# ipcs -m
------ Shared Memory Segments --------
key          shmid     owner     perms     bytes       nattch    status
0x00000000   32768     gdm       600       393216      2         dest
0xde684ed0   65537     oracle    600       171966464   19
```

SGA 主要包括数据缓冲区、重做缓冲区、共享池、大池、Java 池等区域。

数据缓冲区用于存放由磁盘读取的数据，目的是以后不必从磁盘再次读取。一般情况下，这是 SGA 中最大的一个区域。

用户执行数据修改操作时(如 update)，对其服务的服务器进程(server process)会先生成执行这个操作的重做记录(Redo record)，保存于重做缓冲区，然后用这个重做记录执行对数据块的实际修改操作，在一定条件下，Redo log buffer 中的内容会由 LGWR 进程写入磁盘上的重做文件。

共享池分为 library cache 和 dictionary cache 两部分，library cache 存放 SQL 语句的解析结果及执行计划，再次执行这个语句，可以避免对其硬解析，从而避免资源消耗。dictionary cache 存放被频繁访问的数据字典数据。

大池主要用于下面几种情况：共享服务器连接方式中，在 large pool 中分配 UGA；进程并发操作时(如并发查询)，保存进程间协调信息；rman 备份时，作为磁盘 I/O 缓冲区。之所以称为大池，并不是因为这个区域很大，而是因为这个区域使用内存的方式特殊，SGA 区的其他部分内存的使用方式主要基于 LRU 算法，为了满足内存再次被访问的需要，需要空闲内存空间时，释放最久未访问的内存部分，而尽量保留最近被访问的内存中的数据，而上面列出的几种情况显然不是这样，而是需要时分配一大块内存，使用后完全释放供其他进程使用，一般不存在再次被访问的需要。

Java 池用于支持在数据库中运行 JVM，执行 Java 编写的存储过程时，会使用这个区域。

对应于每个客户端连接都会有一个服务器进程处理其各种请求，这个服务器进程所占用的内存称为 PGA，这部分内存是只能由其对应的服务器进程访问的私有空间，其主要内容是排序区及散列区，用于在内存中完成排序或散列操作。

图 7-2 表示了 SGA 区的各个部分。

查询内存各个部分的当前大小，可以使用下面命令：

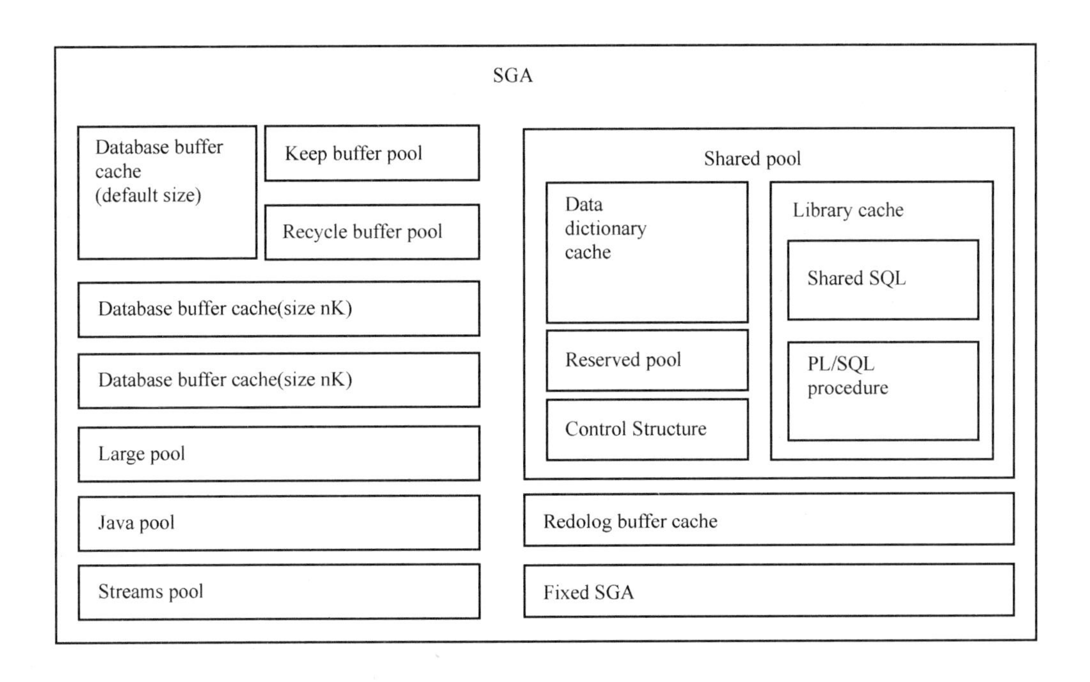

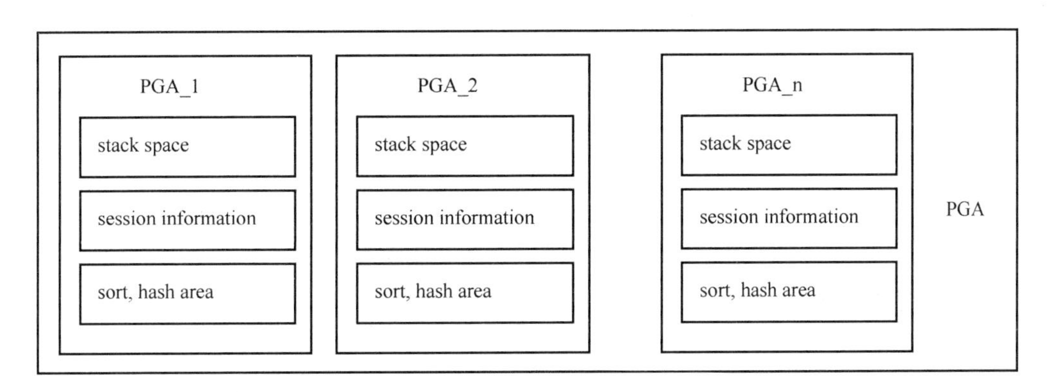

图 7-2 Oracle 实例内存结构

```
SQL> select component, current_size
  2  from v $ memory_dynamic_components
  3  /

COMPONENT                                    CURRENT_SIZE
-------------------------------------------- ------------
shared pool                                     369098752
large pool                                       33554432
java pool                                        50331648
streams pool                                            0
SGA Target                                     1090519040
DEFAULT buffer cache                            570425344
KEEP buffer cache                                       0
RECYCLE buffer cache                                    0
DEFAULT 2K buffer cache                                 0
```

```
DEFAULT 4K buffer cache                          0
DEFAULT 8K buffer cache                          0
DEFAULT 16K buffer cache                         0
DEFAULT 32K buffer cache                         0
Shared IO Pool                            50331648
Data Transfer Cache                              0
PGA Target                               587202560
ASM Buffer Cache                                 0

已选择 17 行。
```

7.3.2 配置 Oracle 内存

用于配置 Oracle 内存大小的参数主要有两个：

- memory_target
- memory_max_target

memory_target 用于设置 Oracle 实例的内存总量，包括 SGA 以及所有的 PGA 总大小，SGA 中每个区域的大小以及 PGA 大小都由 Oracle 自动分配。

memory_max_target 用于指定 memory_target 参数可以设置的最大值。

memory_target 是动态初始化参数，可以执行下面命令直接修改：

```
SQL> alter system set memory_target=500m;
```

memory_max_target 是静态初始化参数，只能修改 spfile，然后重启数据库使其生效：

```
SQL> alter system set memory_max_target=800m scope=spfile;
```

7.3.3 SQL Server 的内存结构

SQL Server 内存主要由两部分构成：buffer cache 及其他部分。

buffer cache 是 SQL Server 内存的主要部分，其作用类似于 Oracle 的 SGA。buffer cache 中的主要部分为 data cache，相当于 Oracle 实例 SGA 中的 database buffer cache 部分。

buffer cache 中的另外一个重要部分为 plan cache，用于存放编译过的执行计划，相当于 Oracle 实例 shared pool 中的 library cache 部分。

下图表示了 SQL Server 的实例内存结构。

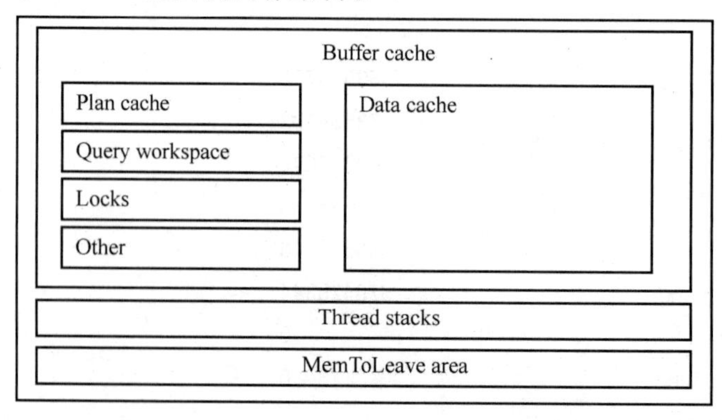

图 7-3 SQL Server 实例内存结构

与 SQL Server 内存分配相关的服务器参数有两个：

- max server memory：设置 buffer cache 的上限。
- min server memory：设置 buffer cache 的下限。

min server memory 的默认设置为 0，max server memory 的默认设置为 2147483647。可以为 max server memory 指定的最小内存为 16 MB，使用默认设置，即允许 SQL Server 根据系统资源的情况动态调整内存占用量。

下面是设置这两个参数的方法。

配置 max server memory 的值为 500 MB：

```
1> sp_configure 'max server memory', '500'
2> go
配置选项 'max server memory (MB)' 已从 3000 更改为 500。请运行 RECONFIGURE 语句进行安装。
1> reconfigure
2> go
```

配置 min server memory 为 300 MB：

```
1> sp_configure 'min server memory', '300'
2> go
配置选项 'min server memory (MB)' 已从 200 更改为 300。请运行 RECONFIGURE 语句进行安装。
1> reconfigure
2> go
```

一般情况下，SQL Server 的内存分配不需要用户干预，SQL Server 尽力做到获得尽量多的内存，又不会使系统出现内存短缺现象。

SQL Server 在启动时，根据当前负荷分配必要的内存数量，这个数量可能小于 min server memory 的值，如果负荷一直不大，其内存占用可能在很长时间内不会达到 min server memory 的值。

运行过程中，SQL Server 会随着负荷及用户连接数的增长继续分配内存，直到内存总量达到 max server memory 值，或者操作系统提示内存短缺为止。

当 SQL Server 占用的内存超过 min server memory 值，而且 Windows 系统因为其他应用的运行提示空闲内存缺少时，SQL Server 会释放内存，但会保持内存不低于 min server memory 的值，当这些应用退出时，SQL Server 又会获取更多的内存。在一秒钟之内，SQL Server 可以释放或获取几兆的内存。

如果 SQL Server 占用的内存尚未达到 min server memory 值，则这些内存会一直保持，而不会释放。

如果 max server memory 与 min server memory 配置为相同的值，内存占用量达到这个值后，不会继续分配也不会释放，这种方式可以使 SQL Server 占用固定数量的内存。

另外要注意，SQL Server 占用的内存总量可能会超过 max server memory 值，因为 max server memory 只是设置 buffer cache 的上限，除此之外，SQL Server 还需要分配其他功能的内存。

7.4 主要进程(线程)

服务器实例的另外一部分是进程，执行数据写入及读取等各种任务。在 Windows 系统，Oracle 的各种进程都是以 oracle.exe 的子线程形式存在，在下面的叙述中，还是依照习惯称为进程，而 SQL Server 的进程以 sqlservr.exe 的子线程形式存在。

7.4.1 Oracle 的主要进程

Oracle 实例中的主要进程包括 DBW*n*，LGWR，SMON，PMON，CHECKPOINT。

DBW*n* 利用 LRU 算法把缓冲区中最少访问的脏块写入磁盘的数据文件，以增加数据缓冲区空闲空间大小。最多可以启动 20 个 DBW*n* 进程，DBW0 到 DBW9 以及 DBWa 到 DBWj，DBW*n* 进程的数量由初始化参数 DB_WRITER_PROCESSES 设定。在 DBW*n* 把脏块写入磁盘之前，先由 LGWR 把 Redo log buffer 中的内容写入磁盘上的重做日志文件。每隔 3 秒钟或者 checkpoint 进程启动时，都会激发 DBW*n* 的执行。

LGWR 负责把 Log buffer 中的内容写入重做日志文件。事务提交完成的标志是把 Log buffer 中与其相关的信息以及 commit 标记写入了重做文件，DBW*n* 进程把脏块写入数据文件时，首先要由 LGWR 把与这些脏块的数据相关的重做信息写入重做文件后才能进行。LGWR 启动的条件包括用户发出了 commit 命令，Redo log buffer 达到了 1 MB 或 1/3 满，每隔 3 秒钟等。

SMON 在数据库崩溃重启时执行数据库恢复任务，另外还负责释放临时段，临时段是在内存不足时，临时表空间中用来存放排序或散列操作中间结果的磁盘空间。

PMON 当用户的连接异常断开时，回滚这个连接开始的事务，并释放与这个连接相关的资源，如锁、内存等。PMON 也给监听器进程提供连接请求的信息。

CHECKPOINT 启动时，会在重做文件中加入一个标志(SCN 号)，并启动 DBW*n* 进程把数据缓冲区中的脏块写入磁盘，这个 SCN 标志可以看作重做日志文件中的一个时间点，在此之前的脏块都已经被写入磁盘，这样 CHECKPOINT 可以用来作为实例恢复的开始点，另外 Oracle 的 CHECKPOINT 进程启动时，还会遍历数据文件及控制文件，在其文件头上写入当前的 SCN 号作为同步信息。重做日志切换，表空间脱机、表空间置于热备份或只读状态等操作都会激发 CHECKPOINT 启动，另外，也可以手工执行 CHECKPOINT 命令，把脏块写入磁盘。

7.4.2 SQL Server 的主要线程

SQL Server 与 Oracle 的 DBW*n* 和 CHECKPOINT 进程对应的是 lazy writer 和 checkpoint。

lazy writer 运行的目的是增加 data cache 空闲内存，并保持一定的系统空闲内存。当 data cache 中的空闲内存不够时，lazy writer 搜索 data cache，把脏块写入磁盘，并把这些可以重用的内存页放入自由列表(free list)，以增大空间内存数量。另外，lazy writer 会缩小或扩充 data cache 的大小，使得系统空闲内存保持在 5 MB 左右。

checkpoint 的目的是缩短数据库恢复时间。checkpoint 启动时，会搜索整个 data cache，把修改过的数据页写入磁盘的数据文件，从而保证内存中的脏页不会很多，当数据库发生崩溃再次重启时，checkpoint 会作为数据库恢复的起始点，从而重做(redo，或称为前滚)的时间不会过长，这与 Oracle 相同，但 checkpoint 把脏数据页写入磁盘后，并不把这些可以再次使用的内存数据页放入自由列表。与 Oracle 不同，SQL Server 的 checkpoint 并不会起到同步各种文件的作用。

如下情况都可以激发 checkpoint 启动：

- 用户发出 checkpoint 命令。
- 对数据库添加或删除了文件。

- 对大容量日志恢复模式的数据库执行了大容量操作(大容量操作请参考第 9 章内容)。
- 数据库处于简单恢复模式时,若重做文件中的数据量超过文件总大小的 70%,会启动 checkpoint 把脏块写入磁盘,checkpoint 会同时截断重做日志,以释放空间。若重做日志文件的充满是由于一个事务长时间未结束,则 checkpoint 不会启动。
- 预测恢复时间超过预设的 recovery interval 值,会启动 checkpoint。recovery interval 默认为 0,这时 SQL Server 自动选取一个合适值,一般为 1 分钟。
- 对数据库执行了备份操作。
- 正常关闭 SQL Server 实例服务。

lazy writer 与 checkpoint 都会把脏块写入磁盘,其主要区别是 checkpoint 并不会把这些可以重用的内存页放入自由列表。另外还要注意,并不只是 lazy writer 和 checkpoint 执行写磁盘操作,执行读写任务的 Work 线程(这里的 Work 线程相当于 Oracle 中对客户端连接提供服务的服务器进程)在执行相关操作时,会检查 data cache 自由列表上的空闲内存是否过少,若过少,它也会把脏块写入磁盘,然后把这些内存页放入自由列表。checkpoint 启动时,可能无事可做,因为把脏块写入磁盘的任务已经被 lazy writer 或 Work 线程完成了。

7.5 SQL Server 的系统数据库

系统数据库包括 master、model、msdb、tempdb 以及 resource 数据库。

master:保存整个服务器的系统信息,如服务器配置信息,登录账号信息,其他数据库的数据库文件信息等。

model:是数据库的模板,当用户创建新的数据库时,SQL Server 复制 model 数据库的结构作为新数据库的开始,用户可以修改这个数据库的选项设置,添加新用户或者创建各种数据库对象,以使其他新建的用户数据库都具备某些特征。用户不能对 model 数据库添加文件组,它只包含 primary 文件组,也不能向 primary 文件组添加新的数据文件,它只能包含一个主数据文件,但用户可以更改主数据文件和重做文件的大小及其他属性,如果在建库时未指定文件组及重做文件,则新数据库主数据文件会继承 model 数据库的主数据文件大小,但是其他如自动增长、最大大小等属性不会继承,新数据库的重做文件大小及属性也不会继承 model 数据库的重做文件的相应属性。

msdb:当配置了数据库的自动化管理时,msdb 数据库保存自动化作业的配置信息。

tempdb:类似 Oracle 数据库的临时表空间,用于保存临时表以及数据库运行过程中的排序或散列操作产生的临时数据。另外 tempdb 数据库还保存了用于实现行版本控制的数据(row version store),这些功能与 Oracle 数据库的 undo 表空间数据相似。

resource:保存 sys 架构的系统视图定义。在 Management Studio 中,这个数据库不会显示出来,用户也不能在 sqlcmd 中使用 use resource 命令登录这个数据库,而只能通过访问 sys 架构下的对象间接访问 resource 数据库中的内容。用户查询数据字典视图获得服务器或数据库的系统信息,就是在访问这个数据库中的数据。

7.6 客户端连接的处理模式

Oracle 处理客户端连接包括专用服务器模式(dedicated server)和共享服务器模式(shared server)。

在专用服务器模式下，对应于每个客户端连接，在服务器端会启动一个进程专门为其服务，这种进程称为服务器进程（Server process）。服务器进程处理客户端连接所提出的各种请求。当并发用户连接数量不是很大时（一般以500为限），建议采用这种方式。

在共享服务器模式下，一个服务器进程可以服务于多个客户端连接。在这种模式下，还会启动Dispatcher进程，负责把服务器进程分配给客户端连接服务。

服务器进程占用的内存称为PGA，主要用于其对应客户端连接的排序和散列操作。当并发连接数量很大时，一般并不是每个连接都在进行数据处理，这种情况下，专用服务器模式内存耗费过多，应采用共享服务器模式，以节省内存占用。

SQL Server只有一种类似于Oracle共享服务器模式的客户端连接处理模式。

对应于每个CPU，SQL Server会启动一个Scheduler，可以看作是逻辑CPU。Oracle中处理客户端连接的服务器进程（Server Process）在SQL Server中称为Work线程（或纤程，取决于服务器配置），每个Work线程大约占用0.5 MB内存。

当有客户端请求时，会交给当前负荷最低的Scheduler，如果这时没有空闲的Work线程，这个Scheduler会启动一个Work线程来处理这个请求，当一个Work线程在15分钟内都处于空闲状态，Scheduler会销毁它以释放内存。

第8章　存储空间的分配与回收

对表添加数据时，需要对其分配空间，而删除数据时，应回收其占用空间。Oracle 和 SQL Server 分配空间的单位都是区。删除数据时，不同操作对空间的处理方式不同。

本章主要内容包括：

- 空间分配
- 对象存储空间在多个数据文件上的分布
- 删除数据对表占用存储空间的影响

8.1　空间分配

数据文件空间主要用来存放表和索引的数据，区是分配存储空间的单位。Oracle 的区可以手工指定大小，也可取默认大小，而 SQL Server 的区大小是固定的 64 KB。

Oracle 的区大小在创建表空间时附加下面两种子句之一指定：

- autoallocate：由 Oracle 自动确定对数据对象分配区的大小。若数据块大小为默认的 8 KB，区的大小逐渐增大，如前 16 个区为 64 KB，后面的 63 个为 1 MB。
- uniform size *n*(k|m)：表空间的每个对象被分配区的大小都使用这里的指定值。

Oracle 12c 中，sys 和 system 用户创建的空表，Oracle 会给其分配一个区，普通用户创建的空表，是否对其分配区，由 deferred_segment_creation 参数决定，其默认值为 true，即分配空间延迟到对表添加记录时。此结论可以验证如下。

以 system 用户连接数据库，然后创建表 t：

```
SQL> conn system/oracle
已连接。
SQL> create table t(a int);
表已创建。
```

查询表 t 被分配的区的信息：

```
SQL> col segment_name for a15
SQL> select segment_name,extent_id,bytes/1024 as "size(KB)"
  2  from user_extents
  3  where segment_name='T'
  4  /

SEGMENT_NAME    EXTENT_ID    size(KB)
------------ ---------- ----------
T                       0          64
```

可以发现，空表 t 被分配了一个区，大小为 64 KB。

改用 scott 用户执行相同的操作，可以发现 t 表并未被分配区。

```
SQL> conn scott/tiger
已连接。
SQL> create table t(a int);
表已创建。
SQL> select segment_name,extent_id,bytes/1024 as "size(KB)"
  2  from user_extents
  3  where segment_name='T'
  4  /
未选定行
```

添加记录后，t 表被分配一个区：

```
SQL> insert into t values(1);
已创建 1 行。
SQL> select segment_name,extent_id,bytes/1024 as "size(KB)"
  2  from user_extents
  3  where segment_name='T'
  4  /

SEGMENT_NAME  EXTENT_ID  size(KB)
------------ ---------- ----------
T                     0         64
```

若把 deferred_segment_creation 设置为 false，则普通用户建表时即分配空间。设置 deferred_segment_creation 设置为 false：

```
SQL> conn system/oracle
已连接。
SQL> alter system set deferred_segment_creation=false;
```

以 scott 用户连接数据库，重建 t 表：

```
SQL> conn scott/tiger
已连接。
SQL> drop table t purge;
表已删除。
SQL> create table t(a int);
表已创建。
```

查询其分配的空间信息，可以发现这时空间分配不再延迟：

```
SQL> select segment_name,extent_id,bytes/1024 as "size(KB)"
  2  from user_extents
  3  where segment_name='T'
  4  /

SEGMENT_NAME     EXTENT_ID  size(KB)
--------------- ---------- ---------
T                        0        64
```

SQL Server 的区由 8 个数据页构成，每个数据页大小为 8 KB，即每个区的大小固定为 64 KB。这些区分为两类：

- 混合区(mixed extents)：存放多个对象的数据，每个对象占用一个或多个数据页，最多 8 个。目的是把小的数据对象放到一起，从而更有效率地利用空间。
- 统一区(uniform extents)：由一个数据对象完全占有。

在 SQL Server 2016 之前的版本中，表或索引的前 8 个数据页都在混合区中分配，当其空间超过 8 个数据页时，开始对其分配统一区。SQL Server 2016 增加了一个数据库配置参数 mixed_page_allocation，用户数据库和 tempdb 数据库的 mixed_page_allocation 默认为 off，即对表或索引默认只分配统一区。

可以使用目录视图 sys.databases 查询 is_mixed_page_allocation_on 的值，1 表示开启，0 表示关闭：

```
1> select name, is_mixed_page_allocation_on
2> from sys.databases
3> where name in('master','model','msdb','tempdb', 'law')
4> go
name       is_mixed_page_allocation_on
---------- ----------------------------
law                                   0
master                                1
model                                 1
msdb                                  1
tempdb                                0
```

SQL Server 不对新建的空表分配区，分配区会延迟到对表添加数据的时候。下面进行简单验证。

创建表 t，然后使用 sp_spaceused 系统存储过程查看其分配到的空间信息：

```
1> create table t(a int)
2> go
1> sp_spaceused t
2> go
name       rows       reserved   data       index_size unused
---------- ---------- ---------- ---------- ---------- ----------
t          0          0 KB       0 KB       0 KB       0 KB
```

可以发现，SQL Server 并未对表 t 分配存储空间。

对 t 表添加一行记录：

```
1> insert into t values(1)
2> go
```

再次查询：

```
1> sp_spaceused t
2> go
name       rows       reserved   data       index_size unused
---------- ---------- ---------- ---------- -------- ----------
t          1          72 KB      8 KB       8 KB     56 KB
```

可以发现，t 表分配到了 72 KB 空间，即 9 个数据页，其中的 8 个属于一个统一区，另一个是 IAM 页，用来跟踪表分配到的区，IAM 数据页总是在混合区中分配。

8.2 对象存储空间在多个文件的循环分配

为了能够进行磁盘并行读写，以文件为单位执行备份恢复，大型数据库一般都使用多个数据文件存储一个表的数据。在包含多个数据文件的表空间或文件组上创建表时，其空间是在这多个文件上循环分配的。

8.2.1 Oracle 表数据在多个数据文件上的分布

Oracle 创建表空间时，附加 autoallocate 子句或 uniform size 子句的不同，会导致表的数据在多个数据文件上以不同的方式分布。

若数据块大小为默认的 8 KB，附加 autoallocate 子句时，表被分配的前 16 个区会集中在一个数据文件上分配，以后分配的区则会在构成表空间的多个数据文件上依次循环分配。

附加 uniform size 子句时，从建表开始，其分配到的区就在表空间的多个数据文件上依次循环分配。

对于多个数据文件构成的表空间，区的分配方式与数据文件的大小比例无关，这与 SQL Server 不同，SQL Server 在每个数据文件上分配的区个数与数据文件的大小成比例。

下面我们通过两个简单的实验验证上述结论。

先验证区的分配方式为 autoallocate 的情形。

首先创建由三个数据文件构成的表空间：

```
SQL> create tablespace tbs
  2  datafile 'e:\tbs01.dbf' size 100m,
  3           'e:\tbs02.dbf' size 100m,
  4           'e:\tbs03.dbf' size 100m
  5  autoallocate
  6  /
```

查看这几个数据文件的编号：

```
SQL> col file_name for a15
SQL> select file_name,file_id
  2  from dba_data_files
  3  where tablespace_name='TBS'
  4  /

FILE_NAME          FILE_ID
--------------- ---------
E:\TBS01.DBF             4
E:\TBS02.DBF             7
E:\TBS03.DBF             8
```

重建测试表 t：

```
SQL> drop table t purge;
表已删除。
```

```
SQL> create table t
  2  tablespace tbs
  3  as
  4  select * from all_objects
  5  /
```

向表 t 重复添加记录：

```
SQL> insert into t select * from t;
已创建 89119 行。
SQL> /
已创建 178238 行。
```

最后查询分配给表 t 的区在多个数据文件上的分布情况：

```
SQL> select file_id,extent_id,bytes/1024 as "size(KB)"
  2  from dba_extents
  3  where segment_name='T' and owner='SYSTEM'
  4  order by extent_id
  5  /

  FILE_ID  EXTENT_ID   size(KB)
--------- --------- ---------
        4         0        64
        4         1        64
        4         2        64
...
        4        14        64
        4        15        64
        8        16      1024
        7        17      1024
        4        18      1024
        8        19      1024
        7        20      1024
        4        21      1024
...
```

继续验证区的分配方式为 uniform size 的情形。

指定 uniform size 子句，重建 tbs 表空间：

```
SQL> drop tablespace tbs including contents and datafiles;
表空间已删除。
SQL> create tablespace tbs
  2  datafile 'e:\tbs01.dbf' size 100m,
  3           'e:\tbs02.dbf' size 100m,
  4           'e:\tbs03.dbf' size 100m
  5  uniform size 5m
  6  /
```

类似地，创建测试表 t，并添加数据：

```
SQL> create table t
  2  tablespace tbs
  3  as
  4  select * from all_objects
  5  /
表已创建。
SQL> insert into t select * from t;
已创建 89119 行。
SQL> /
已创建 178238 行。
```

查询表 t 被分配的区在多个数据文件上的分布：

```
SQL> select file_id,extent_id,bytes/1024/1024 as "size(MB)"
  2  from dba_extents
  3  where segment_name='T' and owner='SYSTEM'
  4  order by extent_id
  5  /

  FILE_ID  EXTENT_ID   size(MB)
--------- --------- ---------
        4          0          5
        8          1          5
        7          2          5
        4          3          5
        8          4          5
        7          5          5
        4          6          5
        8          7          5
        7          8          5
        4          9          5
```

可以发现，从空间分配开始，区就在多个数据文件上循环分布。

8.2.2 SQL Server 表数据在多个数据文件上的分布

使用 dbcc extentinfo 命令可以查看表分配到的区情况，但其结果不能显示 extent 编号，我们不能通过实验得到各个 extent 分配的先后顺序，这里只给出结论。

文件组对组内的所有文件都使用按比例填充策略。将数据写入文件组时，数据库引擎会根据文件中的可用空间量将一定比例的数据写入文件组中的每个文件，而不是将所有数据先写满第一个文件，然后再写入下一个文件。例如，如果文件 f1 有 100 MB 可用空间，文件 f2 有 200 MB 可用空间，则从文件 f1 中分配一个区，从文件 f2 中分配两个区，依此类推。这样，两个文件几乎同时填满，并且可获得简单的条带化。

8.3 删除数据对表占用存储空间的影响

删除数据指 delete 与 truncate 两种操作。对于 delete 操作，Oracle 与 SQL Server 的处理方式是相同的：删除记录不会释放这些记录占用的空间，再对表添加记录时，这些空间会重用。

truncate 是 DDL 语句，执行 truncate 命令会清空表中的记录，对于存储空间的处理方式，两者稍有区别，Oracle 会保留一个区，而 SQL Server 会全部释放。下面对这些结论进行简单验证。

8.3.1 在 Oracle 数据库中验证 delete 及 truncate 操作对存储空间的影响

以 scott 连接数据库，创建测试表 tt：

```
SQL> conn scott/tiger
已连接。
SQL> create table tt as select * from all_objects;
表已创建。
```

查询表 tt 中区的情况：

```
SQL> select segment_name, extents
  2  from user_segments
  3  where segment_name='TT'
  4  /

SEGMENT_NA    EXTENTS
---------- ----------
TT                 26
```

执行 delete 命令清空 tt 表的记录，重新查询其区的个数，可以发现，其空间并未释放：

```
SQL> delete from tt;
已删除 73763 行。

SQL> select segment_name, extents
  2  from user_segments
  3  where segment_name='TT'
  4  /

SEGMENT_NA    EXTENTS
---------- ----------
TT                 26
```

再对表 tt 添加与之前同样数量的记录：

```
SQL> insert into tt select * from all_objects;
已创建 73763 行。
```

然后查询其被分配的区的情况，我们发现，区的数量并未增多，显然删除的记录占用的空间被重用了：

```
SQL> select segment_name, extents
  2  from user_segments
  3  where segment_name='TT'
  4  /

SEGMENT_NA    EXTENTS
---------- ----------
```

```
TT                           26
```

对表 tt 执行 truncate 操作，然后查询表 t 上区的情况，我们发现，只剩一个区了：

```
SQL> truncate table tt;

表被截断。

SQL> select segment_name, extents
  2  from user_segments
  3  where segment_name='TT'
  4  /

SEGMENT_NA     EXTENTS
---------- -----------
TT                   1
```

8.3.2 在 SQL Server 数据库中验证 delete 及 truncate 操作对存储空间的影响

下面验证 SQL Server 中的情况。
创建测试表 tt：

```
1> select * into tt from sys.objects
2> go

(97 行受影响)
```

对其添加记录，然后查看分配到的区的情况：

```
1> set nocount on
2> go
1> insert into tt select * from sys.objects
2> go 30
1> dbcc extentinfo(law,tt)
2> go
file_id     page_id     pg_alloc    ext_size    object_id   index_id
----------- ----------- ----------- ----------- ----------- ----------- ...
          3        1384           9           8  1589580701           0
          3        1448           8           8  1589580701           0
          3        1456           8           8  1589580701           0
          3        1464           8           8  1589580701           0
          3        1472           7           8  1589580701           0
DBCC 执行完毕。如果 DBCC 输出了错误信息，请与系统管理员联系。
```

执行 delete 命令，清空表 tt，再次查看其区的情况，可以发现未发生变化：

```
1> delete from tt
2> go
1> dbcc extentinfo(law,tt)
2> go
```

```
file_id     page_id     pg_alloc    ext_size    object_id   index_id
----------- ----------- ----------- ----------- ----------- ----------- ...
          3        1384           9           8  1589580701           0
          3        1448           8           8  1589580701           0
          3        1456           8           8  1589580701           0
          3        1464           8           8  1589580701           0
          3        1472           7           8  1589580701           0
DBCC 执行完毕。如果 DBCC 输出了错误信息,请与系统管理员联系。
```

重新添加记录,然后查询 t 表的空间变化,可以发现,并未分配新区,而是重用了原来的空间:

```
1> insert into tt select * from sys.objects
2> go 20
1> dbcc extentinfo(law,tt)
2> go
file_id     page_id     pg_alloc    ext_size    object_id   index_id
----------- ----------- ----------- ----------- ----------- ----------- ...
          3        1384           9           8  1589580701           0
          3        1448           8           8  1589580701           0
          3        1456           8           8  1589580701           0
          3        1464           8           8  1589580701           0
          3        1472           8           8  1589580701
DBCC 执行完毕。如果 DBCC 输出了错误信息,请与系统管理员联系。
```

对 t 表执行 truncate 操作,然后查询其区的信息:

```
1> truncate table tt
2> go
1> dbcc extentinfo(law,tt)
2> go
DBCC 执行完毕。如果 DBCC 输出了错误信息,请与系统管理员联系。
```

查询结果为空,显然,tt 表所占用的空间都释放了。

第9章 重做日志文件及其管理

重做日志文件简称为重做文件，存储所有用户对数据库的数据修改记录，用于恢复数据库。重做日志文件是大型数据库产品的重要特征。

本章主要内容包括：

- 重做日志文件的内容及作用
- 重做日志文件的组织
- 查看重做日志文件信息
- 数据库运行模式
- 管理重做日志文件

9.1 重做日志文件的内容及作用

重做文件存储了所有用户对数据库的数据修改记录，主要包括 DML、DDL 与 DCL 等操作，重做文件并不保存用户对数据文件属性的修改，如创建表空间或文件组、对表空间或文件组添加新的数据文件，以及修改数据文件大小等操作。

重做文件用于出现故障时恢复数据库。数据库的故障分为两种：一种是因为停电或死机导致提交事务修改的数据还未写入磁盘，从而造成了数据的不一致；另外一类是因为磁盘损坏造成了数据丢失。

出现第一种故障，数据库重启时，Oracle 与 SQL Server 都会利用联机重做文件自动执行前滚，把尚未写入磁盘的数据写入数据文件，然后再把事务未提交、但已写入磁盘的数据修改回滚，使数据库数据达到一致。这个过程不需要用户干预，这种恢复称为实例恢复。

出现第二种故障时，要用之前的数据库备份来恢复数据库。备份中的数据显然是当初备份时的状态，不包含从备份完成到数据库崩溃这段时间内产生的数据，而重做文件中记录了所有的数据修改。执行数据库恢复时，Oracle 与 SQL Server 会把重做文件中的操作记录应用到恢复后的备份数据，使数据库恢复至介质发生故障的时刻，这种恢复称为介质恢复。

9.2 重做日志文件的组织

在重做日志文件的组织管理方面，Oracle 和 SQL Server 采取了非常不同的方式。

9.2.1 Oracle 的重做文件组

Oracle 数据库中的重做文件是分组的，每个组有唯一的编号(group #)作为其标识，每组可以包含多个具备镜像关系的重做文件，称为日志组成员(member)。数据库正常运行，至少需要两个重做日志组。

与 SQL Server 不同，Oracle 数据库的重做日志文件不能设置自动增长，也不能改变大小。如果需要增大重做日志空间大小，只能通过添加新的日志组实现，或者删除空间小的日志组，再添加空间大的日志组间接实现。

每个重做文件组内的多个重做文件是镜像关系，即内容完全相同，镜像的目的是提高安全性。每个日志组的可用大小并不是其中的多个重做文件大小的总和，而是其中任意一个重做文件的大小。

联机重做日志组可以具备下面几种状态之一：

- current：LGWR 正在写入重做数据。
- active：执行实例恢复要用到。
- inactive：执行实例恢复不会用到。
- unused：从未使用过。

9.2.2 Oracle 的归档模式

Oracle 数据库的日志组大小是固定的。数据库运行时，Oracle 对日志组循环写入，写满一个日志组时，切换到下一组，如果数据库处于归档模式，在日志切换之前，写满的日志组先被归档，即把其中的重做数据复制到另外的位置生成归档日志文件，而随后切换至的日志组内容被覆盖。

若数据库处于非归档模式，则直接覆盖切换至的日志组内容，不会执行归档操作。Oracle 数据库的非归档模式类似于 SQL Server 数据库的简单恢复模式。

日志组有一个属性称为序列号（sequence#），第一次写入的日志组，其序列号设置为 1，在日志组被循环写入的过程中，序列号会逐次递增 1。归档日志文件以其序列号作为文件名称的一部分。这里要注意日志组的 sequence# 与其 group# 的区别，在数据库运行过程中，日志组的 group# 固定不变，但其 sequence# 会不断变大。

9.2.3 SQL Server 的重做日志文件组织方式

SQL Server 把所有重做文件当作一个连续的文件看待，多个重做文件之间并不存在镜像关系，也没有重做日志组的概念。

对数据库添加重做日志文件时，可以像数据文件一样指定初始大小以及增长率、最大大小等属性，这与 Oracle 不同。

除非由于磁盘空间容量的问题，SQL Server 没有必要使用多个重做文件。

在重做日志文件存储的内容方面，SQL Server 与 Oracle 也有很大的不同，Oracle 的重做文件只包含重做数据，而 SQL Server 的重做日志文件除了重做数据外，还包含回滚事务所需的 undo 数据，Oracle 的 undo 数据保存在 undo 表空间。

9.2.4 SQL Server 的虚拟日志文件

SQL Server 把重做文件划分为多个 VLF（Virtual Log File，即虚拟日志文件），VLF 的数量以及每个 VLF 的大小由 SQL Server 根据重做文件的大小及增长率自动确定。

一个 VLF 以下面四种状态之一存在：

- active：正在写入重做数据。
- recoverable：执行实例恢复会用到。
- reusable：执行实例恢复不会用到。

• unused：从未被用到。

可以看出，SQL Server 中的 VLF 类似于 Oracle 数据库中的重做文件组的功能。

9.2.5 SQL Server 的事务日志备份

SQL Server 不能像 Oracle 数据库一样设置归档模式，但可以进行事务日志备份，其作用等同于 Oracle 数据库的重做文件归档。

如果 SQL Server 数据库处于完整恢复模式，而且配置了事务日志备份的自动作业，即 SQL Server 自动定时执行事务日志备份，在执行第一次全库备份后，其数据库所处状态类似于 Oracle 数据库的归档模式，但 SQL Server 是按照自动作业的设置，定时执行事务日志备份，而不是在 VLF 写满时执行，Oracle 是当前日志组写满时，在日志切换之前自动执行日志归档。两种日志备份方式对比，Oracle 归档模式的自动化程度明显更好。

9.3 查看重做日志文件信息

Oracle 分别使用 v$log 和 v$logfile 查看重做日志组及重做文件信息，SQL Server 分别使用 sys.database_files 目录视图和 dbcc loginfo 命令查看重做文件及 VLF 信息。

9.3.1 Oracle 的情形

下面查询得到了各重做文件组的组号、序列号、大小、成员数、是否归档以及状态：

```
SQL> select group#,
  2         sequence#,
  3         bytes/1024/1024 as "size(MB)",
  4         members,
  5         archived,
  6         status
  7  from v$log
  8  /

    GROUP#  SEQUENCE#   size(MB)    MEMBERS ARC STATUS
---------- ---------- ---------- ---------- --- ----------------
         1         94         50          2 NO  INACTIVE
         2         95         50          2 NO  INACTIVE
         3         96         50          2 NO  CURRENT
```

下面查询得到每个日志组的 scn 号及时间范围：

```
SQL> select group#,
  2         sequence#,
  3         first_change#,
  4         next_change#,
  5         to_char(first_time,'yyyy-mm-dd hh24:mi:ss') as "FIRST_TIME",
  6         to_char(next_time,'yyyy-mm-dd hh24:mi:ss') as "NEXT_TIME"
  7  from v$log
  8  /
```

```
GROUP#  SEQUENCE#  FIRST_CHANGE#  NEXT_CHANGE#  FIRST_TIME            NEXT_TIME
---------- ---------- ------------- ------------ ------------------- ------------
         1         94       3721672      3732934 2016-06-26 16:59:38 2016-06-29 14:02:51
         2         95       3732934      3753833 2016-06-29 14:02:51 2016-06-29 16:16:26
         3         96       3753833   2.8147E+14 2016-06-29 16:16:26
```

其中的 next_change# 及 next_time 是下一个日志组的起始 scn 号和起始时间，当前日志组的 next_change# 为无穷大，next_time 为空。

要查询日志组中的成员信息，可以使用 v$logfile 动态数据字典视图：

```
SQL> select group#,member from v$logfile;

    GROUP# MEMBER
---------- ------------------------------------------------------------------------
         3 C:\APP\ORACLE\ORADATA\LAW\ONLINELOG\O1_MF_3_BQKY1TBP_.LOG
         3 C:\APP\ORACLE\FAST_RECOVERY_AREA\LAW\ONLINELOG\O1_MF_3_BQKY1TW9_.LOG
         2 C:\APP\ORACLE\ORADATA\LAW\ONLINELOG\O1_MF_2_BQKY1RN2_.LOG
         2 C:\APP\ORACLE\FAST_RECOVERY_AREA\LAW\ONLINELOG\O1_MF_2_BQKY1SD5_.LOG
         1 C:\APP\ORACLE\ORADATA\LAW\ONLINELOG\O1_MF_1_BQKY1OP3_.LOG
         1 C:\APP\ORACLE\FAST_RECOVERY_AREA\LAW\ONLINELOG\O1_MF_1_BQKY1PVH_.LOG
```

9.3.2 SQL Server 的情形

可以查询 sys.database_files 数据字典视图得到数据库中的数据文件和重做日志文件的信息，指定查询条件为 type=1，可以只查询重做文件信息，如下面示例所示：

```
1> select physical_name,size
2> from sys.database_files
3> where type=1
4> go
physical_name                                                                   size
--------------------------------------------------------------------------------------
D:\Program Files\Microsoft SQL Server\MSSQL13.MSSQLSERVER\MSSQL\DATA\law_log.ldf 712
```

上面 size 列的单位是数据页的页数。

还可以在查询时，附加 growth、max_size 列，得到其增长率及最大大小限制的信息。

查看每个数据库日志文件的大小以及日志文件使用的百分率，可以使用命令：

```
dbcc sqlperf('logspace')

1> dbcc sqlperf(logspace)
2> go
Database Name          Log Size (MB)  Log Space Used (%)  Status
---------------------- -------------- ------------------- ----------
master                      2.7421875           28.774929          0
tempdb                      7.9921875           9.2375364          0
model                       7.9921875           23.509287          0
msdb                        5.0546875           16.537867          0
DWDiagnostics               71.992188           3.2284319          0
```

DWConfiguration	7.9921875	5.9628544	0
DWQueue	7.9921875	17.741936	0
law	5.5546875	18.424753	0

显示结果中的各个列的含义如下：

Database Name：数据库名称。

Log Size (MB)：重做文件中用于存放重做数据的空间大小，可以看作重做文件大小。

Log Space Used (%)：事务日志信息当前所占用的日志文件空间的百分比。

Status：日志文件状态，始终为 0。

要查看 VLF 信息，可以使用 dbcc loginfo 命令，显示结果中的每一行表示一个 VLF 信息。如图 9-1 所示是在 SSMS 中执行 dbcc loginfo 的显示结果。

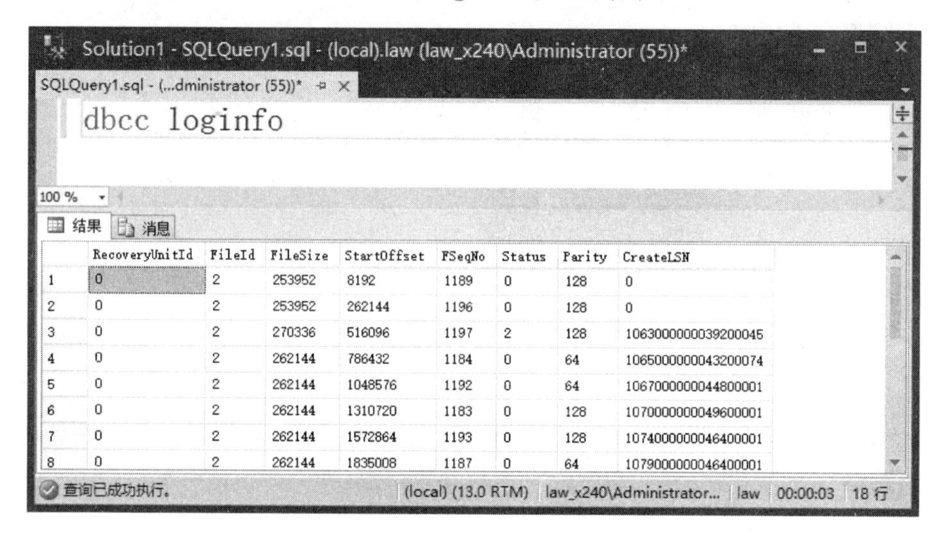

	RecoveryUnitId	FileId	FileSize	StartOffset	FSeqNo	Status	Parity	CreateLSN
1	0	2	253952	8192	1189	0	128	0
2	0	2	253952	262144	1196	0	128	0
3	0	2	270336	516096	1197	2	128	1063000000039200045
4	0	2	262144	786432	1184	0	64	1065000000043200074
5	0	2	262144	1048576	1192	0	64	1067000000044800001
6	0	2	262144	1310720	1183	0	128	1070000000049600001
7	0	2	262144	1572864	1193	0	128	1074000000046400001
8	0	2	262144	1835008	1187	0	64	1079000000046400001

图 9-1　dbcc loginfo 显示结果

显示结果中的主要列含义如下：

FileId：物理文件号，这里的 law 数据库只有一个日志文件，为 2 号，1 号为数据文件。

FileSize：VLF 大小，以字节为单位。

StartOffset：VLF 起始位置，Filesize 即两个 StartOffset 的差。

FseqNo：每个 VLF 被使用的顺序号。

Status：VLF 状态，只有 2 和 0 两个可能值，2 表示这个 VLF 为 active 或 recoverable，0 表示这个 VLF 为 reusable 或 unused。标记一个 VLF 为可截断，即设置其 Status 状态为 0。

Parity：VLF 重用时，其值在 64 和 128 之间切换。

CreateLSN：VLF 创建时的日志记录 LSN。随同数据库创建而一起创建的 VLF 的 CreateLSN 都为 0，CreateLSN 相同的 VLF 是同时创建的。LSN 是一个整数，与表中记录的 RowID 功能相似，用于在重做文件中定位日志记录。

9.4　数据库运行模式

Oracle 数据库可以运行于归档或非归档模式，SQL Server 数据库可以设置为完整、简单或大容量日志恢复模式。Oracle 数据库的归档和非归档模式大致相当于 SQL Server 数据库的完整和简单模式。

9.4.1 设置 Oracle 数据库的归档模式

数据库是否处于归档模式可以以 system 用户查询 v$database 视图：

```
SQL> select name, log_mode from v$database;

NAME       LOG_MODE
---------  ------------
LAW        NOARCHIVELOG
```

也可以以 sys 用户执行 archive log list 命令得到更多信息：

```
SQL> archive log list
数据库日志模式              非存档模式
自动存档                    禁用
存档终点                    USE_DB_RECOVERY_FILE_DEST
最早的联机日志序列          94
当前日志序列                96
```

上面查询结果表明，数据库处于非归档模式，自动归档进程未打开，存档终点默认设置为 USE_DB_RECOVERY_FILE_DEST，正在使用的联机日志文件是 96 号，最早的是 94 号。

USE_DB_RECOVERY_FILE_DEST 对应的操作系统目录，可以执行下面命令查到：

```
SQL> select name,value from v$parameter
  2  where name='db_recovery_file_dest'
  3  /

NAME                          VALUE
----------------------------- ----------------------------------------
db_recovery_file_dest         c:\app\oracle\fast_recovery_area
```

设置归档模式分为下面几个主要步骤：

- 设置归档终点
- 设置归档文件的名称格式
- 重启数据库至装载状态，开启归档模式
- 最后打开数据库

下面命令把存档终点设置为 E:\arc 目录：

```
SQL> alter system set log_archive_dest_1='location=e:\arc';
```

出于安全考虑，Oracle 的存档终点可以设置 31 个，分别用初始化参数 log_archive_dest_1 至 log_archive_dest_31 表示，用户可以根据实际需要设置其中若干个。

归档文件的名称格式可以通过初始化参数 log_archive_format 设置，其默认值为：

```
SQL> show parameter log_archive_format

NAME                                  TYPE        VALUE
------------------------------------- ----------- --------------------
log_archive_format                    string      ARC%S_%R.%T
```

其中%S 为日志序列号，%R 为 resetlogs 的 ID 值（以 resetlogs 选项打开数据库时，此值会改变)，%T 为实例编号，在非 RAC 环境，默认为 001，若把 R、S、T 改为小写，则不会在相应数值前补 0。

下面命令把此参数修改为小写格式：

```
SQL> alter system set log_archive_format='%s_%r_%t.arc' scope=spfile;
```

重启数据库至 mount 状态：

```
SQL> shu immediate
数据库已经关闭。
已经卸载数据库。
ORACLE 例程已经关闭。
SQL> startup mount
ORACLE 例程已经启动。

Total System Global Area 1670221824 bytes
Fixed Size                  2403352 bytes
Variable Size             922747880 bytes
Database Buffers          738197504 bytes
Redo Buffers                6873088 bytes
数据库装载完毕。
```

设置数据库为归档模式：

```
SQL> alter database archivelog;
```

打开数据库到正常状态：

```
SQL> alter database open;
```

查询数据库归档模式：

```
SQL> archive log list
数据库日志模式          存档模式
自动存档                启用
存档终点                e:\arc
最早的联机日志序列      94
下一个存档日志序列      96
当前日志序列            96
```

由以上显示结果可以得知，数据库已经处于归档模式，自动存档进程也已经启动，存档终点是我们设置的 e:\arc 目录，最早的联机日志序列号为 94 号，当前正在写入的是 96 号，如果发生日志切换，被归档的是 96 号重做文件。

可以手工执行日志切换，强制归档发生：

```
SQL> alter system switch logfile;
```

重新执行 archive log list 命令：

```
SQL> archive log list
数据库日志模式          存档模式
自动存档                启用
存档终点                e:\arc
最早的联机日志序列      95
```

```
下一个存档日志序列    97
当前日志序列          97
```

可以发现,序列号为94号的日志组已被覆盖,最早的日志序列号为95号,正在写入的日志组序列号为97号。

查看 e:\arc 目录,可以发现已经生成了归档文件:

```
SQL> host dir e:\arc
 驱动器 E 中的卷是 backup
 卷的序列号是 DCB0-8D40


e:\arc 的目录


2016/06/29  21:00    <DIR>          .
2016/06/29  21:00    <DIR>          ..
2016/06/29  21:00        14,077,952 96_0882096821_1.ARC
               1 个文件     14,077,952 字节
               2 个目录 47,518,666,752 可用字节
```

归档日志文件的信息可以查询 v$archived_log,手工执行几次强制日志切换后,使用下面命令查询归档日志信息:

```
SQL> select sequence#,
  2         name,
  3         first_change#,
  4         next_change#,
  5         to_char(first_time, 'yyyy-mm-dd hh24:mi:ss') as "FIRST_TIME",
  6         to_char(next_time, 'yyyy-mm-dd hh24:mi:ss') as "NEXT_TIME"
  7  from v$archived_log
  8  where sequence#> 99
  9  order by sequence#
 10  /

SEQUENCE# NAME                          FIRST_CHANGE# NEXT_CHANGE# FIRST_TIME          NEXT_TIME
--------- ----------------------------- ------------- ------------ ------------------- -------------------
      100 E:\ARC\100_882096821_1.ARC    3786380       3787322 2016-06-29 21:36:33 2016-06-29 21:37:35
      101 E:\ARC\101_882096821_1.ARC    3787322       3787325 2016-06-29 21:37:35 2016-06-29 21:37:36
      102 E:\ARC\102_882096821_1.ARC    3787325       3787328 2016-06-29 21:37:36 2016-06-29 21:37:39
```

9.4.2 SQL Server 数据库的完整、简单及大容量日志恢复模式

SQL Server 数据库有三种恢复模式:

- 完整(full)恢复模式
- 大容量日志(bulk-logged)恢复模式
- 简单(simple)恢复模式

full 恢复模式与 bulk-logged 恢复模式的区别只是对大容量操作记入重做日志的处理方式不同,其他方面都是相同的。

大容量操作是指 bulk insert、bcp、select into、create index、writetext 等操作。大容量的意

思是执行一个大容量操作命令，会对数据库添加大量数据。full 模式下，对大容量操作添加的数据都记入重做日志，如执行 select into 命令对一个表添加了 1 000 条记录，则在重做日志中会完整保存这 1 000 行数据，从而会产生大量重做数据，影响运行效率。

在 bulk_logged 模式下，只会在重做数据中记录被大容量操作改变的数据页页号，从而大容量操作产生的重做数据量会显著减少，使得执行效率有很大提高，这是其优点。

因为 bulk_logged 模式下，重做文件中并未记录大容量操作添加的数据，在事务日志备份时，除了备份重做数据本身以外，还要备份其中记载的大容量操作影响的那些数据块的内容，从而会导致日志备份的大小急剧增加，这是其缺点。使用 bulk-logged 模式下的数据库备份或日志备份进行恢复操作时，所花费的时间与 full 模式类似。

简单来说，full 模式下，大容量操作会导致事务日志量急剧增加，bulk-logged 模式下，大容量操作会导致事务日志备份数据量急剧增加。

在 full 与 bulk-logged 恢复模式下，如果没有对数据库执行全库备份，则与 simple 恢复模式相同：chekpoint 进程启动后，会把数据库日志文件中不包含活动事务的 VLF 状态修改为 reusable，从而 VLF 会不断重用(称为事务日志被截断)，数据缓冲区中的脏数据会写入磁盘，这里的活动事务主要指未结束的事务。因为 VLF 不断被重用，如果没有执行大的事务，重做文件的大小一般不会自动增长。

在 full 与 bulk-logged 恢复模式下，如果执行了全库备份，则 SQL Server 会维护一个完整的日志序列，除非执行了事务日志备份，否则 VLF 不会被重用，从而会导致事务日志文件的大小不断增长。如果最后导致没有可用的空间，则可以执行事务日志备份，或把数据库恢复模式修改为 simple，以截断日志文件，释放空间。

在 simple 模式下，chekpoint 进程启动后，会把数据库日志文件中不包含活动事务的 VLF 状态修改为 reusable，从而 VLF 会不断重用。在这种模式下，因为 VLF 不断被重用，如果没有执行大的事务，日志文件的大小一般不需要自动增长，这是其优点。

在 simple 模式下，因为 VLF 不断被重用，日志文件中的 VLF 显然不可能保持一个连续序列，日志备份也就没必要了。事实上，在 simple 模式下，SQL Server 不允许对数据库执行日志备份，而只能进行全库备份及增量备份，这样，发生故障时，可能会有数据丢失，simple 模式一般在开发环境或测试环境下使用，生产数据库很少使用这种模式运行。

对于大容量操作在重做文件中的记录方式，simple 模式下与 bulk_logged 模式相同。

要注意的是，在 simple 模式下，日志文件的大小不一定总是很小，当有包含很多操作的事务长时间未结束时，checkpoint 进程不能截断包含这个事务的 VLF，从而日志文件也可能很大。

SQL Server 的完整及简单恢复模式，类似于 Oracle 的归档与非归档模式，但是 SQL Server 的日志归档(即事务日志备份)要用户手工进行，或者设置为自动执行的作业。

目录视图 sys. databases 的 recovery_model_desc 列表示数据库的三种不同恢复属性，这个列可以取 FULL、BULK_LOGGED 及 SIMPLE 三个值之一。

可以通过下面命令查询一个数据库所处的恢复模式：

```
1> select name, recovery_model_desc
2> from sys. databases
3> where name='law'
4> go
name                  recovery_model_ desc
-------------- -----------------------------
law                   FULL
```

修改数据库的恢复模式，可以使用 alter database 命令，如把 law 数据库由 full 模式改为 simple 模式：

```
1> alter database law set recovery simple;
2> go
```

9.4.3 SQL Server 的完整日志维护状态对重做文件使用的影响

对设置了完整或大容量日志模式的数据库执行一次全库备份后，除非进行了事务日志备份，否则 SQL Server 不会自动重用重做文件中的可重用部分，从而维持一个连续的日志链，这种情况称为数据库处于完整日志维护状态。

以下两种情况视为数据库未处于完整日志维护状态：

- 完整或大容量日志模式下，从未进行过全库备份。
- 数据库设置为简单模式。

查询一个数据库是否处于完整日志恢复模式，可以使用下面命令：

```
1> select last_log_backup_lsn
2> from sys.database_recovery_status where db_name(database_id)='law'
3> go
last_log_backup_lsn
---------------------------
                 1055000000028000001
```

如果查询结果为 null，则表明数据库未处于完整日志维护模式，否则表示数据库处于完整日志恢复模式。

未处于完整日志维护状态时，在 checkpoint 执行后，SQL Server 会重用 reusable 状态的 VLF，因为可以重用 VLF，日志文件一般不会自动增长。

下面实验验证在非完整日志维护状态及完整日志维护状态下，对同样的操作，重做日志大小的变化，分别创建 db_nomaintain 及 db_maintain 作为测试数据库。

创建新数据库 db_nomaintain，用于验证非完整日志维护状态下，重做文件的使用情况。

```
1> create database db_nomaintain
2> on primary
3> (
4>        name= db_nomaintain_pri,
5>        filename='d:\sql\db_nomaintain_pri.mdf',
6>        size=10mb,
7>        filegrowth=5mb
8> )
9> log on
10> (
11>        name=db_nomaintain_log,
12>        filename='d:\sql\db_nomaintain_log.ldf',
13>        size=1mb,
14>        filegrowth=1mb
15> )
16> go
```

其数据库恢复模式默认为完整：

```
1> select recovery_model_desc from sys.databases
2> where name='db_nomaintain'
3> go
recovery_model_desc
------------------------------------------------------------
FULL
```

其日志维护状态为未维护：

```
1> select last_log_backup_lsn
2> from sys.database_recovery_status
3> where db_name(database_id)='db_nomaintain'
4> go
last_log_backup_lsn
---------------------------
                          NULL
```

查看当前日志使用的情况：

```
1> dbcc sqlperf(logspace)
2> go
Database Name    Log Size (MB)   Log Space Used (%) Status
------------- ------------ ----------------- -----------
...
db_nomaintain           0.9921875            38.976379              0
DBCC 执行完毕。如果 DBCC 输出了错误信息,请与系统管理员联系。
```

在新数据库中执行下面命令创建测试表 t：

```
1> use db_nomaintain
2> go
已将数据库上下文更改为 "db_nomaintain"。
1> create table t(a int, b char(1000))
2> go
```

执行下面程序段,对表 t 添加 50 000 条记录：

```
1> set nocount on
2> go
1> begin tran
2> insert into t values(1, 'abc')
3> commit
4> go 50000
```

查看重做数据量的变化：

```
1> dbcc sqlperf(logspace)
2> go
```

```
Database Name        Log Size (MB)     Log Space Used (%)    Status
---------------- ----------------- -------------------- ------------
...
db_nomaintain                    19.992188              98.788589              0
DBCC 执行完毕。如果 DBCC 输出了错误信息,请与系统管理员联系。
```

对比两次的查询结果,可以发现,重做文件由 0.99 MB 增长到了 19.99 MB。然后再验证数据库处于完整日志维护状态的情形。

```
1> create database db_maintain
2> on primary
3> (
4>       name= db_maintain_pri,
5>       filename='d:\sql\db_maintain_pri.mdf',
6>       size=10mb,
7>       filegrowth=5mb
8> )
9> log on
10> (
11>       name=db_maintain_log,
12>       filename='d:\sql\db_maintain_log.ldf',
13>       size=1mb,
14>       filegrowth=1mb
15> )
16> go
```

对数据库执行全库备份,使其处于完整日志维护状态:

```
1> backup database db_maintain to disk='d:\sql\db_maintain_full.bak'
2> go
已为数据库 'db_maintain',文件 'db_maintain_pri'(位于文件 1 上)处理了 328 页。
已为数据库 'db_maintain',文件 'db_maintain_log'(位于文件 1 上)处理了 3 页。
BACKUP DATABASE 成功处理了 331 页,花费 0.300 秒(8.619 MB/秒)。
```

确认数据库处于完整日志维护状态:

```
1> select last_log_backup_lsn
2> from sys.database_recovery_status
3> where db_name(database_id)='db_maintain'
4> go
last_log_backup_lsn
---------------------------
          34000000012000065
```

查看当前重做日志文件使用情况:

```
1> dbcc sqlperf(logspace)
2> go
```

```
Database Name    Log Size (MB)  Log Space Used (%)  Status
------------- ------------ ----------------- -----------
...
db_nomaintain          19.992188         98.788589          0
db_maintain            0.9921875         43.307087          0
DBCC 执行完毕。如果 DBCC 输出了错误信息,请与系统管理员联系。
```

在 db_maintain 数据库中创建 t 表:

```
1> use db_maintain
2> go
已将数据库上下文更改为 "db_maintain"。
1> create table t(a int, b char(1000))
2> go
```

重新执行上述添加记录的操作:

```
1> set nocount on
2> go
1> begin tran
2> insert into t values(1,'abc')
3> commit
4> go 50000
```

再查看现在的日志文件情况:

```
1> dbcc sqlperf(logspace)
2> go
Database Name            Log Size (MB)  Log Space Used (%)  Status
------------------ ------------ ----------------- -----------
...
db_nomaintain                19.992188           98.788589           0
db_maintain                  198.99219           99.854736           0
DBCC 执行完毕。如果 DBCC 输出了错误信息,请与系统管理员联系。
```

对比以上查询结果,可以发现,db_maintain 数据库的重做数据量显著增大了,这是因为重做文件中的 VLF 不能重用而导致了重做文件的增长。如果不进行事务日志备份,日志文件的大小会一直增长下去,如下面操作所示:

```
1> begin tran
2> insert into t values(1,'abc')
3> commit
4> go 50000
1> dbcc sqlperf(logspace)
2> go
Database Name            Log Size (MB) Log Space Used (%) Status
------------------ ----------- ------------------ -----------
...
db_nomaintain                19.992188           98.788589           0
db_maintain                  396.99219           99.936043           0
DBCC 执行完毕。如果 DBCC 输出了错误信息,请与系统管理员联系。
```

若使得后续操作能够重用 VLF，可以对数据库执行事务日志备份：

```
1> backup log db_maintain to disk='e:\sqldata\testlogsize_log.bak'
2> go
已为数据库'db_maintain'，文件'db_maintain_log'(位于文件 2 上)处理了 50335 页。
BACKUP LOG 成功处理了 50335 页，花费 21.385 秒(18.388 MB/秒)。
```

再次添加记录：

```
1> begin tran
2> insert into t values(1, 'abc')
3> commit
4> go 50000
```

重新查询日志文件使用情况，可以发现重做数据量并未增大：

```
1> dbcc sqlperf(logspace)
2> go
Database Name              Log Size (MB) Log Space Used (%) Status
-------------------------- ------------- ------------------ ----------
...
db_nomaintain                  19.992188          98.788589          0
db_maintain                    396.99219          53.149662          0
DBCC 执行完毕。如果 DBCC 输出了错误信息，请与系统管理员联系。
```

关于简单恢复模式下产生重做数据量的结论请读者仿照上述示例验证，这里不再赘述。

9.4.4　SQL Server 的大容量日志恢复模式对产生重做数据量的影响

为了验证大容量日志模式的数据库对大容量操作产生的重做数据量会显著低于完整模式，我们创建两个数据库，分别设置为完整恢复模式及大容量日志恢复模式，然后在其中执行相同的大容量操作，最后查看其产生的重做数据量差异。

创建两个数据库，名称分别为 db_full 及 db_bulk：

```
1> create database db_full
2> create database db_bulk
2> go
```

在临时数据库 tempdb 中执行下面命令创建表 t 及其中的测试数据：

```
1> use tempdb
2> go
已将数据库上下文更改为 "tempdb"。
1> create table t(a int, b char(1000))
2> go
1> insert into t values(1, 'abc')
2> go 50000
```

两个数据库分别设置为完整及大容量日志模式：

```
1> alter database db_full set recovery full
2> alter database db_bulk set recovery bulk_logged
3> go
```

确认两个数据库的恢复模式：

```
1> select name, recovery_model_desc
2> from sys.databases
3> where name='db_full' or name='db_bulk'
4> go
name                    recovery_model_desc
----------------------- ------------------------
db_full                 FULL
db_bulk                 BULK_LOGGED
```

对两个数据库执行全库备份，使其处于完整日志维护状态：

```
1> backup database db_full to disk='d:\sql\db_full.bak'
2> backup database db_bulk to disk='d:\sql\db_bulk.bak'
3> go
```

确认两个数据库当前的重做数据量情况，以便对比：

```
1> dbcc sqlperf(logspace)
2> go
Database Name   Log Size (MB)  Log Space Used (%) Status
--------------- -------------- ------------------ ----------
...
db_full         1.0390625      54.135338          0
db_bulk         1.0390625      55.263157          0
DBCC 执行完毕。如果 DBCC 输出了错误信息，请与系统管理员联系。
```

可以发现，两者相差不大。

准备工作都做好了，现在执行大容量操作。在两个数据库中，再分别执行下面大容量操作命令：

```
1> use db_full
2> go
已将数据库上下文更改为 "db_full"。
1> select * into t from tempdb.dbo.t
2> go
1> use db_bulk
2> go
已将数据库上下文更改为 "db_bulk"。
1> select * into t from tempdb.dbo.t
2> go
```

查看其日志文件使用情况的差异：

```
1> dbcc sqlperf(logspace)
2> go
Database Name   Log Size (MB) Log Space Used (%) Status
--------------- ------------- ------------------ ----------
...
db_full         57.242188     95.004776          0
db_bulk         5.6796875     42.022007          0
```

```
DBCC 执行完毕。如果 DBCC 输出了错误信息，请与系统管理员联系。
```

由于 db_bulk 数据库对上述 select into 操作只产生了很少量的重做数据，db_bulk 数据库的重做数据量显著小于 db_full 数据库。其他大容量操作，如 insert into select，create index 等的验证请读者自行完成。

9.4.5 Oracle 对大容量操作的处理方式

在 Oracle 中，大容量操作主要指以下几种操作：

- create table … as select …
- insert into … /*+ append */ select …
- alter index … rebuild
- SQL * Loader 以直接路径方式导入数据

执行下面的 SQL 语句可以查询与当前会话相关的重做数据量：

```
SQL> conn system/oracle
已连接。
SQL> select value
  2  from v$mystat, v$statname
  3  where v$mystat.statistic# =v$statname.statistic#
  4  and v$statname.name='redo size'
  5  /
```

查看一个操作产生的重做数据量，可以在这个操作前后各执行一次上述查询，然后求出其差值即可。

在非归档模式，对于大容量操作，除 alter index … rebuild 语句以及不附加 append 提示的 insert into ... select 语句外，Oracle 在重做数据中只记录针对数据字典的修改，产生的重做数据量很少。

首先确认数据库处于非归档模式：

```
SQL> select log_mode from v$database;

LOG_MODE
------------
NOARCHIVELOG
```

执行下面操作检查不附加"nologging"时，"create table … as select"产生的重做数据量：

```
SQL> select value
  2  from v$mystat, v$statname
  3  where v$mystat.statistic# =v$statname.statistic#
  4  and v$statname.name='redo size'
  5  /

     VALUE
----------
      1768
SQL> create table t1 as select * from all_objects;
表已创建。
```

```
SQL> select value
  2  from v$mystat, v$statname
  3  where v$mystat.statistic# =v$statname.statistic#
  4  and v$statname.name='redo size'
  5  /

     VALUE
----------
     84412
SQL> select 84412-1768 from dual;

84412-1768
----------
     82644
```

可以看出，上述建表操作大致产生了大约 80 KB 重做数据。

再附加“nologging”执行上述建表操作：

```
SQL> create table t2 nologging as select * from all_objects;
表已创建。
SQL> select value
  2  from v$mystat, v$statname
  3  where v$mystat.statistic# =v$statname.statistic#
  4  and v$statname.name='redo size'
  5  /

     VALUE
----------
     162052

SQL> select 162052-84412 from dual;

162052-84412
------------
       77640
```

可以发现，重做数据量相差不大，两种情况下，重做数据的产生都受到了抑制。

下面操作对 t1 表执行不附带“append”提示的 insert 命令：

```
SQL> insert into t1 select * from all_objects;
已创建 17778 行。
SQL> select value
  2  from v$mystat, v$statname
  3  where v$mystat.statistic# =v$statname.statistic#
  4  and v$statname.name='redo size'
  5  /

     VALUE
----------
```

```
   2137776
SQL> select 2137776-162052 from dual;

2137776-162052
--------------
       1975724
```

可以发现，这个操作大致产生了 1.8 MB 重做数据，对所有添加的新数据都在重做日志中做了记录，重做数据的产生未被抑制。

再对表 t1 执行附带“append”提示的“insert”命令：

```
SQL> insert/*+ append */into t1 select * from all_objects;

已创建 17778 行。

SQL> select value
  2  from v$mystat, v$statname
  3  where v$mystat.statistic# =v$statname.statistic#
  4  and v$statname.name='redo size'
  5  /

     VALUE
----------
   2144028

SQL> select 2144028 -2137776 from dual;

2144028 -2137776
----------------
            6252
```

可以看到，附加“append”提示时，这个 insert 操作只产生了大约 6 KB 重做数据，重做日志文件中只记录了对数据字典数据的影响，重做数据的产生受到了抑制。

上述操作应用于具备 nologging 属性的 t2 表，结果是相同的，实验过程这里不再赘述。

归档模式下，对于“create table … as select …”操作，在其中附加“nologging”选项，即新建表具备 nologging 属性时，只会记录此操作对数据字典的影响，从而产生较少的重做数据，不附加“nologging”选项时，对新表添加的所有记录都会记入重做日志，从而会产生大量重做数据。

对于“insert … select”操作，附加“append”提示时，如果表具备“nologging”属性，重做数据量才会大大降低。下面验证以上结论。

确认数据库处于归档模式：

```
SQL> select log_mode from v$database;

LOG_MODE
------------
ARCHIVELOG
```

下面先看不附加“nologging”选项的情形：

```
SQL> select value
  2  from v$mystat, v$statname
  3  where v$mystat.statistic# =v$statname.statistic#
  4  and v$statname.name='redo size'
  5  /

     VALUE
----------
      5636

SQL> create table t as select * from all_objects;
表已创建。
SQL> select value
  2  from v$mystat, v$statname
  3  where v$mystat.statistic# =v$statname.statistic#
  4  and v$statname.name='redo size'
  5  /

     VALUE
----------
   2075552

SQL> select 2075552-5636 as redo_size from dual;

REDO_SIZE
----------
   2069916
```

从以上最后结果可以看出，这个"create table"命令产生了大约 2 MB 的重做数据。下面我们再看附加"nologging"的情形：

```
SQL> create table tt
  2  nologging
  3  as select * from all_objects
  4  /

表已创建。

SQL> select value
  2  from v$mystat, v$statname
  3  where v$mystat.statistic# =v$statname.statistic#
  4  and v$statname.name='redo size'
  5  /

     VALUE
----------
   2153764
```

```
SQL> select 2153764-2075552 as redo_size from dual;

REDO_SIZE
---------
    78212
```

从以上最后结果可以看出，附加“nologging”后，这个“create table”命令产生了大约 76 KB 的重做数据，与 2 MB 相比，这个差距还是相当大的。

下面再看“insert”命令在附加“append”提示的情况下，产生重做数据的差距。

首先对普通表 t 执行不附加“append”提示的“insert”命令：

```
SQL> insert into t select * from all_objects;
已创建 17776 行。
SQL> select value
  2  from v$mystat, v$statname
  3  where v$mystat.statistic# =v$statname.statistic#
  4  and v$statname.name='redo size'
  5  /

     VALUE
----------
   4129356

SQL> select 4129356-2153764 from dual;

4129356-2153764
-------------
        1975592
```

可以发现产生了大约 1.8 MB 的重做数据。

把上述不附加“append”提示的“insert”命令应用于具备“nologging”属性的 tt 表：

```
SQL> insert into tt select * from all_objects;
已创建 17776 行。
SQL> select value
  2  from v$mystat, v$statname
  3  where v$mystat.statistic# =v$statname.statistic#
  4  and v$statname.name='redo size'
  5  /

     VALUE
----------
   6105276

SQL> select 6105276-4129356 from dual;

6105276-4129356
-------------
        1975920
```

可以发现，tt表的“nologging”属性没影响，只要不附带“append”提示，这里的insert操作大致产生相同数量的重做数据，重做数据不会被抑制。

我们再看附加“append”提示时的效果。

先对表t执行“insert/*+ append */”操作：

```
SQL> insert/*+append */into t select * from all_objects;
已创建 17776 行。
SQL> select value
  2  from v$mystat, v$statname
  3  where v$mystat.statistic# =v$statname.statistic#
  4  and v$statname.name='redo size'
  5  /

     VALUE
----------
   8102436

SQL> select 8102436-6105276 from dual;

8102436-6105276
-------------
        1997160
```

对表tt执行“insert/*+ append */”操作：

```
SQL> insert/*+append */into tt select * from all_objects
已创建 17776 行。
SQL> select value
  2  from v$mystat, v$statname
  3  where v$mystat.statistic# =v$statname.statistic#
  4  and v$statname.name='redo size'
  5  /

     VALUE
----------
   8107136

SQL> select 8107136-8102436 from dual;

8107136-8102436
-------------
           4700
```

这时的重做数据量降低到了大约4 KB。

由此可见，当表不具备“nologging”属性时，对其执行insert/ * +append * /操作不会抑制重做数据的产生，当表具备“nologging”属性时，对其执行insert/ * +append * /操作会抑制重做数据的产生。

9.5 管理重做日志文件

管理重做日志文件，主要包括添加、删除以及移动重做文件。

9.5.1 Oracle 的情形

Oracle 添加日志组，可以使用下面两种命令：

```
SQL> alter database add logfile ('c:\redo01_1.log', 'c:\redo01_2.log') size 20m;
```

或：

```
SQL> alter database add logfile group 5 ('c:\redo05_1.log', 'c:\redo05_2.log') size 20m;
```

如果使用第一种语法形式，则新加入的日志组会按照顺序自动连续编组号(group #)，第二种语法形式则指定了组号，可能与现有的日志组编号不连续，建议使用第一种。

只有状态为 unused 或 inactive 的日志组才能删除，下面命令先查询每个日志组的状态：

```
SQL> select group# ,status from v$log;

    GROUP#  STATUS
----------- ----------------
          1 INACTIVE
          2 CURRENT
          3 INACTIVE
          4 UNUSED
          5 UNUSED
```

然后删除其中的 group 4：

```
SQL> alter database drop logfile group 4;
```

操作系统下的相关文件需要用户手工删除。

下面命令对 group 3 添加一个日志成员文件：

```
SQL> alter database add logfile member 'c:\redo03_1.log' to group 3;
```

增加日志成员时，不需要指定文件大小，因为这个新文件是日志组中原有文件的镜像。

下面命令删除 group 3 中的 c:\redo03_1.log 日志文件：

```
SQL> alter database drop logfile member 'c:\redo03_1.log';
```

最后还要用户手工删除操作系统上对应的文件。另外要注意，正在使用的日志组的成员文件不能删除，可以手工切换日志，使其处于非当前状态。

在 Oracle 数据库中移动日志文件，首先要把数据库重启至 mount 状态，在操作系统上移动日志文件，然后在数据库中更改其物理名称，最后把数据库正常打开。

当前各个日志文件的路径如下：

```
SQL> col member for a50
SQL> select group# , member from v$logfile;

    GROUP# MEMBER
```

```
---------- --------------------------------------------------
         1 E:\ORACLE\ORADATA\LAW\REDO01.LOG
         2 E:\ORACLE\ORADATA\LAW\REDO02.LOG
         3 E:\ORACLE\ORADATA\LAW\REDO03.LOG
```

下面按照上述步骤移动 redo03.log 到 e:\目录下。

```
SQL> conn  / as sysdba
已连接。
SQL> shu immediate
数据库已经关闭。
已经卸载数据库。
ORACLE 例程已经关闭。
SQL> startup mount
ORACLE 例程已经启动。

Total System Global Area  535662592 bytes
Fixed Size                  1334380 bytes
Variable Size             184550292 bytes
Database Buffers          343932928 bytes
Redo Buffers                5844992 bytes
数据库装载完毕。
```

在操作系统上移动文件:

```
C:\> move E:\ORACLE\ORADATA\LAW\REDO03.LOG e:\
```

在数据库更改此文件的物理路径:

```
SQL> alter database
  2  rename file
  3  'E:\ORACLE\ORADATA\LAW\REDO03.LOG'
  4  to
  5  'E:\REDO03.LOG'
  6  /
```

打开数据库至正常可用状态:

```
SQL> alter database open;
```

查询 V$LOGFILE,可以发现 REDO03.LOG 已经在新目录下:

```
SQL> col member for a40
SQL> select group#, member from v$logfile;

    GROUP# MEMBER
---------- ----------------------------------------
         1 E:\ORACLE\ORADATA\LAW\REDO01.LOG
         2 E:\ORACLE\ORADATA\LAW\REDO02.LOG
         3 E:\REDO03.LOG
```

9.5.2 SQL Server 的情形

下面命令对 law 数据库添加两个新的日志文件,并同时指定每个文件的属性:

```
1> alter database law
2> add log file
3> (
4>     name=testLog1,
5>     filename='c:\law_testLog1.ldf',
6>     size=5MB,
7>     maxsize=100MB,
8>     filegrowth=5MB
9> ),
10> (
11>     name=testLog2,
12>     filename='c:\law_testLog2.ldf',
13>     size=5MB,
14>     maxsize=100MB,
15>     filegrowth=5MB
16> )
17> go
```

下面命令删除刚才添加的日志文件 testLog2：

```
1> alter database law remove file testLog2
2> go
```

执行上面命令后，操作系统上的相关文件会一并删除，不需要像 Oracle 一样手工删除。

下面命令把刚才添加的 testLog1 文件的大小改为 10 MB：

```
1> alter database law
2> modify file
3> (
4>     name=testLog1,
5>     size=10MB
6> )
7> go
```

其他属性的修改方式与此相似，这里不再赘述。

移动数据库的日志文件与移动其数据文件的步骤相同，首先要把数据库脱机(offline)，然后在操作系统上移动文件，在 SQL Server 中更改其物理文件路径，最后再把数据库联机(online)。

下面示例按照上述步骤把日志文件 testLog1 从根目录 c:\移动到 e:\。

把 law 数据库脱机：

```
1> use master
2> go
已将数据库上下文更改为 'master'。
1> alter database law set offline
2> go
```

在操作系统上移动 testLog1 文件到新目录：

```
C:\> move c:\law_testLog1.ldf e:\
```

在 SQL Server 中，修改 testLog1 的物理名称：

```
1> alter database law
2> modify file
3> (
4>     name=testLog1,
5>     filename='e:\law_testLog1.ldf'
6> )
7> go
文件'testLog1'在系统目录中已修改。新路径将在数据库下次启动时使用。
```

把数据库 law 联机：

```
1> alter database law set online
2> go
```

完成上面操作后，查询 law 数据库的重做文件信息，可以发现 testLog1 的物理路径已经发生改变：

```
C:\> sqlcmd -Y 30
1> use law
2> go
已将数据库上下文更改为'law'。
1> select name, physical_name from sys.database_files
2> where name='testLog1'
3> go
name                          physical_name
----------------------------- ------------------------------
testLog1                      e:\law_testLog1.ldf
```

第10章 配置服务器与数据库

建造一栋大楼，要根据其用途和周围环境，预先设计建筑图纸，建筑图纸是建造大楼时的依据。若把启动和运行数据库服务器比作建造大楼，配置服务器和数据库参数即设计这份图纸，在服务器运行过程中，也会出于运行效率问题修改部分配置参数的值。

本章主要内容包括：

- 配置 Oracle 数据库服务器
- 配置 SQL Server 服务器与数据库

10.1 配置 Oracle 数据库服务器

Oracle 的数据库与服务器是合一的，配置数据库服务器就是配置实例运行的各种参数，这些参数保存在初始化参数文件中。

10.1.1 初始化参数文件

决定 Oracle 数据库服务器启动和运行状态的重要参数保存在参数文件中。数据库每次启动时，都会读取参数文件以确定内存、进程的配置情况。

参数文件分为 pfile 和 spfile(server parameter file)，两种参数文件都可以启动数据库，Oracle 9i 开始使用 spfile。两者都存在时，Oracle 默认使用 spfile 启动数据库，spfile 称为服务器端初始化参数文件。

pfile 和 spfile 文件的默认名称分别为 init*sid*. ora 和 spfile*sid*. ora，这里的 sid 为数据库的实例名称。在 Windows 系统，两种参数文件的默认目录为%ORACLE_HOME%\database，在 Unix/Linux 系统，默认目录为$ORACLE_HOME/dbs。ORACLE_HOME 是系统环境变量，存储 Oracle 软件的安装目录。

在 Windows 系统，ORACLE_HOME 的值存储在注册表中，查看其值可执行下面命令：

```
C:\Users\Administrator> reg query HKLM\SOFTWARE\ORACLE\KEY_OraDb12home1 /v ORACLE_HOME

HKEY_LOCAL_MACHINE\SOFTWARE\ORACLE\KEY_OraDb12home1
    ORACLE_HOME    REG_SZ    c:\app\oracle\product\12.1.0\dbhome_1
```

以上的粗体部分即为 ORACLE_HOME 的值。

初始化参数分为动态和静态两类，修改动态参数值后，不需重启数据库即生效，而修改静态参数值需重启数据库才能生效。可以通过查看 v$parameter 的 issys_modifiable 列值是 true 或 false 来确定一个参数是否为动态。

使用 pfile 时，动态参数可以通过输入 SQL 命令：alter system set *parameter*=*value* 修改，但只是修改内存中的运行值，不会修改初始化参数文件，数据库重启后，因为要重新读取 pfile

文件,之前修改的值会失效。修改静态参数则要通过文本编辑工具修改 pfile 实现。

使用 spfile 时,修改参数值只能使用命令:alter system set *parameter*=*value*。修改动态参数时,当前运行状态及 spfile 文件中的值都会被修改。修改静态参数时,要附加 scope=spfile 子句,指定只修改 spfile 文件中的值,需重启数据库才能生效。

10.1.2 pfile 与 spfile 的区别

pfile 是文本文件,可以直接用文本编辑工具手工修改相应参数的值,但数据库要重启,新值才会生效。spfile 是二进制文件,只能使用命令修改,使用编辑工具修改 spfile 的参数值会破坏这个文件,导致实例不能启动。

使用 rman 备份数据库时,可以设置自动备份 spfile,rman 不会备份 pfile。

除非出于特殊需要,如要修改大量参数,才使用 pfile,否则推荐使用 spfile。

要查看 Oracle 是否在使用 spfile,可以使用下面命令:

```
SQL> show parameter spfile

NAME                                 TYPE        VALUE
------------------------------------ ----------- ------------------------------
spfile                               string      C:\APP\ORACLE\PRODUCT\12.1.0\D
                                                 BHOME_1\DATABASE\SPFILELAW.ORA
```

如果查询结果中的 value 字段不空,则表示 Oracle 正在使用 spfile,否则是在使用 pfile。dbca 工具创建的数据库,默认都会使用 spfile。

sys 用户连接数据库后,可以由 spfile 生成 pfile,或反之,由 pfile 生成 spfile:

```
SQL> create pfile from spfile;
文件已创建。
```

生成的文件默认路径为:ORACLE_HOME\database,这也是 spfile 或 pfile 默认所在的目录,文件名称分别为:init*sid*.ora 及 spfile*sid*.ora。

10.1.3 查看初始化参数值

查看所有的初始化参数及其值,可以使用 show parmaeter 命令:

```
SQL> conn system/oracle
已连接。
SQL> show parameter

NAME                                 TYPE        VALUE
------------------------------------ ----------- ------------------------------
O7_DICTIONARY_ACCESSIBILITY          boolean     FALSE
active_instance_count                integer
aq_tm_processes                      integer     1
archive_lag_target                   integer     0
asm_diskgroups                       string
asm_diskstring                       string
asm_power_limit                      integer     1
asm_preferred_read_failure_groups    string
```

```
audit_file_dest                  string       C:\APP\ORACLE\ADMIN\LAW\ADUMP
audit_sys_operations             boolean      FALSE
audit_trail                      string       DB
...
utl_file_dir                     string
workarea_size_policy             string       AUTO
xml_db_events                    string       enable
```

要显示指定初始化参数的值，可以在 show parameter 命令后面附加参数名称或名称的一部分，如 show parameter db_block 命令会把参数名称中包含字符串 db_block 的初始化参数都显示出来：

```
SQL> show parameter db_block

NAME                             TYPE         VALUE
-------------------------------- ------------ ------------------------------
db_block_buffers                 integer      0
db_block_checking                string       FALSE
db_block_checksum                string       TYPICAL
db_block_size                    integer      8192
```

10.1.4 修改初始化参数值

使用 spfile 的情况下，用 SQL 命令修改初始化参数的值，可以附加下面几个选项：

- scope=memory：只修改当前运行值而不修改 spfile，适用于动态参数。
- scope=spfile：只修改 spfile，不修改运行值，重启数据库后，新值才会生效。适用于动态及静态参数，而静态参数只能使用这种方式修改。
- scope=both：运行值及 spfile 都被修改，适用于动态参数，是默认选项。

下面以修改数据缓冲区大小，即 db_cache_size 为例说明这三个选项修改初始化参数：

```
SQL> alter system set db_cache_size=500m scope=both;
系统已更改。
SQL> alter system set db_cache_size=400m scope=memory;
系统已更改。
SQL> alter system set db_cache_size=600m scope=spfile;
系统已更改。
```

可以使用 alter session 命令，只修改当前连接属性，当前连接退出后即失效，如修改当前语言环境为英文：

```
SQL> alter session set nls_language=english;
Session altered.
```

10.2 配置 SQL Server 服务器与数据库

SQL Server 的服务器和数据库是不同的概念，要分别配置。服务器配置信息保存在 master 数据库，数据库配置信息保存在自身的 primary 文件组。

SQL Server 使用以下方法查看或修改服务器及数据库配置参数：

- 查看服务器参数，使用 sp_configure 系统存储过程或 sys. configurations 目录视图。
- 修改服务器参数，使用 sp_configure 系统存储过程。
- 查看数据库参数，使用 sys. databases 目录视图。
- 修改数据库参数，使用 alter database 命令。
- 设置当前连接属性，使用 set 命令。

10.2.1 查看服务器参数

查看服务器配置信息可以使用系统存储过程 sp_configure 或目录视图 sys. configurations。不附带参数执行 sp_configure 时，会显示服务器的部分配置信息：

```
1> sp_configure
2> go
name                                minimum     maximum  config_value run_value
----------------------------------- ----------- -------- ---------- -------
allow polybase export                         0          1          0       0
allow updates                                 0          1          0       0
backup checksum default                       0          1          0       0
backup compression default                    0          1          0       0
clr enabled                                   0          1          0       0
contained database authentication             0          1          0       0
cross db ownership chaining                   0          1          0       0
default language                              0       9999         30      30
external scripts enabled                      0          1          0       0
filestream access level                       0          2          0       0
hadoop connectivity                           0          7          7       7
max text repl size (B)                       -1 2147483647      65536   65536
nested triggers                               0          1          1       1
polybase network encryption                   0          1          1       1
remote access                                 0          1          1       1
remote admin connections                      0          1          0       0
remote data archive                           0          1          0       0
remote login timeout (s)                      0 2147483647         10      10
remote proc trans                             0          1          0       0
remote query timeout (s)                      0 2147483647        600     600
server trigger recursion                      0          1          1       1
show advanced options                         0          1          0       0
user options                                  0      32767          0       0
```

显示结果中的 minmum 和 maxmum 分别表示相应参数值的上下限，config_value 和 run_value 分别表示相应参数的配置值和运行值，若配置值和运行值不相同，则配置值需要服务器重启后才生效。

把 show advanced options 参数设置为 1，并运行 reconfigure 使其生效后，sp_configure 命令可以显示包括高级选项参数在内的全部参数：

```
1> sp_configure 'show advanced options',1
2> go
```

```
配置选项 'show advanced options' 已从 0 更改为 1。请运行 RECONFIGURE 语句进行安装。
1> reconfigure
2> go
1> sp_configure
2> go
```

使用 sys. configurations 目录视图，不用设置 show advanced options 为 1 即可查询所有参数信息。sys. configurations 除了包含 sp_configure 命令的所有列以外，还包含 is_dynamic 与 is_advanced 列，sp_configure 中的 config_value 和 run_value 列在 sys. configurations 目录视图中分别改为列 value 和 value_in_use。

sys. configurations 的 is_dynamic 列描述参数是否为动态，为 1 即动态。动态参数修改后，执行 reconfigure 命令即可生效。静态参数修改后，重启服务器才生效，重启服务器之前，其 config_value 和 run_value 的值不一致。is_advanced 列描述参数是否为高级选项，为 1 即高级。

查询 sys. configurations 时，可以限制显示的列及行，比 sp_configure 存储过程方便。

如查询 fill factor 参数的值：

```
1> select name, value, value_in_use, is_dynamic, is_advanced
2> from sys. configurations
3> where name = 'fill factor (%)'
4> go
name               value       value_in_use      is_dynamic is_advanced
------------------ ----------- ----------------- -------- --------
fill factor (%)    10          10                        0          1
```

10.2.2 修改服务器参数

一般使用默认参数值就可以了，若修改其默认值，要倍加小心。

修改服务器参数，使用附带参数的 sp_configure 存储过程，语法结构如下：

sp_configure '*option_name*', '*value*'

'option_name'用于指定要修改的参数名称，'value'用于指定新的参数值。

如 max server memory 选项参数用于指定 SQL Server 可用的最大内存数量(单位为 MB)，这是一个动态参数，其当前值可以查询如下(当前值为默认无限制)：

```
1> select name, value_in_use, is_dynamic
2> from sys. configurations
3> where name = 'max server memory (MB)'
4> go
name                     value_in_use          is_dynamic
-------------------- --------------------- ----------
max server memory (MB)   2147483647                     1
```

如把 max server memory 设置为 3 000 MB(这是一个高级选项参数，修改之前要把 show advanced options 设置为 1)，则可以执行下面命令：

```
1> sp_configure 'show advanced options',1
2> go
配置选项 'show advanced options' 已从 0 更改为 1。请运行 RECONFIGURE 语句进行安装。
1> reconfigure
2> go
1> sp_configure 'max server memory', '3000'
2> go
配置选项 'max server memory (MB)' 已从 2147483647 更改为 3000。请运行 RECONFIGURE 语句进行安装。
1> reconfigure
2> go
```

查看其值,可发现修改已生效:

```
1> select name, value_in_use
2> from sys.configurations
3> where name = 'max server memory (mb)'
4> go
name                          value_in_use
----------------------------- ------------------------------
max server memory (MB)        3000
```

10.2.3 查看数据库配置信息

查询 sys.databases 目录视图可以显示数据库配置信息。sys.databases 的列,除少数几个外,都对应数据库选项参数。

sys.databases 的列包括:

```
1> select name from sys.system_columns
2> where object_id=object_id('sys.databases')
3> order by name
4> go
name
-----------------------------------
collation_name
compatibility_level
create_date
database_id
is_ansi_null_default_on
is_ansi_nulls_on
is_ansi_padding_on
is_ansi_warnings_on
is_arithabort_on
is_auto_close_on
……
```

如查询 law 数据库的 is_read_only 和 is_auto_shrink_on 参数，可以执行下面命令：

```
1> select is_read_only, is_auto_shrink_on
2> from sys.databases
3> where name='law'
4> go
is_read_only is_auto_shrink_on
------------ -----------------
           0                 0
```

下面查询则显示了数据库的恢复模式：

```
1> select name, recovery_model_desc from sys.databases
2> where name='law'
3> go
name                              recovery_model_desc
--------------------------------- ----------------------------------
law                               FULL
```

10.2.4 修改数据库配置信息

修改数据库配置选项参数，可以使用命令：

alter database *database_name* set *option value*

其中 database_name 是数据库名称，option 是选项参数名称，value 是参数值。

下面命令把 is_ansi_nulls_on 设置为开启：

```
1> alter database law set ansi_nulls on
2> go
```

下面命令把数据库恢复模式由 FULL 修改为 SIMPLE：

```
1> alter database law set recovery simple
2> go
```

10.2.5 设置当前连接参数

SQL Server 使用 set 命令设置当前连接的属性，这些属性多数与服务器和数据库参数不重复，退出连接后，设置即失效。

设置不显示命令影响的行数：

```
1> set nocount on
2> go
```

设置事务隔离级别为 read committed：

```
1> set transaction isolation level read committed
2> go
```

第11章　用户及权限管理

用户和权限管理是数据库管理中的重要方面，不合适的数据库访问权限设置可能会引起严重的安全问题。本章对 Oracle 和 SQL Server 的用户和权限管理方面的概念做出对比，并说明数据库安全访问的常用设置方法。

本章主要内容包括：

- Oracle 与 SQL Server 的用户和权限相关概念
- 用户管理
- 密码管理
- Oracle 的权限管理
- SQL Server 的权限管理
- 角色
- SQL Server 安全管理的几个易混淆问题

11.1　Oracle 与 SQL Server 的用户和权限相关概念

作为两个典型的大型数据库产品，Oracle 和 SQL Server 对用户和权限管理都做了精巧的设计。两者在用户和权限管理方面的一些概念虽名称相同，含义却大不一样，本节对几个常用的概念通过对比做出详细说明。

11.1.1　用户

Oracle 数据库和服务器合二为一，Oracle 中只有数据库用户，英文为 user，不存在服务器登录账号。

SQL Server 的服务器和数据库是两个层次的概念，SQL Server 用户也分为两种，一是服务器登录账号，二是数据库用户，英文分别是 login 和 user。一个人要操作 SQL Server 数据库，首先要为其创建服务器登录账号，使他可以登录服务器，在要操作的数据库上还需创建与此登录账号对应的数据库用户。

Oracle 用户要访问数据库，需要对其赋予相应权限。同样，SQL Server 登录账号要管理服务器，要对其赋予相应权限。登录到服务器后，若操作数据库，则要对其在这个数据库中对应的用户赋予相应权限。

Oracle 用户分为操作系统验证和数据库验证，操作系统验证用户是把操作系统用户映射为数据库用户，而数据库验证，则是在数据库中创建的、与操作系统无关的用户。与此相同，SQL Server 服务器登录账号也分为 Windows 验证及 SQL Server 验证两种。Windows 验证登录账号是把 Windows 的操作系统用户添加为 SQL Server 服务器登录账号，而 SQL Server

验证的登录账号与 Windows 无关，是在服务器上创建的另外一种独立账号。

11.1.2 角色

角色是权限的集合体，目的是方便权限管理，一个角色可以包含另一个角色。

Oracle 的角色分为数据库预定义角色和用户定义角色，常用的预定义角色包括 dba、connect、resource。

SQL Server 的角色分为服务器角色和数据库角色，两者都有预定义角色和用户定义角色，预定义角色分别称为固定服务器角色和固定数据库角色。常用的固定服务器角色包括 public 和 sysadmin，常用的固定数据库角色包括 public 和 dbo。SQL Server 2012 之前的版本只有固定服务器角色，从 2012 版本开始，用户也可以自定义服务器角色。

11.1.3 模式和架构

模式是 Oracle 的称呼，架构是 SQL Server 的称呼，两者对应的英文单词都是 schema。

Oracle 数据库中的模式与用户是一一对应的，如创建了 scott 用户，会自动创建 scott 模式。称 scott 为用户，强调的是其用户属性及其被赋予的权限，称 scott 为模式，则强调的是其拥有的数据库对象，即模式是数据库对象的集合。

SQL Server 2005 之前的版本，schema 一般也翻译为模式，与 Oracle 的模式用法及含义基本相同，即模式与数据库用户一一对应。从 2005 版本开始，SQL Server 重新定义了 schema 概念，专门表示数据库对象的集合，而与用户无关，其中文翻译也改称为架构。

11.1.4 SQL Server 中的主体和安全对象

主体和安全对象是 SQL Server 的概念，在 Oracle 中不存在，主体(principals)被赋予权限(permissions)以访问特定安全对象(securables)。

主体是能够使用 SQL Server 资源的实体，也可以说是能够授予 SQL Server 访问权限的实体或者拥有固定权限的固定服务器角色与固定数据库角色。根据影响范围，主体可以分为 Windows、SQL Server、Database 三个不同的类型，如表 11-1 所示。

表 11-1 主体类型

类型	主体
Windows	Windows 域用户或用户组
	Windows 本地用户或用户组
SQL Server	固定服务器角色
	服务器角色
	服务器登录账号
Database	数据库用户
	固定数据库角色
	数据库角色
	应用角色

安全对象是可以被授权访问的资源，安全对象分属于服务器、数据库、架构三个层次。不

同的范围包含不同的安全对象，如表 11-2 所示。

表 11-2 安全对象

范围	安全对象	
服务器	端点	
	登录账号	
	数据库	
数据库	用户	
	角色	
	应用程序角色	
	架构	
	证书	
	……	
架构	类型	
	XML 架构集合	
	对象	表
		视图
		同义词
		统计信息
		过程
		函数
		约束
		聚合
		队列

11.1.5 权限概念

用户要执行数据库操作，必须对其赋予合适的权限。

Oracle 把权限分为系统权限和对象权限。系统权限不针对某个特殊的数据库对象，而是指执行特定类型 SQL 命令的权限。例如，当用户拥有 create session 权限时，可连接到数据库，用户拥有 create table 权限时，可创建表。对象权限指操作数据库内各种对象，如表、视图、存储过程的权限。

2005 之前版本，SQL Server 权限分为语句权限及对象权限，对应于 Oracle 的系统权限和对象权限。从 2005 版本开始，SQL Server 引入了架构概念，把权限划分为服务器、数据库、架构、对象及列等层次，对高层次的安全对象赋予权限，则自动拥有其属下的低层次权限，如对用户赋予了某个架构的 select 权限，则此用户对这个架构内的所有表自动拥有 select 权限。

Oracle 和 SQL Server 使用 grant 和 revoke 命令分别执行赋予权限和撤销权限的操作，SQL Server 还增加了 deny 命令，使得权限管理更加灵活。

SQL Server 的 deny 命令拒绝 grant 命令授予用户的权限，也拒绝通过角色成员继承的角色权限。revoke 命令在 grant 命令之后执行可以撤销 grant 命令授予用户的权限，revoke 命令并不撤销通过角色成员继承的权限，revoke 命令在 deny 命令之后执行可以撤销 deny 命令拒绝的权限。

11.2 用户管理

与 SQL Server 相比，Oracle 用户有较多属性，创建用户的语法也较复杂。

11.2.1 创建用户

Oracle 数据库中创建用户可指定以下用户属性：名称、密码、默认表空间、默认临时表空间、表空间配额(quota)、概要文件。这些属性中只有名称和口令是必要的，其他属性可选。下面对这几个属性做简单介绍。

默认表空间：用户创建表或索引等对象时，若未指定表空间，则这些对象存放于用户的默认表空间。若创建用户时未指定默认表空间，则其创建的对象存储于数据库的默认表空间。

默认临时表空间：用户执行排序或散列操作时，若所操作数据量超过 PGA 的工作区大小，则会在用户的默认临时表空间中存放排序或散列过程中的临时数据。若创建用户时未指定默认临时表空间，则此用户使用数据库的默认临时表空间。

表空间配额：用户使用表空间的最大空间限制。未指定某个表空间的配额，则默认为 0。若某个表空间配额设置为 unlimited，则此用户可以无限制地使用这个表空间。若用户被赋予了 unlimited tablespace 系统权限，则这个用户可以无限制地使用数据库中的所有表空间。

概要文件：描述对用户使用资源的限制及密码策略，如连接到数据库的用户 15 分钟内未发出任何请求则断开连接。若未指定概要文件，则默认为 default，default 概要文件默认不限制资源使用，对密码策略只做了基本设置。

具备 create user 权限的用户可以执行 create user 命令创建用户，并根据实际需要指定其各种属性。

下面命令创建数据库验证用户 law，密码亦为 law：

```
SQL> create user law identified by law
  2  default tablespace users
  3  temporary tablespace temp
  4  quota 100m on users
  5  quota unlimited on test
  6  profile default
  7  /
```

此命令创建 law 用户，其默认表空间为 users，默认临时表空间为 temp，users 表空间的配额为 100 MB，test 表空间配额无限制，概要文件为 default。

用户创建后，还未对其赋予权限，这个用户对数据库还不能进行任何操作。

SQL Server 创建用户包括创建服务器登录账号和数据库用户两部分任务。在数据库中创建用户的实质是使得登录账号可以访问这个数据库，在数据库中可执行的操作决定于对此用户赋予的权限。

先创建测试数据库 testDB，然后在 testDB 内创建 sch 架构：

```
1> create database testDB
```

```
2> go
1> use testDB
2> go
已将数据库上下文更改为 "testDB"。
1> create schema sch
2> go
```

创建服务器登录账号，使用 create login 命令。下面命令创建名称为“law”的登录账号，其口令为“law1law1”，当此账号登录到服务器时，默认连接到 testDB 数据库。

```
1> create login law with password='law1law1',default_database=testDB
2> go
```

以上命令新建的 law 账号虽然默认会授予 connect sql 权限(连接至服务器)，但还不能连接至其默认数据库，因其默认数据库 testDB 内还未建立与之对应的数据库用户。

接下来，可以在 testDB 数据库中创建对应于服务器登录账号 law 的数据库用户 law_user，并把其默认架构设置为 sch：

```
1> use testDB
2> go
1> create user law_user for login law with default_schema=sch
2> go
```

以上新建的 law_user 会默认授予对 testDB 数据库的 connect 权限，即数据库用户创建之后，即可以连接至数据库。

下面示例创建 Windows 验证的登录账号，并把其默认数据库设置为 testDB：

```
1> create login [LAW\dbuser] from windows with default_database=testDB
2> go
```

这里的 LAW\dbuser 分别是服务器名称及 Windows 账号。对其创建数据库用户的命令与 SQL Server 验证登录账号相同。

创建登录账号默认会验证是否符合密码策略，若忽略密码复杂度及过期检查，可以使用下面语法形式关闭 check_expiration 和 check_policy 属性：

```
1> create login login4 with password='login4',check_expiration=off, check_policy=off
2> go
```

11.2.2 修改用户属性

Oracle 修改用户属性只要把创建用户的 create user 命令改为 alter user 命令，设置其他属性的语法不变。

下面命令修改 law 用户的各种属性：

```
SQL> alter user law identified by tian
  2  default tablespace test
  3  temporary tablespace temp1
  4  quota 200m on users
  5  account lock
```

```
6 /
```

上面第5行的作用是把用户锁住，即不能登录数据库。

SQL Server 修改登录账号属性只要把 create login 命令改为 alter login 命令，设置其他属性的语法不变，与此类似，修改数据库用户属性使用 alter user 命令，各属性的设置方式与创建数据库用户相同。

下面几个示例分别修改登录账号的不同属性。

禁用登录账号 law：

```
1> alter login law disable
2> go
```

再次登录服务器，则出现错误：

```
C:\> sqlcmd -U law -P lawlaw
消息 18470，级别 14，状态 1，服务器 LAW_X240，第 1 行
用户 'law' 登录失败。原因：该账户被禁用。
```

修改 law 账号的名称为 law2，口令为 12345678，默认数据库为 law：

```
1> alter login law with name=law2, password='12345678',default_database=law
2> go
```

下面两个示例分别修改数据库用户名称和默认架构：

```
1> alter user law_user with name=lawuser
2> go
1> alter user lawuser with default_schema=sch
2> go
```

11.2.3 删除用户

Oracle 使用 drop user 命令删除用户，如果此用户对应的模式下包含表等数据库对象，则执行 drop user 命令时要附加 cascade 关键字。

下面命令删除 law 用户：

```
SQL> drop user law;
用户已删除。
```

若删除 scott 用户，因为 scott 模式下包含表，不附加 cascade 关键字会报错：

```
SQL> drop user scott;
drop user scott
 *
第 1 行出现错误：
ORA-01922：必须指定 CASCADE 以删除 'SCOTT'


SQL> drop user scott cascade;
用户已删除。
```

SQL Server 删除用户包括删除登录账号和数据库用户两种操作。删除登录账号使用

drop login 命令，删除数据库用户使用 drop user 命令。被删除的登录账号和数据库用户不能拥有安全对象。

下面命令删除登录账号 law：

```
1> drop login law
2> go
```

下面命令删除数据库用户 lawuser：

```
1> drop user lawuser
2> go
```

11.2.4 用户信息查询

Oracle 使用 dba_users 数据字典视图查询用户属性信息。

查询所有用户名称：

```
SQL> select username from dba_users;

USERNAME
--------------------------------------------
AUDSYS
GSMUSER
SPATIAL_WFS_ADMIN_USR
SPATIAL_CSW_ADMIN_USR
APEX_PUBLIC_USER
……
```

查询 scott 用户的默认表空间、默认临时表空间及概要文件：

```
SQL> select username,
  2         default_tablespace,
  3         temporary_tablespace,
  4         profile
  5    from dba_users
  6    where username='SCOTT'
  7    /

USERNAME   DEFAULT_TABLESPACE    TEMPORARY_TABLESPACE PROFILE
---------- --------------------- --------------------- ---------------
SCOTT      USERS                 TEMP                  DEFAULT
```

用户在所有表空间的配额可以通过查询 dba_ts_quotas 中的 max_bytes 列得到，其中的 bytes 列表示用户在表空间上已经使用的空间大小。

查询 scott 用户的表空间配额及当前使用空间的大小：

```
SQL> select tablespace_name,
  2          max_bytes/1024/1024 as "quota_size(MB)",
  3          bytes/1024/1024     as "current_size(MB)"
```

```
  4  from dba_ts_quotas
  5  where username='SCOTT'
  6  /

TABLESPACE_NAME quota_size(MB) current_size(MB)
--------------- ------------ --------------
USERS                          5          .3125
```

SQL Server 的用户包括登录账号和数据库用户两类。

使用 system_user 系统函数查询当前登录账号名称：

```
1> print system_user
2> go
law_x240\Administrator
```

使用 user 函数查看当前数据库用户：

```
1> print user
2> go
dbo
```

使用 sys.server_principals 目录视图查询所有服务器登录账号信息：

```
1> select name,type_desc,default_database_name
2> from sys.server_principals
3> where type in('S','U')
4> go
name                                   type_desc              default_database_name
-------------------------------------- ---------------------- ----------------------
sa                                     SQL_LOGIN              master
##MS_PolicyEventProcessingLogin##      SQL_LOGIN              master
##MS_PolicyTsqlExecutionLogin##        SQL_LOGIN              master
law_x240\Administrator                 WINDOWS_LOGIN          master
NT SERVICE\SQLWriter                   WINDOWS_LOGIN          master
NT SERVICE\Winmgmt                     WINDOWS_LOGIN          master
NT Service\MSSQLSERVER                 WINDOWS_LOGIN          master
NT AUTHORITY\SYSTEM                    WINDOWS_LOGIN          master
NT SERVICE\SQLSERVERAGENT              WINDOWS_LOGIN          master
NT SERVICE\SQLTELEMETRY                WINDOWS_LOGIN          master
law2                                   SQL_LOGIN              law
iml                                    SQL_LOGIN              master

(12 行受影响)
```

其中 type_desc 列是登录账号的类型，SQL_LOGIN 表示 SQL Server 验证方式的登录账号，WINDOWS_LOGIN 表示 Windows 验证方式的登录账号。where 条件中的 type 列是用字符表示的服务器登录账号类型，常用的有 S、U、G，S 表示 SQL Server 验证，U 表示 Windows 验证，G 表示使用 Windows 验证的 Windows 用户组。

数据库用户信息可以查询 sys.database_principals 得到：

```
1> use law
2> go
已将数据库上下文更改为'law'。
1> select name,type_desc,default_schema_name
2> from sys.database_principals
3> go
name                 type_desc            default_schema_name
-------------------- -------------------- --------------------
public               DATABASE_ROLE        NULL
dbo                  WINDOWS_USER         dbo
guest                SQL_USER             guest
INFORMATION_SCHEMA   SQL_USER             NULL
sys                  SQL_USER             NULL
db_owner             DATABASE_ROLE        NULL
db_accessadmin       DATABASE_ROLE        NULL
db_securityadmin     DATABASE_ROLE        NULL
db_ddladmin          DATABASE_ROLE        NULL
db_backupoperator    DATABASE_ROLE        NULL
db_datareader        DATABASE_ROLE        NULL
db_datawriter        DATABASE_ROLE        NULL
db_denydatareader    DATABASE_ROLE        NULL
db_denydatawriter    DATABASE_ROLE        NULL

(14 行受影响)
```

11.2.5 几个预置特殊用户简介

Oracle 数据库中的 sys 和 system 账号用于系统管理。sys 用户是服务器实例中权限最大的用户,system 用户是数据库中权限最大的用户,sys 用户除了拥有 system 在数据库内的所有权限外,还可以执行启动和关闭数据库、备份恢复等任务。

在 SQL Server 中,sa 和 dbo 分别对应于 Oracle 的 sys 和 system 账号,用于执行系统管理任务。

sa 账号是一个 SQL Server 验证的登录账号,被赋予了 sysadmin 固定服务器角色,其权限类似于 Oracle 的 sys 用户,是服务器上权限最大的账号。为提高安全性,应该使用手工创建的服务器管理账号,禁用 sa 账号或对其设置强密码。

禁用 sa 账号,可以使用下面命令:

```
1> alter login sa disable
2> go
```

重新启用,则执行下面命令:

```
1> alter login sa enable
2> go
```

创建数据库时,默认会包含 guest 用户与 dbo 用户。

在数据库中没有对应用户的服务器登录账号访问数据库时，会继承该数据库中 guest 用户的权限。master 及 tempdb 数据库中的 guest 用户不能禁用。为了提高安全性，如果没有特殊需要，应该禁用 guest 账号。数据库中的 guest 用户不能删除，但是可以通过下面命令撤销其 connect 权限，从而在数据库中达到禁用的目的：

```
1> revoke connect from guest
2> go
```

每个数据库都有 dbo 用户，dbo 用户可以对数据库执行任何操作。固定服务器角色 sysadmin 中的成员都被自动映射为数据库中的 dbo 用户，由 sysadmin 角色中的成员创建的对象默认属于 dbo 架构。SQL Server 的 dbo 用户类似于 Oracle 中的 system 用户。可以把数据库用户加入 db_owner 角色而使其具有与 dbo 用户相同的权限。SQL Server 数据库中的 db_owner 角色类似于 Oracle 数据库中的 DBA 角色。

11.3 密码管理

Oracle 和 SQL Server 对密码策略管理都有完备的规则。对于非操作系统验证的用户，Oracle 使用概要文件设置密码策略，其设置独立于操作系统，SQL Server 通过设置用户属性使用密码策略，其密码策略继承自 Windows 系统的安全设置。

11.3.1 密码策略管理

在密码复杂度方面，Oracle 使用 verify_function_11G、ora12c_verify_function 及 ora12c_strong_verify_function 设置密码复杂度，三个函数要求的密码复杂度逐步增强，ora12c_strong_verify_function 满足美国国防部安全技术实现指南的要求。

verify_function_11G 要求如下：密码长度在 8～30 个字符，不能过于简单，如不能是 oracle、abcde、welcome1、user1234 等。密码不能与用户名相同，不能是用户名中各字符的反序，不能是用户名附加 1～100 之间的数字。密码不能与服务器名称相同，也不能是服务器名称附加 1～100 之间的数字。密码中至少包含一个字母和一个数字，但不能包含双引号。修改密码时，新密码与原密码至少有 3 个不同字符。

ora12c_verify_function 要求密码长度在 8～256 个字符，其他要求与 verify_function_11G 相同。

ora12c_strong_verify_function 要求如下：密码长度在 9～256 个字符之间。密码要包含至少两个大写字母，两个小写字母，两个数字，两个非字母、非数字的特殊字符，但不能包含双引号。修改密码时，新密码与原密码至少有 4 个不同字符。

使用这几个密码复杂度限制函数之前，要先执行下面 SQL 脚本文件将其创建出来：

```
SQL> @%ORACLE_HOME%\rdbms\admin\utlpwdmg.sql
```

除了密码复杂度以外，还可以在概要文件中使用 password_life_time 等参数规定密码的有效期等属性。

下面命令创建 pwd_12c 概要文件，对密码复杂度加入了 ora12c_verify_function 函数限制，密码最多可以输错 4 次，若达到了允许的最大密码错误次数，则把用户锁住 30 天，密码的有效期为 90 天，从第 91 天开始，3 天内还可以登录数据库，但每次登录时会给出密码将要过期的提示，3 天后，必须修改密码才能登录数据库。

```
SQL> create profile pwd_12c limit
  2  password_verify_function ora12c_verify_function
  3  failed_login_attempts 4
  4  password_lock_time 30
  5  password_life_time 90
  6  password_grace_time 3
  7  /
```

也可以修改现有概要文件加入密码复杂度限制：

```
alter profile pwd_pro limit password_verify_function ora12c_verify_function;
```

概要文件设置完成后，可以把 pwd_12c 概要文件赋予指定用户，如下面命令将概要文件 pwd_12c 赋予 scott 用户：

```
SQL> alter user scott profile pwd_12c;
```

若要求用户第一次登录数据库时强制修改密码，可以在创建用户时附加 expire 子句：

```
SQL> create user law identified by law
  2  password expire
  3  /
```

若要求用户在下次登录时强制修改密码，则可以执行如下 alter user 命令：

```
SQL> alter user law password expire;
```

此用户下次连接数据库时，会要求其先修改密码：

```
SQL> conn law/law
ERROR:
ORA-28001: the password has expired
更改 law 的口令
新口令:
```

SQL Server 创建或修改 SQL Server 验证的登录账号时，可继承 Windows 的密码策略，在三个方面管理口令：强制实施密码策略，强制密码过期，下次登录必须更改密码。相应效果与 Oracle 的密码管理策略相似。如图 11-1 所示为在 SSMS 中创建登录账号对话框。

选择强制实施密码策略时，执行以下规则：密码长度最小值继承 Windows 密码策略中的设置值，最大长度为 128 个字符，若 Windows 密码策略的密码长度最小值设定为 0，则 SQL Server 登录账号的密码可以为空。SQL Server 的密码复杂性要求也继承 Windows 密码策略中的设置：密码不包含登录账号名，密码应包含下面四种字符中的三种：大写字母，小写字母，数字，非字母非数字字符。若 Windows 密码策略的复杂性要求处于禁用状态，则 SQL Server 的复杂性要求亦会失效。

当选中“强制实施密码策略”时，“强制密码过期”和“用户在下次登录时必须更改密码”也会自动选中，但“强制密码过期”可手工取消。选中“强制密码过期”时，密码有效时间继承 Windows 密码策略中的密码最长使用期限。取消“强制实施密码策略”时，另外两个也会取消，要选择“用户在下次登录时必须更改密码”，则必须先选择另外两者。

以上设置也可以使用 SQL 命令实现，如下面命令把三个选项全部开启：

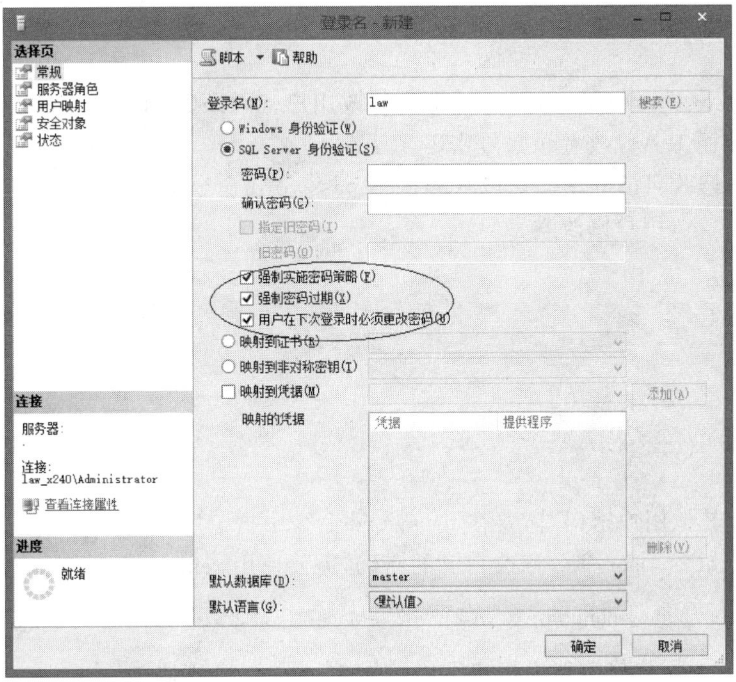

图 11-1 用 SSMS 设置登录账号密码策略

```
1> alter login law with password='iMliaiwu0' must_change,
2> check_policy=on,
3> check_expiration=on
4> go
```

check_policy 对应强制实施密码策略，check_expiration 对应强制密码过期，这两个选项使用 on/off 开启或关闭，must_change 对应下次登录时必须修改密码。需要注意的是，附加 must_change 选项，其功能即开启，不能设置其值为 on/off。

Windows 系统的密码策略通过“本地安全策略”设置，可以在 “控制面板”的“管理工具”中打开，如图 11-2 所示。

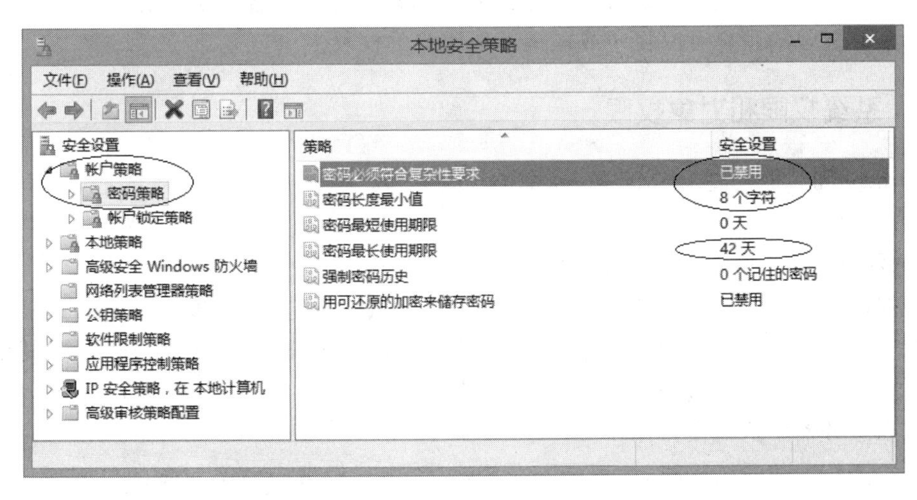

图 11-2 Windows 本地安全策略设置工具

11.3.2 修改密码

Oracle 使用 password 或 alter user 命令修改用户密码，SQL Server 使用 alter login 命令或 SSMS 图形界面工具修改登录账号密码。

Oracle 用户修改自己的密码可以直接执行 password 命令，为防止泄漏，键入的新旧密码都不予显示，如 scott 用户修改其密码：

```
SQL> password
更改 SCOTT 的口令
旧口令：
新口令：
重新键入新口令：
口令已更改
```

管理员修改其他用户密码，需要在 password 命令中指定用户名。

也可以执行 alter user 命令修改自己的密码，需要使用 replace 关键字指出旧密码：

```
SQL> alter user scott identified by Newpasswd2 replace Tiger123;
```

如果以 system 用户修改普通用户密码，则不需要给出旧密码：

```
SQL> conn system/oracle
已连接。
SQL> alter user scott identified by Newpasswd123;
```

SQL Server 使用 alter login 命令修改密码：

```
1> alter login law with password='Law123456'
2> go
```

11.4 Oracle 的权限管理

建立用户后，要让其执行数据库特定操作，还要对其赋予合适的权限。具备 grant any privilege 系统权限的用户可以授予或撤销其他用户的权限。

11.4.1 系统权限和对象权限

在 Oracle 和其他一些 DBMS 中，通常把权限分为：

- 系统权限
- 对象权限

系统权限不针对某个特殊的数据库对象，而是指执行特定类型 SQL 命令的权限。例如，当用户拥有 create session 权限时，可以连接到数据库，当用户拥有 create table 权限时，可以创建表，这些都是普通的系统权限。最高的系统权限是 sysdba，赋予此权限的用户和 sys 用户一样可以在服务器中执行任何操作。

另外一类特殊的系统权限，使用了 any 关键字，用于设置一整类对象的权限，拥有 create any table 权限时，这个用户可以把表创建到其他模式，如 law 用户可以创建 scott.t 表，从而把表创建于非本用户模式。拥有 select any table 权限时，可以查询其他用户的表或视图(不包括数据字典视图)。拥有 update any table,insert any table,delete any table 等权限时,可以对任何其他用户的表执行 update、insert 及 delete 操作。拥有 select any dictionary 权限时,可以查询任何数据字典视图,如 dba_tables、v$instance 等。

还有一个特殊的系统权限为 unlimited tablespace,用户被授予这个权限,可以使用所有表空间,且空间大小不限制。但这个权限不能赋予除 public 以外的其他角色。

对象权限指访问数据库内各种对象,如表、视图、存储过程等的权限。

常用对象权限如表 11-3 所示。

表 11-3 常用对象权限

对象权限名称	表	视图	序列	过程
alter	√		√	
delete	√	√		
execute				√
index	√			
insert	√	√		
references	√			
select	√	√	√	
update	√	√		

11.4.2 所有的系统权限和对象权限

查询 system_privilege_map 可以显示所有系统权限,下面示例显示了系统权限的总数:

```
SQL> select count(*) from system_privilege_map;

  COUNT(*)
----------
       236
```

下面命令显示了前 5 个系统权限的名称:

```
SQL> select name from system_privilege_map
  2  where rownum <6
  3  /

NAME
----------------------------------------
ALTER ANY CUBE BUILD PROCESS
SELECT ANY CUBE BUILD PROCESS
ALTER ANY MEASURE FOLDER
SELECT ANY MEASURE FOLDER
EXEMPT DDL REDACTION POLICY
```

与系统权限相似，查询所有对象权限可以使用 table_privilege_map 字典视图：

```
SQL> select * from table_privilege_map;

PRIVILEGE  NAME
---------  ----------------------------------------
        0  ALTER
        1  AUDIT
        2  COMMENT
        3  DELETE
        4  GRANT
        5  INDEX
        6  INSERT
        7  LOCK
        8  RENAME
        9  SELECT
       10  UPDATE
       11  REFERENCES
       12  EXECUTE
       16  CREATE
       17  READ
       18  WRITE
       20  ENQUEUE
       21  DEQUEUE
       22  UNDER
       23  ON COMMIT REFRESH
       24  QUERY REWRITE
       26  DEBUG
       27  FLASHBACK
       28  MERGE VIEW
       29  USE
       30  FLASHBACK ARCHIVE

已选择 26 行。
```

11.4.3 授予用户权限

授予用户系统权限和对象权限都是使用 grant 命令。

授予系统权限的完整语法为：

grant *system_priv* [, *system_priv*, …] to { *user* | *role* } [, { *user* | *role*, … } [with admin option]

system_priv 指系统权限名称，可以用一个语句授予多个系统权限，权限间用逗号隔开。user 及 role 指被授予权限的用户或角色名称。

如果授予系统权限时，附加了 with admin option 选项，则该用户可以把得到的权限授予其他用户或角色。

授权示例如下（如果数据库中无 scott 或 law 用户，请重新创建或用其他用户代替）：

```
SQL> grant create session,create table
  2  to scott,law
  3  /
```

数据库用户可直接访问其对象，但要访问其他用户的对象，则要具有相应的对象权限。

默认情况下，授予用户对表的访问权限时，列的所有访问权限也会授予用户，如果只允许用户访问某些特定列，则要授予列权限。要注意的是，只能对 insert，update，references 三种权限限制到列，如果要对 select 操作限制到列，可以通过创建包含指定列的视图，然后只授予用户对视图的 select 权限，从而间接实现对 sleect 操作限制到列。

授予或撤销对象权限时，可以使用 all 选项。执行 grant all on *xxx* 命令后，会将 *xxx* 的所有对象权限授予用户，而执行 revoke all on *xxx* 命令，则可以撤销 *xxx* 的所有对象权限。如果不同用户的表之间存在引用关系，使用 revoke all 撤销主表上的所有对象权限时，要附加 cascade constraints 选项。

授予对象权限的完整语法如下：

grant { *object_priv* [*column_list*] [, *object_priv* [*column_list*], …] | *all* }

on [*schema.*] *object* to { *user* | *role* } [, *user* | *role* , …] [with grant option]

授予用户对象权限时，如果附加了 with grant option 选项，则此用户可以把得到的权限授予其他用户，这与授予系统权限时附加 with admin option 选项的作用相似。注意，对象权限可以级联撤销，而系统权限不能。

下面是几个授予对象权限的示例。

授予 law 用户改变 emp 表结构的权限：

```
SQL> grant alter on scott.emp to law;
```

授予 law 用户在 emp 表上创建索引的权限：

```
SQL> grant index on scott.emp to law;
```

授予 law 用户引用 dept 表的权限，即可以把外键指向 dept 表的列：

```
SQL> grant references on scott.dept to law;
```

授予 law 用户修改 emp 表的 sal 列的权限：

```
SQL> grant update(sal) on scott.emp to law;
```

表的属主可以把其拥有的对象上的权限赋予其他用户：

```
SQL> conn scott/tiger
已连接。
SQL> grant insert on dept to law;
```

11.4.4 撤销用户权限

撤销系统权限及对象权限的语法相似，都使用 revoke 命令，下面以撤销系统权限为例说明 revoke 的用法。

撤销系统权限的语法如下：

revoke *system_priv* [, *system_priv*, …] from { *user* | *role* } [, { *user* | *role*, … }]

要注意的是，系统权限不能级联撤销，也就是说，如果用户 A 把权限 P 授予用户 B 时，附带有 with admin option 选项，用户 B 又把权限 P 授予了 C，则 A 从 B 撤销权限 P 时，C 的权限 P 不会被级联撤销。

下面示例演示了撤销 law 用户 create session 权限的过程，从实验结果可以看出，如果 public 角色拥有 create session 权限，即使从 law 用户撤销 create session 权限，这个用户依然可以连接到数据库，除非 public 角色的相应权限也被撤销。

撤销 law 用户的 create session 及 create table 权限：

```
SQL> revoke create session,create table from law;
```

以 law 用户连接数据库，并未发生错误：

```
SQL> conn law/law
已连接。
```

撤销 public 角色的 create session 权限：

```
SQL> revoke create session from public;
撤销成功。
```

重新以 law 用户连接数据库，这时发生了错误：

```
SQL> conn law/law
ERROR:
ORA-01045: user LAW lacks CREATE SESSION privilege; logon denied
警告：您不再连接到 ORACLE。
```

11.4.5 查询用户的权限信息

查询某个用户或角色的系统权限信息，可以使用 dba_sys_privs 字典视图，而使用 user_sys_privs 可以查询当前用户拥有的系统权限。

dba_sys_privs 的结构如下：

```
SQL> desc dba_sys_privs
名称                      是否为空？ 类型
------------------------ -------- ----------------
GRANTEE                            VARCHAR2(128)
PRIVILEGE                          VARCHAR2(40)
ADMIN_OPTION                       VARCHAR2(3)
COMMON                             VARCHAR2(3)
```

如查询 scott 用户的系统权限：

```
SQL> select grantee,privilege
  2  from dba_sys_privs
  3  where grantee='SCOTT'
  4  /

GRANTEE      PRIVILEGE
------------ --------------------
SCOTT        UNLIMITED TABLESPACE
```

上面查询结果中，继承自角色的系统权限并未显示出来，把继承自角色中的系统权限也显示出来，可以先查询用户所属的角色：

```
SQL> select granted_role from dba_role_privs
   2  where grantee='SCOTT'
   3  /

GRANTED_ROLE
------------
RESOURCE
CONNECT
```

除了这些角色以外，数据库中的所有用户都属于 public 角色。

查询角色中的系统权限也是使用 dba_sys_privs，结合上面两个查询，scott 用户的所有系统权限，可以使用下面查询：

```
SQL> select privilege
   2  from dba_sys_privs
   3  where grantee='SCOTT'
   4  or grantee='PUBLIC'
   5  or
   6  grantee in
   7  (select granted_role from dba_role_privs where grantee='SCOTT')
   8  /

PRIVILEGE
--------------------
UNLIMITED TABLESPACE
CREATE SEQUENCE
CREATE TRIGGER
SET CONTAINER
CREATE CLUSTER
CREATE PROCEDURE
CREATE TYPE
CREATE SESSION
CREATE OPERATOR
CREATE TABLE
CREATE INDEXTYPE

已选择 13 行。
```

查询数据库中某个用户的对象权限使用 dba_tab_privs，与查询系统权限类似，下面命令查询用户的对象权限信息：

```
SQL> select grantee,owner,table_name, privilege
   2  from dba_tab_privs
   3  where grantee='LAW'
   4  or
   5  grantee in
```

```
  6  (select granted_role from dba_role_privs where grantee='LAW')
  7  /

GRANTEE      OWNER       TABLE_NAME PRIVILEGE
----------- ---------- ---------- --------------------
LAW          SCOTT       EMP        SELECT
```

11.5 SQL Server 的权限管理

SQL Server 的权限种类和管理方式与 Oracle 有很大区别，最大的不同是根据对象的层次，权限也分为高低不同的层次，特别是增加了架构概念。

11.5.1 架构的概念及其管理

从 SQL Server 2005 版本开始，数据库用户不再等同于架构。架构是与数据库用户无关的命名空间，也可以说，架构是数据库对象的容器。

架构有以下几个特点：

- 架构的所有权可以转移。
- 对象可以在不同的架构之间移动。
- 单个架构可以包含多个数据库用户拥有的对象。
- 多个数据库用户可以共享一个默认架构。
- 可以删除数据库用户，而不删除相应架构中的对象。

下面我们用几个示例说明对架构的常见管理操作，包括创建、删除架构，转移架构中的指定对象，以及有关架构信息的查询。

删除 sch 架构：

```
1> drop schema sch
2> go
```

删除架构前要先删除其中的对象。

创建架构，名称为 sch：

```
1> create schema sch
2> go
```

设置 sch 为数据库用户 user1 的默认架构：

```
1> alter user user1 with default_schema=sch
2> go
```

把表 t 创建至 sch 架构：

```
1> create table sch.t(a int)
2> go
```

再创建架构 sch1：

```
1> create schema sch1
2> go
```

把 sch 中的 t 表转移至 sch1 架构：

```
1> alter schema sch1 transfer sch.t
2> go
```

查询数据库中的所有架构及其属主：

```
1> select p.name as db_user, s.name as sch_name
2> from sys.database_principals p,sys.schemas s
3> where s.principal_id=p.principal_id
4> go
db_user                       sch_name
----------------------------  ----------------------------
dbo                           dbo
dbo                           sch
guest                         guest
INFORMATION_SCHEMA            INFORMATION_SCHEMA
sys                           sys
db_owner                      db_owner
db_accessadmin                db_accessadmin
db_securityadmin              db_securityadmin
db_ddladmin                   db_ddladmin
db_backupoperator             db_backupoperator
db_datareader                 db_datareader
db_datawriter                 db_datawriter
db_denydatareader             db_denydatareader
db_denydatawriter             db_denydatawriter
```

查询 sch1 架构中包含的表：

```
1> select name from sys.objects
2> where schema_id=schema_id('sch1')
3> go
name
----------------------
t
```

查询包含 t 表的架构：

```
1> select name, schema_name(schema_id)
2> from sys.tables
3> where name='t'
4> go
name
----------------------  ----------------------
t                       sch1
```

11.5.2 主要权限列表

SQL Server 中的几种主要权限如表 11-4 所示。

表 11-4　SQL Server 主要权限列表

权限名称	描述
alter	可对授权范围内的任何安全对象执行 alter、create 及 drop 命令
connect	可连接到各种资源，如数据库 连接服务器的权限使用 connect sql
control	拥有对安全对象及其内部更低层次对象的所有权限 若安全对象为服务器，则此权限使用的名称为 control server
create	能够创建指定类型的安全对象，如 create table 权限可创建表
impersonate	使被授权者能够以另一个主体身份执行特定命令，execute as 命令需要用户具备 impersonate 权限
take ownership	使被授权者可以执行 alter authorization 命令成为指定安全对象的属主(owner) 注意，授予 take ownership 命令本身并未改变安全对象的属主
view	使被授权者可以查看指定对象的系统定义信息(system metadata)
select	对表或视图执行 select 操作
insert	对表或视图执行 insert 操作
delete	对表或视图执行 delete 操作
update	对表或视图执行 update 操作
references	引用指定表的权限，即创建外键时允许指向此表的列
execute	对存储过程的执行权限

使用系统表函数 sys. fn_builtin_permissions()可以返回 SQL Server 的不同层次安全对象的所有权限。使用这个函数时，可选参数值为：default ｜ null ｜ empty_string(三者功能相同)或一个指定的安全对象层次，前者返回所有类型安全对象的所有权限，而后者返回指定层次安全对象的所有权限，常用的参数主要是 object、schema、database、server。

如查询适用于所有安全对象层次的所有权限：

```
1> select class_desc, permission_name
2> from sys.fn_builtin_permissions(null)
3> go
class_desc                                permission_name
----------------------------------------  ----------------------------------------
DATABASE                                  CREATE TABLE
DATABASE                                  CREATE VIEW
DATABASE                                  CREATE PROCEDURE
DATABASE                                  CREATE FUNCTION
...
DATABASE                                  EXECUTE ANY EXTERNAL SCRIPT
DATABASE                                  CONTROL
OBJECT                                    SELECT
OBJECT                                    UPDATE
...
OBJECT                                    TAKE OWNERSHIP
OBJECT                                    CONTROL
TYPE                                      REFERENCES
TYPE                                      EXECUTE
TYPE                                      VIEW DEFINITION
```

```
TYPE                                TAKE OWNERSHIP
TYPE                                CONTROL
SCHEMA                              SELECT
SCHEMA                              INSERT
SCHEMA                              UPDATE
SCHEMA                              DELETE
...
SERVER                              IMPERSONATE ANY LOGIN
SERVER                              SELECT ALL USER SECURABLES
...
SERVER ROLE                         TAKE OWNERSHIP
SERVER ROLE                         CONTROL

(230 行受影响)
```

把系统函数 sys.fn_builtin_permissions()的参数替换为 database、schema、object 等值，可以查询相应层次下的所有权限。

各种层次的权限个数统计如下：

```
1> select class_desc, count(permission_name) as count
2> from sys.fn_builtin_permissions(null)
3> group by class_desc
4> order by class_desc
5> go
class_desc                 count
--------------------- -----------
APPLICATION ROLE                3
ASSEMBLY                        5
ASYMMETRIC KEY                  5
AVAILABILITY GROUP              4
CERTIFICATE                     5
CONTRACT                        5
DATABASE                       75
ENDPOINT                        5
FULLTEXT CATALOG                5
FULLTEXT STOPLIST               5
LOGIN                           4
MESSAGE TYPE                    5
OBJECT                         12
REMOTE SERVICE BINDI            4
ROLE                            4
ROUTE                           4
SCHEMA                         12
SEARCH PROPERTY LIST            5
SERVER                         34
SERVER ROLE                     4
```

```
SERVICE                        5
SYMMETRIC KEY                  5
TYPE                           5
USER                           4
XML SCHEMA COLLECTIO           6

(25 行受影响)
```

11.5.3 权限管理的三个命令

主体(principals)被赋予权限(permissions)以访问特定安全对象(securables)。

与权限相关的三个命令为:

- grant:赋予主体权限。
- deny:除了撤销显式赋予的权限外,也撤销通过角色成员身份继承的权限。
- revoke:在 grant 命令之后执行,撤销主体被赋予的权限,在 deny 命令之后执行,则去除 deny 命令的效果。

Oracle 只支持其中的 grant 和 revoke 命令。

对不同层次的主体及安全对象,这三个命令的用法类似,其简化的语法形式分别为:

grant *permission* [on [*class*::] *securable*] to *principal* with grant option

revoke *permission* [on [*class*::] *securable*] from *principal*

deny *permission* [on [*class*::] *securable*] to *principal*

各个参数的含义如下:

- permission:用逗号隔开的若干权限名称。
- class:安全对象类型。
- securable:安全对象名称。
- principal:接受权限的主体(服务器登录账号或数据库用户、角色等)名称。
- with grant option:主体被授予的权限可以再由这个主体授予其他主体。

执行这些操作时,要注意以下几点:

- 执行授权操作的主体一般是相关安全对象的属主或对安全对象拥有 control 权限。
- 安全对象是服务器或属于服务器层次时,授权之前要先连接到 master 数据库。
- 安全对象是服务器层次或数据库层次时,[on [*class*::] *securable*]可以省略。
- 安全对象是架构或表时,执行授权操作要先连接到架构或表所在的数据库。
- 安全对象是表、视图、存储过程等时,若其所属架构不是执行授权命令用户的默认架构,则要在安全对象之前指定其所属架构名称。

11.5.4 服务器层次的权限管理

服务器层次的权限管理指对服务器层次安全对象的权限管理,位于权限层次结构的顶端。服务器层次的安全对象是在实例范围内唯一的对象,包括服务器本身,以及服务器内部的登录账号、端点及数据库,其权限只能授予服务器层次的主体,即 SQL 登录账号或 Windows 登录账号,而不能授予数据库用户或数据库角色。

服务器层次的权限允许用户执行诸如创建数据库、创建登录账号、创建链接服务器或关闭实例、使用 SQL Profiler 等任务。

所有的服务器层次权限可以查询如下：

```
1> select permission_name from sys.fn_builtin_permissions('server')
2> order by permission_name
3> go
permission_name
----------------------------------------
ADMINISTER BULK OPERATIONS
ALTER ANY AVAILABILITY GROUP
ALTER ANY CONNECTION
ALTER ANY CREDENTIAL
ALTER ANY DATABASE
ALTER ANY ENDPOINT
ALTER ANY EVENT NOTIFICATION
ALTER ANY EVENT SESSION
ALTER ANY LINKED SERVER
ALTER ANY LOGIN
ALTER ANY SERVER AUDIT
ALTER ANY SERVER ROLE
ALTER RESOURCES
ALTER SERVER STATE
ALTER SETTINGS
ALTER TRACE
AUTHENTICATE SERVER
CONNECT ANY DATABASE
CONNECT SQL
CONTROL SERVER
CREATE ANY DATABASE
CREATE AVAILABILITY GROUP
CREATE DDL EVENT NOTIFICATION
CREATE ENDPOINT
CREATE SERVER ROLE
CREATE TRACE EVENT NOTIFICATION
EXTERNAL ACCESS ASSEMBLY
IMPERSONATE ANY LOGIN
SELECT ALL USER SECURABLES
SHUTDOWN
UNSAFE ASSEMBLY
VIEW ANY DATABASE
VIEW ANY DEFINITION
VIEW SERVER STATE

(34 行受影响)
```

下面几个示例演示授予 login1 登录账号服务器层次的不同权限。

为了完成本节及后面的实验，先创建测试数据库 law 及测试账号 login1、login2：

```
1> create database law
2> go
1> create login login1 with password='login1login1',default_database=law
2> create login login2 with password='login2login2'
3> go
```

新建的服务器登录账号默认会赋予 connect sql 权限，即连接到服务器的权限，但若真的能连接到服务器，还要在其默认数据库内有与其对应的数据库用户，否则会报错如下：

```
C:\Windows\system32> sqlcmd -U login1 -P login1login1 -d law
Sqlcmd：错误：Microsoft ODBC Driver 11 for SQL Server：用户 'login1' 登录失败。
Sqlcmd：错误：Microsoft ODBC Driver 11 for SQL Server：无法打开登录所请求的数据库 "law"。登录失败。
```

在 law 数据库中创建测试用户 user1，对应 login1 登录账号：

```
1> use law
2> go
已将数据库上下文更改为 'law'。
1> create user user1 for login login1 with default_schema=sch
2> go
```

授予 login1 账号连接到服务器的权限：

```
1> grant connect sql to login1
2> go
```

也可以使用下面语法形式，在授权时指明安全对象类型及名称：

```
1> grant connect sql on server::mssqlserver to login1
2> go
```

login1 账号现在可以登录服务器了，登录后会默认连接至 law 数据库。

授予 login1 账号创建数据库的权限：

```
1> grant create any database to login1
2> go
```

授予 login1 账号关闭服务器的权限：

```
1> grant shutdown to login1
2> go
```

授予 login1 账号控制服务器的权限：

```
1> grant control server to login1
2> go
```

授予此权限后，login1 账号和 sa 账号的权限相同，可以在服务器上执行任何操作。

授予 login1 账号对 login2 账号的 alter 权限：

```
1> grant alter on login::login2 to login1
2> go
```

拒绝 login1 账号控制服务器的权限：

```
1> deny control server to login1
2> go
```

撤销 login1 账号控制服务器的权限：

```
1> revoke control server from login1
2> go
```

使用 sys. server_permissions 可以查询服务器登录账号的权限信息。
查询 login1 账号拥有的权限信息：

```
1> select suser_name(grantee_principal_id) as login_name,
2>          permission_name as permission,
3>          class_desc as class,
4>          state_desc as state
5> from sys.server_permissions
6> where suser_name(grantee_principal_id) = 'login1'
7> go
login_name          permission             class                  state
-----------------   --------------------   --------------------   -----------------
login1              CONNECT SQL            SERVER                 GRANT
login1              CREATE ANY DATABASE    SERVER                 GRANT
login1              SHUTDOWN               SERVER                 GRANT
login1              ALTER                  SERVER_PRINCIPAL       GRANT
```

11.5.5 数据库层次的权限管理

与前面内容类似，可以使用 sys. fn_builtin_permissions()函数查询数据库层次的所有权限：

```
1> select permission_name from sys.fn_builtin_permissions('database')
2> order by permission_name
3> go
permission_name
----------------------------------------
ALTER
ALTER ANY APPLICATION ROLE
ALTER ANY ASSEMBLY
ALTER ANY ASYMMETRIC KEY
ALTER ANY CERTIFICATE
ALTER ANY COLUMN ENCRYPTION KEY
ALTER ANY COLUMN MASTER KEY
ALTER ANY CONTRACT
...
CREATE TABLE
CREATE TYPE
CREATE VIEW
CREATE XML SCHEMA COLLECTION
```

```
DELETE
EXECUTE
EXECUTE ANY EXTERNAL SCRIPT
INSERT
KILL DATABASE CONNECTION
REFERENCES
SELECT
SHOWPLAN
SUBSCRIBE QUERY NOTIFICATIONS
TAKE OWNERSHIP
UNMASK
UPDATE
VIEW ANY COLUMN ENCRYPTION KEY DEFINITIO
VIEW ANY COLUMN MASTER KEY DEFINITION
VIEW DATABASE STATE
VIEW DEFINITION
(75 行受影响)
```

下面是几个以 law 数据库和 user1 用户为例，赋予数据库层次权限的示例。执行下面命令之前，要先切换至 law 数据库。

授予 user1 用户查询数据库中所有表的权限：

```
1> use law
2> go
已将数据库上下文更改为'law'。
1> grant select to user1
2> go
```

也可以在权限名称后面指明对象类型及名称，两种方式是等效的：

```
1> grant select on database::law to user1
2> go
```

授予 user1 用户使用 alter database 命令修改数据库属性的权限：

```
1> grant alter to user1
2> go
```

授予 user1 用户创建表及视图的权限：

```
1> grant create table, create view to user1
2> go
```

授予 user1 用户修改数据库内各种架构的权限：

```
1> grant alter any schema to user1
2> go
```

撤销 user1 用户创建表的权限：

```
1> revoke create table from user1
2> go
```

查询用户的数据库层次权限可以使用 sys.database_permissions，如下面命令所示：

```
1> use law
2> go
已将数据库上下文更改为 'law'。
1> select user_name(grantee_principal_id) as grantee,
2>        class_desc as class,
3>        object_name(major_id) as object_name,
4>        permission_name,
5>        state
6> from sys.database_permissions
7> where user_name(grantee_principal_id)='user1'
8> and class_desc='database'
9> go
grantee          class            object_name      permission_name   state
---------------- ---------------- ---------------- ----------------- -----
user1            DATABASE         NULL             ALTER             G
user1            DATABASE         NULL             ALTER ANY SCHEMA  G
user1            DATABASE         NULL             CONNECT           G
user1            DATABASE         NULL             CREATE VIEW       G
user1            DATABASE         NULL             SELECT            G
```

以上查询结果中的 connect 权限是在创建用户时默认授予的。

11.5.6 架构层次的权限管理

授予数据库用户架构层次的权限，可使用户能够对架构内的相关对象执行指定操作。所有针对架构的权限可以查询如下：

```
1> select permission_name
2> from sys.fn_builtin_permissions('schema')
3> go
permission_name
------------------------------------------------------------
SELECT
INSERT
UPDATE
DELETE
REFERENCES
EXECUTE
CREATE SEQUENCE
VIEW CHANGE TRACKING
VIEW DEFINITION
ALTER
TAKE OWNERSHIP
CONTROL

(12 行受影响)
```

架构层次的各种权限与数据库层次权限相似，只不过，这里的权限是指架构内各种安全对象的权限。如 select，insert，update，delete 是对架构内的表或视图执行相应 DML 命令的权限，alter 是对架构内的各种安全对象执行 create、drop、alter 命令的权限，control 是对架构的控制权限，即对架构可以进行任意操作。

架构层次的权限是针对架构的操作权限，授予或撤销架构层次的权限时，要指明权限名称以及架构的名称，架构层次的权限名称用以下形式表示：

*permission*1[，*permission*2，…] on schema::*schema_name*

其中，permission1、permission2 用于指定多个权限名称，schema 关键字用于限定对象类型，schema_name 用于指定架构名称。

我们用几个简单示例来说明如何授予和撤销架构层次的权限。

授予 user1 用户对 sch 架构的 alter 及 update 权限：

```
1> grant alter,update on schema::sch to user1
2> go
```

授予 user1 用户对 sch1 架构的 select 权限：

```
1> grant select on schema::sch1 to user1
2> go
```

查询用户的架构层次权限，依然使用 sys. database_permissions 目录视图：

```
1> select user_name(grantee_principal_id) as grantee,
2>            class_desc as class,
3>            schema_name(major_id) as schema_name,
4>            permission_name as permission,
5>            state
6> from sys.database_permissions
7> where user_name(grantee_principal_id)='user1'
8> and class_desc='schema'
9> go
grantee     class          schema_name    permission     state
---------   ------------   ------------   ------------   -----
user1       SCHEMA         sch            ALTER          G
user1       SCHEMA         sch            UPDATE         G
```

下面命令撤销架构层次的权限：

```
1> revoke alter,update on schema::sch from user1
2> go
```

11.5.7 对象权限

对象权限是对架构内的各种数据库对象执行各种操作的权限。

所有的对象权限可以查询如下：

```
1> select permission_name
2> from sys.fn_builtin_permissions('object')
```

```
3> go
permission_name
------------------------------------------------------------
SELECT
UPDATE
REFERENCES
INSERT
DELETE
EXECUTE
RECEIVE
VIEW CHANGE TRACKING
VIEW DEFINITION
ALTER
TAKE OWNERSHIP
CONTROL

(12 行受影响)
```

授予或撤销对象权限时，如果对象所在的架构不是执行命令用户的默认架构，则需要指明架构的名称：

```
1> grant select, insert on sch1.t to user1
2> go
```

也可以附加安全对象的类型(即 object)，而采用以下语法形式：

```
1> grant select, insert on object::sch1.t to user1
2> go
```

表的权限可以限制到列级，如下面命令授予 user1 用户对 t 表 a 列的 update 权限：

```
1> grant update(a) on sch1.t to user1
2> go
```

要查询数据库中的对象权限信息，可以执行下面查询：

```
1> select user_name(grantee_principal_id) as grantee,
2>            class_desc as class,
3>            object_name(major_id) as object_name,
4>            permission_name as permission,
5>            state
6> from sys.database_permissions
7> where user_name(grantee_principal_id)='user1'
8> and class_desc='object_or_column'
9> go
grantee          class              object_name          permission       state
---------------- ------------------ -------------------- ---------------- -----
user1            OBJECT_OR_COLUMN   t                    INSERT           G
user1            OBJECT_OR_COLUMN   t                    SELECT           G
user1            OBJECT_OR_COLUMN   t                    UPDATE           G
```

revoke 及 deny 命令的使用方法与其他权限相似，这里不再赘述。

11.5.8 查询当前数据库用户具备的权限信息

可以使用系统函数 sys. fn_my_permissions()查询当前用户对指定安全对象的权限信息，使用时，需要指定安全对象名称及安全对象类型，如下面示例查询当前用户对 sch1 架构中的 t 表的操作权限：

```
C:\Windows\system32> sqlcmd -Y 15 -U login1 -P login1login1
1> print db_name
2> go
1> print db_name()
2> go
law
1> print user
2> go
user1
1> select * from sys.fn_my_permissions('sch1.t','object')
2> go
entity_name     subentity_name  permission_name
--------------- --------------- ---------------
sch1.t                          SELECT
sch1.t                          INSERT
sch1.t                          ALTER
sch1.t          a               SELECT
sch1.t          a               UPDATE

(5 行受影响)
```

查询当前用户对 sch1 架构的权限：

```
1> select * from sys.fn_my_permissions('sch1','schema')
2> go
entity_name     subentity_name  permission_name
--------------- --------------- ---------------
sch1                            SELECT
sch1                            CREATE SEQUENCE
sch1                            ALTER

(3 行受影响)
```

以上查询结果中的 create sequence 和 alter 权限是因为对 user1 授予了数据库的 alter 权限间接授予的。

查询当前用户数据库层次的权限(数据库名称可以省略，指当前数据库)：

```
1> select entity_name, permission_name
2> from sys.fn_my_permissions('null','database')
3> go
```

```
entity_name                    permission_name
------------------------------ ------------------------------
database                       CREATE TABLE
database                       CREATE VIEW
database                       CREATE PROCEDURE
database                       CREATE FUNCTION
database                       CREATE RULE
database                       CREATE DEFAULT
database                       CREATE TYPE
database                       CREATE ASSEMBLY
...
database                       ALTER ANY CONTRACT
database                       ALTER ANY SERVICE
database                       ALTER ANY REMOTE SERVICE BINDI
database                       ALTER ANY ROUTE
database                       ALTER ANY FULLTEXT CATALOG
database                       ALTER ANY SYMMETRIC KEY
database                       ALTER ANY ASYMMETRIC KEY
database                       ALTER ANY CERTIFICATE
database                       SELECT
database                       ALTER ANY DATABASE DDL TRIGGER
database                       ALTER ANY DATABASE EVENT NOTIF
database                       ALTER ANY DATABASE AUDIT
database                       ALTER ANY DATABASE EVENT SESSI
database                       VIEW ANY COLUMN ENCRYPTION KEY
database                       VIEW ANY COLUMN MASTER KEY DEF
database                       ALTER

(52 行受影响)
```

以上权限，多数是由对数据库授予 alter 权限间接授予的，若撤销 alter 权限：

```
C:\Windows\system32> sqlcmd -d law
1> revoke alter from user1
2> go
1> exit
```

则剩余的权限如下：

```
C:\Windows\system32> sqlcmd -Y20 -Ulogin1 -Plogin1login1
1> select entity_name, permission_name
2> from sys.fn_my_permissions('null','database')
3> go
entity_name          permission_name
-------------------- --------------------
database             CONNECT
database             SELECT
```

```
database                 VIEW ANY COLUMN ENCR
database                 VIEW ANY COLUMN MAST

(4 行受影响)
```

11.6 角　　色

角色是权限的集合体，为了方便权限管理，可以把一些常用权限授予指定角色，然后再把角色授予相关用户，这些用户就继承了角色中的权限。数据库会内置一些角色，用户也可以创建自定义角色。角色的权限管理与用户是相同的。

11.6.1 预置角色

Oracle 数据库的常用预置角色包括 public、dba、resource 及 connect。dba 角色包括了 system 用户的所有权限。

每个数据库用户都被赋予了 public 角色，管理员不能在数据库中删除这个角色，对用户不能授予或撤销 public 角色。数据字典视图 dba_roles 和 session_roles 未包含此角色的信息。

执行下面查询，可以得到 connect 和 resource 角色包含的权限：

```
SQL> select grantee,privilege
  2  from dba_sys_privs
  3  where grantee in('CONNECT','RESOURCE')
  4  order by grantee
  5  /

GRANTEE        PRIVILEGE
------------ ----------------------------------------
CONNECT        CREATE SESSION
CONNECT        SET CONTAINER
RESOURCE       CREATE TYPE
RESOURCE       CREATE TABLE
RESOURCE       CREATE CLUSTER
RESOURCE       CREATE OPERATOR
RESOURCE       CREATE INDEXTYPE
RESOURCE       CREATE SEQUENCE
RESOURCE       CREATE TRIGGER
RESOURCE       CREATE PROCEDURE

已选择 10 行。
```

若在 Oracle 11g 版本执行以上查询，resource 角色同样显示以上 8 种权限，但把 resource 角色赋予用户时，除了以上 8 种权限，其实还会隐含赋予 unlimited tablespace 权限。从 12c 版本开始，赋予用户 resource 角色时，不再包含 unlimited tablespace 权限。

SQL Server 包括服务器和数据库两个层次的角色，其预置服务器角色和预置数据库角色中的权限都不能改变，在官方文档中称为固定服务器角色和固定数据库角色。

所有固定服务器角色包括以下8种：

```
1> select name
2> from sys.server_principals
3> where type='R' and is_fixed_role=1
4> go
name
--------------------
sysadmin
securityadmin
serveradmin
setupadmin
processadmin
diskadmin
dbcreator
bulkadmin

(8 行受影响)
```

所有固定数据库角色包括以下9种：

```
1> select name
2> from sys.database_principals
3> where type='R' and is_fixed_role=1
4> go
name
--------------------
db_owner
db_accessadmin
db_securityadmin
db_ddladmin
db_backupoperator
db_datareader
db_datawriter
db_denydatareader
db_denydatawriter

(9 行受影响)
```

11.6.2 创建及删除角色

Oracle 创建和删除角色的命令分别为：

create role *role_name*

drop role *role_name*

对角色授予和撤销权限的语法形式与用户相同：

grant *priv1* [, *priv2*, *priv3*, ...] to *role_name*

revoke *priv1* [, *priv2*, *priv3*, ...] from *role_name*

对数据库用户授予角色与对用户授予或撤销权限的语法相同：

grant *role_name* to *user_name*

revoke *role_name* from *user_name*

下面命令创建了角色 role_conn_sel_emp,并对其赋予 connect 预置角色及 emp 表的查询权限：

```
SQL> create role role_conn_sel_emp;
角色已创建。
SQL> grant connect to role_conn_sel_emp;
授权成功。
SQL> grant select on scott.emp to role_conn_sel_emp;
授权成功。
```

创建 user1 用户,对其授予 role_conn_sel_emp 角色：

```
SQL> create user user1 identified by user1;
用户已创建。
SQL> grant role_conn_sel_emp to user1;
授权成功。
```

查询用户及其所属角色信息可以使用 dba_role_privs,如查询 user1 用户被授予的角色：

```
SQL> select grantee, granted_role
  2  from dba_role_privs
  3  where grantee='USER1'
  4  /

GRANTEE                    GRANTED_ROLE
-------------------- ---------------------------
USER1                      ROLE_CONN_SEL_EMP
```

查询角色被授予的系统权限和对象权限与普通用户相同,即使用 dba_sys_privs 和 dba_tab_privs,这里不再赘述。

SQL Server 2012 开始支持用户定义服务器角色,创建和删除服务器角色的语法分别为：

create server role *role_name*

drop server role *role_name*

SQL Server 创建和删除数据库角色的语法与 Oracle 相同,分别为：

create role *role_name*

drop role *role_name*

对两类角色授予和撤销权限的语法形式与用户相同：

grant *priv1* [, *priv2*, *priv3*, ...] to *role_name*

revoke *priv1* [, *priv2*, *priv3*, ...] from *role_name*

对登录账号授予或撤销服务器角色使用下面语法形式：

alter server role *role_name* add/drop member *login_name*

对数据库用户授予或撤销数据库角色使用下面语法形式：

alter role *role_name* add/drop member *user_name*

上面命令的字面意思是把登录账号或数据库用户加入角色成为其成员，为了与 Oracle 的说法一致，我们依然称其为对登录账号或数据库用户授予或撤销角色。

下面命令创建了服务器角色 role_connect，并把连接服务器和任何数据库的权限授予此角色：

```
1> use master
2> go
已将数据库上下文更改为 "master"。
1> create server role role_connect
2> go
1> grant connect sql, connect any database to role_connect
2> go
```

然后把此角色授予登录账号 login1：

```
1> alter server role role_connect add member login1
2> go
```

下面命令把 sysadmin 固定服务器角色授予登录账号 login1：

```
1> alter server role sysadmin add member login1
2> go
```

下面命令撤销 login1 账号的 role_connect 角色：

```
1> alter server role role_connect drop member login1
2> go
```

查询登录账号的服务器角色信息，可以使用 sys. server_role_members。

重新把 role_connect 角色授予登录账号 login1：

```
1> alter server role role_connect add member login1
2> go
```

查询服务器角色 role_connect 的成员账号：

```
1> select suser_name(role_principal_id) as role_name,
2> suser_name(member_principal_id) as login_name
3> from sys.server_role_members
4> where suser_name(role_principal_id) ='role_connect'
5> go
role_name                  login_name
-------------------- --------------------
role_connect               login1
```

把查询条件稍加修改，可以查询登录账号 login1 所属的角色：

```
1> select suser_name(member_principal_id) as login_name,
2> suser_name(role_principal_id) as role_name
3> from sys.server_role_members
4> where suser_name(member_principal_id) ='login1'
```

```
5> go
login_name                role_name
-------------------- --------------------
login1                    sysadmin
login1                    role_connect
```

去除查询条件，即可以使用上述命令查询所有服务器角色及其成员账号的信息。

SQL Server 创建数据库角色的语法与 Oracle 相同，下面命令创建数据库角色 role_del_t，并把 t 表的 delete 权限授予此角色：

```
1> use law
2> go
1> create role role_del_t
2> go
1> grant delete on t to role_del_t
2> go
```

然后把 role_del_t 角色授予 user1 用户：

```
1> alter role role_del_t add member user1
2> go
```

下面命令撤销 user1 用户的 role_del_t 角色：

```
1> use law
2> go
已将数据库上下文更改为 "law"。
1> alter role role_del_t drop member user1
2> go
```

要查询数据库角色及其成员信息，可以使用 sys.database_role_members 目录视图.

下面命令查询 role_del_t 角色中的所有成员用户(查询之前请重新把 role_del_t 角色赋予 user1 用户)：

```
1> select user_name(role_principal_id) as role_name,
2> user_name(member_principal_id) as user_name
3> from sys.database_role_members
4> where user_name(role_principal_id) ='role_del_t'
5> go
role_name                 user_name
-------------------- --------------------
role_del_t                user1
```

把查询条件改为 where user_name(member_principal_id) ='user1'，则可以查询 user1 用户所属的角色：

```
1> select user_name(member_principal_id) as user_name,
2> user_name(role_principal_id) as role_name
3> from sys.database_role_members
4> where user_name(member_principal_id) ='user1'
5> go
```

```
user_name                    role_name
-------------------- --------------------
user1                        role_del_t
```

去除查询条件,即可以查询所有数据库角色及其成员用户的信息。

11.7 SQL Server 安全管理的几个易混淆问题

在安全管理方面,SQL Server 的结构复杂,概念繁多,有些概念甚至官方文档也未对其详细说明,本节对几个易混淆的概念予以澄清,以免误用。

11.7.1 revoke 与 deny

deny 命令拒绝 grant 命令授予用户的权限以及通过角色成员继承的权限。

revoke 命令在 grant 命令之后执行可以撤销 grant 命令授予用户的权限,revoke 命令并不撤销通过角色成员继承的权限。

revoke 命令在 deny 命令之后执行可以撤销 deny 命令拒绝的权限。

下面通过实验过程验证上面结论。

创建测试登录账号 login_rd,默认数据库为 law,在 law 数据库中创建对应用户 user_rd,并创建测试表 t:

```
C:\Windows\system32> sqlcmd
1> create login login_rd with password='login_rdlogin_rd',default_database=law
2> go
1> use law
2> go
已将数据库上下文更改为 "law"。
1> create user user_rd for login login_rd
2> go
1> create table t(a int)
2> go
```

创建测试角色,并授予 t 表的查询权限:

```
1> create role role_rd
2> go
1> grant select on t to role_rd
2> go
```

为了方便验证数据库用户 user_rd 的权限变化,创建一个存储过程 check_permission 执行权限验证的任务:

```
1> create proc check_permission
2> as
3> select user_name(grantee_principal_id) as grantee,
4>          object_name(major_id) as object_name,
5>          permission_name as permission,
6>          state
```

```
7> from sys.database_permissions
8> where user_name(grantee_principal_id) ='user_rd'
9> and class_desc='object_or_column'
10> go
```

做好以上准备后，可以开始验证过程了，先以管理员身份连接至 law 数据库：

```
C:\Windows\system32> sqlcmd - Y 11
1> use law
2> go
已将数据库上下文更改为 "law"。
1> print user
2> go
dbo
```

对 user_rd 用户授予 t 表的查询权限，然后再执行 revoke 命令，可以发现查询权限被撤销了：

```
1> grant select on t to user_rd
2> go
1> check_permission
2> go
grantee     object_name permission  state
----------- ----------- ----------- -----
user_rd     t           SELECT      G

(1 行受影响)
1> revoke select on t from user_rd
2> go
1> check_permission
2> go
grantee     object_name permission  state
----------- ----------- ----------- -----

(0 行受影响)
```

对 user_rd 用户的 t 表查询权限执行 deny 命令，然后再执行 revoke 命令，可以发现 deny 的效果被撤销了：

```
1> deny select on t to user_rd
2> go
1> check_permission
2> go
grantee     object_name permission  state
----------- ----------- ----------- -----
user_rd     t           SELECT      D

(1 行受影响)
```

```
1> revoke select on t from user_rd
2> go
1> check_permission
2> go
grantee      object_name  permission   state
-----------  -----------  -----------  -----

(0 行受影响)
```

对 user_rd 用户授予 role_rd 角色及对表 t 的 select 权限：

```
C:\Windows\system32> sqlcmd -Y 11 -d law
1> sp_addrolemember 'role_rd', 'user_rd'
2> go
1> grant select on t to user_rd
2> go
1> check_permission
2> go
grantee      object_name  permission   state
-----------  -----------  -----------  -----
user_rd      t            SELECT       G

(1 行受影响)
```

对表 t 的 select 权限执行 deny 命令后，可以发现 user_rd 用户没有查询 t 表的权限了：

```
1> deny select on t to user_rd
2> go
1> check_permission
2> go
grantee      object_name  permission   state
-----------  -----------  -----------  -----
user_rd      t            SELECT       D

(1 行受影响)
1> exit

C:\Windows\system32> sqlcmd -Y 11 -d law -U login_rd -P login_rdlogin_rd
1> select * from dbo.t
2> go
消息 229，级别 14，状态 5，服务器 LAW_X240，第 1 行
拒绝了对对象 't'（数据库 'law'，架构 'dbo'）的 SELECT 权限。
```

再次执行 revoke 命令，user_rd 用户拥有 role_rd 角色中的查询权限，可对 t 表查询：

```
C:\Windows\system32> sqlcmd -Y 11 -d law
1> revoke select on t from user_rd
2> go
```

```
1> check_permission
2> go
grantee      object_name   permission    state
----------- ----------- ----------- -----

(0 行受影响)
1> exit

C:\Windows\system32> sqlcmd -Y 11 -d law -U login_rd -P login_rdlogin_rd
1> select * from dbo.t
2> go
a
-----------

(0 行受影响)
```

11.7.2 安全对象的属主(owner)

属主对其安全对象具备所有操作权限,alter authorization 命令可改变安全对象属主。

关于安全对象的属主有以下几个结论:

- 数据库的默认属主是创建这个数据库的服务器登录账号。
- 架构的默认属主是创建这个架构的数据库用户。
- 对于表或视图等属于架构层次内的安全对象来说,其属主默认为其所属架构的属主,而不是创建这些对象的数据库用户,如果查询 sys.objects 目录视图,这些对象对应的 principal_id 列的值为 null。
- 对于架构层次内的安全对象,如果使用 alter authorization 命令显式改变了其属主,再次查询 sys.objects 目录视图,其对应的 principal_id 列则为改变后的属主 id 编号,而不再为 null。

以下几个示例说明如何查询安全对象的属主。

查询 law 数据库的属主:

```
1> select name as db_name, suser_sname(owner_sid) as db_owner
2> from sys.databases
3> where name='law'
4> go
db_name                 db_owner
----------------------- -----------------------
law                     law_x240\Administrator
```

查询 sch 架构的属主:

```
1> select name as sch_name, user_name(principal_id) as owner_name
2> from sys.schemas
3> where name='sch1'
4> go
sch_name                owner_name
```

```
---------------------- -------------------------
sch1                    dbo
```

查询 sch1 架构中的 t 表的属主：

```
1> alter authorization on sch1.t to user1
2> go
1> select name as table_name, user_name(principal_id) as table_owner
2> from sys.tables
3> where name='t'
4> and schema_name(schema_id)='sch1'
5> go
table_name              table_owner
---------------------- -------------------------
t                       user1
```

如果对 t 表未执行过 alter authorization 命令，则 table_owner 列为空。

11.7.3 安全对象的 control 权限

安全对象的 control 权限与其属主对此安全对象的权限相同，即可以对相应安全对象执行任何操作。

11.7.4 control server 权限与 sysadmin 服务器角色

control server 权限与 sysadmin 角色成员的权限相同，都可以在服务器以及任何数据库中执行任意操作，但还是有一点区别，sysadmin 角色成员在数据库中的默认架构为 dbo，而具备 control server 权限的登录账号在数据库中不存在默认架构。

具备 control server 权限的登录账号在数据库中创建对象时，若不指定架构，则默认会创建与登录账号名称相同的架构作为其默认架构。

11.7.5 安全对象的 take ownership 权限

假定某个安全对象 a 的属主为 user2，另一个 user3 用户要通过执行 alter authorization 命令成为 a 的属主，则要先执行下面两个操作：

- 授予 user3 对 user2 的 impersonate 权限。
- 授予 user3 对 a 的 take ownership 权限。

下面以改变 sch 架构的属主为例说明 take ownership 的用法，sch 架构的属主是 user2，其对应登录账号为 login2，user3 对应的登录账号为 login3：

以 user2 或 dbo 连接数据库执行下面操作：

```
1> grant impersonate on user::user2 to user3
2> go
1> grant take ownership on schema::sch to user3
2> go
```

然后以 user3 连接数据库，执行 alter authorization 操作：

```
C:\> sqlcmd -U login3 -P login33
1> use law
2> go
已将数据库上下文更改为'law'。
1> alter authorization on schema::sch to user3
2> go
```

经过上述操作后，user3 也成为 sch 的属主了。

一个用户被授予某个安全对象的 take ownership 权限后，并未改变这个安全对象的属主，而是让这个用户自身有能力决定是否成为这个安全对象的属主。

第12章 索 引

索引是与表的列关联的可选对象，其主要作用是执行查询时降低磁盘读取次数，从而提高数据访问速度。B树是索引最常用的结构，除了B树索引外，Oracle还支持位图索引，SQL Server只支持B树索引。

本章主要内容包括：

- B树索引
- 索引组织表与聚集索引
- Oracle位图索引

12.1 B树索引

B树结构是1971年由波音公司的Rudolf Bayer与Ed McCreight提出的，B的含义尚无定论，一般认为表示Boeing、Bayer或Balanced。B树结构主要用于实现B树索引，被广泛应用于数据库管理系统以及文件系统以提高查询速度，常见的数据库产品一般都支持B树索引。

B树索引创建于表的列上，会占用存储空间。一个查询是否需要使用索引由查询优化器在制定执行计划时确定，一般不需要用户参与。

索引中的数据会与表自动同步，修改表的索引列数据会同时修改索引中的数据。B树索引虽可以显著提高查询速度，但也会影响添加、修改、删除数据等操作的效率。创建和删除索引对表的数据没有影响。

如图12-1所示是一个3层B树索引的图示，图中的每个小矩形表示一个数据块或数据页(以下统称数据块)，其外侧的block#表示其块号。为了方便，索引列a为整数列，且假定每个数据块只能保存4行索引记录，其他类型列上创建的B树索引与此结构相似。

最下层叶节点存储的是排序后的a列值及其所在行的rowid，rowid是行的物理地址，一般由文件号、块号及块中的偏移量三部分构成。中间的分支节点以及最上层的根节点存储的是其下层每个数据块中的最小键值及其所在块号。

如果一个列上的值重复率不高，而且会频繁地作为查询条件或作为表连接条件，则在这个列上应该创建B树索引。

Oracle中的B树索引分为以下几种：

- 普通B树索引
- 逆序B树索引
- 基于函数的B树索引

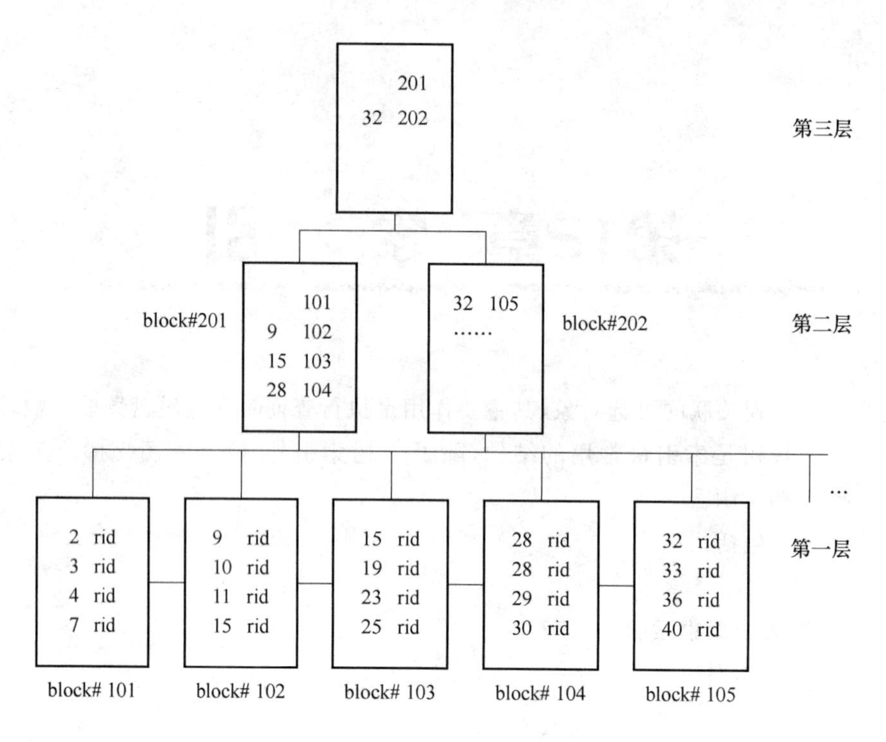

图 12-1　B 树索引结构

创建普通 B 树索引的语法为：

create index *index_name* on *table_name*(*column_names*)

如在 emp 表的 mgr 列上创建普通索引：

```
SQL> create index idx_mgr on emp(mgr);
```

在表上创建普通索引后，如果有多个用户同时对表添加数据，而且这些新记录的索引列值又是连续的，则这些索引列值会倾向于添加到一个数据块，从而引起 I/O 问题，要解决这种问题，可以把索引创建为逆序索引。

若索引列的值为 1234、1235、1236，则逆序索引中存储的对应值会被修改为 4321、5321、6321，虽然原来的值是连续的，逆序后却相隔很远了。

创建逆序索引的语法如下：

create index *index_name* on *table_name*(*column_name*) reverse

在 emp 表的 sal 列上创建逆序索引：

```
SQL> create index idx_reverse_empno on emp(sal) reverse;
```

当查询条件使用了被函数作用的列，即使这个列上创建了索引，索引也不会用到，如下面查询：

```
SQL> select ename, sal
  2  from emp
  3  where upper(ename)='SMITH'
  4  /
```

查询条件中对 ename 使用了 upper 函数，即使在 ename 列上创建了索引，也不会用到。解决这个问题，可以使用基于函数的索引，基于函数的索引存储索引列被函数作用后的结果。

创建基于函数的索引的语法为：

create index *index_name* on *table_name*(*function_name*(*column*))

如在 ename 列上创建基于 upper 函数的索引：

```
SQL> create index idx_upper_ename on emp(upper(ename));
```

SQL Server 只支持普通 B 树索引，不支持逆序索引、基于函数的索引等形式。SQL Server 创建普通 B 树索引的语法与 Oracle 相同。

12.2 索引组织表与聚集索引

若 B 树索引叶节点存储的是按照主键值排序后的整行记录，Oracle 称其为索引组织表(index-organized table)，SQL Server 称其为聚集索引(clustered index)，这种结构的关键特征是其索引叶节点存储的已经是表的真正数据了，而普通索引的叶节点存储的是排序后的索引键值及其所在记录的 rowid。显然，一个表只能创建一个索引组织表或聚集索引。

若 Oracle 数据库中的某个表经常使用主键列作为查询条件，可以考虑将其创建为索引组织表，一个表要创建为索引组织表，要先创建主键约束。

创建索引组织表只需在创建普通表的语法基础上，附加 organization index 子句。如创建索引组织表 t，主键为 a 列，其语法如下：

```
SQL> create table t
  2  (
  3      a int,
  4      b int,
  5      constraint pk_t primary key(a)
  6  )
  7  organization index
  8  /
```

若建表时未附加 organization index 子句，则会在附加主键约束的列上自动创建普通 B 树索引，索引名称默认与约束名称相同。

与 Oracle 不同的是，SQL Server 的聚集索引并未限制一定要创建在主键列上，SQL Server 聚集索引的这个特点相对 Oracle 更加灵活。

创建表时，SQL Server 默认会在主键列上自动创建聚集索引，在附加唯一约束(unique)的列上创建非聚集索引，如果要把聚集索引创建在其他非主键列，则要在附加主键约束时，指定对其创建非聚集索引。

下面示例创建表 t，在附加主键约束时，指定与其相关的索引创建为非聚集索引：

```
1> create table t
2> (
3>     a int,
4>     b int,
5>     constraint pk_t primary key nonclustered(a)
6> )
7> go
```

然后在 b 列上创建聚集索引：

```
1> create clustered index idx_clu_b on t(b)
2> go
```

12.3 Oracle 位图索引

使用 B 树索引有一个很强的限制条件，就是索引列值的重复率要很低，但在实际应用中，列值重复率高的情况是很常见的，如性别字段只有“男”“女”两个列值，日期的月份部分只有 12 个整数值，季度部分只有 4 个值等。在查询中，这些字段一般用作计数条件，如下面一些典型的查询：

- 查询员工表中的男性员工数量
- 2005 年入职的员工总数
- 5 号部门的员工总数

对于以上这些查询，在相关字段上创建 B 树索引，显然不会得到什么好处，位图索引恰恰适合这类要求。

相比 B 树索引，位图索引的结构很简单，没有使用树形结构。在数据块中存储的每行索引数据主要由三部分构成。

- 索引键值
- 由两个 rowid 表示的记录地址范围
- 位图

位图部分中的每个位依序对应第二部分所描述范围内的一个 rowid，它用于描述在以上 rowid 范围内，哪些记录的索引列取得了相应索引键值，如果取得键值则为 1，否则为 0。

我们用下面的例子具体说明一下。

假定表 t 共有 8 行记录，其数据存储于 4 号文件的 87 号数据块，表 t 有一个 a 列，其列值只有 red、green、blue 三个。表中的记录共 8 行，其中第 1、3 行的 a 列值为 red，第 2、4、5 行的 a 列值为 green，第 6、7、8 行的 a 列值为 blue。若在 a 列上创建位图索引，则其包含三行数据，每行数据的三部分内容如表 12-1 所示。

表 12-1　位图索引的构成

索引列值	地址范围	位图
red	(4：87：0)～(4：87：7)	0000 0101
green	(4：87：0)～(4：87：7)	0001 1010
blue	(4：87：0)～(4：87：7)	1110 0000

查询某个位图索引列值的行数时，只要计算位图索引中对应此值位图中的 1 的个数即可。

创建位图索引的语法为：

create bitmap index *index_name* on *table_name*(*column_names*)

如在 emp 表的 deptno 列上创建位图索引：

```
SQL> create bitmap index idx_bit_deptno on emp(deptno);
```

第13章　执行计划

执行计划是 DBMS 进行查询时根据环境实际情况制定的执行步骤，如表连接可以使用嵌套循环、排序合并、散列连接等不同的算法，访问表的数据，可以利用索引、全表扫描等不同的访问路径。SQL 调优时，查看执行计划可以定位效率低下的 SQL 命令问题之所在。

本章主要内容包括：

- SQL 命令的执行过程
- 执行计划的内容
- 使用文本方式查看执行计划
- 使用图形方式查看执行计划

13.1　SQL 命令的执行过程

DBMS 执行一个 SQL 命令，主要经历以下过程：

- 语法分析：分析 SQL 命令是否符合语法规定。
- 语义分析：查询数据字典，确定 SQL 命令中涉及的对象，如表或列等是否存在。
- 权限分析：当前用户是否有执行这个 SQL 命令的权限。
- 检查是否已存在相应执行计划：若存在，则按照执行，否则继续下面步骤。
- 逻辑形式转换：SQL 命令的某些操作转换为另外的操作，如子查询转换为表连接。
- 生成执行计划：得到若干个执行计划。
- 选择最优执行计划并执行：计算资源占用情况，选择代价最低的执行计划来执行。
- 执行过的 SQL 语句及其实际执行计划存入缓存，以备再次使用。

存放执行计划的缓存，Oracle 称为 library cache，在 shared pool 中分配，SQL Server 称为 procedure cache 或 plan cache。再次执行这个 SQL 语句时（可以是不同的用户，但 SQL 语句要与缓存中的相同，包括字母大小写和空格情况），就会省去逻辑转换及生成执行计划的过程。

Oracle 把以上整个过程称为硬解析，前 4 个步骤称为软解析，硬解析会耗费大量的 CPU 时间及内存，应该尽量降低硬解析的次数。

SQL Server 把前 4 个步骤称为解析，后面的步骤称为编译，这里的编译指生成执行计划，而不是生成可执行文件。

13.2　执行计划的内容

执行计划主要包含以下信息：

- 引用表的顺序

- 访问每个表的方法
- 连接算法
- 排序、过滤、汇总等数据操作
- 每个操作的代价(cost)
- 每个操作影响的行数(cardinality)
- 并行操作

通过查看执行计划,可以发现以下一些问题:

- 较迟的过滤操作
- 连接使用了错误的表顺序
- 使用了不合适的连接算法
- 使用了不必要的索引范围扫描

下面是 Oracle 的一个执行计划,为了返回 76 563 行,其最后一行对索引扫描了 11 432 983 行,很明显,99%的扫描结果是无用的,从而可以发现,最后一行的索引范围扫描操作可能存在问题。

```
Rows        Execution Plan
--------    ---------------------------------------------------
      12    SORT AGGREGATE
       2     SORT GROUP BY
   76563      NESTED LOOPS
   76575       NESTED LOOPS
      19         TABLE ACCESS FULL CN_PAYRUNS_ALL
   76570         TABLE ACCESS BY INDEX ROWID CN_POSTING_DETAILS_ALL
   76570          INDEX RANGE SCAN (object id 178321)
   76563       TABLE ACCESS BY INDEX ROWID CN_PAYMENT_WORKSHEETS_ALL
11432983         INDEX RANGE SCAN (object id 186024)
```

13.3 使用文本方式查看执行计划

以文本方式查看执行计划,方法简单,不需要安装图形工具,也不需要过多设置。

13.3.1 在 Oracle 中查看执行计划

在 SQL * Plus 中查看执行计划,有以下几种方式:

- explain plan
- set autotrace
- dbms_xplan
- v$sql_plan

set autotrace 用于查看实际执行计划及统计信息,后面几个用于查看预估执行计划。下面说明 explain plan(也会用到 dbms_xplan)、set autotrace 的用法。

使用 explain plan 方法要先对 SQL 语句执行 explain plan for 命令,使其执行计划填入 plan_table 临时表,然后执行 utlxpls. sql 脚本文件(或者执行 utlxplp. sql,在执行计划中包含并行操作信息),查看 plan_table 中的执行计划。

下面命令对查询 select * from dept 执行 explain plan for：

```
SQL> explain plan for select * from dept where deptno=10;
已解释。
```

执行 utlxpls.sql 查看执行计划：

```
SQL> start ? \rdbms\admin\UTLXPLS.SQL

PLAN_TABLE_OUTPUT
--------------------------------------------------------------------------------
Plan hash value: 2852011669
--------------------------------------------------------------------------------
| Id  | Operation                     | Name    | Rows  | Bytes | Cost (%CPU)| Time     |
--------------------------------------------------------------------------------
|   0 | SELECT STATEMENT              |         |     1 |    30 |     1   (0)| 00:00:01 |
|   1 |  TABLE ACCESS BY INDEX ROWID  | DEPT    |     1 |    30 |     1   (0)| 00:00:01 |
| * 2 |   INDEX UNIQUE SCAN           | PK_DEPT |     1 |       |     1   (0)| 00:00:01 |
--------------------------------------------------------------------------------

Predicate Information (identified by operation id):
---------------------------------------------------
   2 - access("DEPTNO"=10)
```

也可以直接查询 plan_table 过滤不必要的信息(如只需要操作步骤及其影响的行数),但是查询结果要进行格式化。

下面命令对“select ename, sal from emp where empno=7369”执行 explain plan for 命令,其中的第二行是设置这个 SQL 语句的标识。

```
SQL> explain plan
  2  set statement_id='st1'
  3  for
  4  select ename, sal from emp where empno=7369
  5  /
```

然后,可以使用下面命令查询 plan_table,以得到每个操作及其影响的行数:

```
SQL> SELECT cardinality "Rows",
  2  lpad(' ',level-1)||operation||' '||options||' '||object_name "Plan"
  3  FROM PLAN_TABLE
  4  CONNECT BY prior id = parent_id
  5  AND prior statement_id = statement_id
  6  START WITH id = 0 and statement_id='st1'
  7  ORDER BY id
  8  /
     Rows Plan
--------- ----------------------------------------------------
        1 SELECT STATEMENT
        1  TABLE ACCESS BY INDEX ROWID EMP
```

```
    1    INDEX UNIQUE SCAN PK_EMP
```

也可以附加 cost 列，以比较在不同环境设置情况下，每个步骤的代价变化情况：

```
SQL> SELECT cardinality "Rows", cost,
  2  lpad(' ',level - 1) || operation || ' ' || options || ' ' || object_name "Plan"
  3  FROM PLAN_TABLE
  4  CONNECT BY prior id = parent_id
  5  AND prior statement_id = statement_id
  6  START WITH id = 0 and statement_id='st1'
  7  ORDER BY id
  8  /

      Rows       COST Plan
---------- ---------- ----------------------------------------
         1          1 SELECT STATEMENT
         1          1   TABLE ACCESS BY INDEX ROWID EMP
         1          1    INDEX UNIQUE SCAN PK_EMP
```

如果上面输出结果中的 rows 列为空或与实际情况不符，是因为未对所操作的表进行统计分析或其统计信息已过时，对其重新进行统计分析即可。

对 SQL 命令执行 explain plan for，把执行计划信息填入 plan_table 后，也可以使用 dbms_xplan.display 得到执行计划：

```
SQL> select plan_table_output from table(dbms_xplan.display());
PLAN_TABLE_OUTPUT
--------------------------------------------------------------------------------
Plan hash value: 2949544139

--------------------------------------------------------------------------------
| Id  | Operation                   | Name   | Rows  | Bytes | Cost (%CPU)| Time     |
--------------------------------------------------------------------------------
|   0 | SELECT STATEMENT            |        |     1 |    33|     1   (0) | 00:00:01 |
|   1 |  TABLE ACCESS BY INDEX ROWID| EMP    |     1 |    33|     1   (0) | 00:00:01 |
|*  2 |   INDEX UNIQUE SCAN         | PK_EMP|     1 |      |     1   (0) | 00:00:01 |
--------------------------------------------------------------------------------

Predicate Information (identified by operation id):
---------------------------------------------------

   2 - access("EMPNO"=7369)
```

dbms_xplan 的其他更多功能请参考相关文档。

使用 set autotrace 方式可以在 SQL * Plus 中查看实际执行计划。使用之前要以 sys 用户执行 plustrce.sql 脚本文件，其功能是创建 plustrace 角色，并对其赋予适当权限：

```
SQL> conn / as sysdba
已连接。
SQL> start ?\sqlplus\admin\plustrce
```

然后把 plustrace 角色赋予要执行 set autotrace 命令的用户，这里假定为 scott 用户：

```
SQL> grant plustrace to scott;
```

上面过程执行完毕后，以 scott 用户连接数据库，并执行 set autotrace on 命令：

```
SQL> conn scott/tiger
已连接。
SQL> set autot on
```

其中的 autotrace 关键字可以简写为 autot。
再执行 DML 语句时，除了执行结果以外，还会显示执行计划以及统计信息：

```
SQL> select ename,sal from emp where empno=7369;

ENAME             SAL
---------- ----------
SMITH             800

执行计划
----------------------------------------------------------
Plan hash value: 2949544139

------------------------------------------------------------------------------
| Id  | Operation                   | Name   | Rows  | Bytes | Cost (%CPU)| Time     |
------------------------------------------------------------------------------
|   0 | SELECT STATEMENT            |        |     1 |    33|     2   (0) | 00:00:01 |
|   1 |  TABLE ACCESS BY INDEX ROWID| EMP    |     1 |    33|     2   (0) | 00:00:01 |
|* 2 |   INDEX UNIQUE SCAN          | PK_EMP|     1 |      |     1   (0) | 00:00:01 |
------------------------------------------------------------------------------

Predicate Information (identified by operation id):
---------------------------------------------------

   2 - access("EMPNO"=7369)

统计信息
----------------------------------------------------------
         76  recursive calls
          0  db block gets
         67  consistent gets
          0  physical reads
          0  redo size
        611  bytes sent via SQL*Net to client
        544  bytes received via SQL*Net from client
          2  SQL*Net roundtrips to/from client
          6  sorts (memory)
          0  sorts (disk)
          1  rows processed
```

从执行计划可以看出其执行步骤如下：

- 对索引 PK_EMP 进行唯一扫描以寻找键值 7369；
- 找到键值 7369 后，根据其对应的 rowid 访问表，读出相应数据。

统计信息各个部分的含义如下：

- recursive calls：执行的 SQL 语句被解析的次数。
- db block gets：执行 update 操作而读取内存的次数。
- consistent gets：执行 select 操作读取内存的次数。
- physical reads：读取磁盘的次数。
- redo size：此操作产生的重做数据数量（以字节为单位）。
- bytes sent via SQL * Net to client：服务器端发送到客户端的数据数量（字节为单位）。
- bytes received via SQL * Net from client：服务器端从客户端接收到的数据数量。
- sorts (memory)：在内存进行的排序次数。
- sorts (disk)：在磁盘进行的排序次数，即在临时表空间进行的排序次数。

set autotrace 有以下几个选项：

- set autotrace off：不显示执行计划和统计信息。
- set autotrace on：显示命令输出结果、执行计划以及统计信息。
- set autotrace on explain：只显示执行计划。
- set autotrace on statistics：只显示统计信息。
- set autotrace traceonly：只显示执行计划及统计信息，不显示命令的输出结果。

13.3.2 在 SQL Server 中查看执行计划

查看预估执行计划，SQL Server 可以使用三种命令，分别是：

- set showplan_all on
- set showplan_text on
- set showplan_xml on

执行三者之中的任何一个命令后，后续的 SQL 语句不会执行，而只显示执行计划信息，直到再把相关参数设置为 off。

执行 set showplan_all on 后，执行计划以多列的表格形式显示，除了各个执行步骤外，还包括每一步骤影响的行数、磁盘 I/O、花费的 CPU 时间、代价（cost）、警告等信息。

执行 set showplan_text on 后，执行计划的内容以单列显示，只列出了 SQL 语句的执行步骤，即设置 showplan_all 为 on 后，所显示执行计划的第一列内容。

执行 set showplan_xml on 后，执行计划以 XML 的形式显示，其主要内容与执行 set showplan_all on 的效果类似。

由于版面限制，下面只演示设置 set showplan_text on 的效果：

```
1> set showplan_text on
2> go
1> select e.ename,d.dname from emp e, dept d
2> where e.deptno=d.deptno
3> go
StmtText
-------------------------------------------------------------------
```

```
select e.ename,d.dname from emp e, dept d
where e.deptno=d.deptno

(1 行受影响)
StmtText
------------------------------------------------------------------------------------------
  |--Nested Loops(Inner Join, OUTER REFERENCES:([e].[DEPTNO]))
       |--Clustered Index Scan(OBJECT:([law].[dbo].[emp].[PK_emp] AS [e]))
       |--Clustered Index Seek(OBJECT:([law].[dbo].[dept].[PK_dept] AS [d]),
SEEK:([d].[DEPTNO]=[law].[dbo].[emp].[DEPTNO] as [e].[DEPTNO]) ORDERED FORWARD)
```

上述执行计划对此连接查询使用了嵌套循环算法，首先对聚集索引 PK_emp 执行 index scan(即扫描索引的所有叶节点)，然后对每个扫描到的 deptno，在 dept 表的 PK_dept 索引中进行 index seek(即由根节点开始，逐层读取索引的相应节点)，以找到对应的 dname。

查看实际执行计划，在 SQL Server 中要首先执行下面设置：

- set statistics profile on
- set statistics xml on

再执行 SQL 语句，会先显示执行结果，然后显示实际执行计划。

set statistics profile on 的功能与 set showplan_all on 对应，显示实际的执行计划。

类似地，set statistics xml on 的功能与 set showplan_xml on 对应，以 xml 形式显示实际的执行计划。

在 SQL Server 中查看 SQL 命令的统计信息，可以使用下面设置：

- set statistics io on

执行 set statistics io on 后，会显示 SQL 语句执行时的 IO 统计信息。

先关闭参数 showplan_text：

```
1> set showplan_text off
2> go
执行 set statistics io on:
1> set statistics io on
2> go
```

继续执行下面查询，最后显示了执行此查询的 IO 统计信息：

```
1> select e.ename,d.dname from emp e, dept d
2> where e.deptno= 10 and e.deptno=d.deptno
3> go
ename      dname
---------- --------------
CLARK      ACCOUNTING
KING       ACCOUNTING
MILLER     ACCOUNTING
```

```
(3 行受影响)
表 'emp'。扫描计数 1,逻辑读取 2 次,物理读取 0 次,预读 0 次,lob 逻辑读取 0 次,lob 物理读取 0 次,lob 预读 0 次。
表 'dept'。扫描计数 0,逻辑读取 2 次,物理读取 0 次,预读 0 次,lob 逻辑读取 0 次,lob 物理读取 0 次,lob 预读 0 次。
```

其中的扫描计数指对索引或表的扫描次数,逻辑读取指读取内存的页数,物理读取指读取磁盘的页数。

13.3.3 查看 SQL 命令的执行时间

比较 SQL 命令的执行效率,查看其执行时间是最直观的方式。

Oracle 的 SQL * PLus 开启 timing 参数后,可以查看 SQL 命令的执行时间:

```
SQL> set timing on
SQL> select e.ename,d.dname from emp e, dept d
  2  where e.deptno=10 and e.deptno=d.deptno
  3  /

ENAME      DNAME
--------   ---------------
CLARK      ACCOUNTING
KING       ACCOUNTING
MILLER     ACCOUNTING

已用时间:  00:00:00.04
```

SQL Server 的 sqlcmd 设置 set statistics time on 后,可以显示分析和编译 SQL 语句以及执行 SQL 语句所花费的 CPU 时间与占用时间(elapsed time),单位为毫秒(milliseconds)。

```
1> set statistics time on
2> go
1> select * from dept
2> go
SQL Server 分析和编译时间:
   CPU 时间 = 16 毫秒,占用时间 = 335 毫秒。
DEPTNO DNAME             LOC
------ ----------------- -------------
    10 ACCOUNTING        Dallas
    20 RESEARCH          DALLAS
    30 SALES             CHICAGO

(3 行受影响)
```

```
SQL Server 执行时间：
   CPU 时间 = 0 毫秒，占用时间 = 19 毫秒。
```

如上面示例所示，设置 set statistics time on 后，并不能像 Oracle 的 SQL *Plus 一样，显示一个 SQL 语句从开始到结束所使用的时间段，得到这个时间段，需要在 SQL 语句执行前后使用 getdate()函数分别记录开始时间与结束时间，然后求这两个值的差，如下面示例所示：

```
1> declare @t1 date, @t2 date
2> set @t1=getdate()
3> select e.ename,d.dname from emp e, dept d
4> where e.deptno=10 and e.deptno=d.deptno
5> set @t2=getdate()
6> print 'elapsed time is: '
7>          +convert(varchar, datediff(millisecond , @t1, @t2))
8>          +' milliseconds'
9> go
ename      dname
---------- --------------
CLARK      ACCOUNTING
KING       ACCOUNTING
MILLER     ACCOUNTING

(3 行受影响)
elapsed time is: 0 milliseconds
```

第 7 行中的函数 datediff(millisecond , @t1, @t2)以毫秒为单位求出两个时间值的差，也可以使用小时、分钟、秒等作为单位。

13.4 使用图形方式查看执行计划

Oracle 的 SQL Developer 和 SQL Server 的 SSMS 都提供了直观图形方式查看执行计划。

13.4.1 Oracle 的情形

先给 scott 用户赋予下面两个权限，使其可以查看 v$mystat 数据字典视图：

```
SQL> grant select_catalog_role to scott;
授权成功。
SQL> grant select any dictionary to scott;
授权成功。
```

启动 SQL Developer，以 scott 用户连接数据库后，在右侧的 SQL Worksheet 中，输入以下 SQL 查询：

```
select e.ename, d.dname from emp e, dept d
where e.deptno=10 and e.deptno=d.deptno
```

单击 SQL Developer 工具栏上的“自动跟踪...”按钮，以图形方式显示预估的执行计划，如图 13-1 所示。

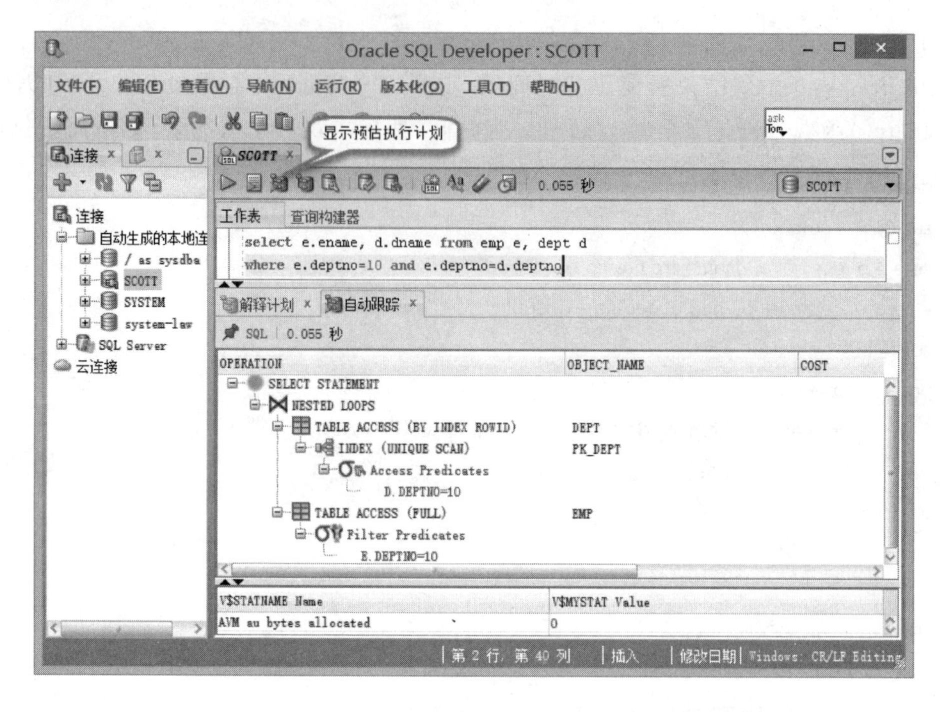

图 13-1　查看预估执行计划

单击工具栏上的“解释计划...”按钮，会以图形方式显示上面 SQL 查询的实际执行计划，其统计信息也附加在下面，如图 13-2 所示。

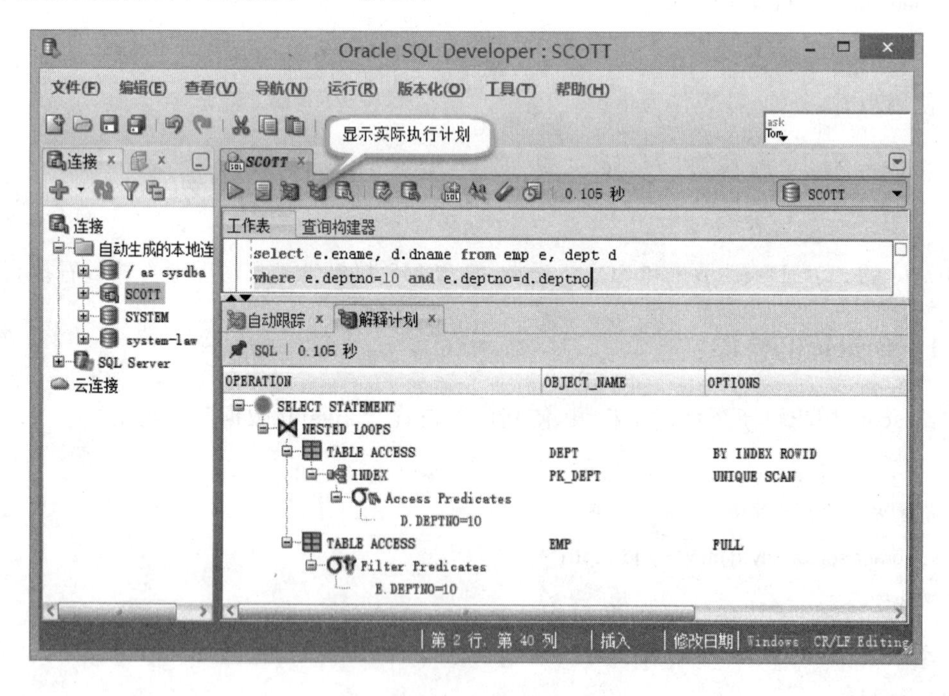

图 13-2　查看实际执行计划

13.4.2 SQL Server 的情形

在 SQL Server 的 Management Studio 中可以查看图形方式的预估执行计划或实际执行计划，而且整个执行计划的树形结构和数据流向比 Oracle 的方式更加清晰、可读。

还可以把图形方式的执行计划保存为 sqlplan 类型的文件，以后需要的时候可以重新在 SSMS 中打开。这个 sqlplan 文件实质上是一个 XML 文件，保存的内容与设置 set showplan_xml on(预估执行计划)或 set statistics xml on(实际执行计划)后的执行计划显示内容相同。

启动 Management Studio，单击工具栏上的“新建查询”按钮，在编辑器中输入以下 SQL 查询语句：

```
select e.ename, d.dname from emp e, dept d
where e.deptno = 10 and e.deptno = d.deptno
```

在工具栏上单击“显示估计的执行计划”按钮，然后单击“执行”按钮，在结果窗格中会显示预估执行计划，如图 13-3 所示。

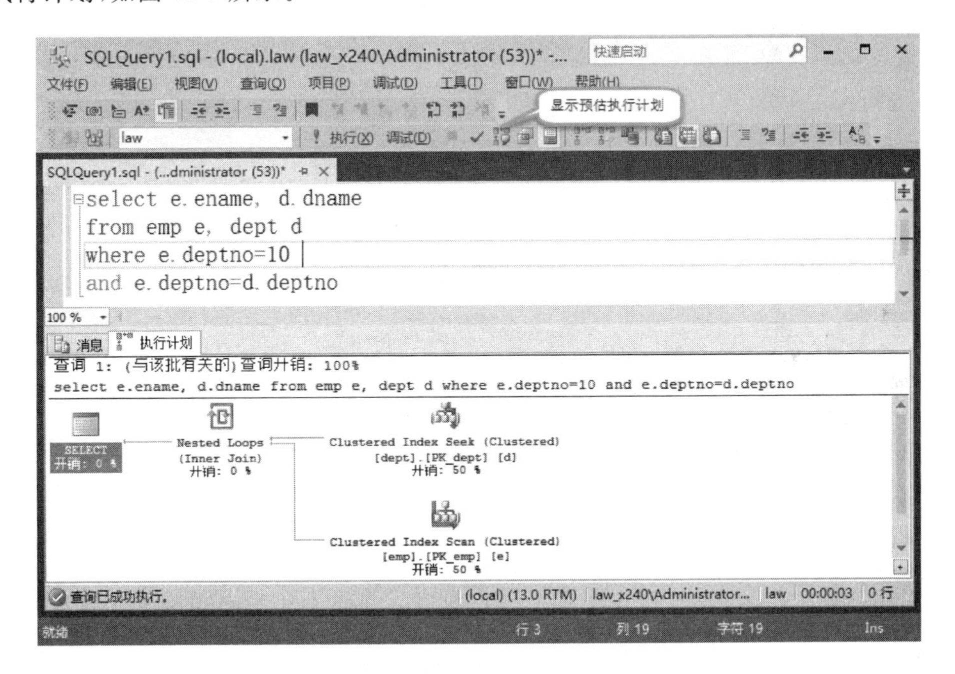

图 13-3 查看估计的执行计划

可以看到，在图形方式下，每个执行步骤以图标形式显示，每个图标上附加了操作本身的名称以及操作对象的名称、开销，从图标之间的连接线，还可以得知数据的流向。

在 SSMS 的执行计划区域右击，在弹出菜单中选择“将执行计划另存为…”命令，可以把执行计划保存为 sqlplan 类型的文件。

把鼠标指针指向任意一个图标，可以显示执行此步骤的统计信息，如指向图 13-3 的“聚集索引查找”，如图 13-4 所示。

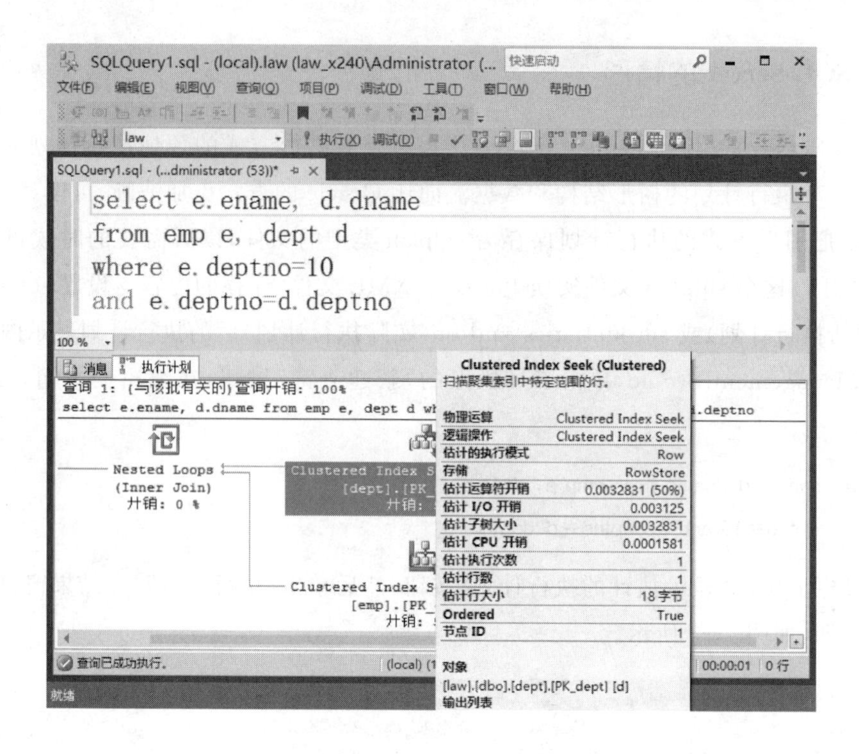

图 13-4　查看执行步骤的统计信息

右击图标，在弹出菜单中选择“属性”命令，可以打开关于这个操作步骤的更多统计信息。

在 Management Studio 的工具栏上单击“显示实际的执行计划”，然后单击“执行”按钮，即可在显示查询结果的同时，显示实际的执行计划，如图 13-5 所示。

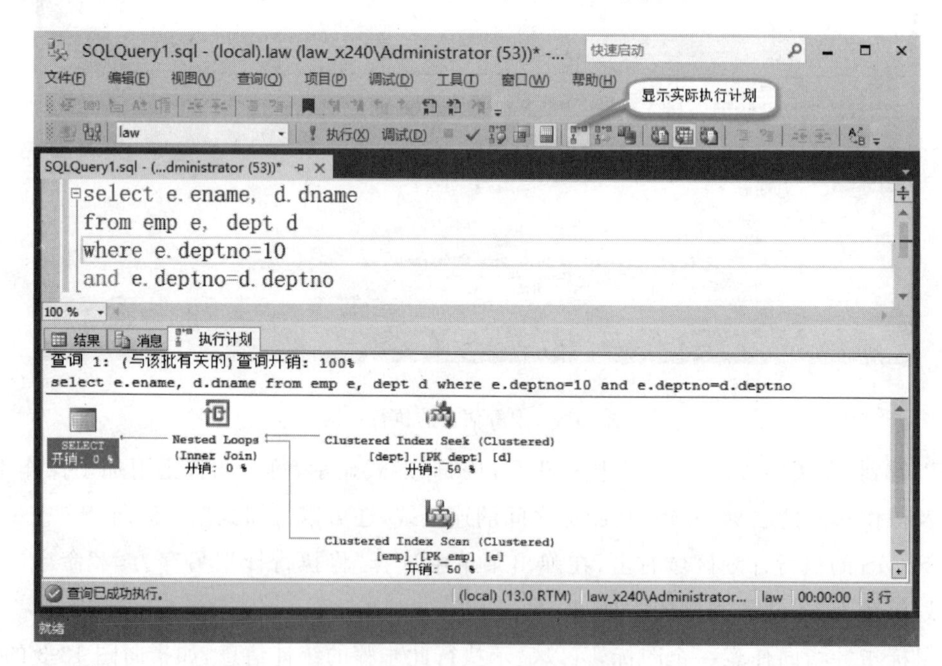

图 13-5　查看实际执行计划

把鼠标指针指向任意一个图标，可以显示关于此执行步骤的统计信息，如指向“聚集索引查找”图标，可以显示统计信息如图 13-6 所示。

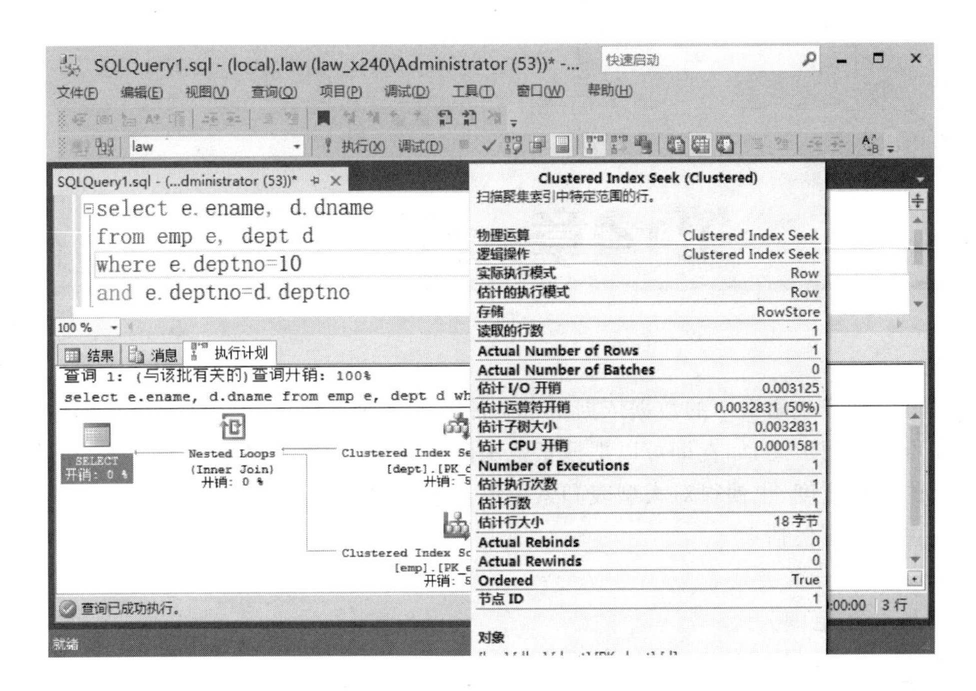

图 13-6 查看执行步骤的统计信息

可以发现,图 13-6 中除了预估执行计划中显示的各种估计信息,还包含了实际行数等信息。

第14章 分　区

分区可以把表或索引中的数据依据指定条件放入多个表空间或文件组的单元中，使得对表的操作可以分而治之，如查询可以把搜索范围限定在分区，而不是整个表或索引，从而提高对大型表的查询速度，也使得对大型表和索引更易于管理。

本章主要内容包括：

- Oracle 的分区类型
- Oracle 的范围分区
- Oracle 的散列分区
- Oracle 的列表分区
- Oracle 的复合分区
- Oralce 分区的常见维护和操作
- Oracle 的分区索引
- SQL Server 的分区表
- SQL Server 的分区索引
- 查询 SQL Server 分区信息

14.1　Oracle 中的分区类型

Oracle 分区功能只限于企业版才支持，而且使用这个功能要额外收费。一般建议一个表的数据量大于 2 GB 时使用分区功能。

Oracle 中的分区类型主要有范围分区(range partitioning)、散列分区(hash partitioning)、列表分区(list partitioning)等。

下面是 Oracle 的全部分区类型：

- 范围分区(Range)：将表按某一字段或若干个字段的取值范围分区。
- 散列分区(Hash)：将表按某一字段的散列值分区。
- 列表分区(List)：根据某一字段值的列表分区。
- 复合分区(Composite)：结合使用多种分区类型。
- 间隔分区(Interval)：添加的新值超过最大分区上限时，自动分配新分区。
- 引用分区(Reference)：基于主表列对子表分区。
- 虚拟分区(Virtual)：在虚拟列上创建的分区。
- 系统分区(System)：由应用自身决定分区。

下面内容说明前三种分区的用法，其他分区类型请参考相关帮助文档。

创建分区表时，在建表语句 create table 中使用 partition by 子句指定分区类型及分区参考列，如 partition by range(hiredate)指定类型为范围分区，分区参考列为 hiredate。

14.2 Oracle 的范围分区

范围分区按照分区字段的所属范围作为分区标准。除了可以提高查询效率外，非常适合需要定期删除旧数据的应用，这类表可以按照日期列作为分区列。

14.2.1 创建分区

先创建 4 个表空间，以存放分区：

```
SQL> create tablespace ts1 datafile 'd:\oradata\ts1.dbf' size 300m;
表空间已创建。
SQL> create tablespace ts2 datafile 'd:\oradata\ts2.dbf' size 300m;
表空间已创建。
SQL> create tablespace ts3 datafile 'd:\oradata\ts3.dbf' size 300m;
表空间已创建。
SQL> create tablespace ts4 datafile 'd:\oradata\ts4.dbf' size 300m;
表空间已创建。
```

建表时，Oracle 使用 partition by range 子句指定分区列以及划分条件，每个分区使用 values less than 子句决定其上限(上限不属于此分区)，第一个分区没有下限。第一个分区以外的分区之下限由其前一个分区的上限决定。最后一个分区的上限若指定为 maxvalue，则分区键值大于所有分区最大上限的行会放入此分区(包括 NULL 值)。

若未使用 maxvalue 指定最后一个分区的范围，而且添加记录的分区键值超过了最大上限，则会报错。若不使用 maxvalue，为了避免出现这种情况，可以使用间隔分区类型，让 Oracle 可以根据需要自动增加分区。

下面示例按照 emp_range 表的 hiredate 列进行分区，根据其值分为 3 个分区：

```
SQL> create table emp_range
  2  (
  3     empno number(4),
  4     ename varchar(10),
  5     hiredate date,
  6     dname varchar(10)
  7  )
  8  partition by range(hiredate)
  9  (
 10     partition p_2001 values
 11          less than(to_date('2002-01-01','yyyy-mm-dd')) tablespace ts1,
 12     partition p_2002 values
 14          less than(to_date('2003-01-01','yyyy-mm-dd')) tablespace ts2,
 14     partition p_2003 values
 15          less than(to_date('2004-01-01','yyyy-mm-dd')) tablespace ts3
 16  )
 17  /
```

上述实例所创建的3个分区的范围分别是：

```
p_2001：              ~ 2001-12-31
p_2002：2002-01-01 ~ 2002-12-31
p_2003：2003-01-01 ~ 2003-12-31
```

对表添加记录，Oracle会按其年份自动放入不同分区：

```
SQL> insert into emp_range
  2  values(1001,'Smith',to_date('2001-03-24','yyyy-mm-dd'),'Sales')
  3  /
已创建 1 行。
SQL> insert into emp_range
  2  values(1002,'Allen',to_date('2002-08-12','yyyy-mm-dd'),'Research')
  3  /
已创建 1 行。
SQL> insert into emp_range
  2  values(1003,'Clark',to_date('2003-05-10','yyyy-mm-dd'),'Accounting')
  3  /
已创建 1 行。
```

若添加记录的年份值不在以上指定范围，则会报错：

```
SQL> insert into emp_range
  2  values(1004,'King',to_date('2006-11-12','yyyy-mm-dd'),'Accounting')
  3  /
insert into emp_range
            *
第 1 行出现错误：
ORA-14400：插入的分区关键字未映射到任何分区
```

对表查询时，可以指定分区，如查询p_2001分区中的数据：

```
SQL> select * from emp_range partition(p_2001);

     EMPNO ENAME      HIREDATE       DNAME
---------- ---------- -------------- ----------
      1001 Smith      24-3月 -01     Sales
```

以分区列为查询条件，只会在查询条件所限定的分区内扫描，如下面执行计划所示：

```
SQL> set autot on explain
SQL> select * from emp_range where hiredate=to_date('2003-05-10','yyyy-mm-dd');

     EMPNO ENAME      HIREDATE       DNAME
---------- ---------- -------------- ----------
      1003 Clark      10-5月 -03     Accounting

执行计划
----------------------------------------------------------
```

```
Plan hash value: 1126455913

-----------------------------------------------------------------------------------------
| Id | Operation               | Name      | Rows | Bytes | Cost(%CPU)| Time     |Pstart |Pstop |
-----------------------------------------------------------------------------------------
|  0 | SELECT STATEMENT        |           |    1|    36|    14   (0)| 00:00:01|       |      |
|  1 |  PARTITION RANGE SINGLE |           |    1|    36|    14   (0)| 00:00:01|      3|     3|
| *2 |   TABLE ACCESS FULL     | EMP_RANGE|    1|    36|    14   (0)| 00:00:01|      3|     3|
-----------------------------------------------------------------------------------------
```

14.2.2 添加与删除分区

添加两个新分区，都存放于表空间 ts4：

```
SQL> alter table emp_range add
  2  partition p_2004
  3       values less than(to_date('2005-01-01','yyyy-mm-dd')) tablespace ts4,
  4  partition p_2005
  5       values less than(maxvalue) tablespace ts4
  6  /
```

新加 2 个分区后，现在有了 5 个分区，其范围分别是：

```
p_2001:             ~ 2001-12-31
p_2002: 2002-01-01 ~ 2002-12-31
p_2003: 2003-01-01 ~ 2003-12-31
p_2004: 2004-01-01 ~ 2004-12-31
p_2005: 2005-01-01 ~
```

下面命令添加的记录会放入第 5 个新分区：

```
SQL> insert into emp_range
  2  values(1005,'King',to_date('2006-11-12','yyyy-mm-dd'),'Accounting')
  3  /
```

删除分区后，分区内的数据也一起被删除，如果要保留数据，则要使用合并分区。

下面示例把 emp_range 表中的分区 p_2001，p_2002 分区删除：

```
SQL> alter table emp_range drop partition p_2001,p_2002;
```

14.2.3 合并与分割分区

多个相邻的范围分区可以根据需要合并为一个，这多个分区的最高上限作为新分区的上限，原来多个分区的数据属于合并后的新分区。合并分区时，可以指定合并后的分区名称，新名称可以沿用合并之前某个分区的名称(但不能将合并之前的下界分区名称作为新名称)，若不指定名称，则由 Oracle 自动指定。

下面命令把两个分区 p_2004 与 p_2005 合并到分区 p_2005，合并后的分区存入表空间 ts1，并在合并完成后更新索引数据：

```
SQL> alter table emp_range
  2  merge partitions p_2004, p_2005 into partition p_2005
  3  tablespace ts1
  4  update indexes
  5  /
```

查询 emp_range 表的分区信息，这时 p_2004 已经不存在：

```
SQL> select table_name, partition_name
  2  from dba_tab_partitions
  3  where table_name='EMP_RANGE'
  4  /

TABLE_NAME          PARTITION_NAME
---------------     ---------------
EMP_RANGE           P_2005
EMP_RANGE           P_2003
```

上面两个分区的范围分别为：

```
p_2003:               ~ 2003-12-31
p_2005: 2004-01-01    ~
```

下面把上述 p_2005 以 2005-01-01、2006-01-01 为分割点，分割为 3 个分区，分割完成后自动更新对应索引信息：

```
SQL> alter table emp_range split partition p_2005 into
  2  (
  3      partition p_2004 values less than(to_date('2005-01-01','yyyy-mm-dd'))
  4          tablespace ts1,
  5      partition p_2005 values less than(to_date('2006-01-01','yyyy-mm-dd'))
  6          tablespace ts2,
  7      partition p_2006 tablespace ts3
  8  )
  9  update indexes
 10  /
```

分割后，所有分区范围分别为：

```
p_2003:              ~ 2003-12-31
p_2004: 2004-01-01 ~ 2004-12-31
p_2005: 2005-01-01 ~ 2005-12-31
p_2006: 2006-01-01 ~
```

14.3 Oracle 的散列分区

在某些情况下，表上可能很难找到用于划分分区的列，这时可以使用散列分区，使用这种方式时，用户只能指定分区个数，不能指定散列算法，散列算法完全由 Oracle 决定，一行新加的记录应该放入哪个分区也完全由 Oracle 决定。使用散列分区时，分区列值的重复率要很低，最好具有唯一性，否则，表里的行很可能不会在各分区均匀分布。

Oracle 建议分区个数为 2 的幂，如 2、4、8 等值，这样可以使表的记录在各个分区存放的行数大致相同。改变散列分区的个数时，表中的记录在各个分区的分布会重新组织。

若查询条件中指定分区列值，散列分区方式会显著提高查询效率，若查询条件使用分区列值范围，则效率提高不明显。

14.3.1 创建散列分区

创建 emp_hash 表，与 emp_range 的结构相同，这次以 empno 为分区列，2 个分区 p1、p2 分别放入表空间 ts1 和 ts2：

```
SQL> create table emp_hash
  2  (
  3      empno number(4),
  4      ename varchar(10),
  5      hiredate date,
  6      dname varchar(10)
  7  )
  8  partition by hash(empno)
  9  (
 10      partition p1 tablespace ts1,
 11      partition p2 tablespace ts2
 12  )
 13  /
```

14.3.2 添加与删除散列分区

与范围分区和列表分区不同，散列分区不能删除。

添加散列分区，每次只能添加一个，下面命令添加新的 p3 分区，放入 ts3 表空间，同时更新索引：

```
SQL> alter table emp_hash add partition p3 tablespace ts3 update indexes;
```

14.3.3 合并与分割散列分区

与范围分区和列表分区不同，不能分割散列分区，合并分区时，不能使用 merge，也不能指定要合并的分区，而要使用 coalesce 关键字，由 Oracle 决定要合并的分区。

下面命令合并散列分区：

```
SQL> alter table emp_hash coalesce partition;
```

14.4 Oracle 的列表分区

列表分区按照某字段的指定值作为分区依据，操作方式比较简单。

14.4.1 创建列表分区

创建 emp_list 表,并以 dname 为分区列创建列表分区,如下面命令所示:

```
SQL> create table emp_list
  2  (
  3      empno number(4),
  4      ename varchar(10),
  5      hiredate date,
  6      dname varchar(20)
  7  )
  8  partition by list(dname)
  9  (
 10      partition p_sales values('SALES','PURCHASING') tablespace ts1,
 11      partition p_operations values('OPERATIONS') tablespace ts2,
 12      partition p_accounting values('ACCOUNTING') tablespace ts3,
 13      partition p_research values('RESEARCH') tablespace ts4,
 14      partition p_default values(default) tablespace ts4
 15  )
 16  /
```

p_default 为默认分区,当添加记录的 dname 列值不在列表范围内时,放入默认分区。

14.4.2 添加与删除列表分区

添加与删除列表分区的语法和范围分区相同。

表上存在默认分区时,不允许添加新分区,下面命令删除默认分区:

```
SQL> alter table emp_list drop partition p_default;
```

下面命令添加两个分区 p_edu_hr、p_dev

```
SQL> alter table emp_list add
  2  partition p_edu_hr values('EDU','HR') tablespace ts3,
  3  partition p_dev values('DEV') tablespace ts4
  4  /
```

下面命令删除分区 p_sales 和 p_research:

```
SQL> alter table emp_list drop partition p_sales, p_research;
```

重新添加默认分区:

```
SQL> alter table emp_list add
  2  partition p_default values(default) tablespace ts4
  3  /
```

14.4.3 合并与分割列表分区

合并与分割列表分区的语法与范围分区相同,如下面命令合并 p_edu_hr, p_accounting,

p_dev 分区为 p_merge：

```
SQL> alter table emp_list
  2  merge partitions p_edu_hr, p_accounting, p_dev
  3  into partition p_merge
  4  tablespace ts4
  5  update indexes
  6  /
```

下面命令分割以上 p_merge 为两个分区 p_hr_acc 和 p_dev_edu，只需指定前一个分区 p_hr_acc 的分区列值为"HR"，"ACCOUNTING"，另一个分区 p_dev_edu 自动取得余下的其他分区列值，即"DEV"，"EDU"：

```
SQL> alter table emp_list
  2  split partition p_merge values('HR','ACCOUNTING')
  3  into
  4  (
  5     partition p_hr_acc tablespace ts1,
  6     partition p_dev_edu tablespace ts2
  7  )
  8  update indexes
  9  /
```

14.4.4 增减列表值

分区的列表值可以根据需要增减，下面命令对 p_dev_edu 分区增加两个列表值：

```
SQL> alter table emp_list modify partition p_dev_edu
  2  add values('RESEARCH','PRODUCT')
  3  /
```

下面命令删除列表值：

```
SQL> alter table emp_list modify partition p_dev_edu
  2  drop values('RESEARCH','PRODUCT')
  3  /
```

对复合分区中的列表子分区增减列表值与以上语法形式相似，只要把 modify partition 改为 modify subpartition，把分区名称改为子分区名称即可。

14.5 Oracle 的复合分区

复合分区是指在建表时指定主子两种分区类型，名义上是在主分区内再划分子分区。但在实现上，只有子分区段，并不存在主分区段，这里的所谓主分区只是逻辑意义上的容器。分区表的数据只存储于子分区。

Oracle 12c 支持下面 9 种复合分区：

- range-range，range-list，range-hash
- list-range，list-list，list-hash

• hash-range,hash-list,hash-hash

在建表语句 create table 中,先以 partition by {range | list | hash}子句指定主分区类型,再以 subpartition by {range | list | hash}子句指定子分区类型。

14.5.1 创建 range-* 复合分区表

下面示例创建 range-hash 复合分区表。

主分区以 hiredate 作为分区列划分为 3 个范围分区,分别为 p_2001,p_2002 以及 p_default,以 ename 列为分区列划分散列子分区,在第 10 行命令指定每个主分区的子分区个数默认为 4,其数据存储于表空间 ts2 和 ts4,在第 14 行指定 p_default 的子分区单独在 ts3 分配空间。

```
SQL> create table emp_range_hash
  2  (
  3        empno number(4),
  4        ename varchar2(10),
  5        job varchar2(10),
  6        hiredate date,
  7        dname varchar2(20)
  8  )
  9  partition by range(hiredate)
 10  subpartition by hash(ename) subpartitions 4 store in(ts2, ts4)
 11  (
 12        partition p_2001 values less than(to_date('2002-01-01','yyyy-mm-dd')),
 13        partition p_2002 values less than(to_date('2003-01-01','yyyy-mm-dd')),
 14        partition p_default values less than(maxvalue) tablespace ts3
 15  )
 16  /
```

下面示例创建 range-list 复合分区表。

以 hiredate 为分区列划分为 2 个范围主分区,每个主分区包含 2 个列表子分区,子分区以 dname 为分区列,并分别指定两个子分区所在的表空间。

```
SQL> create table emp_range_list
  2  (
  3        empno number(4),
  4        ename varchar(10),
  5        hiredate date,
  6        dname varchar(20)
  7  )
  8  partition by range(hiredate)
  9  subpartition by list(dname)
 10  (
 11        partition p_2001 values less than(to_date('2002-01-01','yyyy-mm-dd'))
 12        (
 13              subpartition p_2001_sales values('SALES', 'PURCHASING') tablespace ts1,
```

```
14              subpartition p_2001_operations values('OPERATIONS') tablespace ts2
15          ),
16          partition p_2002 values less than(maxvalue)
17          (
18              subpartition p_2002_dev_res values('DEV', 'RESEARCH') tablespace ts1,
19              subpartition p_2002_oper_acc values('ACCOUNTING') tablespace ts2
20          )
21  )
22  /
```

下面示例创建 range-range 复合分区表。

以 hiredate 为分区列划分出 2 个范围主分区，以 empno 为分区列划分范围子分区，每个主分区包含 2 个子分区，并分别指定每个子分区所使用的表空间。

```
SQL> create table emp_range_range
  2  (
  3      empno number(4),
  4      ename varchar(10),
  5      hiredate date,
  6      dname varchar(20)
  7  )
  8  partition by range(hiredate)
  9  subpartition by range(empno)
 10  (
 11      partition p_2001 values less than(to_date('2002-01-01','yyyy-mm-dd'))
 12      (
 13          subpartition p_2001_1 values less than(7501) tablespace ts3,
 14          subpartition p_2001_2 values less than(maxvalue) tablespace ts4
 15      ),
 16      partition p_2002 values less than(maxvalue)
 17      (
 18          subpartition p_2002_1 values less than(7501) tablespace ts3,
 19          subpartition p_2002_2 values less than(maxvalue) tablespace ts4
 20      )
 21  )
 22  /
```

14.5.2 创建 list-* 复合分区表

下面示例创建 list-list 复合分区表。

以 job 为分区列创建 3 个主列表分区，其第三个分区 p_default 没有子分区，以 dname 列为分区列创建子列表分区，并分别指定每个子分区所使用的表空间。

```
SQL> create table emp_list_list
  2  (
  3      empno number(4),
```

```
  4         ename varchar2(10),
  5         job varchar2(10),
  6         hiredate date,
  7         dname varchar2(20)
  8  )
  9  partition by list(job)
 10  subpartition by list(dname)
 11  (
 12         partition p1 values ('CLERK','SALESMAN')
 13         (
 14               subpartition p1_sales values('SALES', 'PURCHASING') tablespace ts1,
 15               subpartition p1_operations values('OPERATIONS') tablespace ts2,
 16               subpartition p1_default values (default) tablespace ts3
 17         ),
 18         partition p2 values ('MANAGER','ANALYST')
 19         (
 20               subpartition p2_dev_res values('DEV', 'RESEARCH') tablespace ts1,
 21               subpartition p2_oper_acc values('ACCOUNTING') tablespace ts2,
 22               subpartition p2_default values (default) tablespace ts3
 23         ),
 24         partition p_default values (default) tablespace ts3
 25  )
 26  /
```

下面示例创建 list-range 复合分区表。

以 job 列为分区列创建了 3 个主列表分区，其中第三个主分区 p_default 内未设置子分区，p1 和 p2 内分别以 hiredate 为分区列创建了三个子范围分区，并分别指定了每个子分区所使用的表空间。

```
SQL> create table emp_list_range
  2  (
  3         empno number(4),
  4         ename varchar2(10),
  5         job varchar2(10),
  6         hiredate date,
  7         dname varchar2(20)
  8  )
  9  partition by list(job)
 10  subpartition by range(hiredate)
 11  (
 12         partition p1 values('CLERK','SALESMAN')
 13         (
 14               subpartition p1_2001 values less than(to_date('2002-01-01','yyyy-mm-dd'))
 15                     tablespace ts1,
 16               subpartition p1_2002 values less than(to_date('2003-01-01','yyyy-mm-dd'))
 17                     tablespace ts2,
```

```
18              subpartition p1_default values less than(maxvalue) tablespace ts3
19          ),
20          partition p2 values('MANAGER','ANALYST')
21          (
22              subpartition p2_2001 values less than(to_date('2002-01-01','yyyy-mm-dd'))
23                  tablespace ts1,
24              subpartition p2_2002 values less than(to_date('2003-01-01','yyyy-mm-dd'))
25                  tablespace ts2,
26              subpartition p2_default values less than(maxvalue) tablespace ts3
27          ),
28          partition p_default values(default) tablespace ts3
29      )
30      /
```

下面示例创建 list-hash 复合分区表。

以 dname 为分区列创建了 3 个列表主分区，每个列表分区除 p3 外，均包括 4 个散列子分区，以 ename 为分区列，4 个散列分区的数据分布在 ts2 和 ts4 表空间（由第 10 行命令指定），p3 分区单独指定划分为 2 个散列子分区 p3_1 和 p3_2，其数据在表空间 ts1 和 ts3 分配。

```
SQL> create table emp_list_hash
  2  (
  3      empno number(4),
  4      ename varchar2(10),
  5      job varchar2(10),
  6      hiredate date,
  7      dname varchar2(20)
  8  )
  9  partition by list(dname)
 10  subpartition by hash(ename) subpartitions 4 store in(ts2, ts4)
 11  (
 12      partition p1 values('SALES', 'PURCHASING'),
 13      partition p2 values('OPERATIONS'),
 14      partition p3 values (default)
 15      (
 16          subpartition p3_1 tablespace ts1,
 17          subpartition p3_2 tablespace ts3
 18      )
 19  )
 20  /
```

14.5.3 创建 hash-*复合分区表

下面示例创建 hash-hash 复合分区表。

以 empno 为分区列，分为两个主散列分区 p1 和 p2，每个主分区以 ename 列为分区列划分为 4 个子散列分区，其中 p2 指定划分为 2 个子分区。

```
SQL> create table emp_hash_hash
  2  (
  3       empno number(4),
  4       ename varchar2(10),
  5       job varchar2(10),
  6       hiredate date,
  7       dname varchar2(20)
  8  )
  9  partition by hash(empno)
 10  subpartition by hash(ename) subpartitions 4
 11  (
 12       partition p1,
 13       partition p2
 14       (
 15            subpartition p3_1,
 16            subpartition p3_2
 17       )
 18  )
 19  /
```

下面示例创建 hash-list 复合分区表。

以 empno 为分区列划分为 2 个主散列分区，每个主分区又以 dname 列为分区列划分为 3 个子列表分区，并给某些子分区指定了所使用的表空间。

```
SQL> create table emp_hash_list
  2  (
  3       empno number(4),
  4       ename varchar2(10),
  5       job varchar2(10),
  6       hiredate date,
  7       dname varchar2(20)
  8  )
  9  partition by hash(empno)
 10  subpartition by list(dname)
 11  (
 12       partition p1 tablespace ts1
 13       (
 14            subpartition p1_1 values('EDU','DEV'),
 15            subpartition p1_2 values('OPERATIONS'),
 16            subpartition p1_3 values(default) tablespace ts4
 17       ),
 18       partition p2
 19       (
 20            subpartition p2_1 values('EDU','DEV') tablespace ts2,
 21            subpartition p2_2 values('OPERATIONS') tablespace ts3,
```

```
22              subpartition p2_3 values(default) tablespace ts4
23          )
24  )
25  /
```

下面示例创建 hash-range 复合分区表。

以 empno 为分区列划分为 2 个主散列分区，每个主分区又以 empno 为分区列划分为 2 个子范围分区，并给某些子分区指定了表空间。

```
SQL> create table emp_hash_range
  2  (
  3       empno number(4),
  4       ename varchar2(10),
  5       job varchar2(10),
  6       hiredate date,
  7       dname varchar2(20)
  8  )
  9  partition by hash(ename)
 10  subpartition by range(empno)
 11  (
 12       partition p1 tablespace ts1
 13       (
 14            subpartition p1_1 values less than(1001),
 15            subpartition p1_2 values less than(2001),
 16            subpartition p1_3 values less than(maxvalue) tablespace ts4
 17       ),
 18       partition p2
 19       (
 20            subpartition p2_1 values less than(1001),
 21            subpartition p2_2 values less than(2001),
 22            subpartition p2_3 values less than(maxvalue) tablespace ts4
 23       )
 24  )
 25  /
```

14.5.4 管理子分区

添加子分区的语法与子分区类型相关，下面对每种子分区类型举一实例说明，若要同时更新索引数据，可以在最后附加 update indexes 子句。

下面示例对 emp_range_hash 表添加新的散列子分区：

```
SQL> alter table emp_range_hash modify partition p1_2001
  2  add subpartition p1_2001_subp5 tablespace ts1
  3  /
```

下面示例对 emp_range_list 表添加新的列表子分区：

```
SQL> alter table emp_range_list modify partition p_2002
  2  add subpartition p_2002_default values('SALES','PURCHASE')
  3  /
```

下面示例对 emp_range_range 表添加新的范围子分区：

```
SQL> alter table emp_range_range modify partition p_2001
  2  add subpartition p_2001_2 values less than(8000)
  3  /
```

子分区的合并、分割、删除及重命名操作与分区的相应操作语法形式相同，只是把命令中的关键字 partition 改为 subpartition。如下面示例把 emp_range_range 表的子分区 p_2001_2 重命名为 p_2001_3：

```
SQL> alter table emp_range_range rename subpartition P_2001_2 to p_2001_3;
```

14.6 Oracle 分区的常见维护操作

分区的某些操作方法与其类型相关，分区类型不同，命令的语法形式也不同，如对范围分区和列表分区的分割操作，但又有某些操作，其语法形式是相同的，本节对这类操作一起说明。

14.6.1 查询分区表信息

数据字典视图 dba_tab_partitions 和 dba_tab_subpartitions 用来查询分区和复合分区信息。

下面示例使用 dba_tab_partitions 查询分区表 emp_range 的系统信息：

```
SQL> set long 30
SQL> select table_name, composite, partition_name, high_value, tablespace_name
  2  from dba_tab_partitions
  3  where table_name='EMP_RANGE'
  4  /

TABLE_NAME COM PARTITION_NAME  HIGH_VALUE                        TABLESPACE
---------- --- --------------- ------------------------------- ----------
EMP_RANGE  NO  P_2006          MAXVALUE                          TS3
EMP_RANGE  NO  P_2005          TO_DATE(' 2006-01-01 00:00:00'    TS2
EMP_RANGE  NO  P_2004          TO_DATE(' 2005-01-01 00:00:00'    TS1
EMP_RANGE  NO  P_2003          TO_DATE(' 2004-01-01 00:00:00'    TS3
```

下面示例使用 dba_tab_subpartitions 查询复合分区表 emp_range_hash 的系统信息：

```
SQL> select table_name, partition_name, subpartition_name, tablespace_name
  2  from dba_tab_subpartitions
  3  where table_name='EMP_RANGE_HASH'
```

```
  4  order by partition_name
  5  /

TABLE_NAME        PARTITION_NAME   SUBPARTITION_NAME  TABLESPACE_NAME
---------------- ---------------- ------------------ ----------------
EMP_RANGE_HASH   P1_2001          SYS_SUBP638        TS4
EMP_RANGE_HASH   P1_2001          SYS_SUBP639        TS2
EMP_RANGE_HASH   P1_2001          SYS_SUBP637        TS2
EMP_RANGE_HASH   P1_2001          SYS_SUBP640        TS4
EMP_RANGE_HASH   P2_2002          SYS_SUBP641        TS2
EMP_RANGE_HASH   P2_2002          SYS_SUBP643        TS2
EMP_RANGE_HASH   P2_2002          SYS_SUBP644        TS4
EMP_RANGE_HASH   P2_2002          SYS_SUBP642        TS4
EMP_RANGE_HASH   P_DEFAULT        SYS_SUBP645        TS2
EMP_RANGE_HASH   P_DEFAULT        SYS_SUBP646        TS2
EMP_RANGE_HASH   P_DEFAULT        SYS_SUBP647        TS2
EMP_RANGE_HASH   P_DEFAULT        SYS_SUBP648        TS2
```

下面示例使用 dba_part_tables 查询本章所建各分区表及复合分区表的系统信息，复合分区表则包括了主分区类型、子分区类型，以及子分区的默认个数：

```
SQL> select table_name, partitioning_type, subpartitioning_type,
  2           partition_count, def_subpartition_count
  3  from dba_part_tables
  4  where table_name like 'EMP%'
  5  order by table_name
  6  /

TABLE_NAME         PARTITION  SUBPARTIT  PARTITION_COUNT  DEF_SUBPARTITION_COUNT
------------------ ---------- ---------- ---------------- -----------------------
EMP_HASH           HASH       NONE                      1                       0
EMP_HASH_HASH      HASH       HASH                      2                       4
EMP_HASH_LIST      HASH       LIST                      2                       1
EMP_HASH_RANGE     HASH       RANGE                     3                       1
EMP_LIST           LIST       NONE                      4                       0
EMP_LIST_HASH      LIST       HASH                      3                       4
EMP_LIST_LIST      LIST       LIST                      3                       1
EMP_LIST_RANGE     LIST       RANGE                     3                       1
EMP_RANGE          RANGE      NONE                      4                       0
EMP_RANGE_HASH     RANGE      HASH                      3                       4
EMP_RANGE_LIST     RANGE      LIST                      2                       1
EMP_RANGE_RANGE    RANGE      RANGE                     2                       1
```

14.6.2 重命名分区

下面命令把 emp_hash_hash 表的主分区 p_2001 重命名为 p1：

```
SQL> alter table emp_range_list rename partition p_2001 to p1;
```

下面命令把 emp_hash_hash 表的子分区 p_2001_sales 重命名为 p1_sales：

```
SQL> alter table emp_range_list rename subpartition p_2001_sales to p1_sales;
```

14.6.3 移动分区

下面示例把 emp_range 表的分区 p_2006 移至表空间 ts4，同时更新涉及到的索引数据：

```
SQL> alter table emp_range move partition p_2006 tablespace ts4
  2  update indexes
  3  /
```

下面示例把复合分区表 emp_range_list 的子分区 p1_sales 移动到表空间 ts3，同时更新涉及到的索引数据：

```
SQL> alter table emp_range_list move subpartition p1_sales tablespace ts3
  2  update indexes
  3  /
```

普通用户（除 sys、system、public、outln 或 XDM 之外的用户）可以附加 online 关键字联机移动分区：

```
SQL> alter table emp_hash_hash move subpartition p3_1 online tablespace ts3;
```

联机移动分区过程中，对分区表的 DML 操作不会被阻塞，表上的所有索引会自动维护。

14.6.4 设置表的 row movement 属性

默认设置情况下，Oracle 不允许修改分区列值时超出其所在分区范围，如下面示例所示：

```
SQL> update emp_list set dname= 'EDU' where empno=1000;
update emp_list set dname= 'EDU' where empno=1000
       *
第 1 行出现错误：
ORA-14402：更新分区关键字列将导致分区的更改
```

开启表的 row movement 属性后，则可以在修改后，根据需要在各个分区间自由移动。

```
SQL> alter table emp_list enable row movement;
表已更改。
SQL> update emp_list set dname= 'EDU' where empno=1000;
已更新 1 行。
```

若要关闭 row movement，回到默认状态，则可以执行下面命令：

```
SQL> alter table emp_list disable row movement;
```

14.6.5 操作指定分区的数据

查询指定分区的记录：

```
SQL> select * from emp_list partition(p_dev_edu) where empno> 1000;
```

修改指定分区的记录：

```
SQL> update emp_list partition(p_dev_edu) set ename= 'EDU' where empno=1000;
```

删除指定分区的记录：

```
SQL> delete from emp_list partition(p_dev_edu) where empno> 1000;
```

清空指定分区内的数据,同时更新涉及的索引数据：

```
SQL> alter table emp_list truncate partition p_dev_edu update indexes;
```

14.7 Oracle的分区索引

分区表上可以创建分区索引,也可以创建普通非分区索引。与分区表一样,分区索引可以提高查询效率并便于管理。

分区索引分为本地索引(local index,也称为局部索引)和全局索引(global index)两类,本地分区索引的分区与表的分区一一对应,而全局分区索引的分区独立于表的分区。OLTP系统一般使用全局分区索引,数据仓库和决策支持系统一般使用本地分区索引。

14.7.1 本地分区索引

本地索引与分区表的数据会自动同步。对表分区的增删操作会导致索引分区的自动增删,用户不能对本地索引的分区进行增删操作。

下面示例先创建复合分区表 e_range_list：

```
SQL> create table e_range_hash
  2  (
  3      empno number(4),
  4      ename varchar2(10),
  5      job varchar2(10),
  6      hiredate date,
  7      dname varchar2(20)
  8  )
  9  partition by range(hiredate)
 10  subpartition by hash(ename) subpartitions 4 store in(ts2, ts4)
 11  (
 12      partition p_2001 values less than(to_date('2002-01-01','yyyy-mm-dd')),
 13      partition p_2002 values less than(to_date('2003-01-01','yyyy-mm-dd')),
 14      partition p_default values less than(maxvalue) tablespace ts3
 15  )
 16  /
```

创建本地分区索引：

```
SQL> create index idx_e_local on e_range_hash(hiredate, ename) local;
```

下面是表的复合分区信息：

```
SQL> select table_name, partition_name, subpartition_name
  2  from dba_tab_subpartitions
  3  where table_name='E_RANGE_HASH'
  4  order by partition_name, subpartition_name
  5  /

TABLE_NAME      PARTITION_NAME        SUBPARTITION_NAME
--------------- --------------------- ---------------------
E_RANGE_HASH    P_2001                SYS_SUBP921
E_RANGE_HASH    P_2001                SYS_SUBP922
E_RANGE_HASH    P_2001                SYS_SUBP923
E_RANGE_HASH    P_2001                SYS_SUBP924
E_RANGE_HASH    P_2002                SYS_SUBP925
E_RANGE_HASH    P_2002                SYS_SUBP926
E_RANGE_HASH    P_2002                SYS_SUBP927
E_RANGE_HASH    P_2002                SYS_SUBP928
E_RANGE_HASH    P_DEFAULT             SYS_SUBP929
E_RANGE_HASH    P_DEFAULT             SYS_SUBP930
E_RANGE_HASH    P_DEFAULT             SYS_SUBP931
E_RANGE_HASH    P_DEFAULT             SYS_SUBP932
```

下面是本地索引的分区信息,可以发现两者是相同的：

```
SQL> select index_name, partition_name, subpartition_name
  2  from dba_ind_subpartitions
  3  where index_name='IDX_E_LOCAL'
  4  order by partition_name, subpartition_name
  5  /

INDEX_NAME      PARTITION_NAME        SUBPARTITION_NAME
--------------- --------------------- ---------------------
IDX_E_LOCAL     P_2001                SYS_SUBP921
IDX_E_LOCAL     P_2001                SYS_SUBP922
IDX_E_LOCAL     P_2001                SYS_SUBP923
IDX_E_LOCAL     P_2001                SYS_SUBP924
IDX_E_LOCAL     P_2002                SYS_SUBP925
IDX_E_LOCAL     P_2002                SYS_SUBP926
IDX_E_LOCAL     P_2002                SYS_SUBP927
IDX_E_LOCAL     P_2002                SYS_SUBP928
IDX_E_LOCAL     P_DEFAULT             SYS_SUBP929
IDX_E_LOCAL     P_DEFAULT             SYS_SUBP930
IDX_E_LOCAL     P_DEFAULT             SYS_SUBP931
IDX_E_LOCAL     P_DEFAULT             SYS_SUBP932
```

可以单独指定索引主分区或子分区属性，但主、子分区个数要与表一致，下面命令指定索引各主分区属性（先删除 idx_e_local 索引再执行）：

```
SQL> create index idx_e_local on e_range_hash(hiredate,ename) local
  2  (
  3       partition p1 tablespace ts1,
  4       partition p2 tablespace ts2,
  5       partition p3 tablespace ts3
  6  )
  7  /
```

也可以如下所示指定子分区属性（先删除 idx_e_local 索引再执行）：

```
SQL> create index idx_e_local on e_range_hash(hiredate,ename) local
  2  (
  3       partition p1
  4       (
  5            subpartition p1_1 tablespace ts1,
  6            subpartition p1_2 tablespace ts1,
  7            subpartition p1_3 tablespace ts1,
  8            subpartition p1_4 tablespace ts1
  9       ),
 10       partition p2 tablespace ts2,
 11       partition p3 tablespace ts3
 12  )
 13  /
```

14.7.2 全局分区索引

全局分区索引的分区与表独立，可以在任何分区类型的表上创建全局分区索引。全局分区索引自身的分区类型限制为范围分区和散列分区。

下面示例在 e_range_hash 表上创建范围分区全局索引：

```
SQL> create index idx_e_global on e_range_hash(empno) global
  2  partition by range(empno)
  3  (
  4       partition p1 values less than(5000) tablespace ts1,
  5       partition p2 values less than(6000) tablespace ts2,
  6       partition p3 values less than(maxvalue) tablespace ts3
  7  )
  8  /
```

下面示例在 e_range_hash 表上创建散列分区全局索引（先删除 idx_e_global 索引再执行）：

```
SQL> create index idx_e_global on e_range_hash(empno) global
```

```
  2  partition by hash(empno) partitions 4
  3  /
```

14.7.3 表分区的修改对索引的影响

对表的分区或子分区进行添加、删除、合并、分割、移动等操作时，会使其本地索引或全局索引的部分分区甚至全部分区失效。执行这些操作时，若附加 update indexes 选项，则可以同步更新全部索引。下面通过实验做一简单说明。

执行下面命令创建分区表：

```
SQL> create table emp
  2  (
  3        empno number(4),
  4        ename varchar2(10),
  5        dname varchar2(10)
  6  )
  7  partition by range(empno)
  8  subpartition by hash(ename) subpartitions 2 store in(ts2, ts4)
  9  (
 10        partition p1 values less than(5001),
 11        partition p2 values less than(maxvalue)
 12  )
 13  /
```

再创建本地分区索引：

```
SQL> create index idx_emp_local on emp(empno, ename) local;
```

最后创建全局分区索引：

```
SQL> create index idx_emp_global on emp(empno) global
  2  partition by range(empno)
  3  (
  4      partition  pidx_1 values less than(7001) tablespace ts1,
  5      partition  pidx_2 values less than(maxvalue) tablespace ts2
  6  )
  7  /
```

对表添加记录：

```
SQL> insert into emp values(1000,'Smith','DEV');
已创建 1 行。
SQL> insert into emp values(6000,'Scott','EDU');
已创建 1 行。
SQL> insert into emp values(8000,'King','SALES');
已创建 1 行。
SQL> insert into emp values(9000,'Adams','SALES');
```

已创建 1 行。

合并表的散列子分区：

```
SQL> alter table emp modify partition p1 coalesce subpartition;
```

查看本地索引的可用性：

```
SQL> select index_name, partition_name, subpartition_name, status
  2  from dba_ind_subpartitions
  3  where index_name='IDX_EMP_LOCAL'
  4  /

INDEX_NAME       PARTITION_NAME        SUBPARTITION_NAME     STATUS
---------------  --------------------  --------------------  --------
IDX_EMP_LOCAL    P1                    SYS_SUBP1066          UNUSABLE
IDX_EMP_LOCAL    P2                    SYS_SUBP1068          USABLE
IDX_EMP_LOCAL    P2                    SYS_SUBP1069          USABLE
```

查看全局分区索引的可用性：

```
SQL> select index_name, partition_name, status
  2  from dba_ind_partitions
  3  where index_name='IDX_EMP_GLOBAL'
  4  /

INDEX_NAME       PARTITION_NAME        STATUS
---------------  --------------------  --------
IDX_EMP_GLOBAL   PIDX_2                UNUSABLE
IDX_EMP_GLOBAL   PIDX_1                UNUSABLE
```

执行下面命令，使得由表的 SYS_SUBP1066 子分区变动而导致的本地索引的不可用分区重新可用：

```
SQL> alter table emp modify subpartition SYS_SUBP1066
  2  rebuild unusable local indexes
  3  /
```

若表的变动分区不容易查询到，则可以执行下面命令直接操作索引分区，使其重新可用：

```
SQL> alter index idx_emp_local rebuild subpartition SYS_SUBP1066;
```

若使全局分区索引重新可用，需要将其分区重建，如下命令所示：

```
SQL> alter index idx_emp_global rebuild partition pidx_1;
索引已更改。
SQL> alter index idx_emp_global rebuild partition pidx_2;
索引已更改。
```

若执行表分区变动时，附加 update indexes 选项，则会同步更新所有索引分区：

```
SQL> alter table emp modify partiion p2 coalesce subpartition update indexes;
```

确认其本地索引都是可用的：

```
SQL> select index_name, partition_name, subpartition_name, status
  2  from dba_ind_subpartitions
  3  where index_name='IDX_EMP_LOCAL'
  4  /

INDEX_NAME       PARTITION_NAME         SUBPARTITION_NAME      STATUS
---------------  ---------------------  ---------------------  --------
IDX_EMP_LOCAL    P1                     SYS_SUBP1066           USABLE
IDX_EMP_LOCAL    P2                     SYS_SUBP1068           USABLE
```

确认其全局分区索引都是可用的：

```
SQL> select index_name, partition_name, status
  2  from dba_ind_partitions
  3  where index_name='IDX_EMP_GLOBAL'
  4  /

INDEX_NAME       PARTITION_NAME         STATUS
---------------  ---------------------  --------
IDX_EMP_GLOBAL   PIDX_2                 USABLE
IDX_EMP_GLOBAL   PIDX_1                 USABLE
```

14.8 SQL Server 的分区表

SQL Server 2000 版本开始支持基于多个表的分区视图，模拟分区表的功能，SQL Server 2005 支持比较完备的分区表和分区索引。SQL Server 只支持 Oracle 的范围分区类型，不支持复合分区，在操作和功能方面也不如 Oracle 灵活、丰富。

14.8.1 使用分区的主要步骤

SQL Server 创建分区表的主要步骤包括：

- 创建分区函数
- 创建分区方案
- 创建分区表

分区函数用于指定划分分区的个数和各自的范围，分区 scheme 用于指定各个分区应放入的文件组。

14.8.2 创建存放分区的文件组

在 law 数据库创建 4 个文件组用于存放分区：

```
1> use law
2> go
```

已将数据库上下文更改为 'law'。

```
1> alter database law add filegroup pfg1
2> alter database law add filegroup pfg2
3> alter database law add filegroup pfg3
4> alter database law add filegroup pfg4
5> go
```

给 4 个文件组分别添加一个数据文件：

```
1> alter database law add file
2> (
3>     name=pfg101,
4>     filename='e:\sqldata\pfg101.ndf',
5>     size=1mb
6> )
7> to filegroup pfg1
8> go
1> alter database law add file
2> (
3>     name=pfg201,
4>     filename='e:\sqldata\pfg201.ndf',
5>     size=1mb
6> )
7> to filegroup pfg2
8> go
1> alter database law add file
2> (
3>     name=pfg301,
4>     filename='e:\sqldata\pfg301.ndf',
5>     size=1mb
6> )
7> to filegroup pfg3
8> go
1> alter database law add file
2> (
3>     name=pfg401,
4>     filename='e:\sqldata\pfg401.ndf',
5>     size=1mb
6> )
7> to filegroup pfg4
8> go
```

14.8.3 创建分区函数

分区函数决定表的数据如何分区，但分区函数本身是独立于表的，创建分区函数不涉及任何表的信息。

下面示例创建依据日期值进行分区的分区函数 EmpDateRange：

```
1> create partition function EmpDateRange(datetime)
2> as range left for values('2006-01-01', '2007-01-01', '2008-01-01')
3> go
```

datetime 表示分区依据的列为日期型，子句 as range left for values('2006-01-01', '2007-01-01', '2008-01-01')中的 3 个日期常量为 4 个分区的界限，因为使用了 left 关键字，分区列值小于等于分界值的记录会落在其左侧分区，这与 Oracle 范围分区命令中的 values less than 的效果相似，但 Oracle 的范围分区界限值会落在右侧分区。4 个分区的范围如表 14-1 所示。

表 14-1 分区范围

分区编号	下限	上限
1	无	2006-01-01 00:00:00
2	2006-01-01 00:00:01	2007-01-01 00:00:00
3	2007-01-01 00:00:01	2008-01-01 00:00:00
4	2008-01-01 00:00:01	无

如果把 left 改为 right，即 as range right for values('2006-01-01', '2007-01-01', '2008-01-01')，则分区列值大于等于分界值的记录会落在其右侧分区。4 个分区的范围如表 14-2 所示。

表 14-2 分区范围

分区编号	下限	上限
1	无	2005-12-31 12:59:59
2	2006-01-01 00:00:00	2006-12-31 12:59:59
3	2007-01-01 00:00:00	2007-12-31 12:59:59
4	2008-01-01 00:00:00	无

14.8.4 创建分区方案

分区方案把分区函数与指定文件组绑定。

下面示例把分区函数 EmpDateRange 与 4 个文件组 pfg1, pfg2, pfg3, pfg4 建立绑定关系，即分区函数 EmpDateRange 确定的 4 个分区分别放入文件组 pfg1, pfg2, pfg3, pfg4：

```
1> create partition scheme EmpDateRangeScheme
2> as partition EmpDateRange
3> to(pfg1, pfg2, pfg3, pfg4)
4> go
```

若要所有分区放入同一个文件组，只要在上面第 3 行命令附加 all 关键字，如 all to (pfg1) 把所有分区放入 pfg1 文件组，如下命令所示：

```
1> create partition scheme EmpDateRangeScheme
2> as partition EmpDateRange
3> all to(pfg1)
```

14.8.5 创建分区表

创建表，把表的指定列与分区 scheme 绑定。

要注意分区列必须是主键的一部分，否则会报错：

```
1> create table employee
2> (
3>     empno numeric primary key,
4>     ename varchar(10),
5>     hiredate datetime
6> )
7> on EmpDateRangeScheme(hiredate)
8> go
消息 1908，级别 16，状态 1，服务器 LAW_X240，第 1 行
列 'hiredate' 是索引 'PK__employee__0EA330E9' 的分区依据列。唯一索引的分区依据列必须是索引键的子集。
消息 1750，级别 16，状态 1，服务器 LAW_X240，第 1 行
无法创建约束。请参阅前面的错误消息。
```

把 empno 与 hiredate 列作为复合主键，重新建表：

```
1> create table employee
2> (
3>     empno numeric,
4>     ename varchar(10),
5>     hiredate datetime
6>     primary key(empno,hiredate)
7> )
8> on EmpDateRangeScheme(hiredate)
9> go
```

14.8.6 查询记录所在分区

首先对表 employee 添加记录：

```
1> insert into employee values(1001,'Smith','2005/12/28')
2> insert into employee values(1002,'Ford','2006/1/1')
3> insert into employee values(1003,'King','2006/8/15')
4> insert into employee values(1004,'Ward','2007/10/15')
5> insert into employee values(1005,'Scott','2008/11/15')
6> insert into employee values(1006,'James','2009/8/15')
7> go
```

可以使用$partition 函数查询每一行记录所在的分区：

```
1> select empno,ename,hiredate,
2>          $partition.EmpDateRange(hiredate) partition
3> from employee
```

```
4> go
empno              ename      hiredate                     partition
------------------ ---------- ---------------------------- ---------
              1001 Smith      2005-12-28 00:00:00.000              1
              1002 Ford       2006-01-01 00:00:00.000              1
              1003 King       2006-08-15 00:00:00.000              2
              1004 Ward       2007-10-15 00:00:00.000              3
              1005 Scott      2008-11-15 00:00:00.000              4
              1006 James      2009-08-15 00:00:00.000              4
```

14.8.7 分割分区

首先创建存放新分区的文件组：

```
1> alter database law add filegroup pfg5
2> go
```

对新文件组添加数据文件：

```
1> alter database law add file
2> (
3>      name=pfg501,
4>      filename='e:\sqldata\pfg501.ndf',
5>      size=1MB
6> )
7> to filegroup pfg5
8> go
```

把新文件组与原来的分区 scheme 绑定：

```
1> alter partition scheme EmpDateRangeScheme
2> next used pfg5
3> go
```

分割分区：

```
1> alter partition function EmpDateRange()
2> split range('2009-01-01')
3> go
```

添加测试记录：

```
1> insert into employee values(1007,'Clark','2009-10-28')
2> go
```

重新查询每条记录所在的分区：

```
1> select empno,ename,hiredate,
2>           $partition.EmpDateRange(hiredate) partition
3> from employee
4> go
```

```
empno                ename       hiredate                     partition
-----------------    ---------   ----------------------- --------
               1001  Smith       2005-12-28 00:00:00.000          1
               1002  Ford        2006-01-01 00:00:00.000          1
               1003  King        2006-08-15 00:00:00.000          2
               1004  Ward        2007-10-15 00:00:00.000          3
               1005  Scott       2008-11-15 00:00:00.000          4
               1006  James       2009-08-15 00:00:00.000          5
               1007  Clark       2009-10-28 00:00:00.000          5
```

可以发现,新添加的记录与原来的 empno 为 1006 的记录都存放于 5 号分区。

14.8.8 合并分区

合并分区可以使用下面命令:

```
1> alter partition function EmpDateRange()
2> merge range('1/1/2008')
3> go
```

合并这个分区后,每个分区的范围如表 14-3 所示。

表 14-3 变化后的分区范围

分区编号	下限	上限
1	无	2006-01-01/ 00:00:00
2	2006-01-01 00:00:01	2007-01-01 00:00:00
3	2007-01-01 00:00:01	2009-01-01 00:00:00
4	2009-01-01 00:00:01	无

再查询所有记录所在的分区:

```
1> select empno,ename,hiredate,
2>           $ partition.EmpDateRange(hiredate) partition
3> from employee
4> go
empno                ename       hiredate                 partition
-----------------    ---------   ---------------------- ------
               1001  Smith       2005-12-28 00:00:00.000        1
               1002  Ford        2006-01-01 00:00:00.000        1
               1003  King        2006-08-15 00:00:00.000        2
               1004  Ward        2007-10-15 00:00:00.000        3
               1005  Scott       2008-11-15 00:00:00.000        3
               1006  James       2009-08-15 00:00:00.000        4
               1007  Clark       2009-10-28 00:00:00.000        4
```

可以发现,1005 被移入了 3 号分区,1006 与 1007 被移入了 4 号分区。

14.8.9 在表之间移动分区数据

使用 alter table *tblname* switch 命令移动表的数据。

移动分区数据有以下几种情况：

- 把一个分区的数据从一个分区表转移到另一个分区表(要求分区列相同)。
- 把一个非分区表的所有数据转移到另一个分区表。
- 把一个分区从一个分区表转移到另一个非分区表。

下面示例说明第一种情况，其他情况请读者参考联机丛书。

创建测试表 employeeBak：

```
1> create table employeeBak
2> (
3>    empno numeric,
4>    ename varchar(10),
5>    hiredate datetime
6>    primary key(empno,hiredate)
7> )
8> on EmpDateRangeScheme(hiredate)
9> go
```

把 employee 表的 4 号分区转移到 employeeBak 表的 4 号分区：

```
1> alter table employee
2> switch partition 4
3> to employeeBak partition 4
4> go
```

查询 employeeBak 表中记录及其所在的分区：

```
1> select empno,ename,hiredate,
2>              $ partition.EmpDateRange(hiredate) partition
3> from employeeBak
4> go
empno              ename      hiredate                  partition
------------------ ---------- ------------------------- -----------
              1006 James      2009-08-15 00:00:00.000             4
              1007 Clark      2009-10-28 00:00:00.000             4
```

14.8.10 删除分区函数与分区方案

删除分区函数或分区方案，要先删除与之绑定的表或索引。

删除分区函数之前，要先删除与之绑定的分区方案。

下面示例删除上面所建的分区方案 EmpDateRangeScheme 以及分区函数 EmpDateRange。

```
1> drop table employee
2> drop table employeeBak
3> go
1> drop partition scheme EmpDateRangeScheme
2> go
1> drop partition function EmpDateRange
2> go
```

14.9 SQL Server 的分区索引

分区索引可以与表使用相同的分区方案，也可以使用另外的分区方案，这两种方式分别与Oracle的本地分区索引和全局分区索引对应。

下面命令创建的索引与表使用相同的分区方案：

```
1> create index idx_emp_hiredate on employee(hiredate)
2> on EmpDateRangeScheme(hiredate)
3> go
```

若使用另外的分区方案，执行过程与上面相同，这里不再赘述。

14.10 查询 SQL Server 分区信息

SQL Server 的分区相关信息主要包括分区函数，分区方案，分区表及分区索引的信息。

14.10.1 查询分区函数信息

查询分区函数信息可以使用 sys.partition_functions 和 sys.partition_range_values。

使用目录视图 sys.partition_functions 可以查询数据库中每个分区函数的总体信息，下面查询结果显示了每个分区函数名称、id 编号、分区类型、分区个数(fanout)、是否为右边界：

```
1> select name,function_id,type_desc,fanout,boundary_value_on_right
2> from sys.partition_functions
3> go
name              function_id type_desc    fanout      boundary_value_on_right
----------------- --------- ------------ ----------- -------------------
EmpDateRange          65537 RANGE                  4                  0
EmpDateRangeNew       65538 RANGE                  3                  0

(2 行受影响)
```

直至 SQL Server 2016 版本，type_desc 的值只有 range，即只支持范围分区类型。既然有 type_desc 这样的列，我们可以预测，在后续版本中，SQL Server 将会支持类似 Oracle 的列表分区和散列分区等更多类型，此列的值也会丰富起来。

要查询每个分区的界限值，可以使用目录视图 sys.partition_range_values，下面查询结果显示了分区函数编号、界限值编号以及界限值：

```
1> select * from sys.partition_range_values
2> go
function_id boundary_id parameter_id value
-------- --------- --------- ----------------
   65537          1            1 2006-12-31 00:00
   65537          2            1 2007-12-31 00:00
   65537          3            1 2008-12-31 00:00
   65538          1            1 2007-01-01 00:00
```

```
65538               2              1 2008-01-01 00:00

(5 行受影响)
```

结合目录视图 sys. partition_functions，可以把上面查询的分区函数编号替换为分区函数名称，使得查询结果更加可读：

```
1> select pf.name,pv.boundary_id,pv.value
2> from sys.partition_functions pf, sys.partition_range_values pv
3> where pf.function_id=pv.function_id
4> order by 1,2
5> go
name                boundary_id value
------------------- ----------- -------------------
EmpDateRange                  1 2006-12-31 00:00
EmpDateRange                  2 2007-12-31 00:00
EmpDateRange                  3 2008-12-31 00:00
EmpDateRangeNew               1 2007-01-01 00:00
EmpDateRangeNew               2 2008-01-01 00:00

(5 行受影响)
```

14.10.2 查询分区方案信息

查询分区方案信息可以使用 sys. partition_schemes，其中包含了分区方案名称和对应分区函数编号，与目录视图 sys. partition_functions 结合使用，可以查询每个分区方案及其对应分区函数名称，如下面命令所示：

```
1> select ps.name,pf.name
2> from sys.partition_schemes ps,sys.partition_functions pf
3> where ps.function_id=pf.function_id
4> go
name                            name
------------------------------- --------------------------
EmpDateRangeScheme              EmpDateRange
EmpDateRangeSchemeNew           EmpDateRangeNew
```

14.10.3 查询分区表信息

查询分区表信息可以使用目录视图 sys. indexes 结合 sys. data_spaces。下面查询得到 employee 表及其对应分区方案：

```
1> select object_name(object_id),ds.name
2> from sys.indexes i,sys.data_spaces ds
3> where object_name(object_id)='employee' and
4>       (index_id=0 or index_id=1) and
5>       i.data_space_id=ds.data_space_id
```

```
6> go
                                        name
------------------------- --------------------------
employee                                EmpDateRangeScheme
```

14.10.4 操作分区内的数据

操作分区内数据时，可以在相关命令中使用系统函数 $partition 返回分区序号，其用法为：$partition. *partition_function*(*partition_column*)，其中的 partition_function 和 partition_column 分别为分区函数和分区列的名称。下面给出几个实例。

查询分区表的所有行及所在分区：

```
1> select $partition.empdaterange(hiredate) partition, *
2> from employee
3> go
partition   empno                ename      hiredate
----------- -------------------- ---------- -----------------------
          1                 1001 Smith      2005-12-28 00:00:00.000
          1                 1002 Ford       2006-01-01 00:00:00.000
          1                 1003 King       2006-08-15 00:00:00.000
          2                 1004 Ward       2007-10-15 00:00:00.000
          3                 1005 Scott      2008-11-15 00:00:00.000
          4                 1006 James      2009-08-15 00:00:00.000

(6 行受影响)
```

查询指定分区内的数据：

```
1> select * from employee
2> where $partition.empdaterange(hiredate) = 1
3> go
empno                ename      hiredate
-------------------- ---------- -----------------------
                1001 Smith      2005-12-28 00:00:00.000
                1002 Ford       2006-01-01 00:00:00.000
                1003 King       2006-08-15 00:00:00.000
```

删除指定分区内的行：

```
1> delete from employee
2> where $partition.empdaterange(hiredate) = 1
3> go

(3 行受影响)
```

第15章 事务处理

具备事务处理功能是数据库区别于文件系统的重要特征，事务处理也是大型 DBMS 的核心部分。并发控制基于事务实现，数据库出现故障后的实例或介质恢复也都以事务为单位。

本章主要内容包括：

- 事务概念
- ACID 属性
- 事务控制命令
- 客户端的事务模式
- DDL 与 DCL 的处理方式
- 事务隔离级别
- SQL Server 的多版本数据技术

15.1 事务概念

事务是若干操作的集合，这个集合中的所有操作作为一个整体要么都完成要么都取消。

事务处理首先在美国航空的 SABRE 系统(由 IBM 开发)和 IBM 的 IMS 系统实现，至今已应用于几乎所有的大中型数据库产品中。

15.2 ACID 属性

ACID 属性由 Jim Gray 和 Andreas Reuter 在 20 世纪 80 年代初提出和完善。

关系数据库中的事务应该满足 ACID 属性，ACID 是四个英文词的词首字母，分别翻译为原子性，一致性，隔离性，持久性，其含义如下：

- Atomicity：事务中的操作作为一个整体不可分。
- Consistency：事务把数据库从一个一致状态转到另一个一致状态。一致状态是指数据库中的数据都是正确的，要保证事务一致性往往需要程序员的参与。
- Isolation：事务对数据的修改直到提交后才对其他事务可见。
- Durablity：事务提交成功后，其效果在数据库中是永久的。由于性能原因，事务提交不是把修改的数据写入磁盘，需要某种机制保证这个特性。

15.3 事务控制命令

Oracle 和 SQL Server 的主要事务控制命令如下：

- commit:结束一个事务,且使事务中的修改永久化。
- rollback:结束一个事务,把数据库恢复到事务开始之前的状态。
- savepoint/save transaction:创建一个标志。Oracle 使用前者,SQL Server 使用后者。
- rollback to < savepoint>/rollback transaction < savepoint>:与 savepoint/save transaction 结合使用,使事务回滚到指定位置。Oracle 使用前者,SQL Server 使用后者。
- set transaction:设置事务属性,如 set transaction isolation level 设置隔离级别。

15.3.1 commit 背后

不同数据库产品执行 commit 操作的原理是相似的。

在上面的 ACID 属性中提到,commit 操作并不是把事务中被修改的数据写入磁盘永久保存。假如 100 个事务修改同一个对象,若 commit 时就把其修改结果写入磁盘,这 100 个事务会写入磁盘 100 次,效率被无谓降低了,只要把最后的修改结果写入磁盘就可以了。既然 commit 操作不会把事务中的修改结果写入磁盘,那么它又做了哪些事情呢?

事务提交后,主要发生了三件事情:

- 释放事务产生的锁。
- 把重做缓冲区的数据写入磁盘上的重做日志文件。
- 把事务提交信息写入重做日志文件,以表示进行数据库恢复时要达到的最后状态。

以上任务主要是第二项相对消耗资源。事务提交前,重做缓冲区数据可能已经被写入多次(事务提交只是重做缓冲区内容写入磁盘的条件之一),因此事务提交时间是很快的,与事务中的操作数量及修改的数据量基本没关系。

事务提交之前,其修改的部分数据可能已被写入磁盘,而提交之后,可能部分被修改的数据尚未写入磁盘,若发生断电等故障,导致数据库意外关闭,数据库处于不一致状态。数据库重新启动时,若处于不一致状态,会进行实例恢复,把已提交、但尚未写入磁盘的数据应用联机重做日志文件写入数据文件(redo),再把未提交却已写入磁盘的数据回滚(undo),使数据库重新处于一致状态。

15.3.2 rollback 背后

执行 rollback 操作时,除了释放锁以外,Oracle 使用 undo 表空间的 undo 数据替换被事务修改的数据,SQL Server 使用重做日志中的 undo 数据替换被事务修改的数据。

15.4 客户端的事务模式

根据事务的开始和结束方式,客户端的事务模式可以分为:

- 自动提交模式
- 隐式模式
- 显式模式

我们下面分别说明其含义以及在 Oracle 的 SQL * Plus 和 SQL Server 的 sqlcmd 中,各种模式是如何设置和使用的。

15.4.1 自动提交模式

自动提交模式是指客户端中执行的每一条 SQL 命令自动构成一个事务，这个命令执行后自动提交，下一条 SQL 命令又构成另一个事务。

自动提交模式可以让事务在最短的时间内结束，一般存在读写操作相互等待的 DBMS 会使用这种方式，以最大限度地降低等待的发生。

Oracle 的多版本数据技术使得读取操作不必加锁，从而不会发生读写等待。

默认情况下，SQL Server 未使用多版本数据技术，会产生读写等待的情况，为了降低等待的发生或缩短等待时间，其 sqlcmd 客户端默认采用自动提交模式。

另外，SQL Server 的锁使用内存结构来管理，如果事务持续时间过长，可能会导致锁的个数增多，从而耗费过多内存，采用自动提交模式，可以尽快释放锁占用的内存资源。Oracle 的锁不使用内存结构管理，也不存在这种尽快释放锁的需要。

15.4.2 隐式模式

隐式模式下，客户端中执行的第一个 SQL 命令开始一个事务，直到执行 commit 或 rollback 命令才结束。

因为使用了多版本数据技术，Oracle 的读写操作不会相互等待，另外 Oracle 的锁也未使用内存结构管理，Oracle 不存在尽快结束事务的需要，SQL * Plus 默认采用隐式事务模式。

15.4.3 显式模式

显式模式以 begin transaction 作为事务开始标志，以 commit 或 rollback 作为结束标志。

Oracle 的 SQL * Plus 不支持这种模式。

SQL Server 的 sqlcmd 在自动提交模式下，执行 begin transaction 就开启了显式模式，并开始了事务，直到执行 commit 或 rollback 才结束。

15.4.4 设置事务模式

在 SQL * Plus 中设置 autocommit 环境变量为 on，即可处于自动提交事务模式：

```
SQL> show autocommit
autocommit OFF
SQL> set autocommit on
```

设置 autocommit 为 on 后，在 SQL * Plus 中执行 SQL 语句的效果与 SQL Server 的 sqlcmd 默认的自动提交事务模式相同。

要恢复至隐式事务模式，只要重置 autocommit 为 off。

在 sqlcmd 中设置 implicit_transactions 环境变量为 on，即可处于隐式事务模式：

```
1> set implicit_transactions on
2> go
```

SQL Server 的 implicit_transactions 变量与 SQL * Plus 的 autocommit 的功能相同，但开启后的效果正好相反。设置 implicit_transactions 为 off，则 sqlcmd 重新处于自动提交模式。

15.5 DDL 及 DCL 语句的处理方式

Oracle 在执行 DDL 或 DCL 语句的前后，会分别自动附加一个 commit 操作，这样，即使 DDL 或 DCL 语句失败，其前面的操作已经提交，如果 DDL 或 DCL 语句成功执行，其本身也作为一个事务提交了，执行 rollback 命令不会有任何效果。

我们首先验证在 DDL 语句执行之后，Oracle 自动执行了 commit 操作。

在连接 1 中，先查询 dept 表的初始数据：

```
SQL> conn scott/tiger
已连接。
SQL> select * from dept where deptno=40;

    DEPTNO DNAME          LOC
---------- -------------- -------------
        40 OPERATIONS     BOSTON
```

对 dept 表执行 update 操作：

```
SQL> update dept set loc='Beijing' where deptno=40;
```

然后创建表 t：

```
SQL> create table t(a int);
```

在连接 2 中，查询表 t：

```
SQL> conn scott/tiger
已连接。
SQL> select * from t;
未选定行。
```

结果说明表 t 已经存在，即连接 1 中的建表操作执行之后 Oracle 执行了 commit。

如何验证建表操作执行之前 Oracle 也发出了 commit 操作？继续上面的实验过程。

在连接 2 中，再查询 dept 表的内容：

```
SQL> select * from dept where deptno=40;

   DEPTNO DNAME        LOC
--------- ------------ -------------
       40 OPERATIONS   Beijing
```

我们发现，连接 1 中的 update 操作也提交了，那么如何验证这个效果是由建表操作之前的 commit 而不是建表之后的 commit 引起的呢？

依照上面实验过程，要验证 DDL 语句执行之前发出了 commit 操作，只要让 DDL 语句在执行时出错即可，这样，其之前的 commit 操作会发出，而之后的 commit 操作由于 DDL 本身执行出错，不会执行。

要让建表语句执行出错，只要新表的名称与当前模式下的某个表相同就可以了，这样，建表语句没有语法错误，执行时 Oracle 才会发现与数据库中已有的对象名称重复(如果 SQL 语句出现语法错误，对其所在的事务不会产生任何影响，即不会执行 rollback 操作，Oracle 和 SQL Server 对这种情况的处理方式是相同的）。

在连接 1 中，对 dept 表执行 update 操作：

```
SQL> update dept set loc='Guangzhou' where deptno=40;
```

然后创建 dept 表：

```
SQL> create table dept(a int);
create table dept(a int)
             *
第 1 行出现错误：
ORA-00955：名称已由现有对象使用
```

在连接 2 中，查询连接 1 修改的记录：

```
SQL> select * from dept where deptno=40;

   DEPTNO DNAME          LOC
--------- ------------ -------------
       40 OPERATIONS     Guangzhou
```

我们发现，连接 1 中的 update 操作已经提交，从而验证了在建表操作执行之前，Oracle 发出了 commit。

关于 DCL 的验证过程与此类似，这里不再赘述。

SQL Server 对 DDL 或 DCL 语句并未像 Oracle 那样处理，而是把 DDL 及 DCL 语句与 DML 语句一样对待，即执行 DDL 或 DCL 之前及之后都不会发出 commit 操作，从而 DDL 及 DCL 语句也可以回滚。

如果 DDL 或 DCL 语句在执行过程中失败，会自动发出 rollback 操作，与 Oracle 相比，这种处理方式稍显不友好。

这可以由下面实验过程验证。

开始显式事务后，查询 dept 表的初始值：

```
1> begin transaction
2> go
1> select * from dept where deptno=50
2> go
   DEPTNO DNAME          LOC
--------- ------------ -------------
       50 OPERATIONS   Beijing
```

执行 update 操作，修改以上记录：

```
1> update dept set loc='Guangzhou' where deptno=50
2> go
```

假定已经存在表 t，再次创建表 t：

```
1> create table t(a int)
2> go
```

```
消息 2714,级别 16,状态 6,服务器 LAW_X240,第 1 行
数据库中已存在名为't'的对象。
```

重新查询 dept 表的记录,我们发现上面的 update 操作已经被回滚:

```
1> select * from dept where deptno=50
2> go
DEPTNO DNAME          LOC
------ -------------- -------------
    50 OPERATIONS     Beijing
```

如果建表操作成功执行呢?
重新进行上面实验过程,这次让建表操作成功执行:

```
1> begin tran
2> go
1> update dept set loc='Guangzhou' where deptno=50
2> go
```

创建表 deptnew:

```
1> create table deptnew(a int)
2> go
```

然后执行 rollback 命令:

```
1> rollback
2> go
```

查询前面被修改的记录:

```
1> select * from dept where deptno=50
2> go
DEPTNO DNAME        LOC
------ ------------ -------------
    50 OPERATIONS   Beijing
```

我们发现,update 操作已经被回滚。
再查询新建的 deptnew 表:

```
1> select * from deptnew
2> go
消息 208,级别 16,状态 1,服务器 LAW_X240,第 1 行
对象名'deptnew'无效。
```

从上面错误信息,我们可以看到 deptnew 表不存在了,显然建表操作也被回滚。
关于 DCL 的验证与此类似,这里不再赘述。

15.6 事务隔离级别

设置隔离级别可解决数据库应用中的脏读和不可重复读问题,这是并发控制的典型问题。

15.6.1 脏读和不可重复读问题

脏读是指一个连接读取了其他尚未提交的事务修改的数据。脏读破坏了事务的原子性，读取到的是事务进行过程中的中间结果，若此结果与事务结束时的结果不同，则此连接读取的是错误数据，如果以此错误数据为依据继续执行另外的任务，则可能造成一连串的错误。

下面以超市收银为例说明脏读的产生过程。

一顾客购买了 2 支钢笔、10 个笔记本，总价 100 元，收银员在连接 A 完成收银操作，超市采购员在连接 B 查询商品库存，确定某种商品是否需要进货。假定收银开始前，钢笔库存量为 100，笔记本库存量为 300，如表 15-1 所示是两个连接在不同时间进行的操作。

表 15-1 操作顺序

操作时间	连接 A	连接 B
t1	扫描商品条形码，计算总价	
t2	修改钢笔库存量：100－2=98	
t3	修改笔记本库存量：300－10=290	
t4		查询钢笔库存量：98
t5		查询笔记本库存量：290
t6	超市银行账号余额+100	
t7	顾客银行卡账号余额－100	
t8	顾客银行卡余额小于 100，付款失败	
t9	以上修改操作全部撤销	
t10	钢笔库存量恢复 100	
t11	笔记本库存量恢复 300	
t12	操作结束	

由上述过程可以看到，因为连接 B 在事务未结束时读取了中间结果，导致其读取的数据与最终结果不同，如果以此数据为依据决定是否进货显然是错误的。

不可重复读是指一个事务中的查询操作因为分为多个步骤，导致其结果既包括了某个事务开始之前的数据，也包括了这个事务开始之后的数据，从而在最后得到了错误的查询结果。

下面示例中的数据包括三个银行账号 acc1，acc2 及 acc3，其余额分别为 100，200，300，如表 15-2 所示。

表 15-2 各账号初始值

账号	余额
acc1	100
acc2	200
acc3	300

用户 A 查询银行三个账号的余额总和，先设置 sum 变量为 0，然后依次查询三个账号余额，累加至 sum 变量。用户 B 执行转账操作，由 acc3 账号转账 100 至 acc1。

两个用户的执行步骤如表 15-3 所示。

表 15-3　操作步骤

操作时间	用户 A	用户 B
t1	设置 sum=0	
t2	查询 acc1 账号的余额:100	
t3	100 累计至 sum:sum=100	
t4	查询 acc2 账号的余额:200	
t5	200 累加至 sum:sum=300	
t6		由 acc3 转账 100 至 acc1
t7		修改 acc1 账号余额为 200
t9		修改 acc3 账号余额为 200
t10		提交事务
t11	查询 acc3 账号余额:200	
t12	200 累加至 sum:sum=500	

用户 A 的多次查询操作不存在脏读的情况,但最后得到的总和却是错误的。这里出现错误的原因在于最后的总和既包括了事务 B 开始之前的数据,也包括了事务 B 提交后的结果。

15.6.2　SQL 标准中的事务隔离级别

事务具备隔离性,可以通过设置事务隔离级别控制一个事务与其他事务的隔离程度。

在 SQL 标准中,事务隔离级别有四种,从低到高分别为:

- read uncommitted:事务可以读取到其他事务未提交的修改结果。
- read committed:事务只能读取到其他事务提交后的修改结果。
- repeatable read:如果在事务中进行两次查询,则第一次查询的结果在第二次查询中保证不会发生改变,但第二次查询结果中的记录条数可能会多于第一次查询。
- serializable:事务中的两次相同查询的结果相同(本事务中的修改操作结果除外)。

一个事务隔离级别越高,用户越感觉不到其他并发用户的存在。

Oracle 支持 read committed 及 serializable,SQL Server 支持所有四种隔离级别。

连接的隔离级别设置为 read uncommitted,SQL Server 的读取操作不会使用共享锁,会产生脏读。

隔离级别设置为 read committed 可以解决脏读问题,但会产生不可重复读,另外,在数据库默认设置下,SQL Server 在 read committed 隔离级别的读取操作会使用共享锁,导致产生读写等待,这是 SQL Server 支持 read uncommitted 的原因。

为了解决 read committed 下产生的不可重复读问题,只需把隔离级别设置为 serializable,但此级别下,SQL Server 的读取操作会锁住整个表,所以 SQL Server 支持 repeatable read 级别,可以不锁住整个表,也降低不可重复读的发生,但此级别不能杜绝不可重复读。

Oracle 的读取操作不会使用锁,也没有支持 read uncommitted 和 repeatable read 这两种隔离级别的必要。

Oracle 的 SQL * Plus 与 SQL Server 的 sqlcmd 的默认隔离级别都是 read committed,可

以满足大部分需要。

Oracle 和 SQL Server 设置隔离级别可以执行 set transaction isolation level 命令实现，下面是在 Oracle 的 SQL * Plus 中设置 read committed 隔离级别：

```
SQL> set transaction isolation level read committed;
```

Oracle 查询当前连接的隔离级别可以执行下面命令：

```
SQL> select
  2  case bitand(t.flag, power(2, 28))
  3        when 0 then 'read committed'
  4        else 'serializable'
  5  end as isolation_level
  6  from v$transaction t
  7  join v$session s on t.addr = s.taddr
  8  and s.sid = sys_context('USERENV', 'SID')
  9  /

ISOLATION_LEVE
--------------
read committed
```

SQL Server 查询当前连接的隔离级别，可以执行 dbcc useroptions 命令，除了显示当前的隔离级别外，也显示了其他选项的值：

```
C:\Windows\system32> sqlcmd -d law -Y 23
1> dbcc useroptions
2> go
Set Option              Value
----------------------- -----------------------
textsize                4096
language                简体中文
dateformat              ymd
datefirst               7
lock_timeout            -1
ansi_null_dflt_on       SET
ansi_warnings           SET
ansi_padding            SET
ansi_nulls              SET
concat_null_yields_null SET
isolation level         read committed

(11 行受影响)
DBCC 执行完毕。如果 DBCC 输出了错误信息，请与系统管理员联系。
```

15.6.3 read committed 隔离级别

先看 Oracle 的处理方式。

在一个连接中设置 read committed 后，这个连接只能读到其他连接提交后的数据，若读取的数据正在被其他连接中的一个事务修改，则只能读到这些数据在这个事务开始前的状态。

下面我们做一个实验验证上述结论。

在连接 1 中，以 scott 用户修改 dept 表中 deptno 为 10 的记录的 loc 列值，其初始值为：

```
SQL> select * from dept where deptno=10;

    DEPTNO DNAME          LOC
---------- -------------- -------------
        10 ACCOUNTING     NEW YORK
```

对其执行 update 操作：

```
SQL> update dept set loc='Dallas' where deptno=10;
```

在这个连接中查询确认修改的结果：

```
SQL> select * from dept where deptno=10;

    DEPTNO DNAME          LOC
---------- -------------- -------------
        10 ACCOUNTING     Dallas
```

在连接 2 中执行上述同样的查询：

```
SQL> select * from dept where deptno=10;

    DEPTNO DNAME          LOC
---------- -------------- -------------
        10 ACCOUNTING     NEW YORK
```

我们发现，查询结果是连接 1 中 update 操作所在事务开始之前的数据。连接 1 对数据修改后，其修改前的旧数据存入了 undo 表空间，连接 2 的查询结果来自于这些 undo 数据。

返回连接 1，执行 commit 命令，提交事务：

```
SQL> commit;
```

在连接 2 中，重新执行刚才的查询，则可以查到新结果：

```
SQL> select * from dept where deptno=10;

    DEPTNO DNAME          LOC
---------- -------------- -------------
        10 ACCOUNTING     Dallas
```

再看 SQL Server 对 read committed 隔离级别的处理方式。

一个连接设置 read committed 隔离级别后，若查询其他连接还未提交的修改结果，则会发生等待。

与前面实验过程类似，在连接 1 中，开始一个事务，并在其中修改 dept 表中 deptno 为 10 的记录，先确认其当前值：

```
1> begin tran
2> go
1> select * from dept where deptno=10
2> go

DEPTNO DNAME          LOC
------ -------------- -------------
    10 ACCOUNTING     NEW YORK
```

执行 update 操作：

```
1> update dept set loc='Dallas' where deptno=10
2> go
```

在连接 2 中，执行下面命令，查询上面修改的数据：

```
1> select * from dept where deptno=10
2> go
```

可以发现，没有任何查询结果出现，而是等待。

回到连接 1，提交事务：

```
1> commit
2> go
```

连接 2 已经不再等待，查询结果自动显示出来：

```
1> select * from dept where deptno=10;
2> go
DEPTNO DNAME        LOC
------ ------------ -------------
    10 ACCOUNTING   Dallas
```

15.6.4 serializable 隔离级别

先看 Oracle 的处理方式。

在客户端中设置事务隔离级别为 serializable 后，事务中的任何一个查询的结果都是这个事务开始之前的状态，假定此事务为 A，在 A 事务开始后，即使有其他连接提交了事务，在这些事务中修改的数据也不会被 A 事务内的查询查到，这是 serializable 隔离级别与 read committed 隔离级别显著的不同。

显然，设置 serializable 隔离级别后，事务中的任意两个相同查询的结果也是相同的。

我们通过下面的实验验证上述说法。

在连接 1 设置 serializable 隔离级别：

```
SQL> set transaction isolation level serializable;
```

执行第一次查询：

```
SQL> select * from dept where deptno=10;
```

```
DEPTNO  DNAME          LOC
--------- ------------ -------------
       10  ACCOUNTING   Dallas
```

在连接 2 中，修改刚才查到的记录的 LOC 字段值：

```
SQL> update dept set loc='NEW YORK' where deptno=10;
```

然后提交：

```
SQL> commit;
```

回到连接 1，执行相同的查询，我们发现其结果与第一次是相同的：

```
SQL> select * from dept where deptno=10;

DEPTNO  DNAME          LOC
--------- ------------ -------------
       10  ACCOUNTING   Dallas
```

在连接 1 中，执行 commit 命令以结束事务：

```
SQL> commit;
```

再次执行上面的查询：

```
SQL> select * from dept where deptno=10;

DEPTNO  DNAME          LOC
--------- ------------ -------------
       10  ACCOUNTING   NEW YORK
```

刚才的事务已经执行 commit 命令而结束，这个查询在连接 1 中又开始了一个新事务，可以发现，查询结果已经是连接 2 提交的修改结果。

连接 1 中执行的第二次查询的结果来自 undo 表空间，如果有其他多个连接对连接 1 中第一次查询的数据进行了多次修改，则 undo 表空间会保存这所有多个版本的数据。

再考察 SQL Server 的情形。

把连接设置为 serializable 隔离级别，在这个连接的事务（假定为 A）中执行一个查询后，会对被查询的表附加共享锁（S 锁，若表上没有聚集索引）或范围共享锁（Range-S 锁，若表上存在聚集索引），因为其他用户对这个表的数据进行修改（update、delete、insert）会导致对此表附加 IX 锁，而 IX 锁与 S 锁互斥，所以这些修改操作会一直等到事务 A 结束才能执行。设置 serializable 隔离级别后，事务中查询到的数据不能被其他事务修改，这个事务中的两次查询的结果显然是相同的。

我们通过实验说明以上结论。

在连接 1 设置 serializable 隔离级别，事务开始后，执行第一次查询：

```
1> set transaction isolation level serializable
2> go
1> begin tran
2> select * from dept where deptno=10
```

```
3> go
DEPTNO DNAME        LOC
------ ------------ -------------
    10 ACCOUNTING   Dallas
```

在连接 2 中，修改 dept 表的数据：

```
1> delete from dept where deptno=10
2> go
```

可以发现，这个连接发生了等待。
回到连接 1 执行第二次相同的查询，结果与第一次相同：

```
1> select * from dept where deptno=10
2> go
DEPTNO  DNAME         LOC
------- ------------- -------------
     10 ACCOUNTING    Dallas
```

15.7 SQL Server 的多版本数据技术

从 2005 版本开始，SQL Server 支持多版本数据技术，以解决备受诟病的读写等待问题，但是这个功能直到 2016 版本，默认并未开启。

15.7.1 设置 read_committed_snapshot 改变 read committed 效果

在数据库中设置 read_committed_snapshot 选项参数为 on，当处于 read committed 隔离级别时，会启用具备行版本控制功能的 read committed 隔离级别。

启用行版本控制功能的 read committed 后，与 Oracle 类似，当一个用户修改表中的数据时，这些数据的旧映像会存入 tempdb 中，这类似于 Oracle 的 undo 表空间功能，如果一个处于 read committed 隔离级别的连接查询的数据正在被其他用户修改，则这个连接会查询位于 tempdb 中的旧映像数据，读取操作不再需要使用锁，不再发生等待。以下是简单测试。

如果不启用 read_committed_snapshot 参数，则一个查询读到其他连接未提交的修改结果时，会发生等待。

在连接 1 开始一个事务，并修改 dept 表：

```
1> begin tran
2> update dept set loc='beijing' where deptno=30
3> go
```

在连接 2 中设置 read committed 隔离级别：

```
1> set transaction isolation level read committed
2> go
```

继续在连接 2 执行下面查询，则发生等待：

```
1> select * from dept
2> go
```

在连接 1 中启用 read_committed_snapshot 参数(注意,设置之前要退出连接 2,否则会发生等待):

```
1> alter database law set read_committed_snapshot on
2> go
```

然后执行下面查询:

```
1> select * from dept where deptno=10
2> go
deptno dname          loc
----- ----------- -------------
    10 ACCOUNTING   NEW YORK
```

在连接 2 中,开始一个事务,并对 dept 表执行 update 操作,但不提交:

```
1> begin tran
2> update dept set loc='beijing' where deptno=10
3> go
```

回到连接 1,执行第二次相同的查询:

```
1> select * from dept where deptno=10
2> go
deptno  dname          loc
------ ---------- -------------
    10  ACCOUNTING NEW YORK
```

可以发现,loc 字段的值与第一次的查询结果相同,第二次查询结果来自于 tempdb 的 version store 中的旧版本数据,我们可以从下面的查询结果发现,这时 version store 中已经有数据了:

```
1> select version_store_reserved_page_count from sys.dm_db_file_space_usage
2> go
version_store_reserved_page_count
----------------------------
                                8
```

设置"read_committed_snapshot"为 on 后,在 read committed 隔离级别下,执行 dbcc useroptions 命令的显示结果为"read committed snapshot"。

15.7.2 设置 allow_snapshot_isolation 改变 serializable 效果

设置 allow_snapshot_isolation 参数为 on 后,可以在连接中设置 snapshot 隔离级别,其效果与 Oracle 的 serializable 相同,即事务中的读取操作不会使用锁,只从 tempdb 数据库读取事务开始之前的旧版本数据,以下是简单测试。

设置 allow_snapshot_isolation 为 on:

```
1> alter database law set allow_snapshot_isolation on
2> go
1> begin tran
```

```
2> go
```

执行第一次查询：

```
1> select * from dept where deptno=10
2> go
deptno dname              loc
----- ---------- -------------
    10  ACCOUNTING    NEW YORK
```

接下来，启动另一个连接，在其中修改 dept 表的数据：

```
1> update dept set loc='beijing' where deptno=10
2> go
```

我们知道，这个连接是默认的自动提交模式，所以上面的 update 操作已经作为一个事务提交了。回到连接 1，执行同样的查询，我们发现第二次的查询结果未发生任何改变：

```
1> select * from dept where deptno=10
2> go
deptno dname             loc
----- ---------- -------------
    10  ACCOUNTING   NEW YORK
```

显然，上面连接 2 中的 update 操作导致产生了多版本数据，而连接 1 的第二次查询结果从 tempdb 中的 version store 的旧版本数据得来，这从下面对 version store 的查询结果也可以验证：

```
1> select version_store_reserved_page_count from sys.dm_db_file_space_usage
2> go
version_store_reserved_page_count
-------------------------------------
                  8
```

第16章　锁

锁是用来控制访问共享资源的一种机制。大型数据库系统的一个重要特征是要保证多个并发用户一致地读写数据。若多个并发写操作要修改同样数据或多个读写操作要一致时，就要用到锁的机制了。不同数据库产品对锁的实现有很大区别。多数数据库系统（如 Sybase，Informix，SQL Server 等）使用内存管理锁，为降低内存消耗，要尽快释放锁，从而要尽快结束事务，或者把多个行锁升级为一个表锁。Oracle 的行锁属于行的属性，不占用内存资源，不存在尽快结束事务或升级锁的需要。

本章内容主要包括：

- Oracle 的锁
- SQL Server 的锁
- 死锁

16.1　Oracle 的锁

Oracle 中的锁共有三种：DDL 锁，内部拴锁及 DML 锁。Oracle 使用多版本数据技术满足读写一致性，其读取操作不会使用锁，这是 Oracle 和 SQL Server 的一个明显区别。

DDL 锁用于保护数据对象的结构不被其他事务修改。内部拴锁用于保护数据库内部结构不被修改。这里我们只讨论 DML 锁和 DDL 锁。

DML 锁又分为 TM 锁和 TX 锁。用户发出 DML 命令时，Oracle 会自动对其影响的记录和表加上 TX 锁及 TM 锁。TX 锁用于锁住修改的记录，防止其他事务同时修改。TM 锁用于锁住被修改的表，防止其他事务对此表执行 DDL 语句修改表的结构。

查询动态字典视图 v$lock 可以得到 TM 锁及 TX 锁的信息。其 type 列表示锁的类型。当锁的类型为 TM 时，v$lock 中的 id1 字段表示锁住的对象 id 编号（object_id）。锁的类型为 TX 时，id1 及 id2 列表示获得锁的事务信息。

下面实验，通过查询 v$lock 查看锁的信息。

在连接 1 中以 scott 账号登录，对 dept 表执行 update 操作：

```
SQL> conn scott/tiger
已连接。
SQL> update dept set loc='BOSTON' where deptno=10;
```

然后在连接 2 中以 system 账号登录，查询连接 1 的会话编号：

```
SQL> conn system/oracle
已连接。
SQL> select sid from v$session where username='SCOTT';
```

```
        SID
----------
        365
```

继续查询会话编号 365 产生的锁信息：

```
SQL> select type,id1,id2 from v$lock where sid=365;

TY           ID1           ID2
-- ---------- ----------
AE           133             0
TX        524309           631
TM         19764             0
```

执行下面查询可以验证，TM 锁中的 19764 为 dept 表的 id 编号：

```
SQL> select object_id,object_name from dba_objects where object_id=19764;

 OBJECT_ID OBJECT_NAME
---------- ------------------------------
     19764 DEPT
```

在上述步骤执行 update 操作的基础上，在连接 2 中修改 dept 表的结构，删除 loc 字段，这会在 dept 表上附加 DDL 锁：

```
SQL> alter table dept drop column loc;
alter table dept drop column loc
                 *
第 1 行出现错误：
ORA-00054：资源正忙，但指定以 NOWAIT 方式获取资源，或者超时失效
```

可以发现此命令不能成功执行，这里的错误信息并未指出实际出错的原因，其实是因为连接 1 中的 update 操作对 dept 表加上了 TM 锁，与此处的 DDL 锁产生了冲突。

16.2 SQL Server 的锁

因为管理锁的机制不同，SQL Server 和 Oracle 在锁的种类方面也不同。

16.2.1 SQL Server 中锁的种类

SQL Server 中的锁有很多种，常用的锁包括下面几种：

- 共享锁
- 排他锁
- 更新锁
- 意向锁
- 架构锁

16.2.2 共享锁

多个共享锁可同时附加在同一个资源上，这是共享的含义。共享锁一般在查询操作中使用，可以附加在表、数据页或记录上，一个资源可以由多个查询操作访问。

共享锁在数据读取完成后即释放，如在 read committed 隔离级别下，使用全表扫描方式查询表时，会对扫描到的记录附加共享锁，若是目标记录则读出，然后释放其锁，若不是目标记录，则马上释放锁，这些锁不会保持到查询完成，更不会保持到事务结束。

共享锁的主要作用是避免脏读（dirty read），脏读是读取了已更新而未提交的数据。若查询的数据正在被其他事务修改，则这些数据会被附加排他锁，从而查询操作要附加的共享锁与其冲突，要等待事务结束把排他锁释放掉才能附加，这样就避免了脏读。

为了在 SQL Server 中查看锁的情况，执行下面命令构造 dbLocks 视图：

```
create view dbLocks
as
select request_session_id as spid,
     case when resource_type='OBJECT' then
                    object_name(resource_associated_entity_id)
            when resource_associated_entity_id=0 then 'n/a'
     else object_name(p.object_id)
     end as entity_name,
index_id, resource_type, resource_description as description,
     request_mode as mode, request_status as status
from sys.dm_tran_locks t left join sys.partitions p
on p.hobt_id=t.resource_associated_entity_id
where resource_database_id=db_id() and resource_type! = 'DATABASE'
```

我们通过下面示例说明共享锁的作用。

在连接 1 中创建测试表 t，并添加测试数据：

```
1> create table t(a int, b int)
2> go
1> insert into t values(1,10)
2> insert into t values(2,20)
3> insert into t values(3,30)
4> insert into t values(4,40)
5> go
```

在连接 1 中，执行下面 update 操作以产生排他锁：

```
1> begin tran
2> update t set b=200 where a=1
3> go
```

查询当前锁的情况：

```
1> select entity_name,resource_type,description,mode,status
2> from dbLocks
3> where entity_name='t'
```

```
4> go
entity_name  resource_type  description  mode  status
-----------  -------------  -----------  ----  -------
t            RID            3:8:0        X     GRANT
t            PAGE           3:8          IX    GRANT
t            OBJECT                      IX    GRANT

(3 行受影响)
```

可以发现被修改记录的 rowid 上附加了排它锁(X),此记录所在的数据页及表 t 上附加了意向排它锁(IX)。

打开一个新连接 2,在其中进行查询:

```
1> select * from t
2> go
```

可以发现这个查询被阻塞,发生等待。回到连接 1,重新查询锁的情况:

```
1> select entity_name,resource_type,description,mode,status
2> from dbLocks
3> where entity_name='t'
4> go
entity_name  resource_type  description  mode  status
-----------  -------------  -----------  ----  -------
t            RID            3:8:0        X     GRANT
t            RID            3:8:0        S     WAIT
t            PAGE           3:8          IS    GRANT
t            PAGE           3:8          IX    GRANT
t            OBJECT                      IS    GRANT
t            OBJECT                      IX    GRANT

(6 行受影响)
```

可以发现查询结果多出了 3 行,连接 2 在查询记录所在的数据页及表 t 上获得了意向共享锁,执行全表扫描时,对其扫描到的第一行附加共享锁时,与已存在的排他锁冲突,从而未获得共享锁,导致这个查询被阻塞。

16.2.3 排他锁

正如其名称所示,除了 Sch-S 锁及 RangeI-N 锁以外,排他锁与任何其他锁都不兼容,执行 insert、update、delete 操作时会对影响到的行附加排他锁,排他锁一直保持到事务结束。如果在访问的资源上存在其他锁,就不能再对其附加排他锁,同样,如果在访问的资源上已经存在排他锁,也不能在此资源上再加上其他锁。排他锁可以防止两个人同时修改相同的数据,从而解决更新丢失问题。SQL Server 在记录上附加的排他锁与 Oracle 的 TX 锁作用相同。

排他锁的示例请参考上节内容。

16.2.4 更新锁——SQL Server 真的支持行锁吗

在说明更新锁之前,先对上节示例创建的 t 表进行下面的简单操作(执行下面操作之前,请先回滚，结束之前的事务）：

在连接 1 对 t 表执行 update 操作，更新其 a=3 的记录：

```
1> begin tran
2> update t set b=300 where a=3
3> go
```

在连接 2 也对 t 表执行 update 操作，更新其 a=4 的记录：

```
1> update t set b=400 where a=4
2> go
```

虽然两个连接更新的不是同一条记录，但连接 2 中的更新操作却发生了等待，SQL Server 声称支持行锁，为什么这里会发生等待呢？

答案是因为 SQL Server 在连接 2 执行 update 操作时，附加了更新锁。这可以从连接 1 中执行的下面查询确认，查询结果中的第 2 行表示正在等待获得更新锁：

```
1> select entity_name,resource_type,description,mode,status
2> from dbLocks
3> where entity_name='t'
4> go
entity_name    resource_type  description  mode        status
------------   -----------    ----------   ----------  ----------
t              RID            3:8:2        X           GRANT
t              RID            3:8:2        U           WAIT
t              PAGE           3:8          IU          GRANT
t              PAGE           3:8          IX          GRANT
t              OBJECT                      IX          GRANT
t              OBJECT                      IX          GRANT

(6 行受影响)
```

什么是更新锁呢？

更新锁主要是对表执行 update 操作时，在搜索目标记录过程中对记录附加的一种锁，一般表示为 U 锁，若记录满足修改条件则把其 U 锁转换为 X 锁，若不满足修改条件，则把 U 锁释放。

U 锁与 S 锁兼容，但 U 锁与 U 锁不兼容，一行记录只能附加一个 U 锁。搜索目标记录附加 U 锁而不是附加 S 锁的目的是为了降低发生死锁的几率。因为同一条记录可以附加多个 S 锁，若搜索满足修改条件的记录时，对记录附加 S 锁，可能会因为要同时转换为 X 锁而导致发生死锁。

如果一个连接修改一个表的记录 row_m，并对此记录附加了 X 锁，另一个连接继续修改这个表的记录 row_n。在未使用索引的情况下，第二个连接搜索目标记录 row_n 时，会使用全表扫描对其搜索到的每一行记录附加 U 锁，当扫描至 row_m 并对其附加 U 锁时，就会与其已持有的 X 锁互斥，而被阻塞，从而发生等待。也就是说，在没有索引情况下，两个连接不能同时对同一个表执行 update、delete 操作，即使这两个连接操作的是不同的目标记录。

解决这种等待问题的方法是对表创建索引，使得搜索目标记录时可以利用索引直接定位，不必使用全表扫描，从而避免在搜索 row_n 时对其他记录也附加 U 锁。

回滚结束连接 1 的事务后，重新进行上述实验，这次连接 1 先在 t 表的 a 列上创建非聚集索引,其他步骤相同。

```
1> create index idx_t on t(a)
2> go
1> begin tran
2> update t set b=300 where a=3
3> go
```

在连接 2 更新 a=4 的记录,这时不再等待:

```
1> update t set b=400 where a=4
2> go
```

之所以不再等待,是因为这时搜索 a=4 的记录不再需要进行全表扫描,而只要扫描索引就就可以直接访问到要更新的记录。

如果连接 2 也更新 a=3 的记录,则依然会发生等待:

```
1> update t set b=3000 where a=3
2> go
```

在连接 3 查看当前锁的情况:

```
1> select entity_name,resource_type,description,mode,status
2> from dbLocks
3> where entity_name='t'
4> go
entity_name   resource_type  description     mode           status
------------  ------------   -------------   -------------  -------------
t             RID            3:8:2           X              GRANT
t             RID            3:8:2           U              WAIT
t             PAGE           3:8             IU             GRANT
t             PAGE           3:8             IX             GRANT
t             PAGE           3:24            IU             GRANT
t             KEY            (7c51e96a35a5)  U              GRANT
t             OBJECT                         IX             GRANT
t             OBJECT                         IX             GRANT

(8 行受影响)
```

由上述查询结果的第 2 行可以得知,发生等待的原因还是因为连接 2 要对 a=3 的记录附加更新锁,与连接 1 附加的排他锁互斥。

如果在 a 列上创建聚集索引,这时的键值即 rowid,找到键值即找到记录,则连接 2 中的更新锁就不需要了。

在连接 1 回滚结束事务后,删除之前的非聚集索引,重新在 a 列上创建聚集索引,然后执行更新操作:

```
1> drop index t.idx_t
2> go
1> create clustered index idx_t on t(a)
```

```
2> go
1> begin tran
2> update t set b=300 where a=3
3> go
```

在连接 2 执行更新操作：

```
1> update t set b=3000 where a=3
2> go
```

发生了等待。在连接 3 查询当前锁的情况：

```
1> select entity_name,resource_type,description,mode,status
2> from dbLocks
3> where entity_name='t'
4> go
entity_name    resource_type   description     mode            status
------------ ------------ ------------ -------------- --------------
t              PAGE            3:32            IX              GRANT
t              PAGE            3:32            IX              GRANT
t              OBJECT                          IX              GRANT
t              OBJECT                          IX              GRANT
t              KEY             (052c8c7d9727) X                GRANT
t              KEY             (052c8c7d9727) X                WAIT

(6 行受影响)
```

如上面结果最后一行所示，这时连接 2 直接在 a=3 的记录上附加排他锁。

16.2.5 意向锁

意向锁是在对记录进行修改时，对其上层对象(page 或 table)附加的一种锁，具体示例请参考前面内容，mode 字段值为 IX 或 IU 的即为意向排他锁或意向更新锁。

16.2.6 架构锁

架构锁包括两种：

- Sch-M(Schema Modification)
- Sch-S(Schema-Stability)

对象结构被修改，即执行 DDL 操作时，在此对象上会附加 Sch-M 锁，架构锁与任何其他锁都不兼容，目的是禁止在此对象上执行任何其他操作。Sch-M 锁与 Oracle 的 DDL 锁功能相似。

当解析一个查询命令时，会对所涉及的对象附加 Sch-S 锁，目的是避免其他用户对其执行 DDL 操作，它只与 Sch-M 锁不兼容。

16.2.7 锁的升级

SQL Server 使用内存结构管理锁(每个锁使用 96 字节)，为避免因行锁的个数太多而耗费内存，当一个表上的行锁数目达到一定限度时，这些行锁会升级为一个表锁，使得管理锁的内存大大降低。要注意的是，行锁升级的结果总是表锁，不会升级为页锁或数据库锁。Oracle

中行锁不占用内存资源，不存在锁升级的需要。

我们通过下面实验来观察锁的升级情况。

删除 t 表后，对其重建，并添加 8 000 条记录：

```
1> set nocount on
2> go
1> drop table t
2> go
1> create table t(a int, b int)
2> go
1> insert into t values(1,1)
2> go 8000
```

通过下面实验可以看出，当表中被锁住的行数达到 6 235 时，这些行锁就会升级为一个表锁(SQL Server 官方文档中的数字为 5 000，与这里的测试结果不同)：

```
1> begin tran
2> update top(6234) t set b=b+1
3> go

(6234 行受影响)
```

查询当前锁的个数(这里的结果包括记录上的排他锁及其他锁)：

```
1> select count( * ) from dbLocks where entity_name='t'
2> go

-----------
        6249
```

回滚结束以上事务后，再次开始一个事务，并更新 t 表中的 6 235 条记录：

```
1> rollback
2> go
1> begin tran
2> update top(6235) t set b=b+1
3> go

(6235 行受影响)
```

查询锁的情况，可以发现行锁发生了升级，现在只有一个表锁了：

```
1> select entity_name,resource_type,description,mode,status
2> from dbLocks
3> where entity_name='t'
4> go
entity_name     resource_type   description    mode    status
--------------- --------------- -------------- ------- --------------
t               OBJECT                         X       GRANT

(1 行受影响)
```

16.2.8 read uncommitted 隔离级别与锁

Oracle 的查询不会产生锁，我们只讨论 SQL Server 的不同隔离级别下执行的查询产生锁的情况。

在 read uncommitted 隔离级别下，select 操作不再附加共享锁，这与在表上附加提示 nolock 的效果相同。下面通过实验证实此结论。

在连接 1 中回滚结束之前事务后，执行下面命令修改其第一行记录：

```
1> begin tran
2> update top(1) t set b=b+1
3> go

(1 行受影响)
```

查询当前锁的信息：

```
1> select entity_name,resource_type,description,mode,status
2> from dbLocks
3> where entity_name='t'
4> go
entity_name   resource_type  description  mode          status
------------ ----------- ----------- ------------ --------------
t             PAGE           3:64         IX            GRANT
t             RID            3:64:0       X             GRANT
t             OBJECT                      IX            GRANT

(3 行受影响)
```

在连接 2 设置 read uncommitted 隔离级别后，再重新执行上述查询：

```
1> set transaction isolation level read uncommitted
2> go
1> select top(1) * from t
2> go
a           b
----------- -----------
          1           2

(1 行受影响)
```

我们发现，这时不会发生等待的情况，如果回到连接 1 重新查询锁的情况，与之前查询结果相同，不会出现共享锁。

16.2.9 read committed 隔离级别与锁

与 read uncommitted 隔离级别不同，设置 read committed 隔离级别后，执行 select 操作时，会附加共享锁。

在连接 1 结束事务，重建 t 表并添加记录：

```
1> create table t(a int, b int)
2> go
1> insert into t values(1,10)
2> insert into t values(2,20)
3> insert into t values(3,30)
4> insert into t values(4,40)
5> insert into t values(5,50)
6> insert into t values(6,60)
7> go
```

在连接 1 重新开始一个事务更新 a=1 的记录：

```
1> begin tran
2> update t set b=100 where a=1
3> go
```

在连接 2 中重新设置隔离级别为默认的 read committed：

```
1> set transaction isolation level read committed
2> go
```

执行下面查询，查询条件为 a=4：

```
1> select * from t where a=4
2> go
```

可以发现，这时发生了等待。
在连接 1 查询当前锁的情况：

```
1> select entity_name,resource_type,description,mode,status
2> from dbLocks
3> where entity_name='t'
4> go
entity_name   resource_type  description  mode         status
------------ ----------- ----------- ------------ -------------
t             PAGE           3:304        IX           GRANT
t             PAGE           3:304        IS           GRANT
t             RID            3:304:0      X            GRANT
t             RID            3:304:0      S            WAIT
t             OBJECT                      IX           GRANT
t             OBJECT                      IS           GRANT

(6 行受影响)
```

由以上结果的第 4 行，可以得知等待的原因是因为要对 rowid 为 1:304:0 的行附加共享锁，这与已存在的 X 锁冲突。

仔细查看，会发现，要附加 S 锁的行不是连接 2 要查询的行，而是连接 1 中被修改的行。因为没有索引，只能对表 t 执行全表扫描搜索要查询的记录，对扫描到的记录先附加 S 锁，而不只对要查询的记录附加 S 锁，若扫描到的记录已经附加了排他锁，则连接 2 会发生等待，这与更新锁的效果相似。

若在 a 列创建了非聚集索引，而且连接 2 中的查询用到了这个索引，则这时不再需要进行全表扫描，也不会发生等待。若 a 列上创建了聚集索引，则索引叶节点数据即表的数据，连接 2 中的查询必定会用到这个索引，从而也不会发生等待。

在连接 1 执行回滚结束事务，然后在 a 列上创建索引后，重新执行更新操作：

```
1> create index idx_t on t(a)
2> go
1> begin tran
2> update t set b=100 where a=1
3> go
```

在连接 2 执行查询，并附加索引提示强制其使用索引：

```
1> select * from t with (index(idx_t)) where a=4
2> go
```

可以发现，这时连接 2 不会发生等待情况。如果连接 1 是创建的聚集索引，则这里的索引提示就不需要了，连接 2 的查询肯定会用到这个索引。

执行上述实验步骤时，要注意，如果先执行连接 2 中的查询，则不会查询到共享锁的信息，这是因为在查询执行完成后，锁就释放了，不会保持到事务结束，这与连接 1 中执行 update 时，产生的 X 锁一直保持到事务结束不同。

16.2.10 repeatable read 隔离级别与锁

在 repeatable read 隔离级别，事务结束之前，查询操作对查询到的数据会一直加锁，从而其他事务不能对其执行 update。这与 read committed 隔离级别的情况显然不同，在 read committed 隔离级别，查询结束，附加到行的共享锁就释放了，而不会等到事务结束。

继续使用之前的 t 表进行下面的实验过程。

回滚结束连接 1 中的事务，然后在连接 1 中设置 repeatable read 隔离级别：

```
1> set transaction isolation level repeatable read
2> go
```

然后开始事务，并执行查询：

```
1> begin tran
2> select * from t where a between 3 and 6
3> go
a           b
----------- -----------
          3          30
          4          40
          5          50
          6          60

(4 行受影响)
```

在连接 1 查询锁的情况：

```
1> select entity_name,resource_type,description,mode,status
2> from dbLocks
3> where entity_name='t'
4> go
entity_name   resource_type  description   mode          status
------------- -------------- ------------- ------------- ---------------
t             PAGE           3:304         IS            GRANT
t             RID            3:304:4       S             GRANT
t             RID            3:304:2       S             GRANT
t             OBJECT                       IS            GRANT
t             RID            3:304:5       S             GRANT
t             RID            3:304:3       S             GRANT

(6 行受影响)
```

可以发现,连接 1 查询到的 4 条记录都被附加了 S 锁。

在 repeatable read 隔离级别下,SQL Server 会对查询结果附加共享锁,保持到事务结束,这样,其他连接就不能对这些记录进行 update、delete 等操作了。

对于这些查询结果之外的记录,其他连接对其进行 update 或 delete 时,则不受影响。另外注意,对查询结果之外的记录执行 update 操作时,有可能使其满足查询条件。

对 t 表进行 insert 操作,只会对新添加的记录附加 X 锁,与这些共享锁不会发生互斥作用,这样,对表 t 的 insert 操作不会发生等待的情况。

由上述分析可知,当另外连接的 insert 或 update 操作所在的事务提交后,如果在 repeatable read 隔离级别的事务中进行第二次查询,结果有可能比第一次多出一些。但第一次查询结果中的记录不会被其他连接修改,在第二次查询中也不会改变。

16.2.11 serializable 隔离级别与锁

讨论 serializable 隔离级别与锁的关系,要分为两种情况:

- 表上无索引
- 表上有索引

serializable 隔离级别下,当查询条件列上不存在索引时,事务中的查询涉及的表被附加表级共享锁,与查询时附加 holdlock 提示的效果相同。下面进行验证。

在连接 1 中执行回滚结束之前的事务后,设置 serializable 隔离级别:

```
1> set transaction isolation level serializable
2> go
```

在连接 1 开始一个事务,并执行下面查询:

```
1> begin tran
2> select * from t where a=1
3> go
a           b
----------- -----------
          1          10

(1 行受影响)
```

在连接1查看当前锁的情况：

```
1> select entity_name,resource_type,description,mode,status
2> from dbLocks
3> where entity_name='t'
4> go
entity_name     resource_type   description    mode          status
------------ ----------- ----------- ------------ --------------
t                OBJECT                         S             GRANT

(1 行受影响)
```

我们发现在无索引的情况下，连接1的查询导致对t表附加了S锁，而表上的S锁与IX锁互斥，执行update、insert、delete操作都要对表附加IX锁，这样，对表t执行这些操作时，都会发生等待，换句话说，表中所有的数据都不允许修改，也不允许对表添加新数据。

在无索引的情况下，如果对表t执行update或delete操作，则会对表t附加X锁，执行insert操作，对表附加IX锁，对添加的新记录附加X锁，请读者自行验证，这里不再赘述。

下面查看表t存在索引的情况。

在连接1中执行回滚结束之前的事务后，在t表的a列创建非聚集索引：

```
1> create index idx_t on t(a)
2> go
```

在连接1中执行commit命令提交之前的事务，重新执行上述查询，并强制使用新建的索引idx_t：

```
1> begin tran
2> go
1> select * from t with (index(idx_t)) where a=3
2> go
a            b
----------- ----------
           3           30

(1 行受影响)
```

查看当前锁的情况：

```
1> select entity_name,resource_type,description,mode,status
2> from dbLocks
3> where entity_name='t'
4> go
entity_name     resource_type   description    mode          status
------------ ----------- ----------- ------------ --------------
t                RID             3:312:2        S             GRANT
t                PAGE            3:312          IS            GRANT
t                PAGE            3:320          IS            GRANT
t                KEY             (5e1bcbc683af) RangeS-S      GRANT
t                KEY             (e2016e92fb4c) RangeS-S      GRANT
```

```
t             OBJECT                              IS            GRANT
```

(6 行受影响)

如果删除上述非聚集索引，在 a 列创建聚集索引，则同样的过程，会得到下面的锁：

```
1> select entity_name,resource_type,description,mode,status
2> from dbLocks
3> where entity_name='t'
4> go
entity_name   resource_type  description      mode          status
------------  -------------  ---------------  ------------  --------------
t             KEY            (1a39e6095155)   RangeS-S      GRANT
t             PAGE           3:328            IS            GRANT
t             KEY            (052c8c7d9727)   RangeS-S      GRANT
t             OBJECT                          IS            GRANT
```

(4 行受影响)

由上述结果，我们发现，当 a 列上存在索引时，连接 1 的查询导致在索引的两个键值上附加了键范围共享锁(键范围共享锁的 description 列值表示键散列值)，这时附加锁的不是整个表了，而是与查询条件的 a 值相关的一个较小范围，只要其他连接修改的记录不在这个禁止范围，都是允许的。

16.2.12 SQL Server 查询不使用锁的几种情况

除了对操作的数据资源加锁的方法外，从 SQL Server 2005 版本开始，还可以使用多版本数据技术保证读写一致性，这种情况下，查询操作可以不必使用锁。

查询操作不使用任何锁的情形有以下三种：

- 隔离级别设置为 read uncommitted。此时不需要保证数据读写一致性。
- 数据库开启 read_committed_snapshot 参数后，在 read committed 隔离级别查询时，不再对表以及表中的数据页、记录附加任何锁，用多版本数据技术保证读写一致性。
- 数据库开启 allow_snapshot_isolation 参数后，可以设置 snapshot 隔离级别，此级别下的查询不会对表附加任何锁，用多版本数据技术保证读写一致性。

详细设置方法请参考上一章相关内容。

16.3 死　　锁

锁可以解决并发操作中的丢失更新问题，但使用不合适，也会引起死锁问题。

死锁是两个或多个事务同时处于等待状态，每个事务都在等待另一个事务释放对某个资源锁定后才能继续自己的操作。

如表 16-1 所示操作步骤可以说明死锁的产生过程，图中的 R1 和 R2 分别表示两种需要锁定的资源，加锁时采用排他方式。

表 16-1　模拟死锁产生

时间	事务 A	事务 B
t1	锁定 R1	
		锁定 R2
t2	欲锁定 R2	
t3	等待	欲锁定 R1
t4	等待	等待

下面我们在 Oracle 中模拟死锁的产生过程，假定两个事务需要修改 dept 表的 10 号部门和 20 号部门的地址，很明显，这两行记录相当于表 16-1 中需要锁定的资源 R1 和 R2，且锁定方式为排他。

启动两个连接，在其中修改 dept 表中的 10 号和 20 号部门的地址。

在连接 1 中修改 dept 表中 10 号部门的地址：

```
SQL> -- conn1
SQL> update dept set loc='BOSTON' where deptno=10;
已更新 1 行。
```

以上操作对 10 号记录附加上了排他锁。

在连接 2 中修改 dept 表中 20 号部门的地址：

```
SQL> -- conn2
SQL> update dept set loc='CHICAGO' where deptno=20;
已更新 1 行。
```

以上操作对 20 号记录附加上了排他锁。

回到连接 1，修改 20 号记录：

```
SQL> -- conn1
SQL> update dept set loc='NEW YORK' where deptno=20;
```

因为 20 号记录已被连接 2 锁定，连接 1 的本次修改操作发生等待。

回到连接 2，修改 10 号记录：

```
SQL> -- conn2
SQL> update dept set loc='DALLAS' where deptno=10;
```

因为 10 号记录已被连接 1 锁定，连接 2 的本次修改操作发生等待。两个连接都在等待，这时就发生了死锁。

发生死锁后，对资源锁定的等待形成了一个环形结构，要解除死锁，只要破坏掉环形结构中的任意一个环节即可。

Oracle 会自动探测到死锁的发生，并撤销其中一个事务中引起锁的操作，以使其可以执行用户的命令。在此示例中，Oracle 撤销了连接 1 的修改操作，给出如下错误信息：

```
SQL> -- conn1
SQL> update dept set loc='NEW YORK' where deptno=20;
update dept set loc='NEW YORK' where deptno=20
      *
```

```
第 1 行出现错误:
ORA-00060: 等待资源时检测到死锁
```

撤销连接 1 的修改操作后,用户可以在连接 1 执行新的命令了。要注意的是,Oracle 检测到死锁后,只是撤销了引起死锁的这个操作,并未回滚整个事务。

在 SQL Server 中执行上述过程也会像 Oracle 一样产生死锁,SQL Server 也会自动探测到死锁的存在,但会把其中一个事务作为牺牲品对其执行回滚操作,而不是只撤销此事务中引起死锁的那个操作。

下面是 SQL Server 探测到死锁时的报错信息:

```
消息 1205,级别 13,状态 51,服务器 LAW_X240,第 1 行
事务(进程 ID 52)与另一个进程被死锁在 锁 资源上,并且已被选作死锁牺牲品。请重新运行该事务。
```

Oracle 的查询不使用锁,修改数据时附加行锁,与 SQL Server 相比,一般较少发生死锁。

第17章 程序设计

SQL 语言是操作关系型数据库的通用语言，是面向集合的非过程性语言，但很多情况下，数据库应用还需要用面向过程功能进行复杂的处理，为了满足这种需要，常见的大型数据库产品一般都提供了面向过程的编程语言，Oracle 为 PL/SQL，SQL Server 为 T-SQL。

本章主要内容包括：

- PL/SQL 和 T-SQL 简介
- 注释方式
- 程序基本结构
- 信息输出：Hello，world!
- 变量声明与赋值
- 条件处理
- 循环
- 异常处理

17.1 PL/SQL 和 T-SQL 简介

PL/SQL 表示“Procedural Language extensions to the Structured Query Language.”，即对 SQL 语言在面向过程功能方面的扩展(指对变量、条件转向、循环等功能的支持)，是 Oracle 提供的、用于操作 Oracle 数据库的编程语言。1988 年推出的 Oracle 6 开始引入 PL/SQL 1.0，Oracle 7 升级到 2.0，从 Oracle 8 开始，PL/SQL 与 Oracle 数据库版本同步。PL/SQL 沿用了 Ada 编程语言的语法结构，而 Ada 又借用了 Pascal 的一些语法形式，如赋值、比较运算符等。Ada 语言是为美国国防部开发的，主要用于实时、高安全的嵌入式系统，如飞机和导弹等。

对应于 Oracle 的 PL/SQL 语言，SQL Server 操作数据库的编程语言为 Transact-SQL，简称 T-SQL。SQL Server 软件本身源自 Sybase，T-SQL 的名称及其语法结构也源自 Sybase 的 T-SQL 语言。

17.2 注释方式

为了提高程序代码的可读性，必要的注释是不可少的。PL/SQL 与 T-SQL 的注释方法相同，分为多行注释和单行注释两种形式：

- /* … */：用于多行注释，与 C 语言的注释方式相同。
- --：用于单行注释。

17.3 程序基本结构

PL/SQL 程序的结构为：

```
[declare]
  declaration_statements
begin
  execution_statements
[exception]
  exception_handling_statements
end;
/
```

各个部分的功能如下：

- declare：变量定义。
- begin…end：程序处理以及异常处理。
- exception：捕获和处理异常，类似 Java 中的 catch…finally 程序段。

PL/SQL 程序的语句及程序段的最后都以分号结尾。

程序处理部分必须至少包含一个语句，如果不执行任何功能，可以使用 null，如：

```
begin
  null;
end;
/
```

T-SQL 与 PL/SQL 不同，没有固定的程序结构。

17.4 信息输出：Hello，world！

信息输出是编程语言的基本功能，本节以输出字符串"Hello，world!"为例，说明 PL/SQL 和 T-SQL 如何在屏幕上输出信息。

17.4.1 PL/SQL 使用 dbms_output 包

PL/SQL 使用 dbms_output. put_line()或 dbms_output. put()执行信息输出任务。dbms_output 是 Oracle 的一个包(package)，包是执行相似任务的存储过程或函数的集合。

- dbms_outpub. put_line()：输出字符串或变量值，并换行。
- dbms_output. put()：输出字符串或变量值，不换行。要继续执行 dbms_output. new_line 向输出缓冲区加入换行符，否则不会输出结果至屏幕。

为了使用 dbms_output. put_line()或 dbms_output. put()函数，首先要设置 SQL *Plus 的 serveroutput 环境变量为 on 以开辟输出缓冲区。

下面示例输出"Hello，world!"：

```
SQL> set serveroutput on
SQL> begin
```

```
  2      dbms_output.put_line('hello, world! ');
  3   end;
  4   /
hello, world!
PL/SQL 过程已成功完成。
```

使用 dbms_output.put()函数完成同样效果：

```
SQL> begin
  2      dbms_output.put('Hello, ');
  3      dbms_output.put('world! ');
  4      dbms_output.new_line;
  5   end;
  6   /
Hello, world!
PL/SQL 过程已成功完成。
```

17.4.2 T-SQL 使用 print

SQL Server 使用 print 输出信息，不用额外配置：

```
1> print 'Hello, world! '
2> go
Hello, world!
```

17.5 变量声明与赋值

编程语言中，提供变量是其基本功能。变量的基本操作包括声明和赋值，PL/SQL 和 T-SQL 的变量声明和赋值语法有很大不同。

17.5.1 PL/SQL 的变量声明及赋值

PL/SQL 在程序段的 declare 部分进行变量声明，其语法形式为：

variable_name datatype;

另一种方式是使用%type，使变量直接继承相关列的数据类型：

variable_name table_name.column_name%type;

对变量赋值使用：

variable_name := value;

要把查询结果赋值给变量可以在 select 子句中使用下面形式赋值：

select *column_name* into *variable_name*

下面示例定义 myvar 变量为字符串类型，赋值后，输出其结果：

```
SQL> declare
  2      myvar varchar2(10);
  3   begin
  4      myvar:='world! ';
```

```
  5      dbms_output.put_line('Hello,'|| myvar);
  6   end;
  7   /
Hello, world!

PL/SQL 过程已成功完成。
```

也可以在变量定义的同时,对其赋值:

```
SQL> declare
  2      myvar varchar2(10) :='world! ';
  3   begin
  4      dbms_output.put_line('Hello,'|| myvar);
  5   end;
  6   /
Hello, world!

PL/SQL 过程已成功完成。
```

下面示例把 emp 表的 sal 列之和赋予变量,并输出其结果:

```
SQL> declare
  2      sumsal number(10,2);
  3   begin
  4      select sum(sal) into sumsal from emp;
  5      dbms_output.put_line(sumsal);
  6   end;
  7   /
24925

PL/SQL 过程已成功完成。
```

也可以在一个查询中把多个列值赋给多个变量:

```
SQL> declare
  2      dno emp.deptno%type;
  3      sumsal number(10,2);
  4   begin
  5      select  deptno, sum(sal) into dno, sumsal
  6      from emp
  7      where deptno=10
  8      group by deptno;
  9      dbms_output.put_line(dno||': '||sumsal);
 10   end;
 11   /
10: 8750

PL/SQL 过程已成功完成。
```

PL/SQL 的上述赋值方式要求查询结果不能为空也不能为多行,否则会出现异常。

17.5.2 T-SQL 的变量声明及赋值

T-SQL 的变量名称以@开始，声明变量使用 declare 关键字，可以在一个语句中声明多个变量，每个变量声明语句都要使用一个 declare 关键字。

声明变量的语法如下(as 关键字可以省略)：

declare *variable_name* as *datatype*, *variable_name* as *datatype*, …

如果赋值操作不涉及表的数据，则语法形式比较简单，赋值使用 set 或 select，使用 select 赋值时，不会输出任何信息：

set *variable_name* =*value*

select *variable_name* =*value*

也可以在声明变量时对其赋值：

declare *variable_name* as *datatype* =*value*

把查询结果赋值给变量，T-SQL 的语法形式与普通查询中使用列别名的用法类似，即在查询语句的 select 子句中使用下面形式赋值：

select *variable_name* =*column_name*

要注意，如果查询的结果为多行，则只会把最后一行的相应列值赋给变量，这与 PL/SQL 的处理方式不同，在 PL/SQL 中，不允许把多行查询结果赋给变量。

下面示例定义@i，@j 以及@k 三个整型变量，对@i 及@j 赋值，求和后赋值给@k，然后输出结果：

```
1> declare @i as int
2> declare @j as int
3> declare @k as int
4> set @i=3
5> set @j=2
6> set @k=@i+@j
7> print @k
8> go
5
```

也可以修改为：

```
1> declare @i as int=3, @j as int=2, @k as int
2> set @k=@i+@j
3> print @k
4> go
5
```

上述两个示例中的赋值语句可以改为使用 select 关键字：

```
1> declare @i as int=3, @j as int=2, @k as int
2> select @k=@i+@j
3> print @k
4> go
5
```

下面示例沿用上节 PL/SQL 中的内容，把查询结果赋值给变量。

把 emp 表的 sal 总和赋值给@sumsal，并打印其结果：

```
1> declare @sumsal as numeric(10,2)
2> select @sumsal = sum(sal) from emp
3> print @sumsal
4> go
24925.00
```

也可以在一个查询中，给多个变量同时赋值：

```
1> declare @sumsal as numeric(10,2), @dno as tinyint
2> select @dno = deptno, @sumsal = sum(sal)
3> from emp
4> where deptno = 10
5> group by deptno
6> print cast(@dno as varchar) + ': ' + cast(@sumsal as varchar)
7> go
10: 8750.00
```

如果删除上述代码中第 4 行的 where 条件，则查询结果会出现多行，只把最后一行的列值赋给变量，不会出现异常，如果查询结果为空，则变量会被赋值为 null，也不会出现异常。

17.6 条件处理

与普通编程语言相似，PL/SQL 和 T-SQL 的条件处理语句使用 if...else 实现。

17.6.1 PL/SQL 中的条件处理

简单的条件处理可以采用下面的语法形式：

if *condition*1 then

  *statements*1;

else

  *statements*2;

end if;

下面示例对当前日期加一天，然后通过检查两个日期的年份是否相同来判断当前日期是否为当年的最后一天：

```
SQL> begin
  2      if(extract(year from current_timestamp)
  3          <> extract(year from current_timestamp + 1))
  4      then
  5          dbms_output.put_line('Today is the last day of the year');
  6      else
  7          dbms_output.put_line('Today is not the last day of the year');
  8      end if;
  9  end;
```

```
 10  /
Today is not the last day of the year

PL/SQL 过程已成功完成。
```

也可以在 if 语句中嵌入 elsif 语句进行多重条件判断：

if *condition*1 then
    *statement*1;
elsif *condition*2 then
    *statement*2;
elsif *condition*3 then
    *statement*3;
    …
else
    statementn;
end if ;

下面示例使用 if … else 嵌套判断以下几个方面是否为真：

今天是当年的最后一天。

今天是当月的最后一天，但不是当年的最后一天。

今天不是当月的最后一天。

```
SQL> begin
  2      if extract(year from current_timestamp)
  3           <> extract(year from current_timestamp+1)
  4      then
  5          dbms_output.put_line('Today is the last day of the year.');
  6          elsif extract(month from current_timestamp)
  7                      <> extract(month from current_timestamp+1)
  8          then
  9              dbms_output.put_line('Today is last day of the month' ||
 10                                    'but not the last day of the year.');
 11      else
 12          dbms_output.put_line('Today is not the last day of the month.');
 13      end if;
 14  end;
 15  /
Today is not the last day of the month.

PL/SQL 过程已成功完成。
```

17.6.2 T-SQL 中的条件处理

如果执行单个条件判断，可以使用 if … else 的简单形式：

if *condition*
    *statement*1
else

*statement*2

若条件为真或假时，需要执行多条语句，可以使用 begin … end 将其括住，从而把多行语句作为一个执行单元，这在 PL/SQL 中不需要。

与上节 Oracle 的示例要求相同，下面示例也对当前日期加一天，然后检查两个日期的年份是否相同来判断当前日期是否为当年的最后一天：

```
1> if year(current_timestamp) > year(current_timestamp + 1)
2>        print 'Today is the last day of the year.'
3> else
4>        print 'Today is not the last day of the year.'
5> go
Today is not the last day of the year.
```

进行多条件判断时，if … else 可以多重嵌套：

if *condition*1

  *statements*1

else

if *condition*2

  *statements*2

else

  *statements*3

下面示例使用 if … else 嵌套，完成与上节 PL/SQL 程序的多重条件判断相同的功能：

今天是当年的最后一天。

今天是当月的最后一天，但不是当年的最后一天。

今天不是当月的最后一天。

```
1> if year(current_timestamp) <> year(current_timestamp + 1))
2>        print 'Today is the last day of the year.'
3> else
4> if month(current_timestamp) <> month(current_timestamp + 1)
5>        print 'Today is last day of the month but not the last day of the year.'
6> else
7>        print 'Today is not the last day of the month.'
8> go
Today is not the last day of the month.
```

17.6.3 case 语句

case 语句可以在 Oracle 或 SQL Server 中用于 select 查询，根据列的不同取值显示不同内容，两者用法相同，都符合 SQL 标准。

另外，Oracle 的 case 语句还可用于 PL/SQL 程序语句中的多条件判断，与一般编程语言中的 case 关键字用法类似，这种用法 T-SQL 不支持。

case 语句用于 select 语句有两种方式：

case *column_name* when *m*1 then *n*1

                    when *m*2 then *n*2

……
end
及
case when *column_condition*1 then *n*1
    when *column_condition*2 then *n*2
    ……
end
显然第二种方式的功能更强。
下面示例是在 SQL Server 上使用 case 的第一种方式把 deptno 转换为相应的字符串：

```
1> select ename,  deptno,
2>          case deptno
3>               when 10 then 'ACCOUNTING'
4>               when 20 then 'DALLAS'
5>               when 30 then 'CHICAGO'
6>               else 'UNKOWN'
7>          end as loc
8> from emp
9> where sal> 1700
10> go
ename        deptno  loc
---------  -----  ----------
JONES            20  DALLAS
BLAKE            30  CHICAGO
CLARK            10  ACCOUNTING
KING             10  ACCOUNTING
FORD             20  DALLAS

(5 行受影响)
```

使用 case 的第二种方式：

```
1> select ename, sal,
2>        case when sal > 1700 then 'high salary'
3>             when sal <= 1700 then 'low salary'
4>        end as sal_grade
5> from emp
6> where deptno=30
7> go
ename        sal          sal_grade
---------  ---------  -----------
ALLEN          1600.00  low salary
WARD           1250.00  low salary
MARTIN         1250.00  low salary
BLAKE          2850.00  high salary
TURNER         1500.00  low salary
```

```
JAMES              950.00   low salary

(6 行受影响)
```

上面的命令可以不加修改地在 Oracle 正确执行，这里不再举例。

在程序语句中使用 case 的方式与 select 语句相似，只是这里的条件一般不包含列名称，如下面示例所示：

```
SQL> set serveroutput on
SQL> declare a number:=1;
  2  begin
  3      case a when 1 then dbms_output.put_line('a=1');
  4             when 2 then dbms_output.put_line('a=2');
  5             else dbms_output.put_line('unkown');
  6      end case;
  7  end;
  8  /
a=1

PL/SQL 过程已成功完成。
```

17.7 循　　环

循环结构用于在指定条件下多次执行相同的代码，使得我们可以完成复杂的数据处理逻辑，是面向过程语言的重要特征。

17.7.1 PL/SQL 中的循环

PL/SQL 循环可以使用 loop、for、while 三种语法结构，每种语法结构又有不同的变形。

loop 循环代码块以 loop 开始，以 end loop 结束。用 exit、exit when 或 return 结束循环。使用 exit 语句退出循环，要与 if 语句结合使用，而 exit when 语句则可以直接把退出循环的条件放在其后。下面以得出前 100 个正整数之和为例，说明 exit when 形式的用法。

```
SQL> declare
  2      mysum int:=0;
  3      i int:=1;
  4  begin
  5      loop
  6          exit when i> 100;
  7          mysum:=mysum+i;
  8          i:=i+1;
  9      end loop;
 10      dbms_output.put_line('sum='||mysum);
 11  end;
 12  /
sum=5050
```

```
PL/SQL 过程已成功完成。
```

for 循环结构有两种用法，一种是给出循环变量的起始范围，另一种是遍历查询结果集。这两种用法都不需要给出退出循环的条件，也不用声明循环变量。

用 for 循环的第一种用法，再次执行上面的求和功能：

```
SQL> declare
  2     mysum int:=0;
  3  begin
  4     for i in 1..100
  5     loop
  6         mysum:=mysum+i;
  7     end loop;
  8     dbms_output.put_line('sum='||mysum);
  9  end;
 10  /
sum=5050

PL/SQL 过程已成功完成。
```

使用这种形式时，循环变量 i 不用预先定义，其增长步长不能改变，只能为 1，用户只能设置其初值和终值。在循环体外部不能引用循环变量的值，如果要在循环体外部引用其值，则要在循环体内先把其值传递给另一个变量。如下面示例所示：

```
SQL> declare
  2     j int;
  3     mysum int:=0;
  4  begin
  5     for i in 1..100 loop
  6         mysum:=mysum+i;
  7         j:=i;
  8     end loop;
  9     dbms_output.put_line('sum='||mysum||', i='||j);
 10  end;
 11  /
sum=5050, i=100

PL/SQL 过程已成功完成。
```

如果要从大到小遍历，可以附加 reverse 关键字，即：for i in reverse 1..100 loop

用 for 循环的第二种用法遍历查询结果集：

```
SQL> begin
  2     for dept_rec in (select * from dept)
  3     loop
  4         dbms_output.put_line(dept_rec.dname);
  5     end loop;
  6  end;
```

```
  7  /
ACCOUNTING
RESEARCH
SALES
OPERATIONS

PL/SQL 过程已成功完成。
```

while 循环形式与 loop 相似。下面示例使用 while 循环形式求出前 100 个自然数的和：

```
SQL> declare
  2      i int：=1；
  3      mysum int：=0；
  4   begin
  5      while(i <= 100) loop
  6          mysum：=mysum+i；
  7          i：=i+1；
  8      end loop；
  9      i：=i-1；
 10      dbms_output.put_line('sum='||mysum||'，'||'i='||i)；
 11   end；
 12   /
sum=5050，i=100

PL/SQL 过程已成功完成。
```

17.7.2 T-SQL 中的循环

T-SQL 中的循环语句只有 while 一种语法形式，其结构如下所示：

while *condition*

begin

  statements

end

与上节示例功能类似，下面使用 T-SQL 循环得到前 100 个自然数的和：

```
1> declare @i as int，@sum as int；
2> set @i=1；
3> set @sum=0；
4> while @i <= 100
5> begin
6>     set @sum=@sum+@i；
7>     set @i=@i+1；
8> end
9> print 'The sum is：'+cast(@sum as varchar)；
10> go
The sum is：5050
```

17.7.3 break 与 continue

一般程序设计语言对于循环处理都提供了 break 及 continue 语句，break 用于满足指定条件时退出循环，continue 语句用于满足指定条件时，跳过循环中的部分语句。

PL/SQL 不支持 break 关键字，可以使用 exit 代替，下面示例求 1 到 100 的和，如果和大于 3 000，则跳出循环：

```
SQL> declare
  2      i int:=0;
  3      mysum int:=0;
  4   begin
  5      while(i<=99) loop
  6          i:=i+1;
  7          mysum:=mysum+i;
  8          if(mysum>3000) then
  9              exit;
 10          end if;
 11      end loop;
 12      dbms_output.put_line('sum='||mysum||', '||'i='||i);
 13   end;
 14   /
sum=3003, i=77

PL/SQL 过程已成功完成。
```

在 while 循环中使用 continue，求出前 100 个自然数中不是 9 的倍数的和：

```
SQL> declare
  2      i int:=0;
  3      mysum int:=0;
  4   begin
  5      while(i<=99) loop
  6          i:=i+1;
  7          if(mod(i,9)=0) then
  8              continue;
  9          end if;
 10          mysum:=mysum+i;
 11      end loop;
 12      dbms_output.put_line('sum='||mysum||', '||'i='||i);
 13   end;
 14   /
sum=4456, i=100

PL/SQL 过程已成功完成。
```

T-SQL 对于 break 及 continue 都是支持的。

如果要在满足指定条件时退出循环，可以使用 break 关键字。

求前 100 个自然数的和，如果和大于 3 000，则跳出循环并输出此时的和以及最后一个作为加数的自然数：

```
1> declare @i as int, @sum as int;
2> set @i=1;
3> set @sum=0;
4> while @i<=100
5> begin
6>     set @sum=@sum+@i;
7>     set @i=@i+1;
8>     if(@sum>3000) break;
9> end
10> print 'sum='+cast(@sum as varchar)+',   i='+cast(@i-1 as varchar);
11> go
sum=3003,  i=77
```

如果在循环执行过程中，当某个条件满足时，需要跳过某些步骤，则可以在这些步骤之前使用 continue 关键字。

下面示例求前 100 个自然数的和，但不包括 9 的倍数：

```
1> declare @i as int, @sum as int;
2> set @i=0;
3> set @sum=0;
4> while @i<=99
5> begin
6>     set @i=@i+1;
7>     if(@i%9=0) continue;
8>     set @sum=@sum+@i;
9> end
10> print 'sum= '+cast(@sum as varchar)+',   i='+cast(@i as varchar);
11> go
sum= 4456,  i=100
```

在 PL/SQL 中求余数使用 mod 函数，在 T-SQL 中使用%运算符。

17.8 异常处理

异常通常指不该发生的错误。一个应用上线运行时，不能指望终端用户的输入总是符合开发者的期望，也不能要求服务器总是正常可用的，这些异常情况都需要程序员提前考虑到，并给出相应的处理措施。程序设计语言使用异常处理跟踪和回应异常，若程序员编写了异常处理代码，当程序执行过程中出现异常时，会由异常处理代码捕捉到，程序会跳转至异常处理模块，执行其中的内容。异常通常分为系统预定义异常及用户自定义异常两类。

17.8.1 PL/SQL 的 exception … when

PL/SQL 程序段在 begin … end 中位于最后的 exception 部分解决异常问题。

先给出一个简单的示例，说明如何在 exception 部分捕获被 0 除时的异常，下面示例 0 未作除数，不会出现异常：

```
SQL> set serveroutput on
SQL> begin
  2     dbms_output.put_line(10/2);
  3     dbms_output.put_line('No error.');
  4  exception
  5     when zero_divide then
  6         dbms_output.put_line('Error! Divided by zero.');
  7  end;
  8  /
5
No error.

PL/SQL 过程已成功完成。
```

把上面的除数改为 0，再重新执行：

```
SQL> begin
  2     dbms_output.put_line(10/0);
  3     dbms_output.put_line('No error.');
  4  exception
  5     when zero_divide then
  6         dbms_output.put_line('Error! Divided by zero.');
  7  end;
  8  /
Error! Divided by zero.

PL/SQL 过程已成功完成。
```

关键字 when 用于给出异常类型，then 后面的语句用于对异常的处理。如果存在多种异常情况，则可在以上 exception 部分使用多个 when 语句分别处理。

如果程序中不包含上述捕获异常的代码，则执行时会出现下列错误而终止：

```
SQL> begin
  2     dbms_output.put_line(10/0);
  3  end;
  4  /
begin
*
第 1 行出现错误：
ORA-01476：除数为 0
ORA-06512：在 line 2
```

when 后面的异常类型可以是 Oracle 预定义(在 sys.standard 中定义)也可以是用户自定义，上面示例所使用的 zero_divide 即为 Oracle 预定义异常类型。

如果要捕获其他非预定义也非用户自定义的异常，则可以使用 others 关键字。

下面示例使用 Oracle 预定义异常类型 value_error 来捕获字符串赋值时的越界异常：

```
SQL> declare
  2     a varchar2(1);
  3     b varchar2(2):='AB';
  4  begin
  5     a:=b;
  6  exception
  7     when value_error then
  8    dbms_output.put_line('Can''t put ['||b||'] in a one-character string.');
  9  end;
 10  /
Can't put [AB] in a one-character string.

PL/SQL 过程已成功完成。
```

下面程序段会出现两个异常，而异常处理部分只能捕获后一个：

```
SQL> declare
  2        a varchar2(1);
  3  begin
  4        declare
  5              b varchar2(2);
  6        begin
  7              select 'AB' into b from dual where 1=2;
  8              a:=b;
  9         exception
 10               when value_error then
 11               dbms_output.put_line('Can''t put ['||b||'] in a one-character string.');
 12         end;
 13  end;
 14  /
declare
*
第 1 行出现错误:
ORA-01403: 未找到任何数据
ORA-06512: 在 line 7
```

在异常捕获部分添加 others 捕获其他异常则可以解决这个问题：

```
SQL> declare
  2        a varchar2(1);
  3  begin
  4        declare
  5              b varchar2(2);
  6        begin
  7              select 'AB' into b from dual where 1=2;
  8              a:=b;
```

```
  9         exception
 10           when value_error then
 11           dbms_output.put_line('Can"t put ['||b||'] in a one-character string.');
 12         end;
 13         exception
 14              when others then
 15              dbms_output.put_line('Errors:  ['||SQLERRM||'].');
 16   end;
 17   /
Errors: [ORA-01403:未找到任何数据].

PL/SQL 过程已成功完成。
```

捕获预定义异常比较简单,只要用户在异常处理部分指定这种异常即可。如果发生了相关联的错误,那么就将捕获这个异常,从而不会传播到外部。不过,有时候可能会发生非预定义的异常,这种情况下,用户必须明确声明这个异常,然后通过异常处理部分捕获它,这种异常一般称为用户自定义异常。

要捕获一个没有预定义的异常,可以执行下面三个步骤:

- 在 PL/SQL 块的声明部分给出异常的名称,并且为异常指定数据类型为 exception。
- 使用 pragma exception_init 语句将所声明的异常与 Oracle 服务器错误代码相关联。
- 在 PL/SQL 的异常处理部分包含所声明的异常。

scott 用户的 dept 表的主键为 deptno,如果插入记录的 deptno 值与表中已有的值重复,则违反了主键约束,这时 Oracle 会返回服务器错误代码 ORA_00001,如下所示:

```
SQL> conn scott/tiger
已连接。
SQL> insert into dept values(10,'abc','def');
insert into dept values(10,'abc','def')
*
第 1 行出现错误:
ORA-00001:违反唯一约束条件 (SCOTT.PK_DEPT)
```

如果我们用一个 PL/SQL 块向 dept 表添加记录,要在 PL/SQL 块中捕获这种错误,可以按照上面所说的步骤,用下面代码实现:

```
SQL> conn scott/tiger
已连接。
SQL> set serveroutput on
SQL> declare
  2   deptno_already_in_use exception;
  3   pragma exception_init(deptno_already_in_use,-00001);
  4  begin
  5     insert into dept values(10,'abc','def');
  6  exception
  7     when deptno_already_in_use then
  8         dbms_output.put_line('Choose another deptno! ');
```

```
 9  end;
10  /
Choose another deptno!

PL/SQL 过程已成功完成。
```

17.8.2 T-SQL 的 try … catch

T-SQL 把可能出现异常的程序语句放置于 try 部分(begin try … end try),错误处理语句放置于 catch 部分(begin catch … end catch),如果在 try 部分未发生错误,则 catch 部分的语句会被忽略,若 try 部分的语句发生了异常,则程序控制转移至相应的 catch 部分。

下面语句在 try 部分不会发生错误,catch 部分的语句也不会被执行:

```
1> begin try
2>      print 10/2;
3>      print 'No error.';
4> end try
5> begin catch
6>      print 'Error! Divided by zero.';
7> end catch
8> go
5
No error.
```

把上面的除数 2 改为 0,显然会有错误,catch 部分的代码被执行:

```
1> begin try
2>      print 10/0;
3>      print 'No error.';
4> end try
5> begin catch
6>      print 'Error! Divided by zero.';
7> end catch
8> go
Error! Divided by zero.
```

在一般 T-SQL 程序设计中,编程者应该在 catch 部分分析错误原因,然后给出相应提示信息或其他处理语句。

catch 部分捕获到的错误以错误号来标识,编程者通过调用 error-number()函数得到捕获到的错误号,然后根据错误号给出相关错误提示信息,或者调用 error_message()函数显示系统预先定义的错误信息,SQL Server 的所有预定义错误号及对应错误信息可以通过查询 sys.messages 得到。另外,SQL Server 不支持用户自定义异常。

我们用下面示例说明 try … catch 的用法。

创建表 t,用于测试:

```
1> create table t
2> (
```

```
3>      a int not null,
4>      b int not null,
5>      c char(4),
6>      constraint pk_t primary key(a),
7>      constraint ck_b check(b> 100)
8> )
```

然后执行下面程序段：

```
1> begin try
2>      insert into t values(1, 170, 'a');
3> end try
4> begin catch
5>      if error_number()=2627
6>      begin
7>          print 'Handling PK violation...';
8>      end
9>      else if error_number()=547
10>     begin
11>         print 'Handling CHECK/FK constraint violation...';
12>     end
13>     else if error_number()=515
14>     begin
15>         print 'Handling NULL violation...';
16>     end
17>     else if error_number()=245
18>     begin
19>         print 'Handling conversion error...';
17>     end
21>     else
22>     begin
23>         print 'Handling unknown error...';
24>     end
25>
26>     print 'Error Number   :'+cast(error_number() as varchar(10));
27>     print 'Error Message  :'+error_message();
28>     print 'Error Severity:'+cast(error_severity() as varchar(10));
29>     print 'Error State    :'+cast(error_state() as varchar(10));
30>     print 'Error Line     :'+cast(error_line() as varchar(10));
31>     print 'Error Proc     :'+coalesce(error_procedure(), 'Not within proc');
32> end catch
33> go
```

(1 行受影响)

catch 部分的前一部分根据捕获的错误号给出相关提示信息，后一部分通过调用相关系统函数给出捕获到的错误的其他信息。

第一次执行上述程序时，不会出现错误，catch 部分的语句也不会调用。

如果第二次执行上面的语句，则会因为主键存在重复值而给出以下错误信息：

```
Handling PK violation...
Error Number   : 2627
Error Message  : 违反了 PRIMARY KEY 约束 'pk_t'。不能在对象'dbo.t'中插入重复键。
Error Severity : 14
Error State    : 1
Error Line     : 2
Error Proc     : Not within proc
```

如果把添加记录的 insert 语句改为：insert into t values(2, 10, 'a')；

重新执行上述程序段，则违反了 b 字段上的 check 约束，会给出以下错误信息：

```
Handling CHECK/FK constraint violation...
Error Number   : 547
Error Message  : INSERT 语句与 CHECK 约束"ck_b"冲突。该冲突发生于数据库"law",表"dbo.t", column'b'。
Error Severity : 16
Error State    : 0
Error Line     : 2
Error Proc     : Not within proc
```

要使得错误处理的代码可以重用，可以把上述 catch 部分的内容创建为存储过程，以后即可在 T-SQL 代码中直接调用。

创建存储过程如下：

```
1> create procedure dbo.err_message
2> as
3> if error_number() = 2627
4> begin
5>         print 'Handling PK violation...';
6> end
7> else if error_number() = 547
8> begin
9>       print 'Handling CHECK/FK constraint violation...';
10> end
11> else if error_number() = 515
12> begin
13>       print 'Handling NULL violation...';
14> end
15> else if error_number() = 245
16> begin
17>       print 'Handling conversion error...';
18> end
19> else
20> begin
21>       print 'Handling unknown error...';
```

```
22> end
23>
24> print 'Error Number    : '+ cast(error_number() as varchar(10));
25> print 'Error Message  : '+ error_message();
26> print 'Error Severity  : '+ cast(error_severity() as varchar(10));
27> print 'Error State      : '+ cast(error_state() as varchar(10));
28> print 'Error Line       : '+ cast(error_line() as varchar(10));
29> print 'Error Proc       : '+ coalesce(error_procedure(),'Not within proc');
30> go
```

在 T-SQL 程序段中调用上述存储过程：

```
1> begin try
2>        insert into t values(2, 10, 'a');
3> end try
4> begin catch
5>        exec err_message;
6> end catch
7> go

(0 行受影响)
Handling CHECK/FK constraint violation...
Error Number    : 547
Error Message  : INSERT 语句与 CHECK 约束"ck_b"冲突。该冲突发生于数据库"law",表"dbo.t", column 'b'。
Error Severity  : 16
Error State      : 0
Error Line       : 2
Error Proc       : Not within proc
```

第18章　存储过程与函数

存储过程和函数是命名的PL/SQL或T-SQL程序段，存储于数据库中，用于完成特定的数据处理任务。存储过程和函数分为系统以及用户自定义两类。

本章主要内容包括：

- 存储过程
- 函数
- 查询存储过程及函数的定义

18.1　存储过程

创建存储过程，Oracle和SQL Server都使用create procedure(或create proc)语句。

Oracle使用create or replace procedure修改存储过程的定义，若其后的存储过程名称不存在，则创建，否则修改其定义；而SQL Server使用alter procedure语句修改存储过程定义。修改存储过程定义的语法与创建时相同。

18.1.1　不附带参数的存储过程

Oracle中创建不附带参数的存储过程只要把PL/SQL程序段中的declare关键字替换为create procedure，其他内容基本不变。

下面示例把上一章使用while循环求和的示例修改为存储过程：

```
SQL> create procedure sumnum
  2  as
  3      i int:=1;
  4      mysum int:=0;
  5  begin
  6      while(i<=100) loop
  7          mysum:=mysum+i;
  8          i:=i+1;
  9      end loop;
 10      i:=i-1;
 11      dbms_output.put_line('sum='||mysum||','||'i='||i);
 12  end;
 13  /
```

Oracle执行存储过程有两种方式：

- 使用exec关键字

• 使用 begin … end 程序段

与 SQL Server 不同，第一种方式不能省略 exec，第二种方式不能附加 exec 关键字。

使用 exec 关键字执行上述示例创建的 sumnum 存储过程：

```
SQL> exec sumnum
sum=5050, i=100

PL/SQL 过程已成功完成。
```

使用 begin … end 程序段执行 sumnum 存储过程：

```
SQL> begin
  2       sumnum;
  3   end;
  4   /
sum=5050, i=100

PL/SQL 过程已成功完成。
```

在 SQL Server 数据库中创建以上求和功能的存储过程语法如下：

```
1> create proc sumnum
2> as
3> declare @n numeric, @sum numeric
4> set @n=0
5> set @sum=0
6> while @n<101
7> begin
8>      set @sum=@sum+@n
9>      set @n=@n+1
10> end
11> print @sum
12> go
```

SQL Server 使用 exec 执行存储过程，也可以输入存储过程名称直接执行：

```
1> exec sumnum
2> go
5050
1> sumnum
2> go
5050
```

在 SQL Server 的程序段或存储过程中调用另一个存储过程时，必须使用 exec，不能省略。

18.1.2 附带输入参数的存储过程

存储过程可以附带参数，使其功能更灵活。参数及其类型附加在存储过程名称之后，Oracle 要用括号括住参数部分，而 SQL Server 不需要。

下面示例是在 Oracle 中修改上节示例创建的 sumnum 存储过程，通过输入参数指定求和上限，并指定其默认值为 100：

```
SQL> create procedure sumnum2
  2  (n int:=100)
  3  as
  4       i int:=1;
  5       mysum int:=0;
  6  begin
  7        while(i<=n) loop
  8             mysum:=mysum+i;
  9             i:=i+1;
 10        end loop;
 11        i:=i-1;
 12        dbms_output.put_line('sum='||mysum||','||'i='||i);
 13  end;
 14  /
```

执行上述示例，指定参数为 100，求出前 100 个自然数之和：

```
SQL> exec sumnum2(100);
sum=5050, i=100

PL/SQL 过程已成功完成。
```

或不指定参数值使其取默认值 100：

```
SQL> exec sumnum2;
sum=5050, i=100

PL/SQL 过程已成功完成。
```

SQL Server 创建与上面 Oracle 示例相同功能的存储过程：

```
1> create proc sumnum2
2> @max numeric=100
3> as
4> declare @n numeric, @sum numeric
5> set @n=0
6> set @sum=0
7> while @n<@max+1
8> begin
9>        set @sum=@sum+@n
10>        set @n=@n+1
11> end
12> print @sum
13> go
```

指定输入参数为 10，执行上述存储过程，求出前 10 个自然数之和：

```
1> sumnum2 10
```

```
2> go
55
```

不指定参数，则参数取默认值100：

```
1> exec sumnum2
2> go
5050
```

下面示例创建存储过程，查询emp表中指定empno的记录的ename及sal值：

```
1> create proc searchbyeno
2> @eno numeric(4)
3> as
4> select ename,sal from emp where empno=@eno
5> go
```

执行上述存储过程，查询empno为7369的记录：

```
1> searchbyeno 7369
2> go
ename      sal
-------- ----------
SMITH         2900.00
```

18.1.3 附带输出参数的存储过程

输出参数类似于函数中的返回值，Oracle使用out关键字标识输出参数。

执行附带输出参数的存储过程时，要先定义接收输出参数值的变量，并按照参数的顺序把这个变量传递给存储过程，执行完毕后，在程序段中可引用输出参数的值。

下面示例使用输出参数得到两个整数的乘积：

```
SQL> create procedure mul
  2  (n1 int, n2 int, m out int)
  3  as
  4  begin
  5      m:=n1 * n2;
  6  end;
  7  /
```

执行时，定义变量a为输出参数，并在调用存储过程时，按照顺序传入输出参数a，传入时不需要指定out关键字：

```
SQL> declare a int;
  2  begin
  3      mul(2,3,a);
  4      dbms_output.put_line(a);
  5  end;
  6  /
```

SQL Server 存储过程的输出参数用 output 标识。执行存储过程时,也要预先定义相应变量接收输出参数的值。

下面示例创建存储过程,使用输出参数的方法,返回两个整数的乘积:

```
1> create proc mulnum
2> @n1 int,
3> @n2 int,
4> @result int OUTPUT
5> as
6> set @result=@n1 * @n2
7> go
```

执行上述存储过程时,要先定义变量用于接收输出参数的值,并把此变量按照创建存储过程时的顺序传递给存储过程,与 Oracle 不需要附加 out 关键字不同,SQL Server 要求附加 output 标识:

```
1> declare @r int
2> exec mulnum 12,5,@r output
3> print @r
4> go
60
```

注意:这里的 exec 不能省略。

18.2 函　　数

函数与存储过程的区别主要是有返回值。函数定义头部除了要定义输入参数以外,还要说明返回值的数据类型。

Oracle 和 SQL Server 都使用 create function 语句创建函数。修改函数定义,Oracle 使用附带 or replace 的 create function 语句;SQL Server 使用 alter function 语句修改函数定义。

18.2.1 Oracle 的函数

下面示例创建的函数用于返回两个整数的乘积:

```
SQL> create function mul2(n1 int, n2 int)
  2  return int
  3  as
  4  m int;
  5  begin
  6      m:=n1 * n2;
  7      return m;
  8  end;
  9  /
```

在 select 语句中调用上述函数:

```
SQL> select mul2(3,4) from dual;
```

```
MUL2(3,4)
---------
        12
```

创建函数时,也可以不使用第三个变量直接返回乘积:

```
SQL> create or replace function mul2(n1 int, n2 int)
  2  return int
  3  as
  4  begin
  5      return n1 * n2;
  6  end;
  7  /
```

18.2.2 SQL Server 的函数

T-SQL 创建函数时,return 关键字要使用第三人称,附加 s,另外函数主体中的变量定义要包含在 begin … end 程序块内,这与 PL/SQL 不同。

下面示例创建的函数用于返回两个整数的乘积:

```
1> create function mul(@n1 as int, @n2 as int)
2> returns int
3> as
4> begin
5>      declare @m as int
6>      set @m=@n1 * @n2
7>      return @m
8> end
9> go
```

执行上述函数:

```
1> select dbo.mul(2,3)
2> go

----------
          6
```

也可以直接返回乘积:

```
1> alter function mul(@n1 as int, @n2 as int)
2> returns int
3> as
4> begin
5>      declare @m as int
6>      return @n1 * @n2
7> end
8> go
1> select dbo.mul(3,4)
```

```
2> go

----------
          12
```

18.3 查询存储过程及函数的定义

Oracle 的数据字典视图 dba_source 可以用于查询所有可编程对象的定义文本。

如查询存储过程 sumnum 的定义：

```
SQL> select text from dba_source
  2  where name='SUMNUM'
  3  and owner='SCOTT'
  4  /
```

查询函数 mul2 的定义：

```
SQL> select text from dba_source
  2  where name='MUL2'
  3  and owner='SCOTT'
  4  /
```

SQL Server 查询存储过程或函数的定义文本，可以使用以下几种方法：

- 使用 sp_helptext 系统存储过程
- 使用 sys. sql_modules 目录视图
- 使用 INFORMATION_SCHEMA. ROUTINES 视图

下面只说明查询存储过程 sumnum 定义的方法，查询函数定义，只需要把查询条件中的存储过程名称替换为函数名称。

使用 sp_helptext：

```
C:\> sqlcmd -E -d law -Y 40 -y 20
1> sp_helptext sumnum
2> go
```

使用数据字典视图 INFORMATION_SCHEMA. ROUTINES：

```
C:\> sqlcmd -E -d hr -Y 500 -y 50
1> select routine_definition from INFORMATION_SCHEMA.ROUTINES
2> where routine_name='sumnum'
3> go
```

使用 sys. sql_modules 目录视图：

```
C:\> sqlcmd -d law -y 500
1> select definition
2> from sys.sql_modules
3> where object_name(object_id)='sumnum'
4> go
```

第19章　触发器

触发器可以看作由指定事件激活而自动执行的存储过程，主要用于执行对数据的约束检查或审计。激活事件一般是对表的 DML 操作或对数据库的指定操作。

本章主要内容包括：

- 触发器与存储过程及约束的差异
- 触发器中引用的两个临时表
- Oracle 的触发器
- SQL Server 的触发器
- 管理触发器

19.1　触发器与存储过程及约束的差异

触发器可看作由指定事件激活而自动执行的存储过程，但触发器与存储过程有以下区别：

- 存储过程的执行不需要其他事件触发。
- 存储过程一般有输入或输出参数，触发器没有参数。
- 触发器与其触发事件处于同一事务，在触发器中执行 commit 或 rollback 命令，会连同其触发事件一起提交或回滚。

触发器用于执行数据约束检查或数据库审计，表上附加的约束显然也会检查数据是否违反某些限制条件，但触发器的功能更强：

- 与 check 约束不同，触发器可以引用其他表的数据，使得新添加到表中的数据或更新后的数据可以与其他表的数据进行对比，根据对比结果执行相关操作。
- 约束使用标准错误信息，而触发器可以自定义错误处理及错误信息。
- 触发器可以对比更新前后的列值，根据对比结果执行相关操作。

19.2　触发器中引用的两个临时表

为了能在触发器中对比修改前后的数据差异，Oracle 和 SQL Server 各自定义了两种临时表（Oracle 称为临时结构，我们统一称为临时表），Oracle 称为 old 和 new，SQL Server 称为 deleted 和 inserted。

两个临时表中的数据由以下操作产生：

- 执行 insert 操作时，新记录也会把一份拷贝添加到 new 或 inserted 临时表。
- 执行 delete 操作时，被删除记录的一份拷贝会添加到 old 或 deleted 临时表。

• 执行 update 操作时，被更新记录的原值所在行会添加到 old 或 deleted 临时表，更新后的新值所在行会添加到 new 或 inserted 临时表。

19.3 Oracle 的触发器

相比 SQL Server，Oracle 触发器在功能方面要强大很多，本节对其不同类型和语法分别说明。

19.3.1 触发器类型

根据激活触发器的事件可以分为：

• DDL 触发器：执行 DDL 或 DCL 操作时触发。
• DML 触发器：对表或视图执行 update、insert、delete 操作时触发。
• system 或 database 触发器：由系统或数据库事件触发。

根据触发器执行的次数，DML 触发器又分为：

• row-level 触发器：对触发事件所影响的每行记录执行一次触发器。
• statement-level 触发器：对触发事件只执行一次触发器。
• compound 触发器：以上两种方式的结合。

如果一个 update 语句修改了 10 条记录，则 row-level 触发器会执行 10 次，而 statement-level 只执行 1 次，另外，row-level 触发器可以使用 new 和 old 临时表，引用修改前后的旧值与新值，statement-level 触发器则不能。

根据触发器执行的时机，可以分为：

• instead of 触发器：触发器代替触发事件，触发事件未执行，但可以使用 new 及 old。
• before 触发器：在触发事件执行之前执行。
• after 触发器：在触发事件执行之后执行。

触发器的代码主体存储在 long 类型的列中，创建触发器时，要求其主体不能超过 32 760 字节，可以把触发器的主要代码编写为函数或存储过程，然后在触发器中调用，以减少创建触发器的代码量。

19.3.2 DDL 触发器

创建 DDL 触发器的语法结构如下：

```
create [or replace] trigger trigger_name
{before | after | instead of } ddl_event on {database | schema}
[when (logical_expression)]
[declare]
    declaration_statements;
begin
    execution_statements;
end [trigger_name];
```

其中的 ddl_event 可以取如表 19-1 中的关键字。

表 19-1　DDL 事件可取关键字

ddl_event	说明
alter	对数据库对象执行 alter 语句
analyze	对数据库对象执行 analyze 命令以得到其统计信息
associate statistics	对列、序列、函数、包等对象关联某个统计类型
audit	激活数据库对象的审计功能
comment	对表或列附加注释
create	创建表、视图、序列等数据库对象
ddl	此表列出的所有 ddl 语句
disassociate statistics	撤销对列、序列、函数、包等对象的某个统计类型的关联
drop	删除数据库对象
grant	对用户授予权限
noaudit	撤销对数据库对象的审计功能
rename	更改数据库对象名称
revoke	撤销用户权限
truncate	清空表的数据

只能在执行 create 命令创建对象时，DDL 触发器才能使用 instead of 关键字。

下面给出一个审计 create 操作的示例，当用户创建数据库对象时，create 操作的信息会记录在 audit_creation 表中，其第一个列 audit_id 的值由序列 sq_audit_creation 自动填充。

创建表 audit_ddl 存储 DDL 操作的信息：

```
SQL> create table audit_creation
  2  (
  3        audit_id number,
  4        audit_owner varchar2(30),
  5        audit_obj_name varchar2(30),
  6        audit_date date,
  7        constraint pk_audit_ddl primary key(audit_id)
  8  )
  9  /
```

创建序列：

```
SQL> create sequence sq_audit_creation;
```

最后创建触发器：

```
SQL> create or replace trigger audit_creation
  2  before create on schema
  3  begin
  4     insert into audit_creation values
  5     (
  6        sq_audit_creation.nextval,
  7        ora_dict_obj_owner,
  8        ora_dict_obj_name,
```

```
  9         sysdate
 10     );
 11  end audit_creation;
 12  /
```

其中的系统函数 ora_dict_obj_owner 以及 ora_dict_obj_name 分别得到触发事件所操作的对象属主及名称。

创建完毕后，可以创建一个测试表 t 激活触发器：

```
SQL> create table t(a int);
```

查询 audit_creation，可以发现其中记录的建表操作信息：

```
SQL> select * from audit_creation;

  AUDIT_ID AUDIT_OWNER     AUDIT_OBJ_NAME      AUDIT_DATE
---------- --------------- ------------------- -------------------
         1 SCOTT           T                   2016-07-09 15:26:52
```

其他触发事件的用法与此相似，这里不再赘述。

下面示例说明 instead of 关键字的作用。

首先删除之前创建的触发器：

```
SQL> drop trigger audit_creation;
```

创建 instead of 触发器，其中只给出一行提示信息：

```
SQL> create or replace trigger audit_instead_creation
  2  instead of create on schema
  3  begin
  4     dbms_output.put_line('Creation operation not allowed now.');
  5  end audit_instead_creation;
  6  /
```

执行下面创建表的操作：

```
SQL> create table tt(a int);
Creation operation not allowed now.
```

虽然最后给出了“表已创建”的提示信息，如果查询此表，可以发现其并不存在，说明建表操作被替换为触发器中的代码，从而建表操作并未执行：

```
SQL> select * from tt;
select * from tt
              *
第 1 行出现错误：
ORA-00942：表或视图不存在
```

19.3.3 DML 触发器

创建 DML 触发器的语法结构如下：

```
create [or replace] trigger trigger_name
{before | after}
{insert | update | update of column1 [, column2, [ ... ]] | delete}
on table_name
[for each row]
[when logical_expression]
[declare]
    declaration_statements;
     begin
    execution_statements;
end [trigger_name];
```

下面示例创建 row-level 类型的 DML 触发器，审计对 emp 表的更新操作，如果 sal 列值更新前后的差超过 2 000，则把更新操作的信息记入 emp_sal_audit 表。

创建 emp_sal_audit 表，用于存放更新 sal 列的审计结果：

```
SQL> create table emp_sal_audit
  2  (
  3      empno number(4),
  4      old_sal number(7,2),
  5      new_sal number(7,2)
  6  )
  7  /
```

创建触发器：

```
SQL> create trigger before_emp_sal_update
  2  before update of sal
  3  on emp
  4  for each row when(abs(new.sal-old.sal> 2000)
  5  begin
  6      insert into emp_sal_audit values(:old.empno, :old.sal, :new.sal);
  7  end before_emp_sal_update;
  8  /
```

上述代码中的 old 及 new 是对两个临时表的引用。

对 emp 表执行 update 操作：

```
SQL> select empno,sal from emp where deptno=10;

     EMPNO        SAL
---------- ---------
      7782       2450
      7839       5000
      7934       1300

SQL> update emp set sal=1500 where deptno=10;
```

然后查询 emp_sal_audit 表，可以发现符合条件的更新操作信息已经被记入：

```
SQL> select * from emp_sal_audit;

     EMPNO    OLD_SAL    NEW_SAL
---------- ---------- ----------
      7839       5000       1500
```

下面示例创建 statement-level 类型的 DML 触发器，审计用户对 emp 表的 update 操作。为了避免混淆，在进行下面步骤之前，请先删除之前创建的 before_emp_sal_update 触发器。

创建表 emp_update_audit 记录对 emp 表的更新信息：

```
SQL> create table emp_update_audit
  2  (
  3     audit_id number,
  4     user_id varchar2(30),
  5     update_date date,
  6     constraint pk_emp_update_audit primary key(audit_id)
  7  )
  8  /
```

创建序列以自动填充 emp_update_audit 的 audit_id 列：

```
SQL> create sequence sq_emp_update;
```

创建触发器：

```
SQL> create trigger emp_update_audit
  2  after update of sal on emp
  3  begin
  4     insert into emp_update_audit values
  5     (sq_emp_update.nextval, user, sysdate);
  6  end emp_update_audit;
  7  /
```

对 emp 的 sal 列执行 update 操作，检查触发器是否生效：

```
SQL> update emp set sal=sal+100 where deptno=10;
```

查询 emp_update_audit，可以发现以上更新操作的信息已被记入：

```
SQL> select * from emp_update_audit;

 AUDIT_ID USER_ID                        UPDATE_DATE
--------- ------------------------------ -------------------
        1 SCOTT                          2016-07-09 18:00:48
```

19.3.4 系统触发器

系统触发器可以审计服务器启动、关闭，服务器错误以及用户的登录、退出等操作，也适合于记录用户连接服务器的总时间或服务器运行的总时间。

系统触发器的语法结构如下：

```
create [or replace] trigger trigger_name
{before | after } database_event on {database | schema}
[declare]
   declaration_statements;
begin
   execution_statements;
end [trigger_name];
```

下面示例使用系统触发器记录用户的登录：

```
SQL> conn system/oracle
已连接。
SQL> create table connection_audit
  2  (
  3      audit_id number,
  4      user_name varchar2(30),
  5      event_type varchar2(20),
  6      event_date date,
  7      constraint pk_conn_audit primary key(audit_id)
  8  )
  9  /
```

创建序列：

```
SQL> create sequence sq_conn_audit;
```

创建触发器：

```
SQL> create or replace trigger conn_audit
  2  after logon on database
  3  begin
  4      insert into connection_audit values
  5      (sq_conn_audit.nextval, user, 'CONNECT', sysdate);
  6  end conn_audit;
  7  /
```

注意，数据库的 logon 事件只能使用 after 关键字。

在另一个客户端以 scott 连接数据库：

```
SQL> conn scott/tiger
已连接。
```

查询 connection_audit 表，可以发现登录信息已记入：

```
SQL> alter session set nls_date_format='yyyy-mm-dd hh24:mi:ss';
会话已更改。
SQL> select * from connection_audit;
```

```
AUDIT_ID USER_NAME            EVENT_TYPE       EVENT_DATE
---------- -------------------- ---------------- --------------------
         1 SCOTT                CONNECT          2016-07-09 18:27:32
```

19.4 SQL Server 的触发器

在版本更新过程中,SQL Server 的触发器功能不断加强,特别是在 2005 版本加入了 DDL 触发器类型,与 Oracle 的差距进一步降低。

19.4.1 SQL Server 触发器类型

按照触发事件可分为:

- DDL 触发器
- DML 触发器
- logon 触发器

按照触发器执行的时机可分为:

- alter 触发器:在触发事件执行之后,触发器执行。
- instead of 触发器:触发事件并未执行,而是被替换为触发器中的代码。

与 Oracle 对比,SQL Server 的触发器有以下特点:

- 不支持 Oracle 的 before 触发器功能。
- 不支持 Oracle 的 row-level 触发器,只支持类似 Oracle 的 statement-level 形式的触发器,即 DML 语句只会激活触发器执行一次,而不管其影响了多少行记录。
- DDL 触发器只支持 after 形式。
- DDL 触发器除与 Oracle 的 DDL 触发器类似外,还包含其系统触发器的部分功能。

19.4.2 DDL 触发器

激活 DDL 触发器的事件包括 DDL、DCL 及 update statistics 语句,DDL 语句主要包括 create、alter、drop,DCL 语句主要包括 grant、deny、revoke。对临时表和存储过程的 DDL 操作不会激活 DDL 触发器。与 DML 触发器不同,DDL 触发器不属于任何架构,也不存在 object_id、object_name 等属性。

SQL Server 的 DDL 触发器可以在数据库或服务器范围创建,分别由数据库或服务器范围发生的事件激活,用于审计各自范围的事件,也可以在满足指定条件情况下执行特定任务,如在某些条件下禁止建表。

创建 DDL 触发器的语法为:

```
create trigger trigger_name
on {all server | database}
for event_type(s)
as
execution_statements;
```

其中,all server 表示服务器范围的触发器,database 表示当前数据库范围的触发器。for 关键字也可以用 after 代替。

下面示例创建的触发器禁止对数据库执行 drop table 与 alter table 操作:

```
1> create trigger deny_alter_table
2> on database
3> for drop_table, alter_table
4> as
5>       print 'Drop or alter tables not allowed now.'
6>       rollback
7> go
```

执行 drop table 操作,测试以上触发器的效果:

```
1> drop table emp
2> go
Drop or alter tables not allowed now.
消息 3609,级别 16,状态 2,服务器 LAW_X240,第 1 行
事务在触发器中结束。批处理已中止。
```

下面示例创建服务器范围的触发器,禁止执行 create login 操作:

```
1> create trigger deny_login_creation
2> on all server
3> for create_login
4> as
5>       print 'Login creation not allowed now.'
6>       rollback
7> go
```

测试其效果:

```
1> create login login1 with password='login1login1'
2> go
Login creation not allowed now.
消息 3609,级别 16,状态 2,服务器 LAW_X240,第 1 行
事务在触发器中结束。批处理已中止。
```

19.4.3 DML 触发器

创建 DML 触发器的语法结构为:

```
create trigger trigger_name
on table_name
[instead of | after] dml_operation(s)
as
execution_statements
```

创建触发器时,名称不能与相同架构下的表相同,这与 Oracle 不同,在 Oracle 中,触发器与表处于不同的名称空间(namespace),触发器的名称与表的名称可以相同。

after 触发器与其他事件的执行先后顺序如下：

- 约束检查。
- 创建 inserted 表及 deleted 表。
- 执行触发事件。
- 执行触发器。

下面示例审计对 emp 表的 sal 列的 update 操作，如果对 emp 表的 sal 列执行了 update 操作，则在 emp_sal_audit 表中记录 update 操作的相关信息。

首先创建 emp_sal_audit 表：

```
1> create table emp_sal_audit
2> (
3>       empno numeric(4),
4>       old_sal numeric(7,2),
5>       new_sal numeric(7,2),
6>       user_name varchar(15),
7>       update_time datetime
8> )
9> go
```

其中 empno 记录被修改记录的 empno，old_sal 记录 sal 列修改之前的值，new_sal 记录 sal 列修改之后的新值，user_name 记录执行 update 操作的数据库用户名称，update_time 记录执行时间。

创建 after 触发器：

```
1> create trigger tri_emp_sal_audit
2> on emp
3> after update
4> as
5> if update(sal)
6>       insert into emp_sal_audit
7>       select i.empno, d.sal, i.sal, user, getdate()
8>       from inserted i, deleted d
9>       where i.empno=d.empno
10> go
```

SQL Server 不支持 Oracle 创建触发器的 update of column 语法形式，在上述代码中，通过 update(sal)系统函数判断 sal 列的值是否被修改，若被修改则把更新记录的 empno、更新前后的 sal 值、执行 update 操作的用户名称以及执行时间添加入 emp_sal_audit 表，以供以后审计之用。

对 emp 表执行 update 操作：

```
1> update emp set sal=sal+100 where deptno=10
2> go
```

查询审计表，可以发现以上 update 操作的信息已经添加进来：

```
1> select * from emp_sal_audit
2> go
```

```
empno  old_sal    new_sal    user_name      update_time
-----  ---------  --------  -------------  ------------------------
  7934  1300.00    1400.00    dbo            2016-07-10 11:20:42.563
  7839  5000.00    5100.00    dbo            2016-07-10 11:20:42.563
  7782  2450.00    2550.00    dbo            2016-07-10 11:20:42.563
```

如果要完成与 Oracle 中的示例类似的功能，则可以把条件改为：

if(select max(abs(i. sal-d. sal)) from inserted i, deleted d where i. empno=d. empno> 2000

如果读者对比一下上述示例与对应 Oracle 示例的功能以及语法形式，可以发现两者的功能还是有所差别，修改条件后，只要一个 update 操作导致的修改结果有满足上述条件的记录，就会把这个 update 操作的信息记录下来，包括不满足上述条件的其他记录，也就是说，SQL Server 支持类似 Oracle 中的 statement-level 触发器，而不支持 Oracle 中的 row-level 触发器。

instead of 触发器执行时：

- 约束还未检查。
- inserted 与 deleted 表已创建。

下面示例使用 instead of 触发器禁止用户在每天晚上 18:00 到 23:59:59 之间以及凌晨 00:00:00 到 06:59:59 之间对 emp 表执行 update 操作。因为 instead of 触发器的内容会代替 update 操作，其实现的关键是如何处理不在禁止时间范围内的 update 操作。

首先删除之前创建的 tri_emp_sal_audit 触发器：

```
1> drop trigger tri_emp_sal_audit
2> go
```

创建 instead of 触发器：

```
1> create trigger tri_deny_emp_update
2> on emp
3> instead of update
4> as
5> if (datepart(hour, getdate())>= 18 and datepart(hour, getdate())<=23)
6>        or (datepart(hour, getdate())>=0 and datepart(hour, getdate())<=6)
7>       print 'Update not allowed now.';
8> else
9> begin
10>          delete from emp where empno in(select empno from deleted);
11>          insert into emp select * from inserted;
12> end
13> go
```

修改计算机系统时间，使其处于禁止时间范围，查看当前时间以确认：

```
1> select getdate() as now
2> go
now
-----------------------
2016-07-10 19:25:29.070
```

查看 deptno 为 30 的记录的 sal 值：

```
1> select empno,sal from emp where deptno=30
2> go
empno    sal
------ ---------
  7499     1600.00
  7519     1250.00
  7654     1250.00
  7698     2850.00
  7844     1500.00
  7900      950.00
```

对 emp 表执行 update 操作,修改其 sal 列的值:

```
1> update emp set sal=3000 where deptno=30
2> go
Update not allowed now.
```

重新执行对 emp 表的查询,可以发现 deptno 为 30 的记录的 sal 值并未被修改:

```
1> select empno,sal from emp where deptno=30
2> go
empno    sal
------ ---------
  7499     1600.00
  7519     1250.00
  7654     1250.00
  7698     2850.00
  7844     1500.00
  7900      950.00
```

修改计算机的系统时间,使其不在禁止范围,执行下面查询进行确认:

```
1> select getdate() as now
2> go
now
-----------------------
2016-07-10 11:29:25.693
```

再执行相同的 update 操作:

```
1> update emp set sal=sal+10 where deptno=30
2> go
```

查询 emp 表,可以发现这时 update 操作生效:

```
1> select empno, sal from emp where deptno=30
2> go
empno    sal
```

```
------ ---------
  7499       1610.00
  7521       1260.00
  7654       1260.00
  7698       2860.00
  7844       1510.00
  7900        960.00
```

19.4.4 logon 触发器

用户登录时，在安全认证过程结束、建立连接之前，激活 logon 触发器，若认证过程失败，则不会激活 logon 触发器。

下面示例禁止登录账号 login1 在 18:00:00 至 23:59:59 之间登录服务器：

```
1> create trigger denylogon
2> on all server
3> for logon
4> as
5> begin
6>          if original_login() ='login1' and
7>              cast(getdate() as time) between '18:00:00' and '23:59:59'
8>                      rollback
9> end
10> go
```

若登录时间在禁止范围，则给出如下错误：

```
C:\> sqlcmd -U login1 -P login1login1
Sqlcmd：错误：Microsoft ODBC Driver 11 for SQL Server ：由于执行触发器，登录名 'login1' 的登录失败。
```

19.5 管理触发器

管理触发器主要包括查询和修改触发器定义、删除触发器、启用和禁用触发器等操作。

19.5.1 查询触发器定义

在 Oracle 中要得到触发器的系统信息，可以查询 dba_triggers 数据字典视图，其 trigger_body 列保存了触发器定义的主体。

下面示例查询 emp 表上的触发器及其定义：

```
SQL> set line 300
SQL> set pagesize 20
SQL> set long 1000
SQL> column trigger_name for a18
SQL> column description for a30
SQL> select trigger_name, description, trigger_body
```

```
  2  from dba_triggers
  3  where table_name='EMP'
  4  /

TRIGGER_NAME        DESCRIPTION                     TRIGGER_BODY
------------------- ------------------------------- ------------------------------------------
EMP_UPDATE_AUDIT    emp_update_audit                begin
                    after update of sal on emp          insert into emp_update_audit values
                                                    (sq_emp_update.nextval,user,sysdate);
                                                    end emp_update_audit;
```

SQL Server 与 Oracle 的 dba_triggers 功能类似的目录视图是 sys. triggers(服务器范围是 sys. server_triggers),但 sys. triggers 并未保存触发器定义,得到其定义需查询 sys. sql_modules 目录视图。

查询 emp 表上的触发器名称:

```
1> select name from sys.triggers
2> where object_name(parent_id)='emp'
3> go
name
--------------------
tri_deny_emp_update
```

查询上述触发器的定义,注意启动 sqlcmd 时,设置-y 的值,否则定义不能完整显示:

```
C:\> sqlcmd -d law -y 800
1> select definition from sys.sql_modules
2> where object_id=object_id('tri_deny_emp_update')
3> go
definition
------------------------------------------------------------------------
create trigger tri_deny_emp_update
on emp
instead of update
as
set nocount on
if (datepart(hour, getdate())>=18 and datepart(hour, getdate())<=23)
     or (datepart(hour, getdate())>=0 and datepart(hour, getdate())<=6)
   print 'Update not allowed now.'
else
begin
      delete from emp where empno in(select empno from deleted);
      insert into emp select * from inserted;
end
```

19.5.2 删除触发器

Oracle 删除触发器使用 drop trigger 命令，如删除 emp_update_audit 触发器：

```
SQL> drop trigger emp_update_audit;
```

SQL Server 删除 DML 触发器与 DDL 触发器使用不同的命令。

删除 DML 触发器与 Oracle 使用相同的命令：

drop trigger trigger_name

如删除 emp 表上的触发器 tri_deny_emp_update：

```
1> drop trigger tri_deny_emp_update
2> go
```

删除数据库范围的 DDL 触发器使用命令：

drop trigger trigger_name on database

删除服务器范围的 DDL 触发器使用命令：

drop trigger trigger_name on all server

19.5.3 修改触发器定义

Oracle 使用附带 or replace 关键字的 create trigger 命令修改触发器定义，其余部分与创建触发器的命令相同，当其后的触发器名称不存在时，则创建触发器，若触发器存在，则修改其定义：

create or replace trigger_name

trigger_body

SQL Server 中修改触发器定义，只要用 alter 关键字替换创建触发器时的 create 关键字，其他语法形式与创建触发器相同。

19.5.4 启用和禁用触发器

Oracle 使用 alter trigger 命令执行启用和禁用指定触发器。

下面命令禁用触发器 before_emp_sal_update enable：

```
SQL> alter trigger before_emp_sal_update disable;
```

下面命令启用触发器 before_emp_sal_update enable：

```
SQL> alter trigger before_emp_sal_update enable;
```

也可以使用 alter table 命令启用或禁用表上的所有触发器。

下面命令启用 emp 表的所有触发器：

```
SQL> alter table emp enable all triggers;
```

下面命令禁用 emp 表的所有触发器：

```
SQL> alter table emp disable all triggers;
```

SQl Server 使用 enable/disable trigger 命令启用或禁用触发器。

禁用触发器使用下面命令：

disable trigger { [*schema_name* .] *trigger_name* [,... n] | all }
on { object_name | database | all server }

启用触发器使用下面命令：

```
enable trigger { [ schema_name . ] trigger_name [ ,...n ] | all }
on { object_name | database | all server }
```

下面命令禁用 emp 表上的所有触发器：

```
1> disable trigger all on emp
2> go
```

下面命令启用 emp 表上的所有触发器：

```
1> enable trigger all on emp
2> go
```

下面命令启用 emp 表上的触发器 tri_deny_emp_update：

```
1> enable trigger tri_deny_emp_update on emp
2> go
```

下面命令启用服务器范围的所有 DDL 触发器：

```
1> enable trigger all on all server
2> go
```

第20章　数据字典及系统信息查询

数据字典是数据库中用于描述数据的数据，其作用是使数据库引擎知道整个数据库的情况。数据库管理员可以通过查询数据字典视图得知数据库运行状态、数据分布、用户权限等各种系统信息。对于 DBMS 学习者来说，通过研究数据字典，可以更快地理解其体系结构。

本章主要内容包括：

- 数据字典视图简介
- 数据字典视图分类
- 获得所有数据字典视图
- Oracle 与 SQL Server 常用数据字典视图的对应关系
- 常用系统信息查询

20.1　数据字典视图简介

Oracle 数据库的数据字典一直非常丰富，也很人性化。SQL Server 2005 版本之前，其数据字典基本是给数据库引擎使用的，个数不多，人性化也较差，从 2005 版本开始，这种情况有了很大改观。

数据字典视图(data dictionary views)是 Oracle 的术语，SQL Server 称为系统视图(system views)，在本书中，有时为了与 Oracle 一致，也称其为数据字典视图。

20.2　数据字典视图分类

两者的数据字典视图主要分为静态和动态两类。

Oracle 数据库的数据字典视图分为两类：

- 静态数据字典视图(static data dictionary views)
- 动态性能视图(dynamic performance views)

静态数据字典视图的名称以 DBA_，USER_，ALL_ 开头，分别表示整个数据库的系统信息、当前用户拥有对象的信息、当前用户可操作对象的信息，其数据来自于 system 表空间。要得到这些静态字典视图的定义，可以查询 dba_views。

动态性能视图也称为动态数据字典视图，一般以 V$开头，为了方便不同的用户查询，在建库时，又生成了这些动态视图的同义词，我们查询的动态视图是这些同义词。

V$视图的数据来自于 SGA，要得到 V$视图的定义，可以查询 v$fixed_view_definition。

SQL Server 中的系统视图分为以下几种类型：

- 目录视图(catalog views)

- 动态管理视图与函数(dynamic management views and functions)
- 信息架构视图(information schema views)
- 兼容性视图(compatibility views)

信息架构视图属于 information_schema 架构,其他三种都属于 sys 架构,使用时都要在视图名称之前附加架构名称。

目录视图对应于 Oracle 中以 DBA 开头的静态字典视图功能。

动态管理视图与函数对应于 Oracle 中的动态性能视图,用于监控服务器实例的运行状况、诊断故障,其名称以 dm_开头。

信息架构视图是 SQL Server 为了符合 SQL-92 标准而引入的一类系统视图。

兼容性视图是为了与早期版本的 SQL Server 兼容而保留的系统视图,不建议再使用。

SQL Server 中的数据字典数据称为元数据(metadata),都保存在 SQL Server 数据字典视图的基表中,基表属于 sys 架构,管理员可以查看基表名称的列表,但是不能对其进行任何操作。要得到所有的基表,可以执行下面查询:

```
1> select name, type_desc,schema_name(schema_id) as 'schema'
2> from sys.objects
3> where type_desc='SYSTEM_TABLE'
4> go
name                  type_desc             schema
-----------------     ----------------      ---------------------
sysrscols             SYSTEM_TABLE          sys
sysrowsets            SYSTEM_TABLE          sys
sysclones             SYSTEM_TABLE          sys
sysallocunits         SYSTEM_TABLE          sys
sysfiles1             SYSTEM_TABLE          sys
sysseobjvalues        SYSTEM_TABLE          sys
......
sysobjkeycrypts       SYSTEM_TABLE          sys
sysasymkeys           SYSTEM_TABLE          sys
syssqlguides          SYSTEM_TABLE          sys
sysbinsubobjs         SYSTEM_TABLE          sys
syssoftobjrefs        SYSTEM_TABLE          sys

(72 行受影响)
```

查询显示结果中的最后一个基表,可以发现不成功:

```
1> select * from sys.syssoftobjrefs
2> go
消息 208,级别 16,状态 1,服务器 LAW_X240,第 1 行
对象名 'sys.syssoftobjrefs' 无效。
```

20.3 获得所有数据字典视图

得到所有数据字典视图,可以让我们对其有一个整体认识。

Oracle 可以查询 dictionary(简写为 dict)得到所有的数据字典名称。

以下命令查询其前 10 个：

```
SQL> conn system/oracle
已连接。
SQL> select table_name from dictionary
  2  where rownum <11
  3  /

TABLE_NAME
------------------------------------------------
DBA_CONS_COLUMNS
DBA_LOG_GROUP_COLUMNS
DBA_LOBS
DBA_CATALOG
DBA_CLUSTERS
DBA_CLU_COLUMNS
DBA_COL_COMMENTS
DBA_COL_PRIVS
DBA_ENCRYPTED_COLUMNS
DBA_INDEXES
```

附加合适的条件可以查询以 DBA_、USER_及 V$开头的数据字典视图信息。如查询所有动态性能视图：

```
SQL> select table_name from dictionary
  2  where table_name like 'V$%'
  3  /

TABLE_NAME
------------------------------------------------
V$MAP_LIBRARY
V$MAP_FILE
V$MAP_FILE_EXTENT
V$MAP_ELEMENT
V$MAP_EXT_ELEMENT
......
V$MVREFRESH
V$SQL_BIND_CAPTURE

已选择 728 行。
```

SQL Server 得到所有系统视图的信息可以查询 sys. system_objects。

查询所有系统视图：

```
1> select name from sys.system_objects
2> where schema_name(schema_id) ='sys'
3> and name not like 'sp_%'
```

```
4> and name not like 'xp_%'
5> go
```

查询所有目录视图(包括兼容视图在内):

```
1> select name from sys.system_objects
2> where schema_name(schema_id)='sys'
3> and name not like 'sp_%'
4> and name not like 'xp_%'
5> and name not like 'dm_%'
6> and name not like 'fn_%'
7> go
```

查询所有动态管理视图:

```
1> select name from sys.system_objects
2> where schema_name(schema_id)='sys'
3> and name like 'dm_%'
4> go
```

查询所有动态管理函数:

```
1> select name from sys.system_objects
2> where schema_name(schema_id)='sys'
3> and name like 'fn_%'
4> go
```

20.4 Oracle 与 SQL Server 常用数据字典视图的对应关系

为方便对照,本部分我们以表格形式把 Oracle 及 SQL Server 的常用数据字典视图按功能分类。要说明的是,两个产品的同类视图只是功能上大致相似,不是严格意义上的等同。

20.4.1 服务器配置参数

表 20-1 服务器参数数据字典视图

Oracle	SQL Server	说明
v$parameter	sys.configurations	服务器配置信息与运行状态信息
v$instance		

20.4.2 数据库配置参数

表 20-2 数据库配置参数数据字典视图

Oracle	SQL Server	说明
v$database	sys.databases	数据库的配置信息
v$parameter		

20.4.3 存储空间

表 20-3 存储空间数据字典视图

Oracle	SQL Server	说明
dba_tablespaces	sys. filegroups	表空间/文件组信息
dba_data_files v$datafile	sys. database_files	数据文件信息,sys. database_files 也包括重做文件信息
	sys. master_files	SQL Server 的 master 数据库的文件信息
dba_part_tables	sys. partitions	分区信息
dba_free_space		数据文件中的空闲空间信息
dba_extents		对象的区信息,SQL Server 执行 dbcc extentinfo 命令得到

20.4.4 数据库对象

表 20-4 数据对象数据字典视图

Oracle	SQL Server	说明
dba_objects	sys. objects	数据库对象信息
dba_tables	sys. tables	所有表的信息
dba_indexes	sys. indexes sys. dm_db_index_physical_stats	索引信息,sys. indexes 也包含表信息
dba_ind_columns	sys. index_columns	索引列的信息
dba_synonyms	sys. synonyms	同义词信息
dba_tab_columns	sys. columns	列信息
dba_constraints dba_cons_obj_columns dba_cons_columns	sys. check_constraints sys. default_constraints sys. key_constraints sys. foreinkeys	约束信息
dba_procedures	sys. procedures	存储过程信息
dba_triggers	sys. triggers	触发器信息
dba_views	sys. views sys. system_views	视图信息 sys. views 和 sys. system_views 分别包含用户和系统视图
dba_source	sys. sql_modules	可编程对象的定义信息

除了这里列出的 sys 架构中的相关视图,SQL Server 的 information_schema 架构中的多数系统视图也是保存的数据库对象信息,这里不再赘述。

20.4.5 用户与权限

表 20-5 用户与权限数据字典视图

Oracle	SQL Server	说明
dba_users	sys. server_principals	SQL Server 服务器登录账号、角色等信息
	sys. database_principals	SQL Server 数据库用户、角色等信息
	sys. server_permissions	SQL Server 服务器层次权限
dba_sys_privs dba_tab_privs dba_col_privs	sys. database_permissions	权限信息
user_sys_privs user_tab_privs user_col_privs	sys. fn_my_permissions	当前用户的权限信息

20.4.6 重做日志

表 20-6 重做日志数据字典视图

Oracle	SQL Server	说明
v$logfile	sys. database_files	sys. database_files 也包含数据文件信息

20.4.7 事务

表 20-7 事务信息数据字典视图

Oracle	SQL Server	说明
v$transaction	sys. dm_tran_ *	事务相关信息

20.4.8 锁

表 20-8 锁信息数据字典视图

Oracle	SQL Server	说明
v$lock	sys. dm_tran_locks	SQL Server 也可用 sp_lock 返回锁信息

20.4.9 进程与连接信息

表 20-9 进程或连接信息数据字典视图

Oracle	SQL Server	说明
v$processes	sys. dm_os_threads	进程/线程信息
v$session	sys. dm_exec_sessions	会话信息

20.5 常用系统信息查询

本节以对比的形式介绍 Oracle 和 SQL Server 的常用系统信息查询方法。

20.5.1 查询产品版本

Oracle 可以使用以下三种方式：

- 查询 v$version
- 查询 product_component_version
- 执行 show release 命令

使用 v$version：

```
SQL> select banner from v$version;

BANNER
--------------------------------------------------------------------------------
Oracle Database 12c Enterprise Edition Release 12.1.0.1.0-64 bit Production
PL/SQL Release 12.1.0.1.0-Production
CORE      12.1.0.1.0      Production
TNS for 64-bit Windows: Version 12.1.0.1.0-Production
NLSRTL Version 12.1.0.1.0-Production
```

使用 product_component_version：

```
SQL> select * from product_component_version;

PRODUCT                                  VERSION      STATUS
---------------------------------------- ------------ --------------------
NLSRTL                                   12.1.0.1.0   Production
Oracle Database 12c Enterprise Edition   12.1.0.1.0   64bit Production
PL/SQL                                   12.1.0.1.0   Production
TNS for 64-bit Windows:                  12.1.0.1.0   Production
```

执行 show release 命令：

```
SQL> show release
release 1201000100
```

SQL Server 可以使用两种方式：

- 使用@@version 全局变量
- 使用 serverproperty()系统函数

使用@@version：

```
1> print @@version
2> go
Microsoft SQL Server 2016 (RTM) - 13.0.1601.5 (X64)
        Apr 29 2016 23:23:58
```

```
Copyright (c) Microsoft Corporation
Developer Edition (64-bit) on Windows 8.1 Enterprise 6.3 <X64> (Build 9600: )
```

使用 serverproperty()函数：

```
1> select serverproperty('productversion') as ProductVersion,
2>         serverproperty('productlevel') as ProductLevel,
3>         serverproperty('edition') as Edition
4> go
ProductVersion                ProductLevel              Edition
----------------------        ---------------------     -------------------------
13.0.1601.5                   RTM                       Developer Edition (64-bit)
```

20.5.2 查询配置参数

Oracle 只有数据库服务器一个层次，其配置参数称为初始化参数。SQL Server 的配置参数则分为服务器和数据库两个层次。

查询 Oracle 数据库初始化参数使用下面两种方式：

- 查询 v$parameter 动态视图
- 执行 show parameter 命令

使用 v$parameter：

```
SQL> select name, value from v$parameter order by name;

NAME                              VALUE
------------------------------    --------------------------------
O7_DICTIONARY_ACCESSIBILITY       FALSE
active_instance_count
aq_tm_processes                   1
archive_lag_target                0
asm_diskgroups
asm_diskstring
asm_power_limit                   1
......
utl_file_dir
workarea_size_policy              AUTO
xml_db_events                     enable

已选择 366 行。
```

查询某个指定参数值，可以附加 where 子句进行限制：

```
SQL> select name, value from v$parameter
  2  where name='processes'
  3  /
```

```
NAME           VALUE
---------      ----------
processes      300
```

使用 show parameter 查询所有初始化参数值：

```
SQL> show parameter

NAME                                 TYPE         VALUE
------------------------------------ ------------ -----------------
O7_DICTIONARY_ACCESSIBILITY          boolean      FALSE
active_instance_count                integer
aq_tm_processes                      integer      1
archive_lag_target                   integer      0
asm_diskgroups                       string
asm_diskstring                       string
asm_power_limit                      integer      1
……
```

查询指定参数可指定参数名称或部分名称，会把包含此字符串的所有参数列出：

```
SQL> show parameter process

NAME                                 TYPE         VALUE
------------------------------------ ------------ -----------------
aq_tm_processes                      integer      1
cell_offload_processing              boolean      TRUE
db_writer_processes                  integer      1
gcs_server_processes                 integer      0
global_txn_processes                 integer      1
job_queue_processes                  integer      1000
log_archive_max_processes            integer      4
processes                            integer      300
processor_group_name                 string
```

SQL Server 查询服务器和数据库配置参数分别使用下面方法：

- 查询服务器配置参数使用 sys. configurations 目录视图或 sp_configure 系统过程
- 查询数据库选项配置信息使用 sys. databases 或 databasepropertyex()函数

使用 sys. configurations 查询服务器配置参数信息：

```
C:\Windows\system32> sqlcmd -Y 30
1> select name,value,value_in_use
2> from sys.configurations
3> go
name                          value              value_in_use
----------------------------- ------------------ ------------------
recovery interval (min)       0                  0
```

```
allow updates                  0          0
user connections               0          0
locks                          0          0
......
remote data archive            0          0
polybase mode                  0          0

(76 行受影响)
```

不附带参数执行 sp_configure 系统过程可以查询服务器配置信息。把"show advanced options"参数设置为 1,可以显示所有服务器参数值:

```
1> sp_configure 'show advanced options', '1'
2> go
配置选项 'show advanced options' 已从 0 更改为 1。请运行 RECONFIGURE 语句进行安装。
1> reconfigure
2> go
1> sp_configure
2> go
name                                minimum      maximum     config_value  run_value
----------------------------------- ------------ ----------- ------------- ----------
access check cache bucket coun                0        65536             0          0
access check cache quota                      0   2147483647             0          0
Ad Hoc Distributed Queries                    0            1             0          0
affinity I/O mask                   -2147483648   2147483647             0          0
affinity mask                       -2147483648   2147483647             0          0
affinity64 I/O mask                 -2147483648   2147483647             0          0
......
user connections                              0        32767             0          0
user options                                  0        32767             0          0
xp_cmdshell                                   0            1             0          0
```

附带配置参数可以查看指定参数的值:

```
1> sp_configure 'user connections'
2> go
name                              minimum      maximum    config_value  run_value
--------------------------------- ------------ ---------- ------------- ----------
user connections                             0      32767             0          0
```

可以发现,SQL Server 使用 sp_configure 查询服务器配置参数时,与 Oracle 的 show parameter 命令相似。

下面几个示例以 law 为例查询数据库选项参数信息。

以查询 law 数据库的 is_auto_close_on 及恢复模式为例,查询数据库选项值:

```
1> select name, is_auto_close_on, recovery_model_desc
2> from sys.databases
3> where name='law'
```

```
4> go
name                  is_auto_close_on  recovery_model_desc
-----------------     -------------     --------------------
law                                  0  FULL
```

databasepropertyex()函数的用法如下：

databasepropertyex(database_name, property)

第一个参数用于指定数据库名称，第二个参数用于指定选项参数名称。

如完成与上例查询相同的功能，可以执行如下命令：

```
1> select databasepropertyex('law','isautoclose') as is_auto_close,
2>        databasepropertyex('law','recovery') as recovery_model
3> go
is_auto_close              recovery_model
--------------------       --------------------
0                          FULL
```

20.5.3 查询内存配置和使用情况

查询内存配置和使用情况，两种产品都有多种方法。

Oracle 的 show sga 命令可以查看内存各个模块的粗略配置情况：

```
SQL> show sga

Total System Global Area 1670221824 bytes
Fixed Size                  2403352 bytes
Variable Size            1191183336 bytes
Database Buffers          469762048 bytes
Redo Buffers                6873088 bytes
```

使用 v$sgastat 视图，可以得到更精细的内存使用情况：

```
SQL> select pool,name,bytes from v$sgastat;

POOL         NAME                            BYTES
-----------  --------------------------- -----------
             fixed_sga                       2403352
             buffer_cache                  419430400
             log_buffer                      6873088
             shared_io_pool                 50331648
shared pool  db_block_hash_buckets           5771264
shared pool  VIEWCOL                             848
shared pool  X$KSVII table                       512
shared pool  dlo fib struct                    12832
......
shared pool  KSPD key heap                      2088
shared pool  active checkpoint queue e          5952
shared pool  XDBSC                          10212568
```

```
large pool     PX msg pool                         15728640
large pool     free memory                         17825792
java pool      free memory                         50331648
```

已选择 1067 行。

另一个方法是使用 v$memory_dynamic_components 视图,会给出各部分的统计结果:

```
SQL> select component, current_size
  2  from v$memory_dynamic_components
  3  /

COMPONENT                              CURRENT_SIZE
-----------------------------------    ------------
shared pool                               436207616
large pool                                 33554432
java pool                                  50331648
streams pool                                      0
SGA Target                               1006632960
DEFAULT buffer cache                      419430400
KEEP buffer cache                                 0
RECYCLE buffer cache                              0
DEFAULT 2K buffer cache                           0
DEFAULT 4K buffer cache                           0
DEFAULT 8K buffer cache                           0
DEFAULT 16K buffer cache                          0
DEFAULT 32K buffer cache                          0
Shared IO Pool                             50331648
Data Transfer Cache                               0
PGA Target                                671088640
ASM Buffer Cache                                  0
```

已选择 17 行。

SQL Server 使用 dbcc memorystatus 命令查看各部分内存使用情况:

```
1> dbcc memorystatus
2> go
Process/System Counts                       Value
----------------------------------------    --------------------
Available Physical Memory                             1494478848
Available Virtual Memory                         140725828952064
Available Paging File                                 1829486592
Working Set                                            129323008
Percent of Committed Memory in WS                             84
Page Faults                                              3175559
System physical memory high                                    1
```

```
System physical memory low                                        0
Process physical memory low                                       0
Process virtual memory low                                        0

(10 行受影响)
Memory Manager                                  KB
------------------------ -------  ----------------
VM Reserved                                10953296
VM Committed                                 148808
......
Memory Broker Clerk (Buffer Pool)     Pages
------------------------------ --------------------
Total                                        2883.0
Simulated                                       0.0
Simulation Benefit                              0.0
Internal Benefit                                0.0
External Benefit                                0.0
Value Of Memory                                 0.0
Periodic Freed                                  0.0
Internal Freed                                  0.0

(8 行受影响)
DBCC 执行完毕。如果 DBCC 输出了错误信息,请与系统管理员联系。
```

查询每个数据库占用内存的情况(单位是数据页页数):

```
1> select count( * ) as cached_pages_count,
2>          case database_id
3>               when 32767 then 'ResourceDb'
4>               else db_name(database_id)
5>          end as Database_name
6> from sys.dm_os_buffer_descriptors
7> group by db_name(database_id) ,database_id
8> order by cached_pages_count desc
9> go
cached_pages_count Database_name
------------------ ----------------------------------
              1971 ResourceDb
               302 msdb
               272 law
               229 master
                32 tempdb
                16 model
```

查询当前数据库中每个对象所占用内存的情况:

```
1> select count(*) as cached_pages_count
```

```
2>        ,name ,index_id
3> from sys.dm_os_buffer_descriptors as bd
4>        inner join
5>        (
6>            select object_name(object_id) as name
7>                ,index_id ,allocation_unit_id
8>            from sys.allocation_units as au
9>                inner join sys.partitions as p
10>                    on au.container_id = p.hobt_id
11>                        and (au.type = 1 or au.type = 3)
12>            union all
13>            select object_name(object_id) as name
14>                ,index_id, allocation_unit_id
15>            from sys.allocation_units as au
16>                inner join sys.partitions as p
17>                    on au.container_id = p.partition_id
18>                        adn au.type = 2
19>        ) as obj
20>            on bd.allocation_unit_id = obj.allocation_unit_id
21> where database_id = db_id()
22> group by name, index_id
23> order by cached_pages_count desc;
24> go
cached_pages_count name                                  index_id
------------------ --------------------------------- -----------
                34 sysobjvalues                                1
                34 sysschobjs                                  1
                29 sysschobjs                                  2
                21 syscolpars                                  1
                 ......
                 2 sysrts                                      3
                 2 sysscalartypes                              3

(51 行受影响)
```

20.5.4 获取当前系统时间

获取当前系统日期时间，Oracle 和 SQL Server 各自有多种方法，不同的方法主要体现在精确度不同。

Oracle 使用 sysdate 或 current_timestamp 系统函数获取当前系统时间。

使用 sysdate 系统函数可以精确到秒：

```
SQL> select to_char(sysdate,'yyyy-mm-dd hh24:mi:ss') as date_time
  2  from dual
  3  /
```

```
DATE_TIME
-------------------
2016-01-09 18:58:44
```

使用 current_timestamp 系统函数可以得到更精确的时间信息及时区信息：

```
SQL> select current_timestamp from dual;

CURRENT_TIMESTAMP
---------------------------------------------------
09-1 月 -16 06.59.08.795000 下午 +08:00
```

SQL Server 可以使用 getdate()或 current_timestamp 系统函数返回当前系统时间，在 SQL Server 中二者等价，后者与 Oracle 的同名函数功能相同，Oracle 中的 current_timestamp 函数精度更高。另外 SQL Server 还可以使用精度更高的 sysdatetime()函数返回当前系统时间。

使用 getdate()函数：

```
1> select getdate() as date_time
2> go
date_time
-----------------------
2016-01-09 19:00:41.880
```

使用 current_timestamp 函数：

```
1> select current_timestamp as date_time
2> go
date_time
-----------------------
2016-01-09 19:01:41.450
```

使用 sysdatetime()函数：

```
1> select sysdatetime() as date_time
2> go
date_time
---------------------------------------
2016-01-09 19:02:06.0416877
```

使用 sysdatetimeoffset()函数，可以列出时区信息：

```
1> select sysdatetimeoffset() as date_time
2> go
date_time
----------------------------------------------
2016-09-01 11:10:10.5509531 +08:00
```

20.5.5 查看当前用户

Oracle 只有数据库用户，而 SQL Server 除了数据库用户之外，还有服务器账号。

Oracle 的 SQL * Plus 使用 show user 命令查看当前用户：

```
SQL> show user
USER 为 "SCOTT"
```

SQL Server 的用户分为服务器登录账号及数据库用户，返回当前服务器登录账号使用 system_user 系统函数，查看当前数据库用户使用 user 函数。

与 user 等价的函数还有 current_user、session_user 及 user_name()函数。

查看当前服务器登录账号：

```
1> select system_user as login_name
2> go
login_name
-----------------------------------------
law_x240\Administrator
```

使用 user 函数查看当前数据库用户：

```
1> select user as db_user
2> go
db_user
-----------------------------------
dbo
```

20.5.6 查看表的结构

Oracle 的 SQL * Plus 提供了 describe 命令查询表的结构，而 SQL Server 使用 sp_columns 或 sp_help。

Oracle 使用 describe(也可简写为 desc)查看 dept 表的结构：

```
SQL> describe scott.dept
名称              是否为空？ 类型
----------------- -------- ------------
DEPTNO            NOT NULL  NUMBER(2)
DNAME                       VARCHAR2(14)
LOC                         VARCHAR2(13)
```

SQL Server 未提供与 describe 类似的命令，SQL Server 使用 sp_columns 或 sp_help 系统存储过程查看包括表结构在内的有关信息，其用法相似，分别为 sp_columns '*table_name*' 几 sp_help '*table_name*'。

但这两种方法的查询结果字段较多，不像 Oracle 中的 describe 命令那样简洁、方便。本书 2.3.13 节编写了一个 describe 存储过程，其功能与 Oracle 的 describe 相同。

20.5.7 查看存储过程、函数及触发器定义

对于各种可编程对象定义，Oracle 使用 dba_source，SQL Server 使用 sys.sql_modules。

Oracle 使用 dba_source 查询名为 describe 的存储过程定义：

```
SQL> select name, text
```

```
  2  from dba_source
  3  where name='DESCRIBE'
  4  /
```

在 SQL Server 中，可编程对象的定义都可以通过 sys.sql_modules 查询，如下面示例查询 describe 存储过程的定义：

```
1> select object_name(object_id) as name,definition
2> from sys.sql_modules
3> where object_id=object_id('dbo.describe')
4> go
```

第21章 备份恢复

数据库应用的关键是数据，但现实情况是数据面临着各种安全威胁，如磁盘损坏，发生火灾或其他自然灾害导致服务器损坏。提供完备的备份恢复功能，使得数据库在发生各种故障时能恢复到预定状态是大型数据库的一个主要特征。

本章主要内容包括：

- 备份恢复工具
- 备份种类
- restore 和 recover 命令的含义
- 备份语法
- 恢复语法
- 备份恢复实践

21.1 备份恢复工具

Oracle 的备份工具主要是 rman(recovery manager)，rman 是一个字符界面的工具。虽然 rman 一般翻译为恢复管理器，它也是执行备份操作的工具。rman 使用自己的一套命令执行备份或恢复任务。

SQL Server 未提供专门的备份恢复工具，而是执行相关 SQL 命令进行备份恢复操作。

以下内容假定 Oracle 数据库运行在归档模式，SQL Server 数据库运行在 full 恢复模式。

21.2 备份种类

Oracle 的数据库备份主要包括物理备份和 rman 备份。物理备份使用操作系统命令复制文件，rman 备份在 rman 工具中执行备份恢复命令，本书讲解 rman 备份。

rman 提供以下几种备份方式：

- 全库备份
- 增量备份
- 文件及表空间备份

SQL Server 不支持物理备份，提供以下几种备份种类：

- 全库备份
- 差异备份
- 文件及文件组备份
- 事务日志备份

Oracle 的全库备份只包含所有数据文件(不包括临时表空间的临时数据文件),不包括重做日志文件,SQL Server 的全库备份既包括数据文件,也包括重做日志文件。

Oracle 数据库的归档模式相当于自动执行重做日志文件备份,Oracle 不需要执行事务日志备份,Oracle 的日志归档相当于 SQL Server 的事务日志备份。

Oracle 增量备份的英文术语为 incremental backup。Oracle 中的增量备份操作可以针对数据库、文件或文件组,分为 0 或 1 两种级别,0 级备份即全库备份(或整个文件、表空间备份),是以后增量备份的基础。

Oracle 中的增量备份又分为差异增量备份(differential incremental backups)和累积增量备份(cumulative incremental backups)。1 级差异增量备份内容为最近一次 0 级或 1 级的差异增量备份以来改变过的数据块,差异增量备份是默认的备份形式。1 级累积增量备份内容为最近一次 0 级累积增量备份以来改变过的数据块。

备份操作包含 1 号数据文件时(即 system 表空间的第一个文件,一般为 system01. dbf),也会自动备份控制文件和初始化参数文件(spfile)。

Oracle 的增量备份方式在 SQL Server 中称为差异备份,其英文术语为 differential backup。SQL Server 的差异备份只有一种形式,不像 Oracle 分为差异增量及累积增量两种形式,也不能对差异备份分级。

SQL Server 的数据库差异备份,其备份内容是从上次执行全库备份以来改变的区;执行文件或文件组差异备份,其备份内容是从上次完整备份该文件或文件组(包括全库备份或文件、文件组备份)以来改变的区。执行差异备份前,要先执行完整备份作为其基础。

Oracle 的 rman 的一次备份操作可以形成多个备份集文件,一个备份集文件不能包含多个备份操作的数据。SQL Server 的多次备份操作的数据可以存储于一个备份集文件或备份设备中。

21.3 restore 与 recover 命令的含义

rman 的 restore 命令是从备份文件中把数据文件恢复到原来位置或指定位置。执行 restore 命令,不需要指定要恢复的文件所在备份集文件的名称。若多个备份集文件中都包含要恢复的文件,rman 会自动查找最合适的备份集来使用,用户只需指定要恢复的内容(如文件名称、表空间名称或数据库等)即可,不需要其他干预。

rman 的 recover 命令是在数据文件恢复到指定位置后,对其应用归档重做文件或联机重做文件的过程。所有重做文件应用后,已提交事务修改的数据都写入了磁盘的数据文件,再把未正常结束的事务修改的数据从数据文件中回滚,从而使得数据库达到一致状态。

SQL Server 的 restore 命令是依次应用全库备份、差异备份、事务日志备份恢复各文件的过程。

SQL Server 的 recover 操作是整个恢复过程的最后一个步骤,是在执行 restore 命令恢复某个备份文件时,附加 with recovery 选项,使得完成所有的前滚后,回滚未正常结束的事务,从而使得数据库达到一致状态。这里要注意,如果恢复到这个状态的数据库还有未应用的备份文件,就不能再继续应用了,因为其下一个未应用的备份文件与数据库之间的状态已经不连续了,这种操作相当于执行了不完全恢复。

可以看出,SQL Server 的 restore 及 recover 含义与 Oracle 有很大不同。

另外,Oracle 使用单独的 recover 命令来应用归档或联机的重做日志文件,而 SQL Server

没有单独的 recover 命令，要执行 recover 操作，需要在 restore 命令中附加 with recovery 选项，这也是默认选项。

在 SQL Server 中，如果执行的恢复步骤不是最后一个，要在执行 restore 命令时附加 with norecovery 选项，否则会按照默认的 with recovery 执行附带的 recover 操作，完成前滚和回滚后，整个恢复过程就结束了，从而使后续的备份文件不能应用。

如果恢复多个备份文件时，在某个恢复步骤忘记附加 with norecovery 选项，则后续恢复就不能进行，整个恢复过程要重新进行，对于大型数据库，必然会花费大量的不必要时间，为了避免这种情况，建议每个恢复步骤都加上 with norecovery 选项，而 recover 操作使用下面命令单独执行，而且在执行下面命令之前，要仔细检查是否已经应用了所有的备份文件：

restore database database_name with recovery

21.4 备份语法

本节给出各类常见备份的命令。

21.4.1 全库备份

实际生产环境使用 rman 执行备份恢复操作时，为了达到更高的安全要求，一般会用专门的数据库存放备份集信息，此数据库称为 catalog 数据库，被备份的数据库称为 target 数据库。若没有 catalog 数据库，则备份集信息存放于 target 数据库的控制文件。为了简单起见，这里未使用 catalog 数据库。

Oracle 使用 rman 执行全库备份的语法为：backup database，下面示例执行全库备份。

启动 rman，以 sys 用户连接目标数据库：

```
C:\Windows\system32> rman target /
恢复管理器：Release 12.1.0.1.0-Production on 星期六 7 月 9 11:16:31 2016
Copyright (c) 1982, 2013, Oracle and/or its affiliates.  All rights reserved.
已连接到目标数据库：LAW (DBID=2363461233)
RMAN>
```

上面命令连接到本地默认数据库，即 ORACLE_SID 环境变量指定的数据库。

在 RMAN 提示符下输入以下命令执行全库备份：

```
RMAN> backup database;
```

SQL Server 执行全库备份的命令为：

```
backup database database_name to disk = 'physical_backup_file_name' [with noinit | init]
```

各项含义为：

- database_name：备份的数据库。
- physical_backup_file_name：存储备份数据的物理文件名称。
- with noinit | init：noinit 指定备份数据附加在已有备份数据之后，init 指定备份数据覆盖现有数据，默认为 noinit。

下面命令对 testbak 数据库执行全库备份：

```
1> backup database testbak to disk='e:\sqldata\testbak_full.bak'
```

```
2> go
已为数据库'testbak',文件'testbak'(位于文件 1 上)处理了 328 页。
已为数据库'testbak',文件'testbak_log'(位于文件 1 上)处理了 3 页。
BACKUP DATABASE 成功处理了 331 页,花费 0.432 秒(5.985 MB/秒)。
```

也可以使用备份设备使命令简化。

执行 sp_addumpdevic 存储过程创建备份设备,语法为:

exec sp_addumpdevice 'device_type', 'logical_device_name', 'physical_backup_file_name';

备份设备可以看作是其对应物理文件的逻辑文件名,其中:

- device_type:备份设备类型,disk(磁盘)或 tape(磁带)。
- logical_device_name:备份设备的逻辑名称,可以用于备份或恢复操作。
- physical_backup_file_name:备份设备对应的物理文件名称,备份数据存储于此文件。

创建备份设备后,可以用下面命令在执行备份操作时使用备份设备:

backup database database_name to logical_device_name [with noinit | init]

下面命令创建了 testbakdev 备份设备:

```
1> use master
2> go
已将数据库上下文更改为'master'。
1> exec sp_addumpdevice 'disk', 'testbakdev', 'e:\sqldata\testbak.bak'
2> go
```

把数据库备份至备份设备:

```
1> backup database testbak to testbakdev
2> go
```

21.4.2 文件及表空间(文件组)备份

Oracle 的 rman 执行文件备份的语法为:

backup datafile {file_id | 'physical_data_file_name'}

rman 执行表空间备份的语法为:

backup tablespace tablespace_name

下面示例对 file_id 为 4 的文件执行备份:

```
RMAN> backup datafile 4;
```

下面示例对 users 表空间备份:

```
RMAN> backup tablespace users;
```

SQL Server 执行文件或文件组备份的语法为:

backup database database_name file='logical_file_name'[, file='logical_file_name' …],

filegroup='filegroup_name'[, filegroup='filegroup_name' …]

to {logical_device_name | disk= 'physical_backup_file_name'}

file 选项用于执行数据文件备份时指定其逻辑文件名,filegroup 选项用于指定要备份的文件组名称,可以在一个命令中备份多个文件或文件组。

下面示例对 testbak 数据库的 testbak_data 文件执行文件备份，备份文件名称中的数字用于指定备份操作的时间信息：

```
1> backup database testbak
2> file='testbak_data'
3> to disk='e:\sqldata\bakup\testbak_mdfbak_201607101830.bak'
4> go
```

下面示例对 testbak 数据库的 primary 文件组执行备份：

```
1> backup database testbak
2> filegroup='primary'
3> to disk='e:\sqldata\bakup\testbak_primary_fgbak_201607101840.bak'
4> go
```

21.4.3 差异备份

rman 执行 n 级差异增量或累积增量备份：

backup incremental level n {database | datafile m | tablespace tablespace_name}

backup incremental level n cumulative {database | datafile m | tablespace tablespace_name}

这里的 n 表示增量备份级别，取 0 或 1。最后的参数分别表示执行全库备份，对 m 号数据文件备份，对表空间备份。执行数据文件备份时，也可以把文件号改为文件名称。若执行 1 级备份时，还未进行 0 级备份，则 rman 会自动先执行 0 级备份。

以下示例执行 0 级全库备份：

```
RMAN> backup incremental level 0 database;
```

执行 1 级数据库差异增量备份：

```
RMAN> backup incremental level 1 database;
```

对 4 号文件执行 1 级差异增量备份：

```
RMAN> backup incremental level 1 datafile 4;
```

对 users 表空间执行 1 级累积增量备份：

```
RMAN> backup incremental level 1 cumulative tablespace users;
```

SQL Server 执行差异备份的语法为：

backup database database_name [file='logic_file_name' | filegroup='filegroup_name']

to {logical_device_name | disk='physical_backup_file_name'

with differential

指定 file 或 filegroup 选项用于对文件或文件组进行差异备份，若未指定则进行全库差异备份。

下面示例对 testbak 数据库执行全库差异备份(之前需执行全库备份)：

```
1> backup database testbak
2> to disk='e:\sqldata\bakup\testbak_db_diff_201607101845.bak'
3> with differential
```

```
4> go
```

对 testbak_data 数据文件执行差异备份：

```
1> backup database testbak
2> file='testbak_data'
3> to disk='e:\sqldata\bakup\testbak_mdfbak_diff_201607101850.bak'
4> with differential
5> go
```

对 primary 文件组执行差异备份：

```
1> backup database testbak
2> filegroup='primary'
3> to disk='e:\sqldata\bakup\testbak_primary_fgdiffbak_0903211045.bak'
4> with differential
5> go
```

21.4.4 SQL Server 的事务日志备份

根据数据库是否正常可用，SQL Server 的事务日志备份可以分为两种情况：

- 事务日志正常备份：数据库正常可用时执行的事务日志备份。
- 事务日志尾部备份：数据库已经发生故障，不能正常连接时执行的事务日志备份。

若数据库发生了故障，而联机日志文件未损坏，可以把上次事务日志备份以来还未备份的事务日志内容再备份出去，这样可以把数据库恢复到出现故障的时刻，使得数据损失达到最低，这种情况下的事务日志备份称为尾部备份。

正常事务日志备份的语法为：

backup log database_name to {logical_device_name | disk= 'physical_backup_file_name'}

事务日志尾部备份的语法为：

backup log database_name to {logical_device_name | disk= 'physical_backup_file_name'}
with norecovery, no_truncate

下面示例对 testbak 数据库执行事务日志备份：

```
1> backup log testbak to disk='e:\sqldata\bakup\testbak_log_bak_0903211047.bak'
2> go
```

21.5 恢复语法

因为 rman 的备份信息保存在数据库的控制文件或 catalog 数据库中(catalog 数据库专门用于存放 rman 备份信息，本书没有使用这种方式)，使用 rman 恢复 Oracle 数据库时，不需要指定备份集文件所在的目录。而 SQL Server 进行数据恢复的语法形式比较复杂，要指定备份集文件。

21.5.1 rman 中的恢复语法

rman 工具恢复数据库包括 restore 及 recover 两个步骤，下面给出语法形式，因为命令比较简单，不再举例。

全库恢复语法为：

```
restore database;
recover database;
```

数据文件恢复语法为：

```
restore datafile [data_file_id | data_file_name;]
recover datafile [data_file_id | data_file_name];
```

恢复表空间语法为：

```
restore tablespace tablespace_name;
recover tablespace tablespace_name;
```

21.5.2 SQL Server 中的恢复语法

由全库或全库差异备份恢复：

```
restore database database_name
from {logical_device_name | disk= 'physical_backup_file_name'}
with norecovery | recovery
```

from 后面用于指定包含全库备份或全库差异备份的设备名称或物理文件名称。with 选项用于指定此恢复操作是否为最后一个恢复步骤，若没有后续恢复步骤，则指定 recovery 选项，否则指定 norecovery 选项。

只恢复文件或文件组：

```
restore database database_name
from {logical_device_name | disk= 'physical_backup_file_name'}
file='logical_file_name'[, file='logical_file_name' …],
filegroup='filegroup_name'[, filegroup='filegroup_name' … ]
with norecovery | recovery
```

其中的备份集文件可以是全库备份，也可以是文件或文件组备份。

恢复事务日志：

```
restore log database_name
from {logical_device_name | disk= 'physical_backup_file_name'}
with norecovery | recovery
```

与 Oracle 的 rman 不同，SQL Server 执行恢复操作时，要把备份文件按照顺序一个个依次恢复，如先恢复全库备份，再恢复差异备份，再恢复多个事务日志备份等。如果是单个数据文件损坏，则可以只恢复与这个文件有关的备份文件。

21.6 备份恢复实践

本节在 rman 和 SQL Server 中各自执行完整的备份恢复过程，使读者对备份恢复操作有个整体认识。

21.6.1 Oracle 全库备份及恢复的完整过程

启动 rman，用 sys 用户连接数据库：

```
C:\> rman target /
恢复管理器: Release 12.1.0.1.0-Production on 星期六 7 月 9 20:27:20 2016
Copyright (c) 1982, 2013, Oracle and/or its affiliates.  All rights reserved.
已连接到目标数据库: LAW (DBID=2363461233)
```

记下上述输出内容中的 DBID=2363461233,以备恢复数据库时使用。

执行全库备份:

```
RMAN> backup database;


启动 backup 于 09-7 月-16
使用目标数据库控制文件替代恢复目录
分配的通道: ORA_DISK_1
通道 ORA_DISK_1: SID=138 设备类型=DISK
通道 ORA_DISK_1: 正在启动全部数据文件备份集
通道 ORA_DISK_1: 正在指定备份集内的数据文件
输入数据文件: 文件号=00003 名称=C:\APP\ORACLE\ORADATA\LAW\DATAFILE\O1_MF_SYSAUX_
BQKXPYW3_.DBF
输入数据文件: 文件号=00001 名称=C:\APP\ORACLE\ORADATA\LAW\DATAFILE\O1_MF_SYSTEM_
BQKXSBOZ_.DBF
输入数据文件: 文件号=00005 名称=C:\APP\ORACLE\ORADATA\LAW\DATAFILE\O1_MF_UNDOT-
BS1_BQKXW23W_.DBF
输入数据文件: 文件号=00004 名称=E:\TBS01.DBF
输入数据文件: 文件号=00007 名称=E:\TBS02.DBF
输入数据文件: 文件号=00008 名称=E:\TBS03.DBF
输入数据文件: 文件号=00006 名称=C:\APP\ORACLE\ORADATA\LAW\DATAFILE\O1_MF_USERS_
BQKXW0JL_.DBF
输入数据文件: 文件号=00002 名称=E:\NEWTBS01.DBF
通道 ORA_DISK_1: 正在启动段 1 于 09-7 月 -16
通道 ORA_DISK_1: 已完成段 1 于 09-7 月 -16
段句柄
=C:\APP\ORACLE\FAST_RECOVERY_AREA\LAW\BACKUPSET\2016_07_09\O1_MF_NNNDF_
TAG20160709T202853_CR1VJ6M0_.BKP 标记=TAG20160709T202853 注释=NONE
通道 ORA_DISK_1: 备份集已完成, 经过时间:00:02:05
通道 ORA_DISK_1: 正在启动全部数据文件备份集
通道 ORA_DISK_1: 正在指定备份集内的数据文件
备份集内包括当前控制文件
备份集内包括当前的 SPFILE
通道 ORA_DISK_1: 正在启动段 1 于 09-7 月 -16
通道 ORA_DISK_1: 已完成段 1 于 09-7 月 -16
段句柄
=C:\APP\ORACLE\FAST_RECOVERY_AREA\LAW\BACKUPSET\2016_07_09\O1_MF_NCSNF_
TAG20160709T202853_CR1VN4Q3_.BKP 标记=TAG20160709T202853 注释=NONE
通道 ORA_DISK_1: 备份集已完成, 经过时间:00:00:01
完成 backup 于 09-7 月 -16
```

查看上述输出信息,包含数据文件的备份集文件为:

O1_MF_NNNDF_TAG20160709T202853_CR1VJ6M0_.BKP

包含控制文件和初始化参数文件 spfile 的备份文件为：

O1_MF_NCSNF_TAG20160709T202853_CR1VN4Q3_.BKP

强制重做日志切换，使得产生新的归档日志：

```
SQL> alter system switch logfile;
```

以 scott 用户连接数据库，并创建新表 t，对其添加两行测试记录：

```
SQL> conn scott/tiger
已连接。
SQL> create table t(a int, b int);
表已创建。
SQL> insert into t values(1, 10);
已创建 1 行。
SQL> insert into t values(2, 20);
已创建 1 行。
SQL> commit;
提交完成。
```

再次切换重做日志，使得包含上述操作内容的日志文件归档：

```
SQL> conn / as sysdba
已连接。
SQL> alter system switch logfile;
```

执行 DOS 的 dir 命令查看最后一个归档日志文件的序号：

```
C:\> dir e:\arc
驱动器 E 中的卷是 backup
卷的序列号是 DCB0-8D40

e:\arc 的目录

2016/07/09  20:38    <DIR>          .
2016/07/09  20:38    <DIR>          ..
2016/07/06  15:05        40,611,328 106_882096821_1.ARC
2016/07/09  10:23        42,986,496 107_882096821_1.ARC
2016/07/09  15:45        43,911,168 108_882096821_1.ARC
2016/07/09  19:50        45,041,152 109_882096821_1.ARC
2016/07/09  20:36         4,881,408 110_882096821_1.ARC
2016/07/09  20:38            37,888 111_882096821_1.ARC
```

由上面结果可知，最后一个归档日志文件的序号为 111，如果这时包括联机重做日志文件在内的所有数据库文件发生故障，可用于 recover 操作的最后一个归档日志文件的序号最大只能是 111 号。

下面把数据库文件所在的目录修改名称，模拟整个数据库的损坏。

首先关闭数据库，把原来数据库文件所在的目录 law 改为 lawbak：

```
SQL> shut immediate
数据库已经关闭。
已经卸载数据库。
ORACLE 例程已经关闭。
SQL> host move C:\app\oracle\oradata\LAW C:\app\oracle\oradata\LAWBAK
移动了          1 个文件。
```

重新创建 law 目录,用来存储恢复后的数据库文件:

```
C:\> mkdir c:\app\oracle\oradata\law
```

修改 spfile 的名称,模拟 spfile 的损坏(执行下面命令时,第一行行末以^换行):

```
C:\> move C:\app\oracle\product\12.1.0\dbhome_1\database\spfilelaw.ora ^
More? C:\app\oracle\product\12.1.0\dbhome_1\database\spfilelaw.bak
移动了          1 个文件。
```

下面开始恢复数据库。

设置 oracle_sid 环境变量:

```
C:\> set oracle_sid=law
```

启动 rman:

```
C:\> rman
恢复管理器: Release 12.1.0.1.0-Production on 星期六 7 月 9 20:52:35 2016
Copyright (c) 1982, 2013, Oracle and/or its affiliates.  All rights reserved.
```

使用实验开始时记录的 dbid 值,执行 set dbid 命令:

```
RMAN> set dbid=2363461233
正在执行命令: SET DBID
```

以 sys 用户连接数据库:

```
RMAN> connect target /
已连接到目标数据库 (未启动)
```

以 nomount 选项启动实例:

```
RMAN> startup nomount
启动失败: ORA-01078: failure in processing system parameters
LRM-00109: ???????????????? 'C:\APP\ORACLE\PRODUCT\12.1.0\DBHOME_1\DATABASE\INITLAW.ORA'

在没有参数文件的情况下启动 Oracle 实例以检索 spfile
Oracle 实例已启动

系统全局区域总计        1068937216 字节
Fixed Size                 2410864 字节
Variable Size            293602960 字节
Database Buffers         767557632 字节
Redo Buffers               5365760 字节
```

虽然 spfile 已经损坏,但由以上输出信息可知,rman 这时会使用默认的 spfile 启动实例,实例启动还是可以成功的。

指定备份集文件，恢复 spfile：

```
RMAN> restore spfile from
2> 'C:\app\oracle\fast_recovery_area\LAW\BACKUPSET\2016_07_09\
3> O1_MF_NCSNF_TAG20160709T202853_CR1VN4Q3_.BKP'
4> ;
```

由刚刚恢复的 spfile 重启数据库：

```
RMAN> shutdown
Oracle 实例已关闭
RMAN> startup nomount
已连接到目标数据库 (未启动)
Oracle 实例已启动
系统全局区域总计              1670221824 字节
Fixed Size                       2403352 字节
Variable Size                  939525096 字节
Database Buffers               721420288 字节
Redo Buffers                     6873088 字节
```

指定备份集文件，继续恢复控制文件：

```
RMAN> restore controlfile from
2> 'C:\app\oracle\fast_recovery_area\LAW\BACKUPSET\2016_07_09\
3> O1_MF_NCSNF_TAG20160709T202853_CR1VN4Q3_.BKP'
4> ;
```

使用刚刚恢复的控制文件挂载数据库：

```
RMAN> alter database mount;
```

恢复整个数据库：

```
RMAN> restore database;
```

对数据库执行 recover 操作，指定 sequence 为最后一个归档日志文件的序号加 1：

```
RMAN> recover database until sequence=112 thread=1;
```

因为对数据库执行了不完全恢复，必须使用附带 resetlogs 选项的 open 命令打开数据库至正常可用状态：

```
RMAN> alter database open resetlogs;
```

至此，全库备份及恢复的过程就完成了。

以 scott 用户查询之前创建的表 t，可以发现其中的数据都被恢复回来了：

```
RMAN> select * from scott.t_bak;

         A          B
---------- ----------
         1         10
         2         20
```

使用 resetlogs 选项打开数据库后，其联机重做日志会重新从 1 开始编号，之前的归档日志就不能再使用了，要重新执行全库备份。

21.6.2 SQL Server 全库备份及恢复的完整过程

创建 testbak 数据库用于测试（如果之前存在 testbak 数据库，要先删除，或改用其他名称创建数据库）：

```
1> create database testbak
2> on
3> (
4>       name=testbak_data,
5>       filename='e:\sqldata\testbak\testbak.mdf'
6> )
7> log on
8> (
9>       name=testbak_log,
10>      filename='e:\sqldata\testbak\testbak_log.ldf'
11> )
12> go
```

执行全库备份：

```
1> backup database testbak
2> to disk='e:\sqldata\bakup\testbak_full_bak_09031909.bak'
3> with init
4> go
```

在 testbak 数据库中添加新表，并在表中添加数据：

```
1> use testbak
2> go
已将数据库上下文更改为'testbak'。
1> create table t(a int, b int)
2> go
1> insert into t values(1,10)
2> insert into t values(2,20)
3> insert into t values(3,30)
4> go
```

备份事务日志，使得上述建表的过程得到备份：

```
1> backup log testbak
2> to disk='e:\sqldata\testbak\testbak_log_bak_09031910.bak'
3> go
```

设置 testbak 数据库脱机，以修改其数据文件名称模拟数据库损坏：

```
1> alter database testbak set offline
2> go
```

修改 testbak 数据库的数据文件 testbak.mdf 的名称，模拟数据库介质损坏：

```
1> !! move e:\sqldata\testbak\testbak.mdf e:\sqldata\testbak\testbak.mdf.copy
2> go
```

因为数据文件已经不存在，数据库重新联机时会报错：

```
1> alter database testbak set online
2> go
消息 5120，级别 16，状态 101，服务器 LAW_X240，第 1 行
无法打开物理文件 "e:\sqldata\testbak\testbak.mdf"。操作系统错误 2："2(系统找不到指定的文件。)"。
消息 5181，级别 16，状态 5，服务器 LAW_X240，第 1 行
无法重新启动数据库"testbak"。将恢复到以前的状态。
消息 5069，级别 16，状态 1，服务器 LAW_X240，第 1 行
ALTER DATABASE 语句失败。
```

下面着手恢复数据库，在恢复操作执行之前，先备份其尾部重做日志，即上次事务日志备份以来还未备份的日志文件内容：

```
1> backup log testbak
2> to disk='e:\sqldata\bakup\testbak_log_tail_09031910.bak'
3> with norecovery, no_truncate
4> go
```

下面可以开始恢复任务了，首先由全库备份文件开始恢复：

```
1> restore database testbak
2> from disk='e:\sqldata\bakup\testbak_full_bak_09031909.bak'
3> with norecovery
4> go
```

应用第一次的事务日志备份：

```
1> restore log testbak
2> from disk='e:\sqldata\testbak\testbak_log_bak_09031910.bak'
3> with norecovery
4> go
```

应用第二次的事务日志尾部备份：

```
1> restore log testbak
2> from disk='e:\sqldata\bakup\testbak_log_tail_09031910.bak'
3> with norecovery
4> go
```

至此，所有的备份文件应用完毕。

所有的备份文件恢复后，最后执行附带 with recovery 的 restore 命令，使数据库达到数据一致状态：

```
1> restore database testbak
2> with recovery
```

```
3> go
```

重新联机数据库：

```
1> alter database testbak set online
2> go
```

确认表 t 的数据都已恢复回来：

```
1> use testbak
2> go
已将数据库上下文更改为'testbak'。
1> select * from t
2> go
a           b
----------- ------------
          1           10
          2           20
          3           30
```

因为以上示例只是一个数据文件损坏，也可以只恢复这个损坏的文件，从而缩短恢复时间。执行文件恢复，只需要用下面命令替换全库备份文件的恢复步骤，其他步骤不变：

```
1> restore database testbak
2> file='testbak'
3> from disk='e:\sqldata\bakup\testbak_full_bak_09031909.bak'
4> go
```

其中的 file 用于指定要恢复的数据文件逻辑名称。

第22章　导入导出数据

出于测试或备份的原因，需要在数据库之间传送数据，Oracle 和 SQL Server 提供了丰富的导入导出工具完成此类任务。

本章主要内容包括：

- 导入导出数据的主要工具
- Oracle 的 expdp/impdp 与 SQL Server 的 bcp
- Oracle 的 SQL * Loader 与 SQL Server 的 bulk iinsert 命令
- SQL Server 的导入导出向导

22.1　导入导出数据的主要工具

Oracle 的导入导出工具主要有：

- expdp/impdp
- SQL * Loader

expdp 和 impdp 配对使用，expdp(export data pump)把 Oracle 数据库的数据导出为一个文件，impdp(import data pump)把数据由此文件导入到另外一个数据库或另外一个模式。SQL * Loader 用于把文本文件中的数据导入到数据库中。

SQL Server 的导入导出工具主要有：

- bcp
- bulk insert
- SSIS(SQL Server Integration Service)

bcp 是与 Oracle 的 expdp/impdp 工具对应的工具，既可以执行导出，也可以执行导入。

bulk insert 是与 Oracle 的 SQL * Loader 工具对应的数据导入方式，但 bulk insert 不是一个独立工具，而是 SQL 命令。

SSIS 支持常见数据库产品之间的数据导入导出，不只限于 SQL Server 数据库，Oracle 未提供与 SSIS 功能类似的工具。

22.2　Oracle 的 expdp/impdp 与 SQL Server 的 bcp

Oracle 和 SQL Server 的这两类工具在其数据库之间传递数据，其导出操作称为逻辑备份，是完成导入导出任务的主要工具。

22.2.1　Oracle 的 expdp /impdp

expdp 工具把数据导出为一个文件，impdp 工具读取这个文件以导入数据。

expdp/impdp 有两种使用方式：

- 命令方式：在命令中指定各个参数。
- 参数文件方式：在参数文件中指定各个参数，执行时指定参数文件名称，这种方式便于相关操作的重复执行。这里的参数文件和数据库的初始化参数文件没有关系。

可以导出导入的类别主要包括：

- 表
- 模式
- 表空间
- 数据库

下面示例说明前两种类型的使用方法。

应用 expdp/impdp 之前，要先创建导出目录，并对使用这个目录的用户授权：

```
SQL> create directory expdir as 'e:\exp';
目录已创建。
SQL> grant read on directory expdir to scott;
授权成功。
SQL> grant write on directory expdir to scott;
授权成功。
```

下面示例使用命令方式导出 scott 模式下的 dept 表，导出文件为 dept.dmp：

```
C:\> expdp system/oracle directory=expdir dumpfile='dept.dmp' tables=scott.dept
```

下面示例导出 scott 模式下的所有数据库对象：

```
C:\> expdp system/oracle directory=expdir dumpfile='scott.dmp' schemas=scott
```

执行导出操作时，可以使用 query 参数指定导出数据满足的条件，使用 query 参数的语法为：

query = [schema.] [table_name:] query_clause

如：query=emp:"where deptno=10"

使用命令方式附加 query 参数导出数据，需要如下面示例所示用转义符把引号及等号转义，参数方式则不需要。

下面示例以 scott 用户连接数据库，导出其 emp 表中满足 deptno=10 的所有数据：

```
C:\> expdp scott/tiger directory=expdir dumpfile='scott1.dmp' tables=emp query=emp:\"where dept-
no \= 10 \"
```

还可以附加 exclude 及 include 参数指定在导出操作中包含和不包含的内容，如对象类型，或对象名称等。要注意，exclude 和 include 在一个导出导入操作中只能包含其一。

两个选项参数的使用方法为：

exclude = object_type [: name_clause] [, ...]

include = object_type [: name_clause] [, ...]

如导出表的名称不包含以 TEMP 开头：

exclude = table: "like 'TEMP%'"

导出数据包含 emp 及 dept 表，并包含所有存储过程：

include=table: "in ('EMP', 'DEPT')"

include=procedure

下面命令指定 exclude 参数导出 scott 模式下除索引以外的所有对象：

```
C:\> expdp scott/tiger directory=expdir dumpfile='scott2.dmp' schemas=scott exclude=index
```

下面命令指定导出 scott 模式下所有的表，但不包括 dept 表：

```
C:\> expdp scott/tiger directory=expdir dumpfile='scott.dmp' schemas=scott exclude=table:\"=\'
DEPT\'\"
```

如果使用参数文件方式执行 expdp，则可以每行指定一个参数。

如上述示例使用参数文件方式，把各参数保存至文件 scottdmp.par，其内容为：

```
directory=expdir
dumpfile='scott.dmp'
schemas=scott
exclude=table:"='DEPT'"
```

使用上述参数文件执行 expdp：

```
C:\> expdp scott/tiger parfile=e:\exp\scottdmp.par
```

如果在导出文件中包括 dept、emp 表及所有存储过程，则参数文件的内容可以设置为：

```
directory=expdir
dumpfile='scott.dmp'
schemas=scott
include=table:"in('DEPT','EMP')"
include=procedure
```

impdp 与 expdp 的使用方式相似，也包括命令方式及参数文件方式，下面只说明参数文件方式。

如 scott 模式的 emp 表被误删除，假定 scott.dmp 是包含 emp 数据的导出文件，若要重新导入 emp 表，则可以设置参数文件 scottimp.par 的内容如下：

```
directory=expdir
dumpfile='scott.dmp'
tables=emp
```

使用下面命令可从导出文件导入：

```
C:\> impdp scott/tiger parfile=e:\exp\scottimp.par
```

如果要把数据导入到不同的模式，可以使用 remap_schema 参数，设置导出数据所属模式以及数据要导入的模式，其语法形式为：

remap_schema=source_schema: target_schema

impdp 使用 remap_schema 选项参数替换了旧版本 imp 的 fromuser 及 touser 参数。

下面示例新建用户 law，然后把 scott 模式下的 emp 表导入到新用户的 law 模式中：

```
SQL> conn system/oracle
已连接。
SQL> create user law identified by law;
用户已创建。
```

```
SQL> grant connect, resource to law;
授权成功。
```

设置参数文件 scott2lawimp.par 的内容如下:

```
directory=expdir
dumpfile='scott.dmp'
REMAP_SCHEMA=scott:law
tables=emp
```

执行下面命令把 emp 表导入到 law 模式:

```
C:\> impdp system/oracle parfile=e:\exp\scott2lawimp.par
```

impdp 也可以使用 include、exclude 及 query 参数,用法与 expdp 相同,这里不再赘述。

expdp 与 impdp 的一些常用参数包括:

- tables:指定导出或导入的表的列表,表名称之间以逗号隔开。
- schemas:指定导出或导入的模式列表,模式名称之间以逗号隔开。
- include=object_type[:name_clause] [,...]:指定包含的数据对象类型或对象名称。
- exclude=object_type[:name_clause] [,...]:指定不包含的数据对象类型或对象名称。
- query=[schema.] [table_name:] query_clause:指定导出或导入的表名及满足的条件。
- parfile=parfile_name:指定参数文件。
- content={all | data_only | metadata_only}:分别指定导出或导入操作包含的内容,几个选项分别为表定义及数据,只包含数据,只包含表定义。
- filesize:指定导出文件大小。
- full={y | n}:设置为 y 时,指定导入或导出数据库。
- tablespaces:指定导入或导出的表空间列表,表空间名称之间以逗号隔开。
- table_exist_action={skip | append | truncate | replace }:指定当导入的表存在时要采取的动作。skip 会略过存在的表,处理下一个对象,append 会把数据追加到表,truncate 会截断表后,再把新数据填入,replace 选项则用导入表替换存在的表。

22.2.2 SQL Server 的 bcp

使用 bcp 工具时,需要指定导出的表名、导出文件名称以及连接到服务器的登录账号。

如使用 bcp 导出 dept 表的数据,可以执行下面命令,需要指定字段值输出格式时,一般直接按回车键取默认设定即可:

```
C:\> bcp law.dbo.dept out e:\dept.bcp -T
```

上述命令中:

- law.dbo.dept:指定导出的表名。
- -T:指定使用信任连接方式连接到 SQL Server 服务器,即 Windows 验证方式。如采取 SQL Server 验证,则可以分别使用-U 及-P 指定账号名称及口令。
- out:指定使用 bcp 的导出功能,其后为导出文件名称。

执行上述 bcp 命令时,会提示用户指定表中各个列导出后的属性,包括:列的存储类型,前缀长度以及字段终止符号，一般直接按回车键采用括号内的默认值即可。所有列属性设置完毕后，bcp 再次询问是否把以上设置保存为文件，这里我们输入"y"把格式设置保存为文件：dept. fmt，导入数据时，可以附加-f 选项指定使用这个格式文件，bcp 就不会再询问各个列的属性设置情况了。

下面我们把上述导出数据导入数据库中的 dept2 表，这个表的结构要与 dept 表一致。

执行 select into 命令复制 dept 表的结构得到 dept2 表：

```
1> select * into dept2 from dept where 1=2
2> go
```

使用 bcp 工具导入上一个导出数据示例创建的导出文件中的数据，指定格式文件为上一个示例中创建的 dept. fmt：

```
C:\> bcp law.dbo.dept2 in e:\dept.bcp -T -f dept.fmt
```

也可以像 Oracle 的 expdp 的 query 参数一样使用 SQL 查询，要求 bcp 导出满足指定条件及指定列的数据，但 out 选项参数要指定为 queryout。

下面命令导出 emp 表中 deptno 为 10 的记录中的 ename 及 sal 两个列：

```
C:\> bcp "select ename,sal from law.dbo.emp where deptno=10" queryout e:\emp.bcp -T
```

创建表 emp2：

```
1> select ename, sal into emp2 from emp where 1=2
2> go
```

然后导入上述导出文件的内容到 emp2：

```
C:\> bcp law.dbo.emp2 in e:\emp.bcp -T
```

22.3 Oracle 的 SQL * Loader 工具与 SQL Server 的 bulk insert 命令

这两种工具用于把文本文件中的数据导入数据库。SQL * Loader 是 Oracle 的一个独立工具，而 bulk insert 是一个 SQL 命令，使用方式更加方便。

22.3.1 Oracle 的 SQL * Loader 工具

SQL * Loader 使用两种文件完成导入数据的任务：

- 数据文件
- 控制文件

数据文件是包含导入数据的文件，控制文件用于指定数据文件来源和列分隔符等设置，两种文件都是普通文本文件。注意这里的数据文件及控制文件与 Oracle 数据库的数据文件及控制文件没有关系。

另外，SQL * Loader 运行过程中会自动产生两种文件：一是"log"文件，记录 SQL * Loader 执行过程信息；二是"bad"文件，包含导入过程中因违反约束等原因未能成功导入的数据。

假定要导入的数据文件内容如下：

```
C:\> type e:\test.txt
```

```
1,a
2,a
3,a
4,a
```

创建新表 test 用于导入数据：

```
SQL> conn scott/tiger
已连接。
SQL> create table test(a int, b char);
```

则控制文件可设定如下：

```
C:\> type e:\test.ctl
load data
infile 'e:\test.txt'
append
into table test
fields terminated by ","
(a,b)
```

其中：

- infile:指定数据文件。
- append:指定以追加方式导入数据,其他选项还包括 truncate(导入时先截断表)、replace(用导入表替换原表)、skip n(跳过 n 行),与 impdp 工具的 table_exist_action 参数的诸选项功能相似。
- into table:指定数据导入的表。
- field terminated by:指定列之间的分隔符。
- 最后一行指定列名

上述准备工作做好后,可以执行如下命令导入数据：

```
C:\> sqlldr scott/tiger control=e:\test.ctl log=e:\test.log bad=test.bad
```

其中：

- control:指定控制文件名称。
- log:指定执行过程日志文件。
- bad:指定未成功导入的数据要保存的文件。

22.3.2 SQL Server 的 bulk insert 命令

bulk insert 命令是一个 SQL 命令,功能与 SQL * Loader 相似,也是从文件导入数据,这里的文件来自于 bcp 工具创建的导出文件。

下面示例使用 bulk insert 命令把上节导出的数据文件重新导入到 dept2 表：

```
1> bulk insert law.dbo.dept2 from 'e:\dept.bcp'
2> with (formatfile='c:\dept.fmt')
3> go
```

其中：

- bulk insert 子句用于指定数据导入的表名。
- from 子句用于指定数据文件。
- with (formatfile='c:\dept.fmt')子句用于指定 bcp 导出数据时设置的格式文件。

22.4 SQL Server 的导入导出向导(SSIS)

本节把 Oracle 的 emp 和 dept 表的数据导入 SQL Server 数据库,以此说明 SSIS 的用法。

在 SQL Server 2016 程序组中单击"SQL Server 2016 导入和导出数据(64 位)",打开欢迎对话框后,单击"下一步"按钮,在对话框中的"数据源"部分选择".Net Framework Data Provider for Oracle",如图 22-1 所示填写连接信息,lawdb 是在本地配置的、用于连接 Oracle 数据库的本地网络服务名。

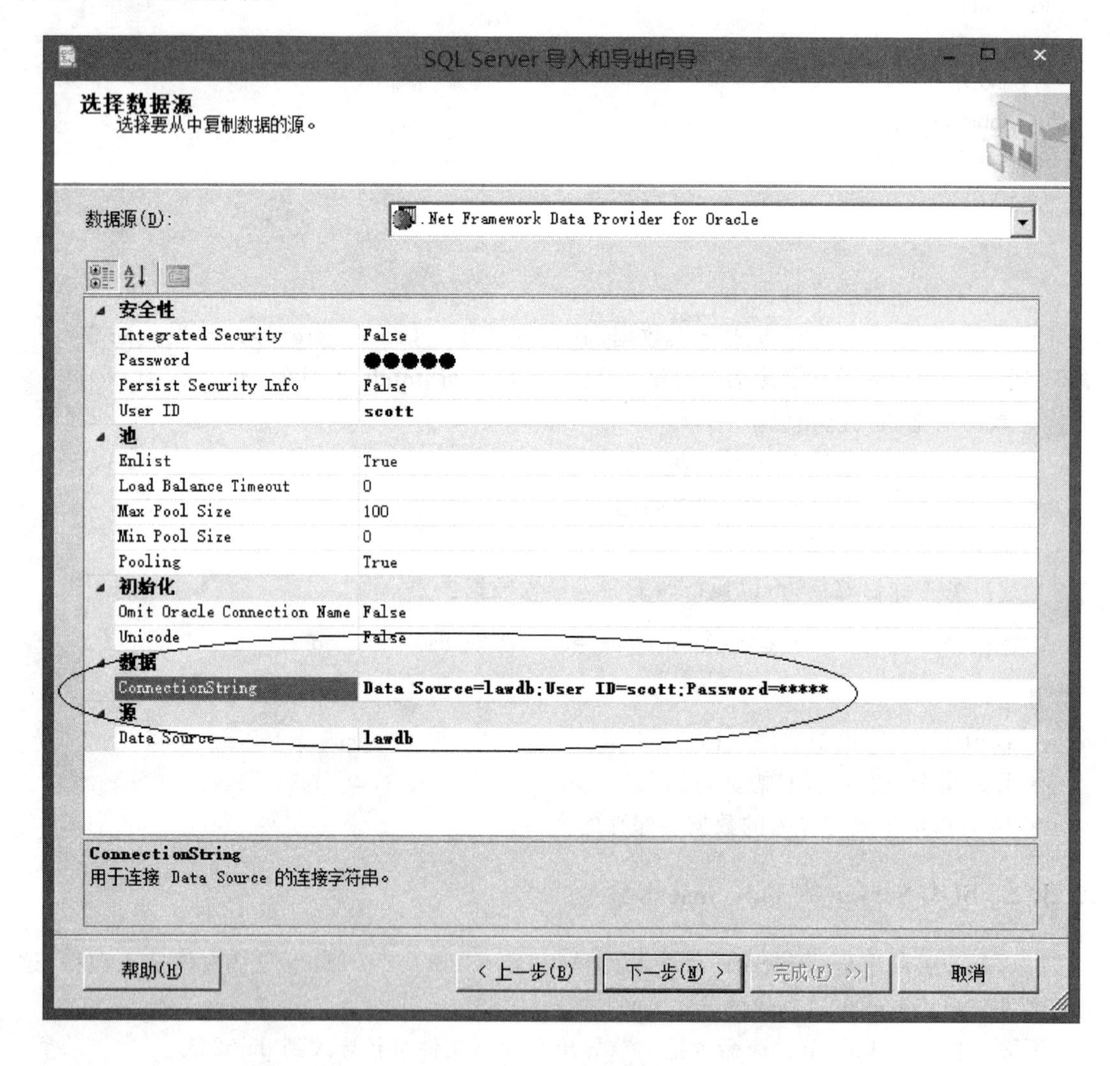

图 22-1 指定数据源

单击"下一步"按钮,在对话框中的"目标"部分选择".Net Framework Data Provider for SqlServer",如图 22-2 所示填写连接信息,Data Source 为 SQL Server 服务器名称,Initial Catalog 为数据要导入的数据库名称。

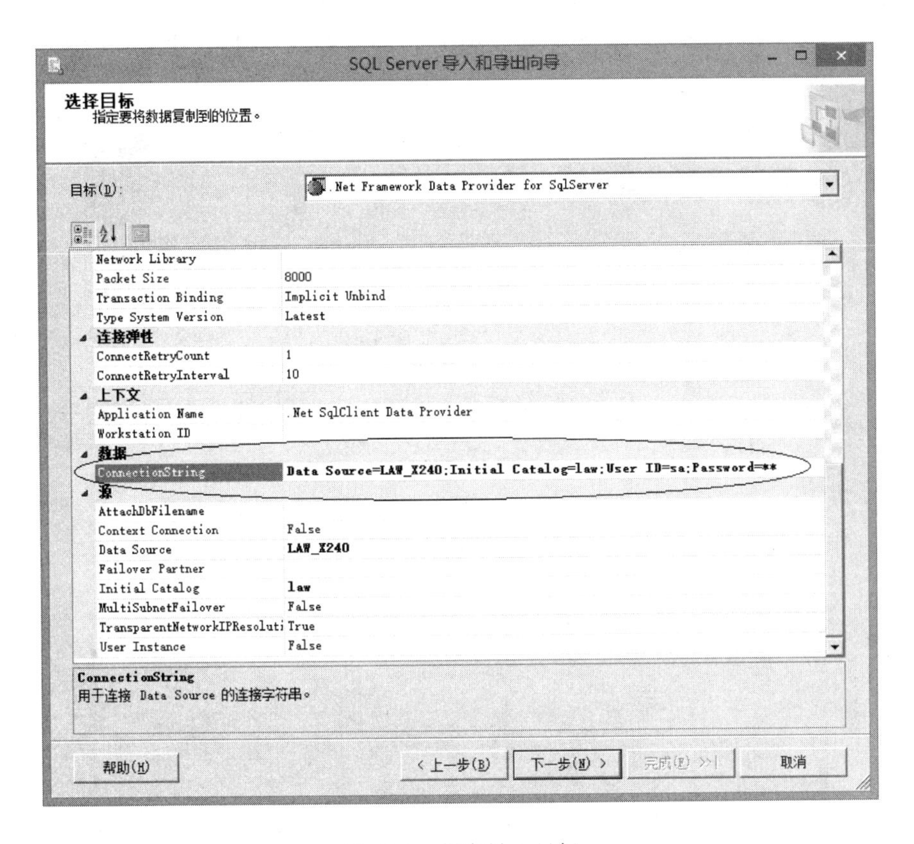

图 22-2 指定导入目标

单击“下一步”,在新对话框中设置导入数据的规则,这里我们选择“复制一个或多个表或视图的数据”。

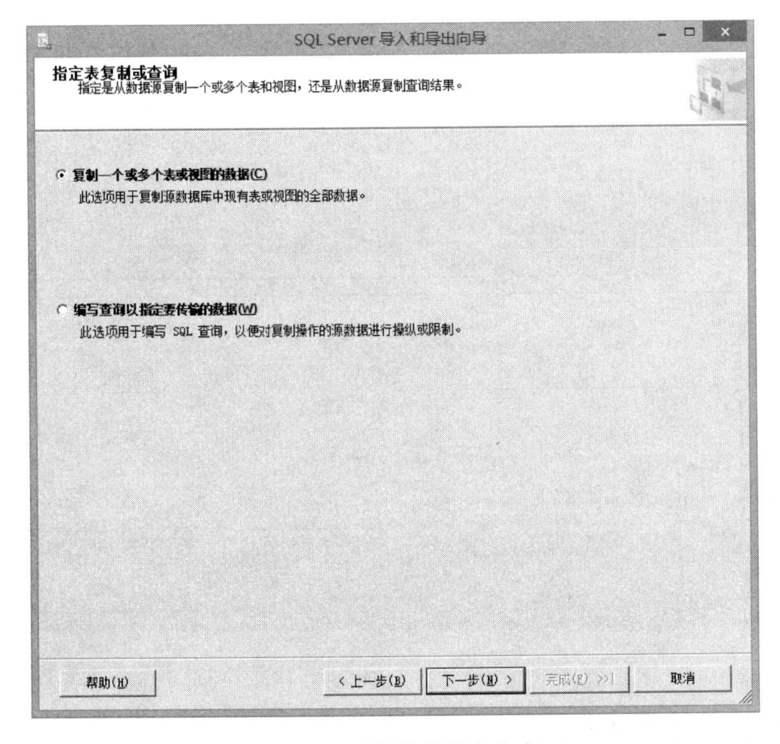

图 22-3 选择数据导入方式

单击“下一步”，在新对话框中会显示 scott 用户的所有表及视图，这里我们选择 dept 表及 emp 表，如图 22-4 所示。

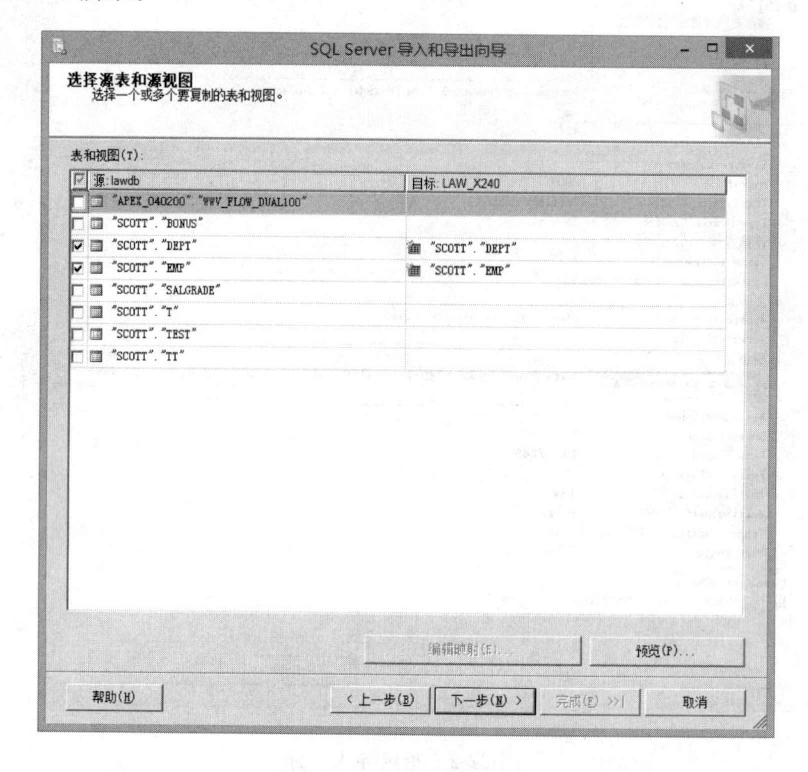

图 22-4　选择导入的对象

单击“编辑映射”，在打开的如下对话框中可以设置导入新表的一些属性，如列的类型、设定新的列名等，这里我们取默认设置，如图 22-5 所示。

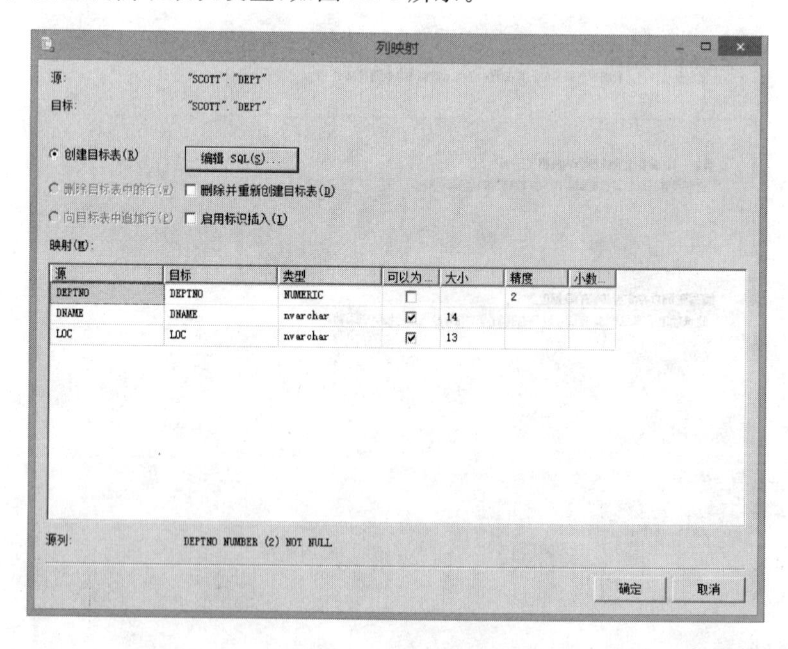

图 22-5　编辑映射

单击“完成”按钮，执行导入任务。

第23章 闪回数据库

闪回数据库是把数据库恢复到以前某个时刻的状态，一般用于恢复误删除的数据。

本章主要内容为：

- 闪回原理
- 基本配置
- 对数据库执行闪回操作
- Oracle 数据库的其他闪回功能

23.1 闪 回 原 理

开启 Oracle 数据库的 flashback 属性后，会在 FRA(Fast Recovery Area)目录生成 flashback 日志，使得以后可以通过 flashback database 命令把数据库闪回至之前某个时刻。

SQL Server 使用数据库快照完成与 Oracle 闪回数据库的类似功能，数据库快照是一个数据库在某时刻的只读静态拷贝，可用于查询、测试或数据库恢复。不能对系统数据库建立快照，也不能对快照数据库进行备份、恢复、分离、附加等操作。

SQL Server 创建数据库快照时，并不占用空间，直到源数据库的数据页发生变化时，变化之前的数据页才复制到快照数据库，一般情况下，快照数据库不会占用太多空间。创建快照数据库后，若一个查询涉及的数据页还未改变，则查询在源数据库进行，若相关数据页发生了改变，则查询会在快照数据库进行，一个查询操作得到的数据可能来自快照数据库，也可能来自源数据库，还可能来自两者。

23.2 基 本 配 置

使用 Oracle 闪回数据库功能，需开启数据库的 flashback 属性，并依赖 FRA 中的 flashback 日志内容。

以下几个参数用于设置 FRA：

- db_recovery_file_dest：设置 FRA 路径。
- db_recovery_file_dest_size：设置 FRA 大小，默认为 2GB。
- db_flashback_retention_target：以分钟为单位设置 FRA 日志保留的时间上限，从而设置数据库可以向前闪回的时刻，其默认值为 1 440。

上述几个参数都取默认值，继续执行下面步骤开启数据库的 flashback 属性。

关闭数据库后，以 exclusive 模式重启数据库至 mount 状态：

```
SQL> conn / as sysdba
```

```
已连接。
SQL> shutdown immediate
数据库已经关闭。
已经卸载数据库。
ORACLE 例程已经关闭。
SQL> startup mount exclusive
```

设置数据库运行于归档模式：

```
SQL> alter database archivelog;
```

开启数据库的 flashback 属性：

```
SQL> alter database flashback on;
```

打开数据库：

```
SQL> alter database open;
```

查询 v$database，确认数据库开启了 flashback：

```
SQL> select flashback_on from v$database;

FLASHBACK_ON
------------------
YES
```

SQL Server 配置闪回功能即创建数据库快照，其语法形式与创建普通数据库类似：

```
create database database_snapshot_name
on
(
name = logical_file_name,
filename = 'physical_file_name'
) [ ,... n ]
as snapshot of source_database_name
```

其中：

- database_snapshot_name：指定数据库快照名称。
- logical_file_name：指定源数据库中的逻辑文件名称。
- physical_file_name：指定数据库快照中的物理文件名称。
- source_database_name：指定源数据库名称。

在创建数据库快照时，源数据库中的每个数据文件都在数据库快照中对应一个源逻辑文件名称及其新的物理文件名称。

我们下面就以 law 数据库为源数据库创建数据库快照 law_snap：

```
1> create database law_snap
2> on
3> (
4>        name=law_data,
5>        filename='e:\sqldata\law_snap.mdf'
```

```
6> ),
7> (
8>       name=fg,
9>       filename='e:\sqldata\fg_snap.mdf'
10> )
11> as snapshot of law
12> go
```

这里的 law 数据库包含两个主数据文件,其逻辑名称分别为 law_data 和 fg,上述命令中的 file_name 在数据库快照中指定对应物理文件名称(law_snap 中新建)。

23.3 对数据库执行闪回操作

下面查看闪回操作的执行方法并验证其效果。

23.3.1 Oracle 的情形

以 scott 用户连接数据库,删除其 emp 表的数据:

```
09:13:55 SQL> conn scott/tiger
已连接。
09:14:23 SQL> delete from emp;
已删除 15 行。
09:14:29 SQL> commit;
提交完成。
```

关闭数据库:

```
09:22:06 SQL> shutdown immediate
数据库已经关闭。
已经卸载数据库。
ORACLE 例程已经关闭。
```

以 exclusive 模式重启至 mount 状态:

```
09:22:27 SQL> startup mount exclusive
ORACLE 例程已经启动。

Total System Global Area  535662592 bytes
Fixed Size                  1334380 bytes
Variable Size             176161684 bytes
Database Buffers          352321536 bytes
Redo Buffers                5844992 bytes
数据库装载完毕。
```

将数据库闪回至半小时前:

```
09:22:51 SQL> flashback database to timestamp sysdate-1/48;
```

这里的半小时,即 1/48 天,sysdate-1/48 即半小时之前。

附加 resetlogs 选项打开数据库：

```
09:23:26 SQL> alter database open resetlogs;
```

重新查询 emp 表的行数，可发现被删除的数据已经被恢复回来：

```
09:27:18 SQL> conn scott/tiger
已连接。
09:27:25 SQL> select count(*) from emp;

  COUNT(*)
----------
        15
```

23.3.2 SQL Server 的情形

删除 emp 表与 dept 表中的记录：

```
1> delete from emp
2> go

(12 行受影响)
1> delete from dept
2> go

(5 行受影响)
```

由数据库快照 law_snap 恢复 law 数据库：

```
1> use master
2> go
已将数据库上下文更改为 'master'。
1> restore database law from database_snapshot='law_snap'
2> go
```

SQL Server 不能像 Oracle 的 flashback database 命令一样指定恢复时刻，只能恢复到数据库快照创建的时刻。

连接 law 数据库后，查询 dept 表的内容，可以发现其数据都被恢复到了创建数据库快照时刻的状态。也可以把数据库恢复至一个新数据库，但这个数据库要预先创建。

23.4 Oracle 数据库的其他闪回功能

除了以上闪回数据库功能外，Oracle 还支持闪回查询和闪回表。

23.4.1 闪回查询(flashback query)

Oracle 9.2 版本开始支持闪回查询功能。使用 as of 关键字可以查询一个表某个之前时刻的数据。下面示例以 scott 用户演示闪回查询的各个步骤。

先设置 scott 用户的相关权限：

```
SQL> conn system/oracle
已连接。
SQL> grant flashback on scott.emp to scott;
授权成功。
SQL> grant select any transaction to scott;
授权成功。
```

以 scott 用户连接数据库后，删除 emp 表中 deptno 为 20 的记录：

```
11:24:11 SQL> delete from emp where deptno=20;
已删除 3 行。
11:24:24 SQL> commit;
提交完成。
```

执行闪回查询，并指定查询 3 分钟之前的数据：

```
11:26:01 SQL> select * from emp
11:26:02   2  as of timestamp systimestamp -interval '3' minute
11:26:02   3  where deptno=20
11:26:05   4  /

   EMPNO ENAME      JOB               MGR  HIREDATE          SAL      COMM     DEPTNO
-------- -------- --------- ---------- ---------- ------- ------- --------
    7369 SMITH      CLERK            7902  17-12 月-80       800                  20
    7566 JONES      MANAGER          7839  02-4 月-81       2975                  20
    7902 FORD       ANALYST          7566  03-12 月-81      3000                  20
```

可以发现，使用闪回查询我们可以查到之前删除的数据。

23.4.2　闪回删除的记录

闪回表中被删除的记录需要开启表的行移动选项。下面以 emp 表为例说明闪回删除记录的主要步骤。

开启 emp 表的行移动选项：

```
SQL> alter table emp enable row movement;
```

删除 emp 表中 deptno 为 30 的记录并提交：

```
SQL> delete from emp where deptno=30;
已删除 6 行。
SQL> commit;
提交完成。
```

闪回 emp 表至 3 分钟之前：

```
SQL> flashback table emp to timestamp systimestamp-interval '3' minute;
```

重新查询 emp 表，可发现 deptno 为 30 的记录已经恢复回来：

```
SQL> select count(*) from emp where deptno=30;
```

```
  COUNT(*)
----------
         6
```

23.4.3 闪回删除的表

Oracle 10g 在数据库中加入了类似 Windows 回收站的功能，表被删除后，并未从数据库中真正删除，而是在回收站中增加一条记录，其占用空间也未释放，若以后需要此表，可以将其还原。

以 scott 用户连接数据库，删除其 emp 表：

```
SQL> conn scott/tiger
已连接。
SQL> drop table emp;
```

再次查询 emp 表时，显示其不存在：

```
SQL> select ename from emp;
select * from emp
              *
第 1 行出现错误：
ORA-00942：表或视图不存在
```

对 emp 表执行闪回操作：

```
SQL> flashback table emp to before drop;
```

对 emp 表执行查询，可以发现其已被恢复回来，其记录也未丢失：

```
SQL> select ename from emp;

ENAME
----------
ALLEN
...
```

如果要彻底删除表，可在执行 drop table 命令时，附加 purge 子句：

```
SQL> drop table emp purge;
表已删除。
SQL> flashback table emp to before drop;
flashback table emp to before drop
*
第 1 行出现错误：
ORA-38305：对象不在回收站中
```

另外，设置初始化参数 recyclebin 为 off，则可以去除回收站功能。

要得知回收站中保存的被删除对象，可以查询 recyclebin 数据字典视图中的 object_name 与 original_name 两个列，original_name 是被删除对象的原名称，object_name 是在回收站中由 Oracle 自动命名的新名称。

23.5 小　　结

Oracle 中的 flashback database 命令使用 FRA 目录中的 flashback 日志恢复数据库，而 flashback table … to before drop 命令是恢复回收站中的表。

以下操作会导致回收站的数据被清空：

- 执行了 flashback table … to before drop 命令。
- 执行 purge recyclebin 命令清空了回收站数据。
- 其他对象占用了其空间。

SQL Server 数据库快照的作用类似 Oracle 数据库的 undo 表空间，都是存放数据修改的前映像。SQL Server 的数据库快照不能像 Oracle 的闪回数据库一样指定数据库恢复时刻。

参考文献

[1] 李爱武. 融会贯通,从 Oracle 11g 到 SQL Server 2008. 北京:北京邮电大学出版社,2009.

[2] 李爱武. SQL Server 2008 数据库技术内幕. 北京:中国铁道出版社,2012.

[3] Thomas Kyte, Darl Kuhn. Expert Oracle Database Architecture, 3rd ed. , Apress,2014.

[4] Steven Feuerstein, Bill Pribyl. Oracle PL/SQL Programming,6th ed. ,OReilly,2014.

[5] Peter A Carter. Pro SQL Server Administration, Apress,2015.

[6] Miguel Cebollero, etc. Pro T-SQL Programmer's Guide. 4th ed. , Apress,2015.